U0263296

国家出版基金项目
NATIONAL PUBLICATION FOUNDATION

涡轮机械与推进系统出版项目

"两机"专项：航空发动机技术出版工程

航空发动机快变信号分析及故障诊断系统

陈雪峰　王诗彬　曹　明　著

科 学 出 版 社

北　京

内 容 简 介

本书系统阐述了航空发动机振动监测与故障诊断的需求、航空发动机快变信号的定义、匹配时频分析理论与核心方法，以及航空发动机健康管理系统设计与故障诊断工程应用。全书共 7 章：第 1 章为绪论；第 2 章为航空发动机快变信号与匹配时频分析；第 3 章为匹配解调变换及动静摩碰故障诊断应用；第 4 章为匹配同步压缩变换及振动突跳故障诊断应用；第 5 章为统计同步压缩变换及故障溯源应用；第 6 章为脊感知加权稀疏时频及中介轴承故障诊断应用；第 7 章为航空发动机故障诊断系统设计。

本书面向高年级本科生、研究生及工程技术人员，也可供航空发动机专业人员、液体火箭发动机、燃气轮机、飞机、直升机等其他装备和设备的专业人员，以及机械故障诊断专业人员、非平稳信号分析等研究人员参考。

图书在版编目(CIP)数据

航空发动机快变信号分析及故障诊断系统／陈雪峰，王诗彬，曹明著. —北京：科学出版社，2022.12

"两机"专项：航空发动机技术出版工程　国家出版基金项目　涡轮机械与推进系统出版项目

ISBN 978-7-03-074383-1

Ⅰ.①航… Ⅱ.①陈…②王…③曹… Ⅲ.①航空发动机-信号分析②航空发动机-故障诊断 Ⅳ.①V263.6

中国版本图书馆 CIP 数据核字(2022)第 246489 号

责任编辑：徐杨峰／责任校对：谭宏宇
责任印制：黄晓鸣／封面设计：殷 靓

科 学 出 版 社 出版

北京东黄城根北街 16 号
邮政编码：100717
http：//www.sciencep.com

南京展望文化发展有限公司排版
苏州市越洋印刷有限公司印刷
科学出版社发行　各地新华书店经销

*

2022 年 12 月第 一 版　开本：B5(720×1000)
2022 年 12 月第一次印刷　印张：20 1/2
字数：402 000

定价：160.00 元
(如有印装质量问题，我社负责调换)

涡轮机械与推进系统出版项目
顾问委员会

主任委员

张彦仲

委 员

（以姓名笔画为序）

尹泽勇　乐嘉陵　朱　获　刘大响　杜善义
李应红　张　泽　张立同　张彦仲　陈十一
陈懋章　闻雪友　宣益民　徐建中

"两机"专项：航空发动机技术出版工程
专家委员会

"两机"专项：航空发动机技术出版工程

编写委员会

主任委员

尹泽勇

副主任委员

李应红　刘廷毅

委　员

（以姓名笔画为序）

丁水汀	王太明	王占学	王健平	尤延铖
尹泽勇	帅　永	宁　勇	朱俊强	向传国
刘　建	刘廷毅	杜朝辉	李应红	李建榕
杨　晖	杨鲁峰	吴文生	吴施志	吴联合
吴锦武	何国强	宋迎东	张　健	张玉金
张利明	陈保东	陈雪峰	叔　伟	周　明
郑　耀	夏峥嵘	徐超群	郭　昕	凌文辉
陶　智	崔海涛	曾海军	戴圣龙	

秘书组

组　长　朱大明

成　员　晏武英　沙绍智

涡轮机械与推进系统出版项目

序

涡轮机械与推进系统涉及航空发动机、航天推进系统、燃气轮机等高端装备。其中每一种装备技术的突破都令国人激动、振奋,但是技术上的鸿沟使得国人一直为之魂牵梦绕。对于所有从事该领域的工作者,如何跨越技术鸿沟,这是历史赋予的使命和挑战。

动力系统作为航空、航天、舰船和能源工业的"心脏",是一个国家科技、工业和国防实力的重要标志。我国也从最初的跟随仿制,向着独立设计制造发展。其中有些技术已与国外先进水平相当,但由于受到基础研究和条件等种种限制,在某些领域与世界先进水平仍有一定的差距。为此,国家决策实施"航空发动机及燃气轮机"重大专项。在此背景下,出版一套反映国际先进水平、体现国内最新研究成果的丛书,既切合国家发展战略,又有益于我国涡轮机械与推进系统基础研究和学术水平的提升。"涡轮机械与推进系统出版项目"主要涉及航空发动机、航天推进系统、燃气轮机以及相应的基础研究。图书种类分为专著、译著、教材和工具书等,内容包括领域内专家目前所应用的理论方法和取得的技术成果,也包括来自一线设计人员的实践成果。

"涡轮机械与推进系统出版项目"分为四个方向:航空发动机技术、航天推进技术、燃气轮机技术和基础研究。出版项目分别由科学出版社和浙江大学出版社出版。

出版项目凝结了国内外该领域科研与教学人员的智慧和成果,具有较强的系统性、实用性、前沿性,既可作为实际工作的指导用书,也可作为相关专业人员的参考用书。希望出版项目能够促进该领域的人才培养和技术发展,特别是为航空发动机及燃气轮机的研究提供借鉴。

张彦仲

2019 年 3 月

"两机"专项：航空发动机技术出版工程

序

航空发动机誉称工业皇冠之明珠，实乃科技强国之重器。

几十年来，我国航空发动机技术、产品及产业经历了从无到有、从小到大的艰难发展历程，取得了显著成绩。在世界新一轮科技革命和产业变革同我国转变发展方式的历史交汇期，国家决策实施"航空发动机和燃气轮机"重大科技专项（即"两机"专项），产学研用各界无不为之振奋。

迄今，"两机"专项实施已逾三年。科学出版社申请国家出版基金，安排"'两机'专项：航空发动机技术出版工程"，确为明智之举。

本出版工程旨在总结"两机"专项以及之前工作中工程、科研、教学的优秀成果，侧重于满足航空发动机工程技术人员的需求，尤其是从学生到工程师过渡阶段的需求，借此为扩大我国航空发动机卓越工程师队伍略尽绵力。本出版工程包括设计、试验、基础与综合、材料、制造、运营共六个系列，前三个系列已从 2018 年起开始前期工作，后三个系列拟于 2020 年启动，希望与"两机"专项工作同步。

对于本出版工程，各级领导十分关注，专家委员会不时指导，编委会成员尽心尽力，出版社诸君敬业把关，各位作者更是日无暇晷、研教著述。同道中人共同努力，方使本出版工程得以顺利开展，有望如期完成。

希望本出版工程对我国航空发动机自主创新发展有所裨益。受能力及时间所限，当有疏误，恭请斧正。

2019 年 5 月

前　言

　　十多年来,作者坚持安排研究生每周到"红旗厂"(现称中国航发西安航空发动机有限公司)等工厂参加航空发动机测试,并且多次组织本科生、研究生、青年教师去生产实习,为本方向的卓越人才培养奠定了重要基础。本书的第二作者王诗彬教授,就是当年我的这批学生代表之一。实践出真知,通过大量的测试分析,发现对于航空发动机频繁变工况、大幅升降速等引起的快变振动,其响应信号蕴含着丰富的运行状态信息,由此定义了"快变信号"。

　　2016 年,在中国西部科技创新港(简称创新港)的空间与内涵建设中,在李应红院士的领衔下成立了西安交通大学航空发动机研究所,学校开启了更多有组织的围绕航空发动机的科研工作。曹建国董事长、向巧院士、颜建兴书记等亲临现场,在他们的鼎力支持下,西安交通大学与中国航空发动机集团有限公司签署了战略合作协议,建立了人才培养"菁英班",获批了国家与教育部基地,并得到教育部、工业和信息化部人才培养专项支持,以刘永泉总设计师为代表的一批航空发动机领域专家来到课堂上讲学授课,为国育才!

　　航空发动机是飞机的心脏,在极端服役环境下,灾难事故时有发生,发动机健康管理(engine health management, EHM)系统对保障航空发动机运行安全至关重要。振动故障是航空发动机的主要故障模式,是国际航空发动机学术界与工业界公认的难题,振动故障诊断是 EHM 系统的核心,F135、Trent 900 等先进航空发动机均安装振动传感器,以期实现轴承、齿轮、转子等关键零部件故障的监测诊断。国外先进的航空 EHM 系统具备最基本的缓变平稳振动监视能力,例如,美国普拉特·惠特尼集团公司的 F135 发动机振动监视功能包括整数阶振动有效值、非整数阶振动的傅里叶变换等平稳工况分析;英国罗尔斯·罗伊斯公司的 Trent 900 发动机同样具有振动监视和信号处理模块,具备基于傅里叶变换的平稳工况分析功能。美国空军研究实验室、著名的 Vibro-Meter 公司等均在探索航空发动机振动故障诊断新途径。

　　航空发动机健康管理标准的主要制定机构之一———SAE 航空航天推进系统健康管理技术委员会 E-32 主要制定了航空发动机健康管理架构、传感器、机载与地面软硬件系统、健康管理系统成效分析与评价指标、振动故障诊断等标准。SAE ARP 1839A《飞机涡轮发动机振动监测系统指南》指出：时频分析为描述非平稳信号结构提供了有效手段，然而传统时频分析方法受到 Heisenberg 不确定性原理的限制，影响了其振动信号分析的有效性。面对快变信号，如何提升振动信号时频聚集性，发现早期微弱故障，是航空发动机振动监测诊断所面临的关键科学问题之一，也是实现诊断技术领先的核心支撑。

设计科学大师谢友柏院士指出"人类一切有目的活动都可以分为设计和实施两个部分，设计是为实施规划要实现的面貌和实施路径"，设计离不开理论支撑。2018 年，在冯锦璋总经理的支持下，西安交通大学与中国航发商用航空发动机有限责任公司签约共建"航空发动机健康管理与运行安全"联合创新中心，共同设计未来先进发动机健康管理系统架构。振动信号诊断模块一定会成为 EHM 系统的核心，深刻认识发动机各类振动特性，掌握其硬件采集与算法实现的基本要求，是设计架构先进的航空发动机健康管理体系的重要前提。本书聚焦"快变信号"这一细分特征介绍相关理论研究成果，并结合民用航空发动机健康管理给出相关体系架构设计流程。

2018 年 6 月，作者出国参加国际会议，在途经北京时取消了行程，参加了国家自然科学基金委员会第 203 期双清论坛"航空发动机基础科学问题"并做了专题报告。在各位专家的论证下，"航空发动机高温材料/先进制造及故障诊断科学基础"重大研究计划获得批准。感谢国家自然科学基金杰出青年科学基金项目（51225501）、优秀青年科学基金项目（52122504）、重大研究计划集成项目（92060302）以及航空发动机及燃气轮机重大专项基础研究重大项目的资助。感谢尹泽勇院士、刘廷毅副主任委员、李建榕院长对本书入选"'两机'专项：航空发动机技术出版工程"的评阅，感谢李应红院士对本书进行的主审！

由于作者水平所限，书中难免存在不足之处，敬请广大读者批评指正。

陈雪峰

2022 年 6 月 11 日于西安交通大学创新港

目 录

第1章　绪　　论

第2章　航空发动机快变信号与匹配时频分析

第3章 匹配解调变换及动静摩碰故障诊断应用

第4章 匹配同步压缩变换及振动突跳故障诊断应用

第7章 航空发动机故障诊断系统设计

第 1 章
绪　论

　　航空发动机是实现国防现代化、确保国家安全的重大战略装备。航空装备是常规战略威慑力量的核心,是捍卫制空权的主要工具,是维护我国战略利益日益拓展的基本手段。当前,我国已经进入构建新型国防和国家安全体系的关键时期,第四代军机、大型运输机和大型客机的发动机还不能实现适情保障,突破动力瓶颈已经成为新时期军事装备建设的重中之重。发展先进航空发动机是满足我国发展需求、实现制造业转型升级、提升国防实力的重要步骤。

　　航空发动机的安全性、可靠性与维修性是航空国际关注的焦点,基于航空发动机故障诊断技术形成的发动机健康管理系统是先进发动机的重要标志,是提高航空发动机安全性、可靠性与维修性的重要途径,也是发动机从定时维护向视情维修转变和零部件视情生产的基础。航空发动机健康管理涉及传感、采集、分析、检测和数据处理等技术,通过航空发动机振动、气路、滑油、寿命等方面的实时或近实时信息,实现状态监测、故障诊断、趋势分析和寿命管理等功能,从而指导维护并提高航空发动机的安全性、可靠性与维修性。航空发动机结构复杂且部件多,导致振动信号模式多变。机动飞行服役条件导致其振动信号呈现出强时变非平稳的快变特性,且航空发动机动静摩碰、振动突跳、中介轴承故障等典型故障模式导致了不同的快变特性。时频分析为描述快变信号提供了有效手段,然而传统时频分析方法受到 Heisenberg 不确定性原理的限制,正如 SAE ARP 1839A《飞机涡轮发动机振动监测系统指南》所指出的,这也限制了其振动信号分析的有效性。如何提升航空发动机快变信号分析性能,进而提升故障诊断能力,是航空发动机振动监测诊断所面临的关键问题之一。

　　本书系统阐述航空发动机振动监测与故障诊断的需求、航空发动机快变信号的定义与分析方法,以及航空发动机故障诊断系统设计与工程应用。本章在概述航空发动机健康管理的基础上,介绍航空发动机健康管理标准与规范,重点介绍美国汽车工程师学会(Society of Automotive Engineers, SAE)航空航天推进系统健康管理技术委员会 E‐32 与 SAE 飞行器综合健康管理技术委员会 HM‐1 组织制定的标准与规范。最后分析总结航空发动机振动故障诊断技术研究现状,包括振动信号特点与诊断难点,以及振动故障诊断中时频分析所面临的挑战。

1.1　航空发动机健康管理概述

　　航空发动机的安全性、可靠性与维修性是航空国际关注的焦点。航空发动机高温、高转速的严苛服役条件和长寿命、高可靠的内在品质,要求关键部件的典型高温材料处于极限服役温度,制造工艺达到极小裕度水平,服役监测逼近临界参数状态。因此,航空发动机性能的提升不仅依赖高温材料、先进制造技术的突破,也依靠健康管理关键技术的突破。航空发动机发展史总是伴随着故障的频繁发生、排除、再发生与再排除的过程。即使一型设计非常成功与使用情况非常良好的航空发动机,到快要退出历史舞台的阶段,可能还会出现致命故障[1]。以支承航空发动机转子系统的关键部件主轴承为例,由于其运行于高速(工作转速为 2 000～16 200 r/min)、高温(工作温度≥300℃)、变载(同时承受推力载荷、重力载荷、转子响应载荷、预载荷、机动载荷,且这些载荷都是随时变化的)环境,长期反复循环使用,是转子系统的薄弱环节。根据美国空军研究实验室统计,某型航空发动机在投入使用半年内,连续发生 5 起中介主轴承滑蹭损伤,导致重大事故。近年来,我国多型航空发动机因主轴承故障导致出现了多起空中停车事故征兆,甚至会导致抱轴故障,严重影响飞行安全。例如,2019 年,我国某型飞机飞行时振动异常,导致空中停车、飞机单发返航;飞行后检查高压转子无法摇动,经分解检查后发现主轴承失效。据统计,我国某型航空发动机 10 年间发生 20 起五支点中介主轴承抱轴或者断轴故障,造成重大事故与经济损失。某型发动机主轴承故障形式如图 1.1 所示,其中三支点、四支点、五支点主轴承的故障比例超过 70%。

图 1.1　某型发动机主轴承故障形式

　　航空发动机健康管理(engine health management, EHM)是提高航空发动机安全性、可靠性与维修性的重要途径,是发动机从定时维护向视情维护转变和零部件视情生产的基础。航空发动机健康管理是指通过机载系统和非机载系统中的传感、采集、分析、检测和数据处理等手段,提供航空发动机振动、气路、滑油、寿命等方面的实时或近实时信息,实现状态监测、故障诊断、趋势分析和寿命管理等功能,从而预警可能影响安全运行的情况,以有针对性地安排检查维修、排除异常故障、改进功能性能、预测备件需求,进而提高航空发动机的安全性、可靠性与维修性。美国首席专家 Volponi 对航空发动机健康管理的过去、现状和未来进行了综述,强调气路、振动故障诊断与寿命管理对航空发动机运行安全与事故预防的重要性[2]。

国外先进航空发动机典型健康管理系统均包括振动、气路、滑油、寿命管理等技术。例如,美国通用电气(General Electric, GE)公司为其 GE90 系列发动机装备了 EHM 系统,且根据使用情况进行了持续升级改进,为增强轴承失效预警功能而改进的 EHM 系统如图 1.2 所示。美国普拉特·惠特尼集团公司(简称普惠公司)构建了健康管理架构,并为 F135 发动机装备了 EHM 系统,具备振动监测、滑油监测、性能监测与寿命管理等功能,如图 1.3 所示。具体地说,F135 发动机采用前中介机匣、后支承环及附件机匣 3 个振动加速度传感器监测发动机振动状态,实现部分振动故障模式检测与隔离(包括转子不平衡、低压转子叶片结冰、高压转子弯曲、外物损伤、鸟撞和叶片掉块、挤压油膜、摩碰、连接松动等引起的转子系统不稳定和轴承降级等);利用增强型自调整机载实时模型(enhanced self tuning on-board real-time model, ESTORM)实现控制用传感器与气路部件的在线诊断和隔离;利用机载碎屑监测器测滑油中的金属颗粒,以实现对齿轮、轴承等零件早期故障及性能退化情况的监测;在寿命管理方面,机载实现关键部件使用寿命消耗情况在线计算(热端部件低周疲劳及蠕变寿命计算、起动次数、加力点火次数、发动机工作和飞行时间、总累计循环次数计算等),并且实时计算关键系统和部件的剩余寿命。英国罗尔斯·罗伊斯公司(简称罗·罗公司)建立了发动机远程监测中心(图 1.4),监测其在全球服役的超过 1 000 台 Trent 800 发动机的运行状态并降低维护费用,在每台发动机的风扇、压气机、涡轮上等不同部位布置了 25 个传感器,获取温度、压力、速度和振动等运行参数;Trent 900 发动机的 EHM 系统同样配备振动监测与振动信号处理单元。

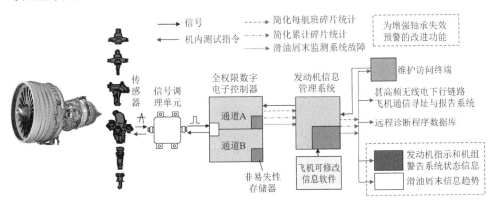

图 1.2　美国 GE90 发动机的改进 EHM 系统示意图

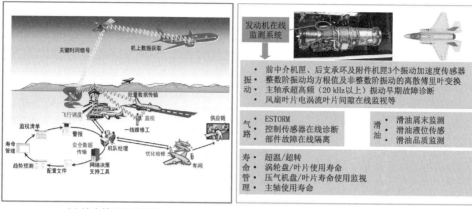

(a) 健康管理系统框架 　　　　　　　　　(b) F135发动机EHM系统功能

图 1.3　美国普惠公司健康管理系统框架及 F135 发动机 EHM 系统功能

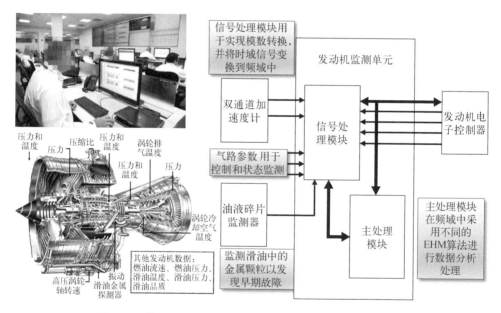

图 1.4　英国罗·罗公司发动机远程监测中心与 EHM 系统

　　EHM 系统是先进发动机的重要标志,已成为航空强国的战略发展方向。为提高航空发动机的安全性、经济性与可维护性,美国实施了长远系统的国家研发计划,如 2006 年实施的经济可承受的通用多用途先进涡轮发动机计划和 2018 年实施的支持经济可承受任务能力的先进涡轮技术计划等。美军应用 EHM 技术后,F135 发动机排故时间从 20 min(F119 发动机)缩短为 15 min,比现役的 F100、F110 等发动机的排故时间缩短了 94%,显著提升了发动机运行安全性、维修性与装备可利用率[3]。根据美国国防部副部长政策备忘录,美军从 2004 年开始在其直升机机队上实施基于 EHM

系统的状态维护增强计划,截至 2011 年 3 月,64% 的机队都配备了 EHM 系统,在配备 EHM 系统的部队内进行的维护与未配备 EHM 系统的部队内进行的维护产生了鲜明的对比,这两类单位在 26 个月内节省的成本为 1.12 亿元,并且不包括维修工时等"沉没成本"。截至 2012 年 4 月,实施状态维护增强计划的直升机可用性增加了 9%;避免了 3 起"A 级"事故(飞机损失、损失超过 200 万美元或生命损失),节省了 4 900 万美元;UH60/AH64 机队避免了 57 次发动机拆卸,省了 2 700 万美元[4]。

我国也高度重视航空发动机健康管理基础理论研究及系统研制。在 2015 年启动的"航空发动机及燃气轮机重大专项"基础研究规划中,明确将"健康管理设计理论与验证方法"列为 32 个重点研究方向之一,且分别资助了"涡轴涡桨发动机"、"涡喷涡扇发动机健康管理"项目,同时还资助了"滑油监测"、"叶端定时及主轴承诊断"等专业技术项目。"民用飞机健康管理顶层规划研究"项目中将"航空发动机健康管理"列为七大主题之一。国家自然科学基金委于 2018 年 6 月召开了第 203 期双清论坛"航空发动机基础科学问题",并于当年立项并启动了国家自然科学基金重大研究计划"航空发动机高温材料/先进制造及故障诊断科学基础",航空发动机故障诊断是其三大方向之一。

1.2　航空发动机健康管理标准与规范

国外自 20 世纪 60 年代开始研究民用航空发动机健康管理系统;70 年代,状态监视系统开始在民用航空发动机上应用;80~90 年代,电子技术和计算机技术的迅速发展,极大地促进了航空发动机状态监视和故障诊断技术的发展。航空发动机健康管理旨在提高航空发动机的安全性、可靠性与维修性,涉及传感、采集、分析、检测和数据处理等技术,利用航空发动机振动、气路、滑油、寿命等方面的实时或近实时信息,从而实现状态监测、故障诊断、趋势分析和寿命管理等功能。航空发动机健康管理所涉及的每项技术和功能都经历了漫长的发展过程,其研究成果由不同的国际机构汇总凝练,形成了一系列标准与规范,对指导航空发动机及不同行业的健康管理系统设计与开发具有重要意义。

国际上涉及健康管理标准规范的组织机构较多,但是各自的研究方向和领域各有不同,如图 1.5 所示。电气与电子工程师协会(Institute of Electrical and Electronics Engineers, IEEE)可靠性学会 PHM 委员会、国际标准化组织(International Organization for Standardization, ISO)机器系统状态监测与诊断委员会 ISO/TC i08/SC5、机器信息管理开放系统联盟(Machinery Information Management Open System Alliance, MIMOSA)的视情维修(condition-based maintenance, CBM)的 OSA – CBM 标准,聚焦于健康管理系统应用于不同行业所通用的电子系统、机械系统,以及通用架构、接口和数据等方面的规范标准。航空无线电技术委员会(Radio Technical

Commission for Aeronautics，RTCA）、美国航空无线电公司（Aeronautical Radio Inc.，ARINC）以及 SAE E‑32 航空航天推进系统健康管理技术委员会,则更聚焦于飞机的航电子系统和航空发动机等健康管理所涉及的规范与标准,例如,RTCA 主要针对故障预测与健康管理（prognosis health management，PHM）机载软硬件客户化开发,ARINC 主要针对机电系统状态监测与机内测试,SAE E‑32 则主要包括航空发动机健康管理架构、传感器以及机载与地面软硬件系统、健康管理系统成效分析与评价指标、振动故障诊断等所涉及的专业技术。SAE AISCSHM 航空航天工业结构健康监测指导委员会、SAE HM‑1 飞行器综合健康管理技术委员会及美国联邦航空管理局（Federal Aviation Administration，FAA）等则分别聚焦飞机结构健康监测、飞行器综合健康管理系统工程及 PHM 适航要求等。

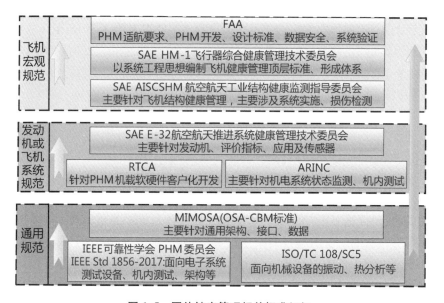

图 1.5　国外健康管理相关标准组织

最全面的航空发动机健康管理标准规范由 SAE 航空航天理事会下属的可靠性、可维护性和健康管理系统委员会组织形成,包括 SAE E‑32 与 SAE HM‑1 等。本节将对 SAE E‑32 与 SAE HM‑1 分别组织形成的 65 项和 24 项标准规范内容进行阐述。除 SAE 标准外,ISO、IEEE、MIMOSA 等相关内容可参考专著《民用客机健康管理系统》[5]、《航空发动机预测与健康管理》[3] 等。

1.2.1　SAE E‑32 标准规范

SAE 航空航天理事会推进系统分部下设了航空航天推进系统健康管理技术委员会 E‑32,收集和分析各类飞行器推进系统健康管理的要求,并制定标准和建议,以便采用影响推进系统运行的航空航天推进系统健康管理设备。该委员会除了政府、军方和学术界的参与外,还吸引了来自世界各地的航空公司、发动机和机身制造商、专业设备供应商、数据采集设备制造商、子系统集成商和专业的高科技公司,共同追求健康管理的最先进水平。SAE E-32 委员会的工作包括:① 确定适用于潜在推进系统被感知参数(压力、温度、振动等)及选择参数所涉及的因素(潜在问题、精度、成本等);② 分析航空航天推进系统健康管理的各种方法(机载振动健康管理系统、故障预测能力、地面软件接口等),并建立具有成本效益的系统标准,指导推进健康管理系统的设计实践;③ 为航空航天推进系统健康管理设备和技术制定适当的标准,如传感器类型、连接到通用诊断器的信号的识别等;④ 为航空航天推进系统健康管理制定新的要求和用途,以促进飞行器的可持续和成本有效运行。

　　SAE E-32 委员会制定的健康管理标准与规范中涉及的航空航天推进系统包括以下四类:商用航空运输推进系统、航空飞行器推进系统、小型航空飞行器推进系统(包括直升机系统)和辅助动力装置,其中可能包括使用传统和非传统燃料运行的燃气轮机、包含储能和能量转换元件的混合建筑、所有电力系统、电力和热力管理系统及新的组件组合。SAE E-32 委员会审查了航空航天推进系统健康管理方面的行业经验和最新水平,并发布了 SAE 航空航天标准(Aerospace Standard, AS)、航空航天推荐规程(Aerospace Recommended Practice, ARP)、航空航天信息报告(Aerospace Information Report, AIR)的文件,以及涵盖航空航天推进系统健康管理学科的航空航天资源文件(Aerospace Resource Document, ARD),SAE E-32 委员会组织和操作程序对这些文件的范围和适用性进行了定义。经过 20 多年的技术积累,SAE E-32 委员会发布了 30 余项关于燃气涡轮发动机监视系统/健康管理系统的标准规范,其发布时间如图 1.6 所示。为节省版面,本书图中涉及的标准号未标注"SAE",也省略了书名号其中现行的标准与规范有 18 项,部分如图 1.7 所示,主要包括发动机健康管理指南、振动监视系统指南、滑油系统监视指南、使用寿命监视和零件管理指南、辅助动力装置健康管理指南等,用于指导航空燃气涡轮动力装置的状态监视、故障诊断及健康管理系统的设计、使用和维修。SAE ARP 1587B《航空燃气涡轮发动机健康管理系统指南》、SAE ARP 5120《航空燃气涡轮发动机健康管理系统开发与集成指南》、SAE AIR 1871C《从推进与传动系统的健康管理系统开发、实施和运行中吸取的经验教训》和 SAE ARP 1839A《飞机涡轮发动机振动监测系统指南》。

　　1. SAE ARP 1587B

　　SAE ARP 1587B 是一份航空推荐规程,旨在为政府或商业用户、飞机制造商、发动机厂商、设备供应商提供一个航空燃气涡轮发动机健康管理系统指南。SAE ARP 1587B 为航空燃气涡轮发动机健康管理系统提供了一个整体架构,作为 EHM 顶层规划的基石文件,论述了 EHM 的相关术语与定义,以及 EHM 功能、需求与效益,并提供了 F35 联合攻击战斗机、CH-47 支奴干中型运输直升机等的 EHM 实施

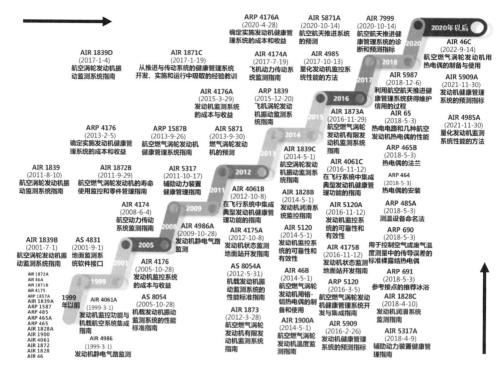

图 1.6 SAE E‑32 委员会所有版本的健康管理标准及规范发布时间

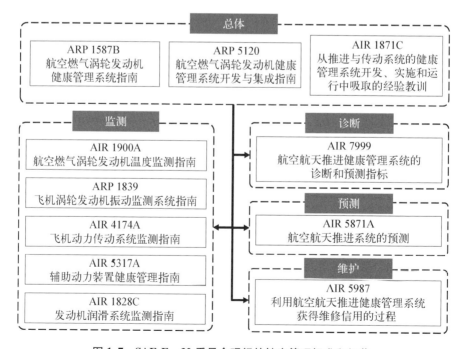

图 1.7 SAE E‑32 委员会现行的健康管理标准和规范

实例。该指南讨论了各种 EHM 架构并给出了可行的 EHM 设计步骤。

SAE ARP 1587B 在定义了退化、故障、失效、寿命及任务可靠性等基本概念的基础上,详细介绍了 EHM 系统的四大功能,即状态监测、故障诊断、性能预测和维护决策。

(1)状态监测是 EHM 系统发挥功能的第一步,感知实时状态并辨识症状或异常,具体包括传感数据分析与定期检查,从而确定部件的退化状态、失效过程及异常状态感知。异常检测通常有两种方式:第一种是基于寿命统计的方式,如涡轮盘低周疲劳管理、过热或者超转等;第二种是基于状态感知数据的方式,如振动监测相关的技术、磨粒监测等。

(2)故障诊断是 EHM 系统的第二个功能,相比异常检测的被动监测,故障诊断是通过分析症状从而得到症因的主动过程。需要进行故障诊断也就意味着系统当前状态存在一定的不确定性,因此需要进行故障跟踪或故障隔离,从而确定可能的故障诱因。故障诊断需要对被监测对象具备良好的知识,如果能够建立发动机的失效模式效应与关键性分析,则对故障诊断非常有利。

(3)性能预测是 EHM 系统的第三个功能,确定症因或状况即将发展的方向及当前所处的时间阶段,其本质是趋势分析并预测退化的方向或故障和失效将要发生的类型和时间,也需要确定退化、故障或失效将对发动机运行及执行任务能力所产生的影响。按照预测时间不同,可以分为短周期预测、中周期预测和长周期预测,分别对单个发动机维护、物流管理与备件、商业与军事规划具有重要意义。

(4)维护决策是 EHM 系统的最后一个也是最关键的功能,针对检测到的症状,确定采取何种措施、行动进行维护。与趋势分析和性能预测类似,可以在不同层级上采取指定行动。对于单个引擎级别,可以是单独维护决策替换组件或发动机;在机队(或子机队)级别,规定的行动可能是针对整个机队的技术命令、政策变化或整改行动,自动决策支持过程可能涉及数据挖掘和推理技术。

SAE ARP 1587B 进一步介绍了 EHM 系统的实施成效。按照图 1.8 给出的 EHM 系统部署发动机所需满足的性能,按照重要性等级依次为适航安全性、任务

图 1.8　EHM 系统所部署的发动机所需满足的性能

成功率、可用性与经济性。适航安全性是首要目标,导致飞机坠毁或危及机组人员和公众安全的灾难性失效风险必须在可控范围内。当飞机具备适航性后,就需要确保任务成功率,即飞机一旦起飞就能够完成飞行任务。同时,还要求飞机具有高可用性,即在地面时总处于能够起飞的状态。对于商用飞机,要求处理失效所耗费的非计划内维护时间不应当引起飞行延误。除了上述目标,还有一个目标就是尽量降低维护成本。

SAE ARP 1587B 以联合攻击战斗机 F35 为例,提供了固定翼飞机的 EHM 实施案例,包括健康管理建构及所采用的技术,能够实现在线监测诊断、在线评估、实时通信并获得后勤保障基础设施并立即采取纠正措施。以 CH‑47 支奴干中型运输直升机为例,提供旋翼机 EHM 实施案例,包括一套具有地面和机载健康监测与故障诊断的健康与使用监测系统(health and usage monitoring system, HUMS),用于发动机、辅助动力系统、传动系统、旋翼系统和机身等的监测,如图 1.9 所示。

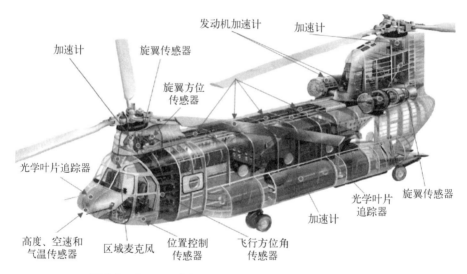

图 1.9　CH‑47 支奴干中型运输直升机的健康管理功能

2. SAE ARP 5120

SAE ARP 5120 为航空燃气涡轮发动机健康管理系统开发与集成的推荐规程,就如何为发动机应用开发和实施一体化的端到端健康管理系统提供了指南。针对发动机及其辅助动力装置的高可靠健康管理系统开发,提供推荐的最佳规程、程序和技术的物理和功能设计、开发、集成和验证。该推荐规程将 SAE AIR 1873、SAE AIR 4061B、SAE AIR 4175A 和 SAE AIR 5120 等标准与规范进行了整合。

SAE ARP 5120 给出了发动机 EHM 系统的典型集成要素,如图 1.10 所示,包括感知、采集、传输、分析与执行共五个单元。感知单元可以包括各种物理参数,如

压力、温度、速度、力、振动,以及使用时间或循环次数等。例如,罗·罗公司的
Trent 800 发动机健康管理系统布置了发动机压力、温度、速度、振动等 25 个传感
器。采集单元将在适当的时间或状态下收集数字化的参数数据,可以是特定的稳
态和瞬态数据,也可以是参数超标触发的事件数据或全航程的连续数据。传输单
元包括计算资源之间的数字数据传输,在 EHM 系统中可能有多个传输。数据传输
是 EHM 系统中一个非常重要的部分,因为这将影响 EHM 系统架构选择及系统在
检测快速失效方面的有效性。分析单元对采集数据进行计算,以增强其使用或创
建直接可执行的信息,并检测数据中的一些异常特征,用于诊断预测。在某些应用
中,可以在机载系统中进行初步分析,包括特征提取、数据采样、数据压缩或其他技
术,以减少需要传输的数据量。执行单元是 EHM 的最终过程,该单元向运营商提
供分析报告,从而进行维护、后勤或运营决策。

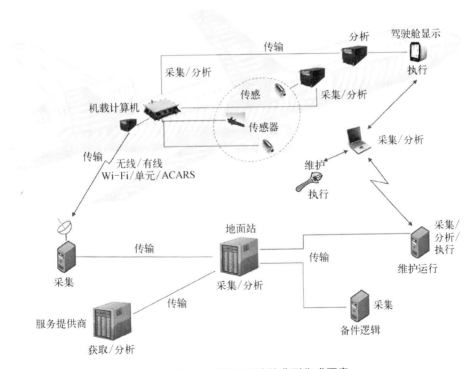

图 1.10　发动机 EHM 系统的典型集成要素

ACARS 表示飞机通信寻址与报告系统

　　SAE ARP 5120 指出:在 EHM 系统开发阶段,需要明确发动机运行与维护所
涉及的 EHM 系统的特征与功能;在 EHM 系统集成实施阶段,要综合 EHM 系统利
益相关方的定量与定性需求,由最初的概念最终发展为功能丰富的 EHM 系统。
SAE ARP 5120 不仅给出了 EHM 系统设计所涉及的用户接口、可用性、可靠性、维

护性及安全性等各个方面的设计准则,还给出了机载与非机载子系统中软硬件设计与性能要求,从而确保实现在线监测、异常检测、故障诊断、寿命预测等功能。

机载采集和处理数据是 EHM 系统的重要功能,这些数据构成了 EHM 系统的基础,包含事件数据、趋势数据、故障数据、寿命使用数据、时间历史数据、机内测试数据及性能裕度数据等。此外,连续记录的飞行数据通常用于增强 EHM 系统数据,后勤数据用于维持配置数据库,维修数据对于发动机的性能和趋势分析功能非常重要。针对上述数据进行分析,首先需要使用 EHM 系统中的算法,将原始数据转换为有用的信息。无论是机载还是非机载分析算法,都大致分为三类:异常检测、诊断和预测,分别对应于 EHM 系统的不同功能。

3. SAE AIR 1871C

SAE AIR 1871C 提供了在推进和传动系统的健康监测系统开发、实施和运行中吸取的经验教训,概述了军事和商业项目的地面站系统、油屑监测系统、润滑系统及 HUMS 所吸取的经验教训。只有吸取之前的经验,并明确定义发动机运行维护概念,才能开发出满足用户特定需求的健康监测系统。健康监测系统从简单的单系统监测、润滑系统监测和油屑监测开始,然后发展到更复杂、集成的 HUMS,有许多需要学习的经验。

润滑系统过滤器的状态包含了丰富的健康信息,通常,润滑系统可实现重复的平均清洁度平衡。基于润滑系统过滤器状态的维护需要在滤芯上使用差压传感器,以实现对系统的预测监测。通过将当前滤芯压降和运行时间与基线负荷曲线和终端压降进行比较,可以识别与正常滤芯负载曲线的偏离,从而提供早期故障提示并确定滤芯的剩余寿命。由于系统运行异常,碎屑增加,滤芯的使用寿命缩短,对滤芯中捕获的碎屑进行表征,可以指示早期与污染物相关的润滑系统问题的根本原因。此外,应考虑差压测量的温度补偿,以减少虚警。

GE90 发动机的健康管理系统运行中就存在如下经验。磁性屑末监测系统(debris monitoring system, DMS)应给予更多重视,全流式油屑监测(oil debris monitoring, ODM)系统要更集成且指标要更可靠,早期一周仅检查一次 DMS 信息明显是不够的。发动机应激活 DMS 并每天检查 DMS 信息,如果 DMS 不可用,则每日执行视觉传感器检查。每次起飞时,在出站操作之前要检查 DMS 信息,提供屑末数量的变化趋势,并在维护访问终端信息的基础上向发动机指示和机组警报系统发送状态信息(DMS 通信如图 1.2 所示)。ODM 系统应完全集成到润滑和健康监测系统中,包括物理传感器、电缆和配套电子设备。在开发 ODM 系统时应准确定义可能产生不利影响的因素,包括环境、油、振动/冲击等。可靠有效的状态指示器需要融合来自子组件测试、组件测试、开发测试和投入使用后的经验信息,并且状态指示器参数和算法应在 ODM 系统中实现,使其在投入使用后可以进行调整,无须对系统软件进行重新认证。

HUMS 的基础设施和特定能力需要进一步开发,集成 HUMS 的功能需要更加严谨的态度和有效的支持。地面系统内的数据完整性应在从数据收集到交付到维护和后勤支持的端到端的过程中得到保证,并且需要对动力系统和动部件进行健康监测,以在不同的飞行条件下提供故障指示,并具有低误报率和高检测率。转子系统的健康监测对于提高飞机安全性至关重要。从单纯的计划维护过渡到基于状态的维护,这将显著提高飞机的可用性并降低维护成本。发动机制造商应在HUMS 开发早期阶段参与,以便将飞机数据与故障模式关联起来。由于部件间的振动水平差异很大,对同机型同部件需要设置相同的阈值。由 HUMS 计算的功率裕度本质上比手动方法更准确,应进行一系列测试,表明计算的扭矩裕度对记录的输入参数中的错误的敏感程度,一旦对模型进行了彻底测试,结果将更趋近于准确和一致。如果制造商未认可自动功率保证算法,在法规允许的情况下,仍然可以通过比规定更大的裕度来使用自动方法。数据管理对于使用健康和使用监测技术的维护操作的有效运行至关重要,以逻辑、结构化和直观的方式在屏幕上显示数据也很重要。建议仅显示用户需要查看的数据,可以使得用户界面保持简单,减少出错的可能性,并将培训需求保持在最低限度。

推进发动机数据处理系统需要更加快捷和灵活。机载解决方案提供完全自主性,但需要上传配置信息,修改既昂贵又耗时,在这些系统的修改过程中应使用配置表,以减少修改所需的时间。机载解决方案提供即时健康指示,但这些系统应提供足够的灵活性,以便从飞机上下载数据,从而执行地面分析。地面解决方案需要大量的机载数据存储和传输能力,但可以灵活地进行所有飞行分析。

开发和推进 PHM 系统时,需要硬件、技术、领域知识和大数据等的支撑。航空电子基础设施等问题可能会严重限制 PHM 系统的开发和成熟,基于性能的规范对于 PHM 系统"并不理想"。许多新的和创新的 PHM 技术都存在于小企业竞争中,在将技术引入新的飞机平台之前,技术必须成熟到项目愿意接受风险的准备水平。简单的系统性能下降具有指示性,子系统专业知识和故障知识至关重要。PHM 系统是一个强大的数据采集系统,通常能够解决最初设计时没有解决的问题,数据越多越好,但应学会处理和管理。

4. SAE ARP 1839A

SAE ARP 1839A 为固定翼飞机或旋翼机的发动机振动监测系统开发与集成的推荐规程,重点介绍了进行发动机振动监测(engine vibration monitoring, EVM)系统设计时需要考虑的因素,并描述了目前正在使用的 EVM 系统及其未来的发展趋势。针对发动机 EVM 系统的开发,从系统总体设计、振动分析技术、动平衡、监管要求与使用维护等方面推荐了最佳方式与注意事项。

SAE ARP 1839A 介绍了一个完整的发动机 EVM 系统所包含的集成要素,如图 1.11 所示,包括用于监测发动机振动及其驱动设备的所有设备、数据和程序。

EVM 系统可以作为发动机状态监测的一部分,监测多个发动机参数,也可以作为一个独立的系统来监测发动机状态。进行发动机 EVM 系统设计时,需明确定义系统的目的、功能和约束,以及系统与飞机的集成。

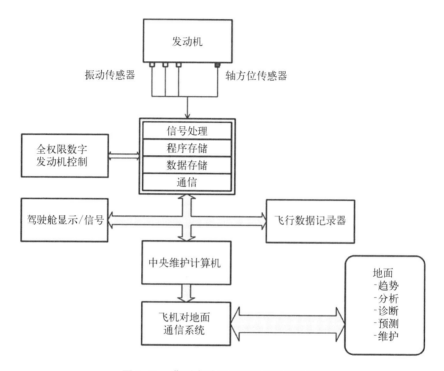

图 1.11　典型发动机 EVM 系统示意图

　　振动信号是 EVM 系统中发动机运行状态信息的传递媒介,因此信号采集、传输和处理对发挥系统功能非常重要。信号采集的质量取决于传感器位置、安装及特性三个要素,且应注意避免由于实际频率在工作频率范围附近而引起共振的问题。进行信号传输系统设计时,要注意线路检查、系统分区、布线、连接器等问题,以保证信号的高效传输。信号处理是 EVM 系统的功能核心,可以是单一元件形式,也可以是包含不同监测功能的复杂系统。在信号处理模块中,信号调理、信号集成、带宽选择、输出格式、警告功能、系统自测均需考虑,以保证对信号进行高效且正确的分析处理。

　　振动分析技术对于发动机 EVM 系统的有效性至关重要,包括模式匹配与时频分析等技术。模式匹配技术可以用于检查数据质量或确定新的数据集与先前数据集相比发生变化的时刻。时域分析主要表征非谐波事件,可用于识别故障传感器、低质量数据或损坏数据;频域分析的目的是将复杂的时间信号分解成单个频率分量,是振动诊断的有力工具;时频分析技术由于同时从时间和频率两个维度描述信号,也是振动分析的有效工具。时频分析本质上是对每一段信号频谱分析的排列,Heisenberg 不确定性原理使得时间和频率事件均趋于平滑,表现在时频图上即为能量分散,从而导致时频聚集性变差,限制了时频分析技术在发动机振动监测中的应用。

在动平衡方面,振动跟踪监测技术可以为转子平衡调整提供数据,为促进机翼上的平衡调整,SAE ARP 1839A 中鼓励发动机制造商在发动机设计时加入转子相位参考信号。此外,还从 EVM 系统的各方参与者、监管要求、系统使用中的人为因素、系统的经济性、系统使用与维护等方面提供了相应的最佳推荐方案及注意事项,为发动机 EVM 系统的设计、开发、集成、使用与维护提供指南。

1.2.2 SAE HM-1 标准规范

SAE 飞行器综合健康管理技术委员会 HM-1 由英国克兰菲尔德大学的飞行器综合健康管理(integrated vehicle health management, IVHM)研究中心牵头,于 2010 年 10 月成立。区别于 SAE E-32 委员会,SAE HM-1 委员会以系统工程思想编制飞行器综合健康管理顶层标准,从而建立健康管理体系。

SAE HM-1 委员会的工作包括以下几方面:

(1)确定适用于 IVHM 系统的潜在飞行器参数(推进系统、起落架系统、结构等),以及选择参数时涉及的考虑因素(潜在问题、精度、成本等);

(2)分析实施 IVHM 系统的各种方法,并建立选择最具成本效益系统的标准;

(3)酌情制定 IVHM 系统参数、设备和技术的标准;

(4)开发 IVHM 系统的新要求和用途,以促进飞行器的成本效益运营和维护。

该委员会积累、发展和传播了与下列有关的飞行器综合健康管理系统技术和经验:民用固定翼和旋转翼飞行器、军用固定翼和旋转翼飞行器、无人固定翼和旋转翼飞行器、数据处理设备、系统和软件、飞行器维修平台。

SAE HM-1 委员会审查行业经验和 IVHM 中的最新技术,并酌情发布 AS、ARP、AIR、ARD 和联合飞行器/航空航天(Joint Vehicle/Aerospace, JA)文件,SAE 航空航天委员会组织和操作程序中规定了这些文件的范围和适用性。到目前为止,SAE HM-1 委员会共颁布了 24 项相关标准和规范,其发布时间如图 1.12 所示,其中现行的标准与规范 18 项,部分如图 1.13 所示。本节重点介绍 SAE ARP 6803《IVHM 概念、技术和实施概述》、SAE ARP 6275A《确定实施综合设备健康管理系统的成本和效益》、SAE ARP 6883《航空航天系统 IVHM 要求编写指南》。

1. SAE ARP 6803

SAE ARP 6803 提供了与 IVHM 相关的概念、技术和实施的顶层视图。当组织决定实施 IVHM 能力作为其产品维持战略的一部分时,决策必须考虑驱动决策的业务目标和用户视角、支持推动力的系统架构和设计、技术准备水平或所涉

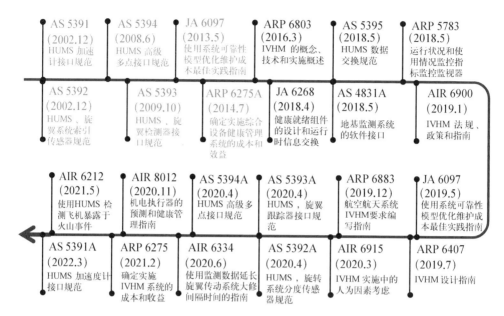

图 1.12　SAE HM‑1 委员会所有版本的健康管理标准和规范发布时间

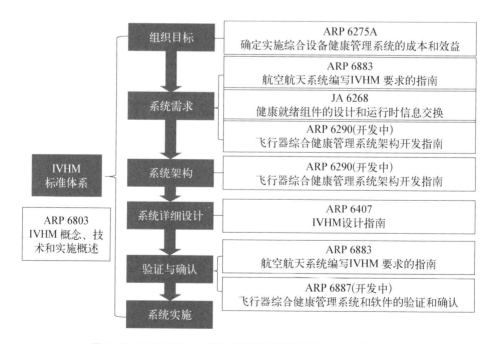

图 1.13　SAE HM‑1 委员会部分现行的健康管理标准和规范

及技术的成熟度,操作环境和基础设施的独特方面,以及支持 IVHM 生命周期中所需的工具。IVHM 系统的功能范围见图 1.14,SAE ARP 6803 中具体讨论了图 1.14 中列出的相关 IVHM 系统要素的重要方面和注意事项。

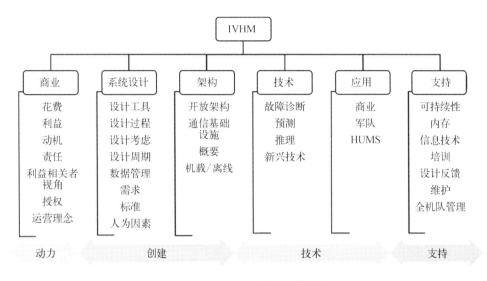

图 1.14　IVHM 系统的功能范围

IVHM 的演变可以追溯到维修本身的历史发展,随着时间的推移,飞行器的复杂性逐渐提高,维修方法也在不断发展,被美国国家航空航天局视为一种将不同方法整合到飞行器健康管理的手段,某些利益相关者对其部分飞行器(发动机、机身等)进行了预测性维护。通常将通过 IVHM 系统的数据流描述为五个阶段的过程,即感知、采集、传输、分析和行动:

(1)感知阶段涉及在给定采样率下确定一个或多个物理参数的值,用于确定被监测车辆部件的状况;

(2)采集阶段涉及在适当的时间或状态下收集数字化数据;

(3)传输阶段涉及在流程阶段之间移动数据;

(4)分析阶段涉及对采集的数据进行操作,以增强其使用和/或创建可直接操作的信息;

(5)行动阶段,向资产所有者和维护者提供信息,以就其机队资产做出维护、后勤管理和运营决策。

开发和实施 IVHM 系统功能时,应当明确动机。实施 IVHM 的动机通常是提高安全性、可用性(减少商业应用给乘客带来的不便)、任务效率(军事应用)及降低操作和维护成本。对利益相关者而言,他们之间与所涉及资产之间的关系,对于理解利益相关者对 IVHM 系统功能的感知价值至关重要。商业航空公司主张任何

IVHM 系统功能的价值主要与增强安全性、提高系统可用性(增加乘客便利性),以及降低运营和维护成本有关;而军方的价值主张更关注减少维护工作量和提高任务可用性,而不是节约成本。

设计和实现 IVHM 系统功能需要注意以下事项:选择合理标准,支持基于状态的维修开放系统架构,支持物流、供应链、B2B 交换和产品生命周期信息;设计注意事项,包括责任考量、安全注意事项、可用性注意事项、可靠性注意事项、可维护性注意事项和保障性注意事项;生命周期设计和实施注意事项,包括飞行器运行和支持目标、需求开发阶段、系统功能分析阶段、设计综合和集成阶段、系统测试和评估阶段及进入服务阶段;其他注意事项还包括监管要求和认证注意事项、IVHM 系统架构注意事项、IVHM 系统信息管理注意事项、IVHM 系统信息技术部署注意事项和人为因素考虑的重要性。

SAE ARP 6803 推荐了 IVHM 系统的设计工具、技术和分析方法。故障失效模式及影响分析(failure mode and effects analysis,FMEA)是识别故障发生时将发生什么并了解其影响的工具,FMEA 的扩展是故障模式和影响关键性分析。有许多工具可用于支持这些不同的系统健康数据视图,但模型本身具有某些标准,常用的有安全模型和诊断模型。分析阶段的第一道防线,检测算法指示异常情况的存在;诊断算法提供了有关特定故障存在的进一步信息;预测算法估计剩余的操作时间,直至组件或子系统不再执行其预期功能。IVHM 系统提供必要的信息,做出适当的决策,以解决健康状况恶化引起的问题。从原始数据感知到决策支持行动生成的过程和架构称为 IVHM 闭环,该闭环的重要功能如下:① 准确预测即将发生的故障或估计关键部件的剩余寿命;② 一旦观察到故障影响,快速有效地隔离故障的根本原因;③ 向用户提供对其特定功能(即操作、维护、支持等)有用的系统可操作信息。

目前,IVHM 系统已经在商业和军事方面得到了大量应用,其中商业航空公司对 IVHM 系统的应用因需求而不同,正在开发或目前已经在执行的商业飞机系统包括发动机、辅助动力装置、惰性气体生成系统、车轮和制动系统、燃油系统、空调和温度控制系统、座舱增压系统、高压直流冷却系统、配电系统、厨房冷却系统、风扇或低压系统及结冰检测系统。在军事应用方面,IVHM 系统的军事设施因旋翼机和固定翼飞机而异,具体取决于作战概念。美国陆军在其直升机编队上安装了数字源收集器,到 2005 年总计超过 3 300 个机身。应用 IVHM 系统后,美国陆军减少了每飞行小时的维护工时,提高了安全性,降低了操作和支持成本。

文档管理、配置管理、培训和设计反馈为 IVHM 的实施提供了重要技术支持。清晰完整的文档是 IVHM 实施的重要组成部分,对于促进功能的顺利部署非常重要,文档类别包括需求文档、设计文档和用户说明或用户指南。为确保平台及其 IVHM 组件的可靠性和可维护性,建议更改配置管理的三种做法是识别配置、控制配置和审核配置。IVHM 系统功能的培训材料应完整,并在部署时提供给用户,培训计划应做到以下几点:① 展示 IVHM 能力的接口如何适应、简化和/或增强用户的工作过程;② 培训用户用于构建 IVHM 能力的思维过程,建立更广泛的用户接受基础;③ 为用户提供所开发的方法,以适应预期行为与 IVHM 能力流程和工具之间的不匹配。将监测过程中发现的问题,以及从维护事件期间收集的数据中发现的问题应反馈给平台原始设备制造商、子系统设计师及 IVHM 设计师。

2. SAE ARP 6275A

SAE ARP 6275A 提供了关于如何执行成本效益分析的见解,以确定在飞行器上实施综合健康管理系统将带来的投资回报,并描述了分析中可以考虑的功能复杂性,以及进行成本效益分析的不同工具和方法,并区分了军事和商业应用。该推荐规程旨在为那些对健康管理系统了解不深但是希望通过量化或更进一步的了解获得效益的人提供一份指南。预测是一些健康管理系统中的功能,它提供对剩余寿命或故障时间的估计,因此在具有预测需求的地方使用 PHM 系统。部署在一组平台上的综合飞行器系统,可能(但不一定)包括预测功能。

PHM 系统在很大程度上根据客户的最终需求进行的成本/效益分析,例如,随着时间的推移,襟翼、副翼、扰流板和方向舵位置等飞行控制面的不对称性逐渐增加,此时不仅要考虑飞行的角度,而且要考虑燃油效率,特别是在长途飞行中。在飞行控制面不对称的情况下,航空公司运营商更感兴趣的是监测燃油消耗,并对燃油消耗最多的飞行控制面位置进行检查,以监测运营商所关注的燃油效率。军用和商用飞机在截然不同的飞行模式下运行,因此在考虑所采取的成本/效益方法时具有很大的差异。军用和商用飞机在飞行时间、飞行强度和飞行路线上有很大的差异,更重要的是,军用飞机关注的是作战成功率,需要一个较复杂的健康管理系统,而商用飞机更关注运营成本,因此需要一个不复杂但具有极高可靠性的系统,以便最大限度地减少错误警报。传统机载系统通常具有比较落后的数据总线和数据记录能力,因此需要复杂的地面系统来进行非机载处理。新型机载系统需要具备更集中的数据收集、处理和计算能力,以便在飞机上执行更多的健康管理功能。在设计阶段就要考虑实施 PHM 系统,并考虑健康管理软件的更新和现代飞行器呈指数级增长的数据量。此外,在设计 PHM 系统时还要考虑很多因素,如 PHM 系统的成本节约与规避、新制造成本与生命周期成本、性能与可靠性或可持续性的对比等。

对于 PHM 系统,提供商与客户具有不同的价值取向。例如,提供商旨在降低生产制造与保修成本并创造更多收益,而客户则更倾向于减少维修与运营等成本,并增加系统的可用性。一种典型的 PHM 价值模式如图 1.15 所示。在实施 PHM 系统时,一个不容忽视的成本是实施过程中的数据采集处理成本。系统中额外的传感器、线路都会相应地增加维护成本;在商用喷气式飞机上,大约有 63 000 个参数与 PHM 系统相关,在大型长途商用客机上,这个数字通常更大。考虑数据的采样速率和容量是成本分析中的重要部分,多个供应商将自己的传感器和处理器数据提供给由不同供应商制造的集中式板载 HUMS 处理器,该处理器需要处理并保留机载产生的所有数据,并能够将数据下载到地面站,由地面站进行进一步处理。不同的数据格式很可能会产生需要解决的兼容性问题,并不可避免地带来相关成本;数据分析的策略也相应地影响成本效益分析,机载处理数据的响应速度更快,但成本也更高,且仍需将数据保留在机上,到达地面后再下载。除此之外,PHM 系统中的数据采集处理还面临着通信速度、通信安全、存储和归档及系统更新等一系列问题。除上述成本因素之外,实施 PHM 系统还要考虑开发成本、生产成本、鉴定成本、运营成本、维护成本,以及一些售后服务产生的成本等。

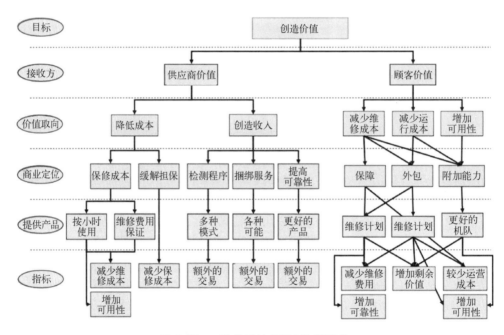

图 1.15　一种典型的 PHM 价值模式

该操作规程列举了 PHM 系统和成本分析模型成功实施案例。美军在 2004 年11 月确定了最初的状态维修政策和陆军航空状态视情维修计划,并开始在直升机上实施视情维修。截至 2011 年 3 月,64% 的机队配备了数据源收集器,且在 26 个月内节省的成本为 1.12 亿元(不包括维修工时)。到 2015 年,所有的陆军直升机都配备了数据源收集器,为其他军事和商业机构提供了一个成功的模板。湾流公司于 2008 年在 G650 上实施了飞机健康和趋势监测系统计划,目标包括减少故障诊断和排除时间、提高首次故障处理能力、提高系统可靠性和可用性以及减少未发现故障部件的拆卸。2005 年,巴西航空工业公司针对其 E‐Jets 机队(包括 170、

175、190 和 195 型号)发布了第一个 IVHM 计划,并命名为"飞机健康分析与诊断"。2011 年底,巴西航空工业公司发布了适用于 E - Jets 机队的飞行器健康分析与诊断计划,包括健康管理、故障识别、状态评估等多个功能。

3. SAE ARP 6883

SAE ARP 6883 针对 IVHM 领域编写了航空航天系统 IVHM 标准和系统要求的需求,提供了构架指导和内容规范,从而制定了指导如何编写 IVHM 系统标准的基础性指南。进行文件编写时,对于 IVHM 系统要求的开发几乎没有任何专门的文件指导,从业人员使用的知识完全是通过实践经验形成的,而不是遵循既定的程序。IVHM 系统具有特殊性,它尤其要求设计者不局限于自己的专业领域,综合考虑其他相互关联的系统的限制和要求。SAE ARP 6883 为工程师和项目经理提供了总体指导,指出他们在制定 IVHM 系统设计要求时需要考虑的因素。由于本指南是一篇"要求的指南",因而这份文件并不遵循一般规范的写作模式,而是先介绍 IVHM 系统构建的整个系统工程学过程,然后根据 IVHM 系统要求中各个特定元素的构建方法来进行展开。

IVHM 的目的是满足飞行器的可持续运行需求,同时 IVHM 系统的各个健康管理功能需要满足提前制定好的经济适用性方面的要求。由于健康管理系统的开发是与整个飞行器开发同步并发进行的,因此基于降低成本和结构简化方面的考虑,将 IVHM 的功能下放和分配到飞行器的各个子系统中是十分必要的,这意味着设计 IVHM 系统的构建以及设计 IVHM 系统要求需要飞行器各个子系统的设计人员共同的参与和努力。

SAE ARP 6883 基于系统工程学中的 V 形图来描述 IVHM 系统的研发过程,如图 1.16 所示。探索与运行概念阶段指对客户的需求和系统的制约因素有一个明确的理解和论证。这个阶段涉及用户需求的确定,探索满足这些需求的各种方案及其相应的约束,并选择一个可以开发和测试的概念解决方案,具体包括客户对 IVHM 系统要求的确定、IVHM 系统功能边界确定、运行概念文档(ConOps)和更具体的操作文档的确定,确定 IVHM 系统与其他系统的交互、数据存储、多部门资源的协调以及给系统预留未来发展空间。

系统开发和量产阶段要建立在调研阶段基础之上,这一阶段首先要基于前一阶段确定的 ConOps 来确定系统的性能要求,然后进行具体的系统设计,分为顶层架构设计和系统细节设计。系统的各个部分经过开发实现后,通过单元、组件等级的测试来确保系统细节设计的正确性,其次经过子系统的整合和测试来确保顶层架构设计的各个部分设计正确,然后进行系统整体测试来保证系统满足整个系统的设计性能要求,最后将系统装配至飞行器上,进行系统有效性验证,确保系统满足 ConOps 的各项要求和功能。整个过程中,如何形成合理的顶层设计要求及如何把整个系统的、顶层的设计要求逐步细化分解为子系统和零部件的需求是十分重

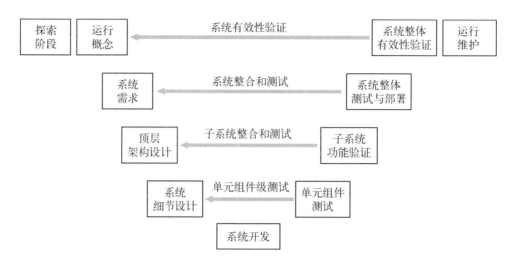

图 1.16　IVHM 系统开发关键系统工程步骤 V 形图

要的。

SAE ARP 6883 中着重给出了良好的 IVHM 系统要求撰写指导,首先介绍了 IVHM 系统要求包括两大类,即对系统本身的要求和对项目的要求。具体要求的撰写步骤,主要包括对撰写要求本身进行的规划、定义 IVHM 系统要求、全面系统地总结各个方面的设计要求、规划对各个设计要求的验证测试及最后对系统要求进行修订。SAE ARP 6883 中给出了撰写系统要求时会出现的一些常见问题,例如,撰写系统要求经常会出现内容偏向方法论的问题,即系统要求变成了系统具体设计。另外,撰写系统要求时要时刻注意各个子要求是可以被后期测试所验证的,一些表意不具体的说法,如"缩小"、"放大"、"快速"、"用户友好"等都是需要避免的。

撰写合理的系统要求有两个最核心的步骤,分别是撰写核心设计要求和将核心设计要求进行需求分解,SAE ARP 6883 就这两个方面分别提供了一些实例。对于核心设计撰写,给出了美国 V22 倾转旋翼机、民用和军用直升机、美国 F35 战斗机,以及波音公司和空中客车公司的民航机型对应的 IVHM 系统的核心要求。IVHM 系统只有在安全性、降低成本、提升后勤效率、提升出勤率等方面具有直接的提升,才能真正在机载系统中得以应用。核心设计要求正是对这几个方面的一个直接体现,并且不同的飞机会有不同的侧重点。同时,核心设计要求往往也十分的简短,例如,联合攻击战斗机的核心设计要求如下:为单发设计的战斗机提供足够的可靠性;而对于波音 777 和波音 787,其核心设计要求为降低飞行周期内的运行成本。对于需求分解问题,文件中详细介绍了一个飞行器降落齿轮的 IVHM 系统的设计要求撰写过程,其中尤其重要的是提供了多个层次的系统要求的详细表格,为建立合理有效、结构完整的系统设计要求提供了参考。

1.3 航空发动机振动故障诊断技术研究现状

1.3.1 航空发动机振动信号特点与故障诊断难点

正如 SAE ARP 1839A 中指出,振动健康管理技术对于发动机 EVM 系统的可靠性与有效性至关重要,已成功应用于转子动平衡等,初步具备预测部件寿命的早期检测、监视能力,并已发展成为固定翼和旋翼飞机及其发动机健康管理系统的重要组成部分,其监视对象也已涵盖双转子系统、主轴承、减速齿轮与附件等。随着现代航空技术的发展,航空发动机的结构日趋复杂,航空发动机转子高速运转在高温、高压的环境中,长时间受到热载荷、离心载荷、气动载荷和其他机械载荷等多重激励的共同作用,发动机转子易引发结构故障,从而导致发动机振动超标。转子轴承故障、支承故障及不对中都会引起异常的系统振动,从而威胁部件、子系统,直至影响发动机的安全运行;转静摩碰除了会导致间隙增大及叶片损坏外,还有可能激发转子系统的弯扭耦合振动,从而导致转子结构失效。

航空发动机结构复杂且部件繁多,导致振动信号模式多变。以小涵道比双转子涡扇发动机主轴承为例,其高压转子轴承常采用"1-0-1"的支撑形式,而低压转子采用"1-2-1"或"1-1-1"的支撑形式,且高低压转子间常有中介主轴承支撑(典型结构如图 1.17 所示)。为了减轻低压转子系统振动,转子系统会采用弹性支撑,而且受重量及高温环境限制,监测轴承振动状态的传感器大多远在机匣(如风扇机匣、中介机匣、外涵机匣)外,导致主轴承振动信号模式微弱且多变。例如,某型发动机中介轴承的振动需经过高低压转子、其他主轴承、弹性支撑、机匣才能传至振动传感器测点,主轴承振动信号经过多个连续及非线性不连续结构界面,振动信号从故障源传至传感器安装位置时已大幅衰减,且经过薄壁机匣后,固有振动特性滤波的信号衰减严重。同时,在发动机机匣上测得的振动信号既包括发动机双转子结构自身的振动(如转子不平衡、不对中、摩碰故障、中介轴承故障等激起的振动),还包括与双转子系统相关的叶片等激起的振动,以及与双转子系

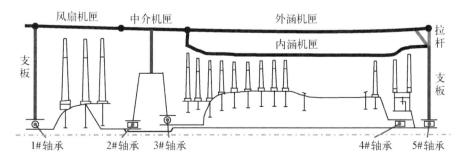

图 1.17 某型航空发动机双转子系统轴承支撑示意图(高压"1-0-1",低压"1-1-1")

统无关的空气-燃气通道激起的振动和排气噪声激起的振动等,导致本已衰减的微弱故障信号可能被复杂噪声环境与双转子同时激励所影响,加大了故障特征提取难度。

航空发动机机动飞行工作状态及精密制造装配的极小裕度水平,导致航空发动机振动信号呈现出强时变非平稳的快变特性。由于服役工况的要求,特别是机动飞行等现代战术机动要求,飞机常常大幅升降速运行。例如,某型航空发动机在 2 s 内的转速变化超过 3 000 r/min。转速与负载的快速变化,特别是高强度多科目大过载飞行,导致航空发动机振动信号呈现出强时变非平稳的快变特性,从而增加了振动信号分析与故障诊断难度。传统的时域或者频域信号分析方法均无法提取快变信号瞬时频率随时间快速变化的特征,即使时频分析为快变信号时频结构描述提供了有效手段,一般的时频分析方法受到 Heisenberg 不确定性原理的限制,也会导致快变信号时频结构的时间分辨率或者频率分辨率无法满足要求,即信号的时频能量聚集性不足,也无法满足快变信号分析需求。

航空发动机大量地面试车及实际飞行积累的振动数据均属于正常状态,而发动机故障状态数据样本少,且故障状态种类多。以某型航空发动机研制过程中超过 10 000 h 的试车数据为例,其正常运行的时间超过 95%,而异常状态或者故障状态不足 5%,且梳理的异常与故障状态超过 100 种。鉴于航空发动机及健康管理系统的高可靠性需求,不仅要求振动信号分析与故障诊断技术具备低虚警率和尽量高的故障检测率,还要求故障特征与诊断结果具有高可信度,从而使得健康管理系统中的振动监视子系统可靠运行。

1.3.2　时频分析理论及故障诊断应用研究现状

近 30 年来,经过高校与研究机构的学者和工程技术专家的共同努力,航空发动机振动监测与故障诊断技术不断发展。特别是在健康管理架构、故障机理、特征提取、故障诊断等方面,随着信号处理与人工智能技术的发展,研究人员提出了众多新理论或者新技术得以应用。

时频分析是近些年信号处理及故障诊断领域的研究热点之一,其理论研究起源较早,2013 年 12 月,信号处理领域最权威的综述性期刊 *IEEE Signal Processing Magazine* 几乎以满篇幅综述了各类时频分析方法的发展与应用[6]。2016 年 4 月,英国皇家协会会刊(A)公布了由美国 Huang、Daubechies 和 Hou 三位院士领衔的信号处理专栏,12 篇文章中有 5 篇关于时频分析的主题[7]。时频分析在故障诊断中的应用始于 20 世纪 90 年代,1993 年,Wang 等将时频分析应用于齿轮早期故障的检测[8],由于其具有出色的非平稳信号表征能力,在航空发动机故障诊断领域获得了广泛的应用,并取得了令人瞩目的成果。

考虑到振动信号快变特征及时频分析方法对于振动信号分析的有效性,本节主要从线性时频表示方法、时频重排类方法和稀疏时频表示方法三个方面综述时频分析理论及故障诊断应用研究现状。

1. 线性时频表示方法

线性时频表示方法起源于诺贝尔奖得主 Gabor 于 1946 年在通信理论研究中提出的 Gabor 变换与短时傅里叶变换(short-time Fourier transform, STFT)。短时傅里叶变换指采用一个短时窗函数截取信号作傅里叶变换,然后将不同时刻的傅里叶变换拼接起来,从而将信号从一维结构表示到二维时频平面中,因此又将其称为"加窗傅里叶变换"。但是短时傅里叶变换受到 Heisenberg 不确定性原理的影响,其时频分辨率有限,其分析性能主要由窗函数的类型与形状决定。

针对短时傅里叶变换方法中存在的一旦选定窗函数便导致整个时频平面时频分辨率恒定不变的问题,许多学者通过调节窗函数宽度或根据信号时频特征自适应选择窗函数相继对短时傅里叶变换做出了改进。2000 年,Kwok 等构造了反映时频分辨率的指标,采用时频分辨率最大化准则来选择窗函数的宽度参数,提出了自适应的短时傅里叶变换来提高瞬时频率的估计精度[9]。2010 年,Zhong 等通过信号瞬时频率变化率来设定窗函数宽度,使得不同时频点处具有最优的窗函数形状,从而提高短时傅里叶变换的时频聚集性[10]。2016 年,小波分析著名学者 Chui 等基于自适应短时傅里叶变换提出了一种直接的时频近似方法,通过谐波信号的局部近似构造了信号分解算子(signal separation operator, SSO),直接提取信号脊线处的时频系数实现信号重构[11]。随后,其证明了 SSO 与自适应短时傅里叶变换的相关性,并将 SSO 的谐波近似推广到线性调频近似,从而得到了更加精确的信号分解结果,并通过理论分析证明了其瞬时频率估计和信号重构误差的边界[12]。2021 年,Chui 等又将上述思想推广到连续小波变换框架,提出了一种基于自适应连续类小波变换的信号分解方法,同样从线性调频信号的局部近似出发,推导出了精确的信号重构公式,并将上述关于时间-频率-调频率的三维表示推广到关于时间-尺度-调频率的三维表示,通过数值仿真试验证明了该方法在所有已有文献中所述的时间-频率和时间-尺度方法中的优越性,尤其在时频平面上交叉成分的分离上[13, 14]。Moca 等利用小波多分辨分析的特性,提出了一种用于时频超分辨率的超小波分析方法,对通过具有固定中心频率和不同尺度的小波函数得到的小波变换结果进行了几何平均,保持时间分辨率的同时提升频率分辨率,从而得到比小波变换更加清晰的时频表示结果[15]。香港理工大学的 Huang 等提出了一种用于谱估计的多窗 Stockwell 变换,通过将尺度随频率伸缩的高斯窗函数替换为可伸缩的正交时频 Hermite 函数,显著降低了功率谱密度估计的偏差和方差[16]。

线性时频表示方法虽然能够反映信号的时频特征,但是对于航空发动机变转速或变刚度运行产生的强时变非平稳信号,时频能量分散严重。为了进一步改善时频表示方法的时频聚集性,提高非平稳信号分析能力,1995 年,Mann 等在传统短时傅里叶基函数的基础上引入了调频率参数,提出了线调频小波变换,通过改变调频率参数得到线调频信号高聚集性的时频表示,从此拉开了参数化时频表示的序幕。但是当信号中存在非线性调频成分时,该方法的效果则显著下降[17]。上海交通大学的 Peng 等和 Yang 等相继提出了多项式调频小波变换、样条核调频小波变换、广义 Warblet 变换等参数化时频表示方法[18-21],其本质是采用不同形式的函数建模来逼近信号瞬时频率,然后通过参数拟合方法估计模型参数,并得出相应的时频表示结果。2020 年,哈尔滨工业大学的 Shi 等提出了一种短时分数阶傅里叶变换方法,通过对时频平面进行旋转,在分数阶频率域处理频率随时间变化的信号,并与短时傅里叶变换的卷积特性联系起来,其本质仍是通过基函数匹配的方式适应信号的调频特征,是对线性调频小波变换的推广[22]。

在故障诊断应用研究方面,2002 年,Zheng 等分别采用连续小波变换有效地提取了齿轮和轴承故障信息[23]。上海交通大学的 Peng 等和 Yang 等将参数化时频表示方法应用于旋转机械振动信号分析与转速估计[18-21]。北京科技大学的 Guan 等提出了自适应线调频小波变换,并应用于行星齿轮箱太阳轮断齿及非平稳工况下的轴承外圈故障特征提取[24];清华大学的 Li 等提出了基于尺度的线调频小波变换,解决了传统线调频小波变换无法适应多个信号具有不同调频规律的问题,并应用于行星齿轮箱故障特征提取[25];西安交通大学的 Ding 等提出了基于岭回归的线调频小波变换,解决了采用多项式小波变换方法在噪声环境下无法获得多项式逼近稳定数值解的问题,并应用于齿圈剥落故障特征提取[26]。此外,2019 年,上海交通大学的 Yang 等对参数化时频表示方法的理论研究进展及应用进行了综述,给出了其在故障诊断领域的可能发展方向[27]。

从短时傅里叶变换及其自适应改进算法中时频原子对信号瞬时频率的零阶逼近,到线调频小波变换及其广义形式对信号瞬时频率的一阶逼近,再到多项式调频小波变换对信号瞬时频率的多项式逼近,以及广义 Warblet 变换的正弦函数逼近,可以看出:建立的信号瞬时频率模型与信号越匹配,时频表示的能量聚集性越高,非平稳信号的分析效果越好。参数化时频分析固然能够通过基函数与信号匹配的方式提高线性时频分析的表征能力,但参数的估计本身也是一个棘手的问题,且当参数空间增大时,参数估计的计算复杂度也会呈指数级增加,因此在实际工程应用中都存在一定的限制。

2. 时频重排类方法

1995 年,法国时频表示领域的著名学者 Auger 和 Flandrin 提出了一种时频后处理方法,即传统时频重排方法[28]。该方法通过构造重排算子,将线性(如短时傅里叶变换、连续小波变换等)或非线性(如 Cohen 类时频表示等)时频表示的结果在时频平面内重新排布至信号的能量重心,从而极大地提升了时频能量聚集性。2012 年,Auger 等基于自适应短时傅里叶变换的时频聚集性可调的特性,提出了一种新的时频重排方法[29]。2018 年,Flandrin 等对时频重排方法的原理和算法进行了综述[30]。然而,传统的时频重排方法对信号能量沿时间方向和频率方向同时进行了重排,因此无法直接将信号重构到时域,但这恰好是时频表示方法的重要性能之一。

2011 年,小波分析开创者之一 Daubechies 等针对传统时频重排方法进行了改进,提出了同步压缩变换方法[31]。不同于传统时频重排方法,同步压缩变换仅沿频率方向对线性时频变换结果进行重排,在提高传统线性时频表示的时频聚集性的同时,还能够将信号重构到时域。同步压缩变换在时频聚集性和重构性方面具有双重优势,使得其在振动信号分析、生物医学、引力波分析、地震信号分析等诸多领域得到了广泛应用[32-36]。

为了提升同步压缩变换方法的性能,Li 等于 2012 年提出了广义同步压缩变换,用以解决同步压缩变换在时间和频率方向的发散问题[37]。2014 年,Wang 等提出了匹配解调变换方法,采用"匹配解调"策略,将信号解调成一系列频率恒定的信号成分,使得采用简单基函数的零阶逼近也能够有效描述信号成分,从而提高线性时频变换的时频聚集性[38]。2015 年,Oberlin 等提出了二阶同步压缩变换,提升了同步压缩变换处理非谐波信号时的时频聚集性,得到了更接近理想时频表示的结果[39]。2016 年,西安交通大学的 Cao 等利用小波变换多分辨分析的特点,提出了细化同步压缩变换,为了提取快变信号的时频特征,首先将被分析信号"解调"至高频段,以获得高的时间分辨率,提高瞬时频率估计精度;然后进一步将信号频带范围的二进制网格细化,以提升频率分辨率,提升了快变信号的时频聚集性[40]。2017 年,Pham 等为了解决二阶同步压缩变换忽略相位函数高阶导数的影响,考虑任意阶数的相位函数泰勒展开,将二阶同步压缩变换推广至高阶,进一步提升了时频聚集性[36];2017~2018 年,Yu 等提出了同步提取变换,通过保留同步压缩变换极大值的方式进一步提升了时频能量的聚集性[41, 42]。2015 年和 2018 年,Wang 等提出基于短时傅里叶变换框架和连续小波变换框架的匹配同步压缩变换,通过联合瞬时频率估计算子、群时延估计算子、调频率估计算子定义了一种新的匹配瞬时频率估计算子,匹配了瞬时频率的变化规律,同样提升了时频聚集性[43, 44]。2019 年,He 等采用不同的思路,沿时间方向重排能量,提出了时间重排同步压缩变换,用以实现冲击类信号的高聚集性时频表示[45]。随后,Fourer 等借鉴了二阶同步压缩变换的思想,将时间重排同步压缩变换推广至二阶并用于 Draupner 信号分析[46]。2022 年,Meignen 等通过详细的理论推导研究了一阶及二阶瞬时频率估计算子分析含有模式混叠干扰的多分量谐波信号和含有噪声干扰的线性调频信号的性能,并基于同步压缩变换时频脊线的有效模极大值点,通过外推定义了一种新的瞬时频率估计算子,显著减小了瞬时频率的估计误差[47]。

在故障诊断应用研究方面,清华大学的 Peng 等利用重排尺度谱的高时频聚集性成功实现了转子系统不对中、油膜涡动、动静摩碰等故障诊断[48, 49]。渥太华大学的 Li 等提出了广义同步压缩变换,有效提升了时频聚集性,并将其应用于齿轮故障诊断[33]。北京科技大学的 Feng 等提出了迭代广义同步压缩变换,并应用于齿轮箱故障诊断,通过观察啮合频率和边频成分的变化趋势及其相互关系来判断故障发生与否[50]。西安交通大学的 Wang 等分别提出了匹配解调变换、匹配同步压缩变换和非线性压缩变换等方法,并将其成功应用于转子摩碰、风电齿轮箱剥落及航空发动机摩碰故障特征的提取[51, 52]。济南大学的 Yu 等、上海交通大学的 Bao 等分别将同步提取变换及其二阶方法应用于旋转机械摩碰故障特征提取[42, 53]。上海交通大学的 Tu 和 Hu 等提出了高阶同步压缩小波变换、参数化同步压缩变换和解调高阶同步压缩变换等方法,并应用于行星齿轮箱等的机械故障诊断[54-56];西安交通大学的 He 等将时间重排同步压缩变换应用于具有局部摩碰故障的压气机瞬态故障特征提取[45]。

3. 稀疏时频表示方法

近年来,稀疏表示理论成为小波分析、时频表示等经典框架之后又一里程碑式的研究成果,在图像处理、地质勘探、载荷识别及机械故障诊断等多个领域取得了成功应用[57-60]。稀疏属性是自然界中许多信号普遍存在的性质,利用信号的稀疏属性便能够对观测信号进行更为简洁的表示,从而挖掘信号的本质结构。稀疏表示正是利用了这一思想,其核心是基于优化理论来挖掘信号的稀疏属性,即通过构造超完备的冗余字典,将感兴趣的信号用少数非零元素表示。1993 年,小波分析著名学者 Mallat 等提出了采用过完备字典对信号进行原子分解的思想,是稀疏思想的最早体现[61]。2006 年,Donoho、Candes 等世界知名数学家提出了著名的压缩感知理论,稀疏表示迅速成为多个领域中的热门研究内容[62-64],引领了一大批学者在稀疏表示字典构造、稀疏正则项构造和优化求解算法等方面进行深入研究。

在字典构造方面,离散傅里叶变换和离散余弦变换等解析字典较为经典,但是只能用来分析简单的信号。为了分析更复杂的信号,相关研究者相继提出了曲波变换、轮廓波变换、条带波变换等适用于高维数据的过完备解析字典[65-67]。如何根据数据结构设计合理的解析字典是实现信号更稀疏表示的关键,对于复杂数据,构造合适解析字典的难度陡然上升。为了从数据本身出发构造字典,一大批学者开始研究自适应学习字典。针对基于聚类的学习字典,2006 年,Aharon 等根据向量量化和 K 均值聚类提出了一种广义 K 均值聚类算法,即 KSVD 算法,该字典学习算法在去噪、图像修复、图像超分辨和图像去模糊等应用中取得了很好的效果[68]。

在稀疏正则项构造方面,Chen 等提出了凸松弛技术,利用 l_1 正则项代替 l_0 正则项,构造了凸优化模型,使得模型存在全局最优解,解决了 l_0 正则项难以求解的问题[69]。2010 年,Elad 等证明了在一定条件下,l_1 正则项稀疏表示模型的解与 l_0

正则项具有一致性[70]。但是在实际运用中，l_1 正则项对信号幅值存在低估，影响信号表示的结果。为此，许多学者通过构造非凸正则项来提升信号的稀疏表示能力。2008 年，斯坦福大学的 Candes 等提出了重加权 l_1 正则项，通过理论分析证明了重加权 l_1 正则项对应于一个特殊非凸正则项的估计[71]。2012 年，西安交通大学的 Xu 等提出了经典的 $l_{1/2}$ 正则项，并且给出了其邻近算子的闭式解与半阈值迭代求解算法，有效提升了稀疏表示的性能[72]。2017 年，纽约大学的 Selesnick 提出了一系列非凸正则项，并通过设计参数保证了模型整体的凸性，从而得到模型的全局最优解[73]。

在优化求解方面，主要包含贪婪算法和凸优化算法。其中，贪婪算法主要用于近似求解 l_0 正则稀疏表示模型，该方法的核心是在算法的每次迭代过程中从字典里选择与原信号最匹配的原子，然后通过最小二乘方法估计稀疏表示系数，典型的方法有匹配追踪算法、正交匹配追踪算法、压缩采样匹配追踪算法等[74, 75]。凸优化算法主要针对 l_1 正则稀疏表示模型，经典的算法主要有迭代阈值收缩算法、快速迭代阈值收缩算法、交替方向乘子法等[76-78]。

稀疏表示方法大多是根据信号在时域或者频域的稀疏属性来构造稀疏表示模型，对于具有变化瞬时频率结构的非平稳信号，经典的稀疏表示难以取得较好的分析效果。而时频表示处理非平稳信号的本质便是获得信号在时频域的稀疏表示，因此很自然地可以将时频表示与稀疏表示联系起来，得到稀疏时频表示，提升信号的时频表示能力。借助于稀疏表示完善的理论体系，稀疏时频表示在近几年得到了快速的发展。2010 年，Pfander 等采用 Gabor 变换作为字典，构造了 l_1 正则稀疏时频表示模型，并通过基追踪算法对其求解，提升了时频表示的能量聚集性[79]。2010 年，Flandrin 等提出了基于双线性时频变换 Wigner – Ville 分布的稀疏时频表示模型，解决了传统双线性时频变换交叉项的干扰问题，同时获得了高分辨率的时频表示[80]。2013 年，Stanković 等提出了基于短时傅里叶变换的稀疏时频表示模型，结合 L 统计方法，有效地分离出了时频域中重叠的非平稳信号与平稳信号[81]。2015 年，Jokanovic 等对该方法做了改进，减小了交叉项的干扰[82]。2013 年，加州理工学院的 Hou 等结合经验模式分解与压缩感知提出了数据驱动的稀疏时频表示模型，其主要思想是在由本征模式函数组成的尽可能大的字典中寻找多尺度数据的最稀疏表示，并采用非线性匹配追踪方法在强噪声条件下寻找高分辨率的瞬时频率[83]。2018 年，Kowalski 等针对非平稳信号中的快变成分提取问题提出了快变信号凸优化方法，有效提升了快变信号的时频能量聚集性[84]。2018 年，Sejdić 等对近年来稀疏时频表示的研究进展进行了综述，并指出了未来的发展方向[85]。2021 年，西安交通大学的 Tong 等采用突出信号时频脊线的加权思想，构造了脊感知加权稀疏时频模型，并提出了基于 k 稀疏的快速迭代阈值收缩算法，从而得到了模型的全局最优解,提升了时频表示方法的性能[86]。

　　除了上述关于利用信号在时频域的稀疏属性构造的时频域稀疏模型外,还有一类用于模式分解与重构的稀疏优化分解算法。2014年,加利福尼亚大学的 Dragomiretskiy 等提出了一种基于频域模型的变分模式分解(variational mode decomposition, VMD)方法,该方法是基于窄带信号的假设,通过构造约束变分模型并利用交替方向乘子法迭代求解,通过一次求解同时得到了所有模式的分解结果,但是窄带信号的假设使得其在分析宽带快变信号时性能受到很大限制[87]。2017年,上海交通大学的 Chen 等受 VMD 方法的启发,提出了非线性变分调频模式分解方法,将信号分解问题转化为最优解调问题,构造了增广拉格朗日形式的目标函数并提出了相应的求解算法,通过一次求解同时得到所有模式的分解结合和瞬时频率信息,突破了 VMD 方法不能分析快变信号的局限性[88]。2019年,Rehman 等将 VMD 方法的思想推广至多通道的情况,通过考虑不同通道信号的共同频率成分,构建了包含全部通道的变分分解模型,提出了多通道变分模式分解算法[89]。2019年,Chen 等又提出了自适应调频模式分解和自适应调频模式追踪算法,克服了在非线性 VMD 目标函数求解过程中不稳定、易发散的缺点[90, 91]。2020年,西安交通大学的 Miao 等提出稀疏导向的 VMD 方法,以克服该方法需手动选择模式数和中心频率的缺点,可以更有效、更准确地分解故障信息最多的模式[92]。2021年,Chen 等提出了广义分散模式分解,并用于具有显著瞬态冲击特征信号的分解[93]。2022年,Cicone 等提出了一种将信号分解为跳跃、振荡和趋势项的变分分解模型,分别通过构造与跳跃、振荡和趋势项相符的约束正则项来构建优化目标函数,在含有突变和不连续跳跃点信号的分析中,与同步压缩变换等方法相比,该方法具有显著优势[94]。

　　在故障诊断应用研究方面,Wang 等考虑了基于压缩感知的稀疏时频表示的高时频聚集性,将其应用至轴承与齿轮的故障诊断[95]。西安交通大学的 Yang 等利用基于 Wigner-Ville 分布的稀疏时频表示实现了风电传动系统的早期故障诊断,并通过非线性调频字典构造稀疏模型,实现了旋转机械在非平稳工况下的故障诊断[96]。Sun 等将结构稀疏时频表示引入故障诊断领域,实现了齿轮的故障诊断[97]。西安交通大学的 Zhao 等利用轴承故障信号的周期组稀疏特性,构造了组内组间稀疏正则项,实现了轴承冲击故障特征的准确识别[98];Miao 等将稀疏导向的变分模式分解用于滚动轴承故障特征提取[92]。上海交通大学的 Chen 等则将自适应调频模式分解和自适应调频模式追踪分别用于燃气轮机的摩碰故障诊断和转子系统振动监测[90, 91]。

1.3.3　振动故障诊断中时频分析面临的问题

　　从以上对时频分析理论及其在机械故障诊断中的应用的综述中可以看出:虽然时频分析方法已经得到了广泛的研究,且在发展过程中逐步形成了完备的理论基础,但是其在航空发动机非平稳信号的分析中仍然面临一些问题,尤其对于在航空发动机频繁变工况、大幅升降速、高转速变刚度运行时产生的强时变非平稳快变信号。加之航空装备机械结构复杂,背景噪声干扰严重,如何从强背景噪声下提取微弱快变非平稳特征成为航空装备故障诊断中的挑战性难题。针对航空发动机快变信号的时频分析,采用鲁棒性、重构性与时频聚集性这三个关键指标评价时频分析方法性能,这也是时频分析方法是否能够提取故障特征,从而成功实现航空装备故障诊断的关键因素。传统的时频分析方法在分析航空发动机快变信号时面临的问题有三点,现分述如下。

1. 传统时频表示无法同时满足较好的时频聚集性与重构性

线性时频变换具有重构性,因而广泛应用于非平稳信号分析,但是受 Heisenberg 不确定性原理的限制,其时频分辨率较低,从而影响了时频图可读性及重构的准确性,正如 SAE ARP 1839A 中指出,这严重影响了航空发动机振动信号与故障诊断应用[99]。因此,提升线性时频变换方法性能的关键因素之一在于增强时频聚集性。线性时频变换的基函数与被分析信号的相似性越高,变换结果的时频聚集性就越高,因此采用参数化线性时频变换方法,通过引入多维参数空间,使得构造参数化基函数的瞬时频率规律逼近信号的瞬时频率规律。然而,多维空间的引入会导致时频变换计算量呈指数增长,且如何确定最优的基函数参数本身就是一门学问。如何解决基函数构造策略及其复杂参数空间估计问题,摆脱参数化线性时频变换方法构造复杂基函数的束缚,在内积的框架下提高被分析信号与基函数的相似性,进而提升线性时频变换方法的时频聚集性,是提升时频分析方法性能及发动机振动故障诊断性能亟待解决的问题之一。

2. 传统同步压缩变换对快变信号时频聚集性低且鲁棒性较差

传统时频重排方法在时间与频率两个方向同时重排信号能量,该方法的通用性好、时频聚集性高,但不具备重构性质。正如时频分析著名学者 Boashash 指出的,时频分析方法的聚集性与重构性等数学性质尤其重要[100]。同步压缩变换仅在频率单个方向重排信号能量,换取了重构性质,然而当被分析信号为强时变非平稳信号时,方法的时频聚集性严重下降,信号表征能力下降,重构性能也会随之降低。传统时频重排方法与同步压缩变换之间关于时频聚集性和重构性的博弈,就如同 Cohen 类分布只能在时频聚集性与交叉项这对矛盾因素中寻求折中。如何结合传统时频重排的思想,对现有的同步压缩变换方法进行改进,在保留重构性的同时提升时频聚集性,也是提升时频分析方法性能的重要问题之一。

采用同步压缩变换分析含噪声的快变信号时,除了面临时频聚集性低的问题外,还无法对信号与噪声进行有选择性的压缩重排,导致信号与噪声的时频表示同时被锐化,使得时频结果可读性降低,进而影响信号模式检索与重构精度,导致其鲁棒性变差。如何在利用同步压缩变换改善时频聚集性的同时,自适应地区分信号与噪声,从而降低时频图的噪声干扰,提升同步压缩变换在分析快变信号时的鲁棒性,同样是提升时频分析方法的信号分析性能及故障诊断性能的关键。

3. 传统时频表示对微弱快变特征鲁棒性差

无论是经典的线性时频表示还是时频重排类方法,均受到信号幅值的影响而无法有效表征信号中的微弱成分,难以有效提取早期微弱故障特征。基于 l_1 范数正则的经典稀疏时频分析方法虽然能够利用信号在时频域的稀疏本质属性,在一定程度上提升了时频聚集性,但是经典稀疏时频模型无法有选择性地匹配并增强信号的时频结构,因此也难以实现微弱故障特征的提取。如何克服传统稀疏时频表示方法针对微弱特征无法有效表示的不足,构造能够增强信号时频结构且与信号幅值无关的高鲁棒性的稀疏时频表示模型,实现微弱特征的准确提取,也是提升时频分析方法故障诊断性能的关键问题之一。

参考文献

[1]　陈光,航空发动机结构设计分析[M].2 版.北京:北京航空航天大学出版社,2014.

[2]　Volponi A J. Gas turbine engine health management: past, present, and future trends[J]. Journal of Engineering for Gas Turbines and Power, 2014, 136 (5): 051201.

[3]　尉询楷,杨立,刘芳,等.航空发动机预测与健康管理[M].北京:国防工业出版社,2014.

[4]　SAE International. Determination of costs and benefits from implementing an integrated vehicle health management system: SAE ARP 6275A [S]. Warrendale: SAE, 2021.

[5]　吕镇邦,崔广宇,王轶.民用客机健康管理系统[M].上海:上海交通大学出版社, 2019.

[6]　Flandrin P, Amin M, McLaughlin S, et al. Time-frequency analysis and applications [from the guest editors][J]. IEEE Signal Processing Magazine, 2013, 30(6): 19 - 150.

[7]　Huang N E, Daubechies I, Hou T Y. Adaptive data analysis: theory and applications[J]. Philosophical Transactions of the Royal Society A: Mathematical, Physical and Engineering Sciences, 2016, 374(2065): 20150207.

[8]　Wang W, McFadden P. Early detection of gear failure by vibration analysis I. Calculation of the time-frequency distribution[J]. Mechanical Systems and Signal Processing, 1993, 7 (3): 193 - 203.

[9]　Kwok H K, Jones D L. Improved instantaneous frequency estimation using an adaptive short-time Fourier transform[J]. IEEE Transactions on Signal Processing, 2000, 48 (10): 2964 - 2972.

[10]　Zhong J, Huang Y. Time-frequency representation based on an adaptive short-time Fourier transform[J]. IEEE Transactions on Signal Processing, 2010, 58 (10): 5118 - 5128.

[11]　Chui C K, Mhaskar H N. Signal decomposition and analysis via extraction of frequencies[J]. Applied and Computational Harmonic Analysis, 2016, 40(1): 97 - 136.

[12]　Chui C K, Jiang Q T, Li L, et al. Analysis of an adaptive short-time Fourier transform-based multicomponent signal separation method derived from linear chirp local approximation[J]. Journal of Computational and Applied Mathematics, 2021, 396: 113607.

[13] Chui C K, Jiang Q T, Li L, et al. Signal separation based on adaptive continuous wavelet-like transform and analysis[J]. Applied and Computational Harmonic Analysis, 2021, 53: 151 – 179.

[14] Chui C K, Jiang Q T, Li L, et al. Time-scale-chirp_rate operator for recovery of non-stationary signal components with crossover instantaneous frequency curves [J]. Applied and Computational Harmonic Analysis, 2021, 54: 323 – 344.

[15] Moca V V, Barzan H, Nagy-Dabacan A, et al. Time-frequency super-resolution with superlets [J]. Nature Communication, 2021, 12(1): 1 – 18.

[16] Huang Z F, Xu Y L. A multi-taper S-transform method for spectral estimation of stationary processes[J]. IEEE Transactions on Signal Processing, 2021, 69: 1452 – 1467.

[17] Mann S, Haykin S. The chirplet transform: physical considerations[J]. IEEE Transactions on Signal Processing, 1995, 43 (11): 2745 – 2761.

[18] Peng Z, Meng G, Chu F, et al. Polynomial chirplet transform with application to instantaneous frequency estimation [J]. IEEE Transactions on Instrumentation and Measurement, 2011, 60 (9): 3222 – 3229.

[19] Yang Y, Peng Z, Meng G, et al. Spline-kernelled chirplet transform for the analysis of signals with time-varying frequency and its application [J]. IEEE Transactions on Industrial Electronics, 2011, 59 (3): 1612 – 1621.

[20] Yang Y, Peng Z, Zhang W, et al. Dispersion analysis for broadband guided wave using generalized Warblet transform[J]. Journal of Sound and Vibration, 2016, 367: 22 – 36.

[21] Yang Y, Peng Z, Dong X, et al. General parameterized time-frequency transform[J]. IEEE Transactions on Signal Processing, 2014, 62 (11): 2751 – 2764.

[22] Shi J, Zheng J B, Liu X P, et al. Novel short-time fractional Fourier transform: theory, implementation, and applications[J]. IEEE Transactions on Signal Processing, 2020, 68: 3280 – 3295.

[23] Zheng H, Li Z, Chen X. Gear fault diagnosis based on continuous wavelet transform[J]. Mechanical Systems and Signal Processing, 2002, 16 (2 – 3): 447 – 457.

[24] Guan Y P, Feng Z P. Adaptive linear chirplet transform for analyzing signals with crossing frequency trajectories[J]. IEEE Transactions on Industrial Electronics, 2021, 69(8): 8396 – 8410.

[25] Li M F, Wang T Y, Chu F L, et al. Scaling-basis chirplet transform[J]. IEEE Transactions on Industrial Electronics, 2021, 68(9): 8777 – 8788.

[26] Ding C C, Zhao M, Lin J, et al. Kernel ridge regression-based chirplet transform for non-stationary signal analysis and its application in machine fault detection under varying speed conditions[J]. Measurement, 2022, 192: 110871.

[27] Yang Y, Peng Z, Zhang W, et al. Parameterised time-frequency analysis methods and their engineering applications: a review of recent advances[J]. Mechanical Systems and Signal Processing, 2019, 119: 182 – 221.

[28] Auger F, Flandrin P. Improving the readability of time-frequency and time-scale representations by the reassignment method [J]. IEEE Transactions on Signal Processing, 1995, 43 (5): 1068 – 1089.

[29] Auger F, Chassande-Mottin E, Flandrin P. Making reassignment adjustable: the Levenberg-Marquardt approach [C]. International Conference on Acoustics, Speech and Processing (ICASSP), Kyoto, 2012: 3889 – 3892.

[30] Flandrin P, Auger F, Chassande-Mottin E. Time-frequency Reassignment: From Principles to Algorithms [M]//Papandreou-Suppappol A. Applications in Time-frequency Signal Processing. Boca Raton: CRC Press, 2018.

[31] Daubechies I, Lu J, Wu H T. Synchrosqueezed wavelet transforms: an empirical mode decomposition-like tool[J]. Applied and Computational Harmonic Analysis, 2011, 30 (2): 243 – 261.

[32] Wu H T, Chan Y H, Lin Y T, et al. Using synchrosqueezing transform to discover breathing dynamics from ECG signals [J]. Applied and Computational Harmonic Analysis, 2014, 36(2): 354 – 359.

[33] Li C, Liang M. Time-frequency signal analysis for gearbox fault diagnosis using a generalized synchrosqueezing transform[J]. Mechanical Systems And Signal Processing, 2012, 26: 205 – 217.

[34] Wang P, Gao J, Wang Z. Time-frequency analysis of seismic data using synchrosqueezing transform[J]. IEEE Geoscience and Remote Sensing Letter, 2014, 11 (12): 2042 – 2044.

[35] Wang Z C, Ren W X, Liu J L. A synchrosqueezed wavelet transform enhanced by extended analytical mode decomposition method for dynamic signal reconstruction[J]. Journal of Sound and Vibration, 2013, 332 (22): 6016 – 6028.

[36] Pham D H, Meignen S. High-order synchrosqueezing transform for multicomponent signals analysis — with an application to gravitational-wave signal[J]. IEEE Transactions on Signal Processing, 2017, 65 (12): 3168 – 3178.

[37] Li C, Liang M. A generalized synchrosqueezing transform for enhancing signal time-frequency representation[J]. Signal Processing, 2012, 92 (9): 2264 – 2274.

[38] Wang S, Chen X, Cai G, et al. Matching demodulation transform and synchrosqueezing in time-frequency analysis[J]. IEEE Transactions on Signal Processing, 2014, 62 (1): 69 – 84.

[39] Oberlin T, Meignen S, Perrier V. Second-order synchrosqueezing transform or invertible reassignment? Towards ideal time-frequency representations[J]. IEEE Transactions on Signal Processing, 2015, 63 (5): 1335 – 1344.

[40] Cao H R, Xi S T, Chen X F, et al. Zoom synchrosqueezing transform and iterative demodulation: methods with application [J]. Mechanical Systems and Signal Processing, 2016, 72 – 73: 695 – 711.

[41] Yu G, Yu M, Xu C. Synchroextracting transform [J]. IEEE Transactions on Industrial Electronics, 2017, 64 (10): 8042 – 8054.

[42] Yu G, Wang Z, Zhao P. Multisynchrosqueezing transform [J]. IEEE Transactions on Industrial Electronics, 2018, 66 (7): 5441 – 5455.

[43] Wang S, Chen X, Wang Y, et al. Nonlinear squeezing time-frequency transform for weak signal detection[J]. Signal Processing, 2015, 113: 195 – 210.

[44] Wang S, Chen X, Selesnick I, et al. Matching synchrosqueezing transform: a useful tool for characterizing signals with fast varying instantaneous frequency and application to machine fault

diagnosis[J]. Mechanical Systems and Signal Processing, 2018, 100: 242 - 288.

[45] He D, Cao H, Wang S, et al. Time-reassigned synchrosqueezing transform: the algorithm and its applications in mechanical signal processing [J]. Mechanical Systems and Signal Processing, 2019, 117: 255 - 279.

[46] Fourer D, Auger F. Second-order time-reassigned synchrosqueezing transform: application to draupner wave analysis[C]. The 27th European Signal Processing Conference (EUSIPCO), a Coruna, 2019: 1 - 5.

[47] Meignen S, Singh N. Analysis of reassignment operators used in synchrosqueezing transforms: with an application to instantaneous frequency estimation[J]. IEEE Transactions on Signal Processing, 2022, 70: 216 - 227.

[48] Peng Z, Chu F, He Y. Vibration signal analysis and feature extraction based on reassigned wavelet scalogram[J]. Journal of Sound and Vibration, 2002, 253 (5): 1087 - 1100.

[49] Peng Z, Chu F, Peter W T. Detection of the rubbing-caused impacts for rotor-stator fault diagnosis using reassigned scalogram[J]. Mechanical Systems and Signal Processing, 2005, 19 (2): 391 - 409.

[50] Feng Z P, Chen X W, Liang M. Iterative generalized synchrosqueezing transform for fault diagnosis of wind turbine planetary gearbox under nonstationary conditions[J]. Mechanical Systems and Signal Processing, 2015, 52 - 53: 360 - 375.

[51] Wang S, Chen X, Tong C, et al. Matching synchrosqueezing wavelet transform and application to aeroengine vibration monitoring [J]. IEEE Transactions on Instrumentation and Measurement, 2016, 66 (2): 360 - 372.

[52] Wang S, Yang L, Chen X, et al. Nonlinear squeezing time-frequency transform and application in rotor rub-impact fault diagnosis [J]. Journal of Manufacturing Science and Engineering, 2017, 139 (10): 101005.

[53] Bao W J, Li F C, Tu X T, et al. Second-order synchroextracting transform with application to fault diagnosis[J]. IEEE Transactions on Instrumentation and Measurement, 2021, 70: 1 - 9.

[54] Tu X, Hu Y, Li F, et al. Demodulated high-order synchrosqueezing transform with application to machine fault diagnosis[J]. IEEE Transactions on Industrial Electronics, 2018, 66 (4): 3071 - 3081.

[55] Hu Y, Tu X, Li F. High-order synchrosqueezing wavelet transform and application to planetary gearbox fault diagnosis [J]. Mechanical Systems and Signal Processing, 2019, 131: 126 - 151.

[56] Tu X, Bao W, Hu Y, et al. Parameterized synchrosqueezing transform with application to machine fault diagnosis[J]. IEEE Sensors Journal, 2019, 19 (18): 8107 - 8115.

[57] Liu S, Liu M, Li P, et al. SAR image denoising via sparse representation in shearlet domain based on continuous cycle spinning [J]. IEEE Transactions on Geoscience and Remote Sensing, 2017, 55 (5): 2985 - 2992.

[58] Zhu L, Liu E, McClellan J H. Joint seismic data denoising and interpolation with double-sparsity dictionary learning[J]. Journal of Geophysics and Engineering, 2017, 14 (4): 802 - 810.

[59] Qiao B, Zhang X, Gao J, et al. Sparse deconvolution for the large-scale ill-posed inverse

problem of impact force reconstruction[J]. Mechanical Systems and Signal Processing, 2017, 83: 93 - 115.

[60] Wang S, Selesnick I, Cai G, et al. Non-convex sparse regularization and convex optimization for bearing fault diagnosis[J]. IEEE Transactions on Industrial Electronics, 2018, 65 (9): 7332 - 7342.

[61] Mallat S G, Zhang Z. Matching pursuits with time-frequency dictionaries [J]. IEEE Transactions on Signal Processing, 1993, 41 (12): 3397 - 3415.

[62] Donoho D L. Compressed sensing[J]. IEEE Transactions on Information Theory, 2006, 52 (4): 1289 - 1306.

[63] Candès E J, Romberg J, Tao T. Robust uncertainty principles: exact signal reconstruction from highly incomplete frequency information[J]. IEEE Transactions on Information Theory, 2006, 52 (2): 489 - 509.

[64] Candès E J, Wakin M B. An introduction to compressive sampling [J]. IEEE Signal Processing Magazine, 2008, 25 (2): 21 - 30.

[65] Starck J L, Candès E J, Donoho D L. The curvelet transform for image denoising[J]. IEEE Transactions on Image Processing, 2002, 11 (6): 670 - 684.

[66] Le Pennec E, Mallat S. Sparse geometric image representations with bandelets[J]. IEEE Transactions on Image Processing, 2005, 14 (4): 423 - 438.

[67] Do M N, Vetterli M. The contourlet transform: an efficient directional multiresolution image representation[J]. IEEE Transactions on Image Processing, 2005, 14 (12): 2091 - 2106.

[68] Aharon M, Elad M, Bruckstein A. K-SVD: an algorithm for designing overcomplete dictionaries for sparse representation [J]. IEEE Transactions on Signal Processing, 2006, 54 (11): 4311 - 4322.

[69] Chen S S, Donoho D L, Saunders M A. Atomic decomposition by basis pursuit[J]. SIAM Review, 2001, 43 (1): 129 - 159.

[70] Elad M. Sparse and Redundant Representations: from Theory to Applications in Signal and Image Processing[M]. New York: Springer, 2010.

[71] Candes E J, Wakin M B, Boyd S P. Enhancing sparsity by reweighted ℓ_1 minimization[J]. Journal of Fourier Analysis and Applications, 2008, 14 (5): 877 - 905.

[72] Xu Z, Chang X, Xu F, et al. L1/2 regularization: a thresholding representation theory and a fast solver[J]. IEEE Transactions on Neural Networks and Learning Systems, 2012, 23 (7): 1013 - 1027.

[73] Selesnick I. Sparse regularization via convex analysis [J]. IEEE Transactions on Signal Processing, 2017, 65 (17): 4481 - 4494.

[74] Yuan M, Lin Y. Model selection and estimation in regression with grouped variables[J]. Journal of the Royal Statistical Society: Series B (Statistical Methodology), 2006, 68 (1): 49 - 67.

[75] Tropp J A, Gilbert A C. Signal recovery from random measurements via orthogonal matching pursuit[J]. IEEE Transactions on Information Theory, 2007, 53 (12): 4655 - 4666.

[76] Daubechies I, Defrise M, de Mol C. An iterative thresholding algorithm for linear inverse problems with a sparsity constraint[J]. Communications on Pure and Applied Mathematics: A

Journal Issued by the Courant Institute of Mathematical Sciences, 2004, 57 (11): 1413 – 1457.

[77]　Beck A, Teboulle M. A fast iterative shrinkage-thresholding algorithm for linear inverse problems[J]. SIAM Journal on Imaging Sciences, 2009, 2 (1): 183 – 202.

[78]　Boyd S, Parikh N, Chu E, et al. Distributed optimization and statistical learning via the alternating direction method of multipliers[J]. Foundations and Trends® in Machine learning, 2011, 3(1): 1 – 122.

[79]　Pfander G E, Rauhut H. Sparsity in time-frequency representations[J]. Journal of Fourier Analysis and Applications, 2010, 16 (2): 233 – 260.

[80]　Flandrin P, Borgnat P. Time-frequency energy distributions meet compressed sensing[J]. IEEE Transactions on Signal Processing, 2010, 58 (6): 2974 – 2982.

[81]　Stanković L, Orović I, Stanković S, et al. Compressive sensing based separation of nonstationary and stationary signals overlapping in time-frequency[J]. IEEE Transactions on Signal Processing, 2013, 61 (18): 4562 – 4572.

[82]　Jokanovic B, Amin M. Reduced interference sparse time-frequency distributions for compressed observations[J]. IEEE Transactions on Signal Processing, 2015, 63 (24): 6698 – 6709.

[83]　Hou T Y, Shi Z. Data-driven time-frequency analysis [J]. Applied and Computational Harmonic Analysis, 2013, 35 (2): 284 – 308.

[84]　Kowalski M, Meynard A, Wu H T. Convex optimization approach to signals with fast varying instantaneous frequency[J]. Applied and Computational Harmonic Analysis, 2018, 44 (1): 89 – 122.

[85]　Sejdić E, Orović I, Stanković S. Compressive sensing meets time-frequency: an overview of recent advances in time-frequency processing of sparse signals[J]. Digital Signal Processing, 2018, 77: 22 – 35.

[86]　Tong C, Wang S, Selesnick I, et al. Ridge-aware weighted sparse time-frequency representation[J]. IEEE Transactions on Signal Processing, 2021, 69: 136 – 149.

[87]　Dragomiretskiy K, Zosso D. Variational mode decomposition[J]. IEEE Transactions on Signal Processing, 2014, 62(3): 531 – 544.

[88]　Chen S Q, Dong X J, Peng Z K, et al. Nonlinear chirp mode decomposition: a variational method[J]. IEEE Transactions on Signal Processing, 2017, 65(22): 6024 – 6037.

[89]　Rehman N, Aftab H. Multivariate variational mode decomposition[J]. IEEE Transactions on Signal Processing, 2019, 67(23): 6039 – 6052.

[90]　Chen S Q, Yang Y, Peng Z K, et al. Detection of rub-impact fault for rotor-stator systems: a novel method based on adaptive chirp mode decomposition [J]. Journal of Sound and Vibration, 2019, 440: 83 – 99.

[91]　Chen S Q, Yang Y, Peng Z K, et al. Adaptive chirp mode pursuit: algorithm and applications [J]. Mechanical Systems and Signal Processing, 2019, 116: 566 – 584.

[92]　Miao Y, Zhao M, Yi Y, et al. Application of sparsity-oriented VMD for gearbox fault diagnosis based on built-in encoder information[J]. ISA Transactions, 2020, 99: 496 – 504.

[93]　Chen S Q, Wang K Y, Peng Z K, et al. Generalized dispersive mode decomposition: algorithm and applications[J]. Journal of Sound and Vibration, 2021, 492: 115800.

[94] Cicone A, Huska M, Kang S H, et al. JOT: a variational signal decomposition into jump, oscillation and trend[J]. IEEE Transactions on Signal Processing, 2022, 70: 772-784.

[95] Wang Y, Xiang J, Mo Q, et al. Compressed sparse time-frequency feature representation via compressive sensing and its applications in fault diagnosis[J]. Measurement, 2015, 68: 70-81.

[96] Yang B, Liu R, Chen X. Sparse time-frequency representation for incipient fault diagnosis of wind turbine drive train[J]. IEEE Transactions on Instrumentation and Measurement, 2018, 67 (11): 2616-2627.

[97] Sun R, Yang Z, Chen X, et al. Gear fault diagnosis based on the structured sparsity time-frequency analysis[J]. Mechanical Systems and Signal Processing, 2018, 102: 346-363.

[98] Zhao Z, Wu S, Qiao B, et al. Enhanced sparse period-group lasso for bearing fault diagnosis [J]. IEEE Transactions on Industrial Electronics, 2018, 66 (3): 2143-2153.

[99] SAE International. A guide to aircraft turbine engine vibration monitoring systems: SAE ARP 1839A[S]. Warrendale: SAE, 2017.

[100] Boashash B, Azemi G, O'Toole J M. Time-frequency processing of nonstationary signals: advanced TFD design to aid diagnosis with highlights from medical applications[J]. IEEE Signal Processing Magazine, 2013, 30 (6): 108-119.

第 2 章
航空发动机快变信号与匹配时频分析

航空发动机振动信号为非平稳信号,如轴承、齿轮存在剥落故障时产生的冲击响应信号,双转子系统存在动静摩碰故障时产生的调频振动信号等。即使航空发动机不存在故障,起动、停车、加减速运行时的振动信号也是非平稳信号。航空发动机振动信号作为其动力学特性的外在表现形式,是发动机运行状态信息的可靠载体,因此可以利用振动信号进行发动机的状态监测与故障诊断。振动信号处理,尤其是非平稳振动信号处理,是航空发动机状态监测和故障诊断的核心技术之一,对发动机的运行安全至关重要。

根据傅里叶级数原理,任何信号可表示为不同频率的平稳正弦波的线性叠加,通过经典的傅里叶分析能够完美地描述平稳的正弦信号及其组合。经典傅里叶变换只对信号作全局变换,因此也只适用于统计量不随时间变化的平稳信号;而非平稳信号的统计特性随时间变化而变化,其局部统计特性蕴含着重要的故障特征,需要同时使用时间和频率的二维联合表示才能得到精确的描述,因此经典傅里叶变换并不适用。时频分析正是着眼于非平稳信号的时变特性,用时间和频率联合的二维函数形式表示一个一维时间信号,旨在揭示信号组成中各成分随时间的变化规律。因此,时频分析方法在机械振动非平稳信号分析,尤其是在机械故障诊断中取得了广泛的应用。

本章首先介绍航空发动机非平稳振动信号的特点并描述非平稳信号的两个重要的瞬时物理量:瞬时频率和群延时,以及给出航空发动机快变信号的定义及其在物理特征和数学本质方面的特性。然后,分类介绍线性时频变换方法、时频重排方法和稀疏时频表示方法的原理、特点与性能,并指出这些方法在分析航空发动机快变信号时的不足,为本书后续章节的匹配时频分析方法提供理论基础。最后,从航空发动机快变信号的强时变非平稳特性和故障诊断的需求出发,分别介绍逐步匹配迭代解调、调频匹配同步重排、带宽统计模式分离及脊线匹配稀疏增强四种匹配时频分析理论的基本原理,与之对应的四种时频分析方法是本书的理论核心,也是工程应用中分析航空发动机实际试车数据的重要工具。

2.1 航空发动机快变信号定义

2.1.1 非平稳信号

在数学上,信号可用一组变量值表示。若 $\{x(t)\}$ 是一实数或复数序列,则将序列 $\{x(t)\}$ 称为信号。当序列 $\{x(t)\}$ 在每个时刻的取值服从某种固定函数关系时,则称为确定性信号;当序列 $\{x(t)\}$ 在每个时刻的取值是随机变量时,则称为随机信号,也称为随机过程。若随机信号中每个时刻的随机变量对应的统计量不随时间发生变化,则该随机信号为平稳信号;若随机信号中每个时刻的随机变量对应的统计量随时间发生变化,则称为非平稳信号。因此,非平稳信号具有以下特点:

(1) 非平稳信号在任何时间的取值都是不能先验确定的随机变量;

(2) 虽然非平稳信号取值不能先验确定,但这些取值服从某种统计规律;

(3) 非平稳信号取值的统计规律随时间发生变化,是时间的函数。

航空发动机发生机械故障或变工况运行时的振动信号是非平稳信号,除此之外还有很多自然界的信号与工程中的信号也都是非平稳信号,如人的语音信号、结构健康监测中的 Lamb 波信号、飞机机动飞行时雷达的观测信号、地震波信号等。

航空发动机非平稳振动信号大多数可以表示为如下加性噪声模型,即

$$x(t) = s(t) + n(t) \tag{2.1}$$

或者

$$x(t) = s(t; \theta) + n(t) \tag{2.2}$$

式中, $\theta = (\theta_1, \theta_2, \cdots, \theta_M)^{\mathrm{T}}$,表示信号中含有 M 个随机参量。

由于噪声 $n(t)$ 是具有随机特性的随机信号,即使信号 $x(t)$ 中的有效成分 $s(t)$ 是确定信号,待处理的非平稳振动信号 $x(t)$ 也是具有随机特性的随机信号,更何况信号 $x(t)$ 中的有效成分 $s(t; \theta)$ 往往还含有随机参量 θ。

以航空发动机主轴承存在剥落故障时的振动信号为例,在一定的假设条件下,若不考虑接触面的相对滑动,且发动机转速恒定,则轴承的动力学响应可以用周期性的冲击响应模型表示[1],进一步考虑航空发动机的其他背景噪声,那么设备的振动信号可以用式(2.1)所示的模型表示。同时,在一定的假设条件下,若考虑接触面的相对滑动,即使转速恒定,轴承的动力学响应也不再是周期性的冲击响应,此时任意相邻的两个冲击响应之间的时间间隔为固定周期加上随机波动[2],进一步考虑航空发动机的其他噪声干扰,那么航空发动机振动信号可以用式(2.2)所示的模型表示。再例如,航空发动机转子系统存在动静摩碰故障时,不考虑背景噪声的干扰,在一定的假设条件下,转子系统的动力学响应可以表示为瞬时频率随转子

旋转呈周期振荡的调频信号[3]。进一步考虑航空发动机运行时的背景噪声和数据采集系统的随机噪声干扰,采集到的振动信号也可以用式(2.2)所示的模型表示。本书考虑的航空发动机振动信号为加性噪声模型表示的信号类型。

2.1.2　瞬时物理量

既然经典傅里叶变换不适合分析非平稳信号,那么对于非平稳信号而言,傅里叶频率也不再适合描述非平稳信号随时间变化的频率特性。因此,需要使用瞬时物理量刻画信号的局部特性,而瞬时频率与群延时就是这样的两个物理量。

在给出这两个瞬时物理量的定义之前,首先需要讨论解析信号。航空发动机的非平稳振动信号,肯定是实信号。然而,许多时频分析方法或其他分析方法在分析复信号时更具有优势,解析信号则是时频分析中常用的一种复信号。设实信号为 $s(t)$,与其对应的解析信号 $z(t)$ 定义为

$$z(t) = \Re\{z(t)\} + i\Im\{z(t)\} = A\{s(t)\} \tag{2.3}$$

式中,$\Re\{\cdot\}$ 表示复数的实部;$\Im\{\cdot\}$ 表示复数的虚部;$i = \sqrt{-1}$,为虚数单位;$A\{s(t)\} = s(t) + iH\{s(t)\}$,为构成解析信号的算子,且 $\Im\{z(t)\} = H\{s(t)\}$,为 $s(t)$ 的 Hilbert 变换,即

$$\Im\{z(t)\} = H\{s(t)\} = s(t) * \frac{1}{\pi t} = \frac{1}{\pi}\int_{-\infty}^{+\infty}\frac{s(\tau)}{t-\tau}d\tau \tag{2.4}$$

式中,$*$ 表示两个函数的卷积。

大多数机械振动信号和自然界的许多信号一样,其加性噪声模型中的确定性信号 $s(t)$ 可以采用正弦函数叠加的方式建模,即信号 $s(t)$ 可以表示为

$$s(t) = \sum_{k=1}^{K} s_k(t) = \sum_{k=1}^{K} a_k(t)\cos[\phi_k(t)], \quad a_k(t) > 0, \phi_k'(t) > 0 \tag{2.5}$$

式中,幅值函数 $a_k(t)$ 和相位函数 $\phi_k(t)$ 由解析信号 $z_k(t)$ 唯一定义,即

$$a_k(t)e^{i\phi_k(t)} = z_k(t) = A\{s_k(t)\} = s_k(t) + iH\{s_k(t)\} \tag{2.6}$$

瞬时频率作为考虑信号局部特性的传统傅里叶频率的扩展,能够描述非平稳信号随时间变化的频率特性。瞬时频率最早由 Carson 等[4]和 Gabor[5]分别给出了两种不同的定义,后来,Ville[6]统一了这两种定义,将信号 $s(t) = a(t)\cos\phi(t)$ 的瞬时频率定义为

$$f_i(t) = \frac{1}{2\pi}\frac{d}{dt}\arg\{z(t)\} \tag{2.7}$$

式中,下标 i 表示瞬时;$z(t)$ 为 $s(t)$ 的解析信号;$\arg\{z(t)\}$ 表示解析信号的相位函数。

也就是说,瞬时频率定义为解析信号 $z(t)$ 相位的导数。若信号 $s(t)$ 中的 $\phi(t)$ 是一个 Blaschke 积,且 $a(t)$ 与 $\phi(t)$ 满足 Bedrsian 一致性,则信号 $s(t)$ 的解析信号可以表示为 $z(t) = a(t)\mathrm{e}^{\mathrm{i}\phi(t)}$,此时有

$$f_i(t) = \frac{1}{2\pi}\frac{\mathrm{d}\phi(t)}{\mathrm{d}t} = \frac{1}{2\pi}\phi'(t) \tag{2.8}$$

Ville[6] 通过 Hilbert 变换得到了解析信号,进而将解析信号相位函数的导数定义为瞬时频率,该定义在众多领域得到了广泛的认可。同时,也有许多研究者提出了其他的瞬时频率定义形式,比较有代表性的如下: Cohen[7] 通过时频方式给出了瞬时频率的另一种诠释;Huang 等[8] 提出了通过经验模式分解将多分量信号分解为多个本征模式分量和一个残差趋势项之和,再通过 Hilbert 变换计算各本征模式分量的瞬时频率,即 Hilbert-Huang 变换(Hilbert-Huang transform,HHT)。

由此可见,瞬时频率的定义并不唯一。为避免混淆,本节统一采用 Ville[6] 给出的通过 Hilbert 变换计算解析信号,进而计算相位导数的瞬时频率定义方式。在式(2.5)所示的模型中,当 $K = 1$ 时,信号为单分量信号,在任意时刻信号的频率都只有一个,该频率称为信号的瞬时频率;当 $K \geqslant 2$ 时,信号为多分量信号,在某些时刻信号具有多个不同的瞬时频率,此时模型可以描述 K 个具有时变瞬时频率的单分量信号叠加而成的多分量信号。

瞬时频率是与时域解析信号 $z(t)$ 对应的瞬时物理量,群延时 $\tau_g(f)$ 则是与频域信号 $Z(f)$ 对应的瞬时物理量,定义为

$$\tau_g(f) = -\frac{1}{2\pi}\frac{\mathrm{d}}{\mathrm{d}f}\arg\{Z(f)\} \tag{2.9}$$

式中,

$$Z(f) = \langle z(t),\ \mathrm{e}^{\mathrm{i}2\pi ft}\rangle = \int_{-\infty}^{+\infty}z(t)\mathrm{e}^{-\mathrm{i}2\pi ft}\mathrm{d}t \tag{2.10}$$

$Z(f)$ 为时域解析信号 $z(t)$ 的傅里叶变换,$\arg\{Z(f)\}$ 为信号 $z(t)$ 的相位谱。若 $Z(f) = A(f)\mathrm{e}^{\mathrm{i}\theta(f)}$,则 $\arg\{Z(f)\} = \theta(f)$。

2.1.3　快变信号定义

航空发动机快变信号是指频繁变工况、大幅升降速等引起的瞬时频率随时间快速变化的强时变非平稳信号,其瞬时频率变化率超过 1 000 Hz/s,其数学模型可表示为 $Z(t) = A(t)\mathrm{e}^{\mathrm{i}\phi(t)} = A(t)\mathrm{e}^{\mathrm{i}[2\pi f_c t + \varphi(t)]}$,其中瞬时频率为 $\phi'(t)$,f_c 为载波频率。快变信号的物理特征是强调制规律的非平稳信号,其数学本质是非平稳信号的相

位函数导数变化快。

　　航空发动机频繁变工况、大幅升降速特性明显,某型航空发动机高压转子转频与振动幅值的变化历程如图 2.1 所示,可以看出多次出现 2 s 内转速变化超过 3 000 r/min 的大幅升降速情况,同时振动幅值也发生显著变化。即使航空发动机运行于恒定转速工况,当发动机双转子系统发生动静摩碰故障时,系统瞬时刚度也会随摩碰故障的发生而呈周期性变化,进而导致振动信号的瞬时频率发生周期性快速振荡(图 2.2),从而使得振动信号即使在平稳工况下也表现出快变特征。再例如,航空发动机中介轴承发生外圈或者滚动体故障时,振动信号转频也会出现强时变的周期性振荡。

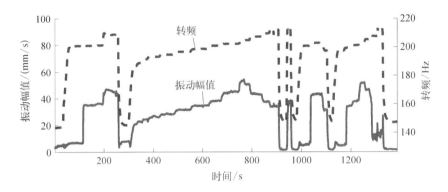

图 2.1　某型航空发动机高压转子转频与振动幅值变化历程

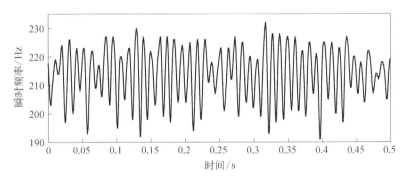

**图 2.2　某型航空发动机转子发生摩碰故障时振动信号瞬时
频率产生的周期性快速振荡现象**

2.2　时频分析方法

　　本节首先回顾经典时频分析方法,时频分析的思想始于 20 世纪 40 年代,1946 年,物理学家 Gabor[5] 提出了著名的 Gabor 展开,为此后时间和频率的二维联合奠定了理论基础。为更好地理解语音信号,1947 年,有学者提出了一种实用的时频分析方法——短时傅里叶变换(short-time Fourier transform, STFT),其模的平方值称为"声音频谱图",即后来的谱图。时至今日,时域分析方法仍然日新月异,充满生机。2013 年 12 月,信号处理领域的权威综述性期刊 *IEEE Signal Processing Magazine* 几乎以整篇幅综述了各类时频分析方法的发展现状,并探索了未来进一步发展方向[9-19]。2016 年,英国皇家协会汇刊(A)公布了美国三位院士 Huang、Daubechies 和 Hou 的信号处理专栏,12 篇文章中有 5 篇以时频分析为主题,阐明了时频分析的基础理论及其在故障诊断等工程领域中的应用[20]。综上所述,研究高性能的时频分析方法,对航空发动机振动监测与故障诊断具有重要意义。

　　本节分类介绍线性时频变换方法、时频重排方法及稀疏时频表示方法的原理、特点与性能,作为后续章节中匹配时频分析方法的理论基础。

2.2.1　线性时频变换

　　在讨论线性变换时,一般将其表示成被变换函数 $h(t)$ 和变换核函数 $\phi_\gamma(t)$ 之间的内积形式,即

$$\langle h(t),\ \phi_\gamma(t)\rangle = \int_{-\infty}^{+\infty} h(t)\overline{\phi_\gamma(t)}\,\mathrm{d}t \tag{2.11}$$

式中,$\langle\ \cdot\ ,\ \cdot\ \rangle$ 表示两个函数的内积;上划线 $\overline{}$ 表示复数的共轭。

1. Gabor 变换

　　1946 年,Gabor[5] 提出了信号的一种非正交展开——Gabor 展开:对于任一可测、平方可积的信号 $x(t)\in L^2(\Re)$,Gabor 展开为

$$x(t) = \sum_{m=-\infty}^{+\infty}\sum_{n=-\infty}^{+\infty}\alpha_{m,n}g_{m,n}(t) = \sum_{m=-\infty}^{+\infty}\sum_{n=-\infty}^{+\infty}\alpha_{m,n}g(t-mT)\mathrm{e}^{\mathrm{i}2\pi Ft} \tag{2.12}$$

式中,$\alpha_{m,n}$ 称为 Gabor 展开系数;$g_{m,n}$ 为 (m,n) 阶 Gabor 基函数或 Gabor 原子;T 为信号 $x(t)$ 的时间采样间隔;F 为信号 $x(t)$ 的频率采样间隔;$g(\ \cdot\ )$ 为窗函数。

　　1981 年,Bastiaans[21] 提出了信号 $x(t)$ 的 Gabor 展开系数 $\alpha_{m,n}$ 的计算方法,即

$$\alpha_{m,n} = \int_{-\infty}^{+\infty} x(t)\overline{h_{m,n}(t)}\,\mathrm{d}t = \int_{-\infty}^{+\infty} x(t)\overline{h(t-mT)}\,\mathrm{e}^{-\mathrm{i}2\pi nFt}\,\mathrm{d}t \tag{2.13}$$

式中,$h(\ \cdot\ )$ 为辅助窗函数 $h_{m,n}(t) = h(t-mT)\mathrm{e}^{\mathrm{i}2\pi nFt}$。

　　式(2.13)则称为信号 $x(t)$ 的 Gabor 变换,窗函数 $g(t)$ 与辅助窗函数 $h(t)$ 满足双正交关系,即

$$\int_{-\infty}^{+\infty} g(t)\overline{h(t-mT)}\,\mathrm{e}^{-\mathrm{i}2\pi nFt}\,\mathrm{d}t = \delta(m)\delta(n) \tag{2.14}$$

式中,$\delta(\cdot)$为狄拉克函数。

严格地讲,Gabor 展开系数 $\alpha_{m,n}$ 是信号的时间移位-频率调制二维表示,因为从式(2.14)中可以看出,参数 m 相当于对信号 $x(t)$ 时间移位(mT)个单位,而 n 的作用则体现在使用指数函数 $e^{i2\pi nFt}$ 对信号 $x(t)$ 进行频率调制。在许多应用中,Gabor 变换结果可以作为信号特征,在这类应用中只用到了 Gabor 变换,而无须对信号进行 Gabor 展开。

2. 短时傅里叶变换

Gabor 变换并没有要求窗函数 $g(t)$ 为窄窗,而下面介绍的短时傅里叶变换则对窗函数的时间宽度有明确要求。令 $g(t)$ 为一个时间宽度很短的窗函数,其沿时间轴滑动。于是,信号 $x(t) \in L^2(\Re)$ 的短时傅里叶变换定义为

$$\mathrm{STFT}_x(u, \xi) = \langle x(t)g(t - u), e^{i\xi t} \rangle = \int_{-\infty}^{+\infty} x(t)g(t - u)e^{-i\xi t}\mathrm{d}t \qquad (2.15)$$

信号 $x(t)$ 乘以一个相当短的窗函数 $g(t - u)$ 等价于取出信号在分析时间 u 附近的一个切片,所以 $\mathrm{STFT}_x(u, \xi)$ 可以理解为信号 $x(t)$ 加窗作用后在分析时间 u 附近的傅里叶变换,因此又将其称为加窗傅里叶变换。

同时,短时傅里叶变换具有可逆的性质: 若 $x(t) \in L^2(\Re)$ 且 $\|g\| = 1$,则

$$x(t) = \frac{1}{2\pi}\int_{-\infty}^{+\infty}\int_{-\infty}^{+\infty} \mathrm{STFT}_x(u, \xi)g(t - u)e^{i\xi t}\mathrm{d}u\mathrm{d}\xi \qquad (2.16)$$

为了便于使用,本节再介绍另外一个形式的短时傅里叶变换,姑且称为改进短时傅里叶变换: 将窗函数 $g(t)$ 时移 u 个单位、频移 ξ 个单位得到短时傅里叶原子 $g_{u,\xi}(t) = g(t - u)e^{i\xi(t-u)}$,进而可得信号 $x(t) \in L^2(\Re)$ 与其内积为

$$S_x(u, \xi) = \langle x(t), g_{u,\xi}(t) \rangle = \int_{-\infty}^{+\infty} x(t)\overline{g_{u,\xi}(t)}\mathrm{d}t$$

$$= \int_{-\infty}^{+\infty} x(t)g(t - u)e^{-i\xi(t-u)}\mathrm{d}t = \int_{-\infty}^{+\infty} x(t + u)g(t)e^{-i\xi t}\mathrm{d}t \qquad (2.17)$$

同样,改进短时傅里叶变换也具有重构性质: 若 $x(t) \in L^2(\Re)$ 且 $\|g\| = 1$,则

$$x(t) = \frac{1}{2\pi}\int_{-\infty}^{+\infty}\int_{-\infty}^{+\infty} S_x(u, \xi)g(t - u)e^{i\xi(t-u)}\mathrm{d}u\mathrm{d}\xi \qquad (2.18)$$

同时,改进短时傅里叶变换与短时傅里叶变换具有如下关系:

$$S_x(u, \xi) = e^{i\xi u}\mathrm{STFT}_x(u, \xi) \qquad (2.19)$$

由于 $|e^{i\xi u}| = 1$,可得

$$|S_x(u, \xi)| = |\mathrm{STFT}_x(u, \xi)| \qquad (2.20)$$

因此,改进短时傅里叶变换与短时傅里叶变换具有相同的时频表征能力。在不至于混淆的前提下,本书后面统一采用改进定义形式作为短时傅里叶变换时频表示工具。

短时傅里叶变换的窗函数在快变信号处理中起着重要作用:窗函数是否具有高的时间分辨率和频率分辨率与被分析信号的非平稳特性有关。考虑对尺度函数进行如下伸缩,即

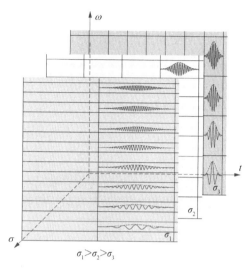

$$g_\sigma(t) = \frac{1}{\sqrt{\sigma}} g\left(\frac{t}{\sigma}\right) \qquad (2.21)$$

图 2.3 为短时傅里叶变换时频分辨率示意图(图中 ω 表示频率,σ 表示尺度参数),图中给出了在伸缩后的窗函数对应的时间分辨率增加的同时,必然会导致频率分辨率降低,然而两者的积不变,反之亦然。从图 2.3 中还可以看出,无论窗函数的宽度如何,一旦选定,则在整个时频平面上具有相同的时间分辨率和频率分辨率。

图 2.3　短时傅里叶变换时频分辨率示意图

3. 小波变换

小波变换的时频分辨率与短时傅里叶变换有着本质区别:即使基函数选定之后,前者在整个时频平面上的时频分辨率也不相同,而是具有多分辨率的分析方法。信号 $x(t) \in L^2(\Re)$ 的小波变换定义为

$$W_x(u, s) = \langle x(t), \psi_{u,s}(t) \rangle = \int_{-\infty}^{+\infty} x(t) \overline{\psi_{u,s}(t)} \mathrm{d}t = \int_{-\infty}^{+\infty} x(t) \frac{1}{\sqrt{s}} \overline{\psi\left(\frac{t-u}{s}\right)} \mathrm{d}t, \quad s > 0$$

$$(2.22)$$

也就是说,小波变换的基函数 $\psi_{u,s}(t)$ 是对母小波 $\psi(t)$ 时移 u 个单位和将尺度伸缩 s 个单位的结果,常数 u 和 s 分别称为时移参数和尺度参数。根据小波变换的定义,其本质上应该是一种时间-尺度分析方法。

与上述两种线性时频分析方法相同,小波变换也具有可逆性质。令小波函数 $\psi(t)$ 的傅里叶变换为 $\Psi(\omega)$,且满足容许性条件,即容许性常数 C_ψ 满足:

$$C_\psi = \int_{-\infty}^{+\infty} \frac{|\Psi(\omega)|^2}{\omega} \mathrm{d}\omega < \infty \qquad (2.23)$$

则对于任意信号 $x(t) \in L^2(\Re)$,均有

$$x(t) = \frac{1}{C_\psi} \int_0^{+\infty} \int_{-\infty}^{+\infty} W_x(u, s) \frac{1}{\sqrt{s}} \psi\left(\frac{t-u}{s}\right) du \frac{ds}{s^2} \tag{2.24}$$

为了将小波变换和时频分析更好地联系起来，下面以 Morlet 小波为例，说明从时间-尺度变换到时频变换的转化过程。Morlet 母小波为

$$\psi(t) = g_\sigma(t) e^{i\eta t} = (\pi\sigma^2)^{-1/4} e^{\frac{-t^2}{2\sigma^2}} e^{i\eta t} \tag{2.25}$$

式中，$g_\sigma(t) = \pi^{-1/4} e^{-t^2/2}$，为高斯函数；$\sigma$ 为用于调节高斯函数宽度的尺度参数；η 为 Morlet 母小波中心频率。

Morlet 小波的傅里叶变换为

$$\Psi(\omega) = (4\pi\sigma^2)^{1/4} e^{-\frac{\sigma^2(\omega-\eta)^2}{2}} \tag{2.26}$$

根据小波函数 Heisenberg 盒的时频中心及时宽和带宽定义，可以计算出 Morlet 小波的时宽 Δ_t 与频宽 Δ_ω 分别为 $\sqrt{2}\sigma/2$ 与 $\sqrt{2}/(2\sigma)$。

Morlet 小波经过时移和伸缩后的小波函数为

$$\psi_{u,s}(t) = \frac{1}{\sqrt{s}} g_\sigma\left(\frac{t-u}{s}\right) e^{i\frac{\eta}{s}(t-u)} = (\pi\sigma^2 s^2)^{-1/4} e^{\frac{-(t-u)^2}{2\sigma^2 s^2}} e^{i\frac{\eta}{s}(t-u)} \tag{2.27}$$

其傅里叶变换为

$$\Psi_{u,s}(\omega) = (4\pi\sigma^2 s^2)^{1/4} e^{-\frac{\sigma^2 s^2(\omega-\eta/s)^2}{2}} e^{-i\omega u} \tag{2.28}$$

此时，小波函数的时宽 $\Delta_{t,s}$ 和频宽 $\Delta_{\omega,s}$ 分别为 $\sqrt{2}\sigma s/2$ 与 $\sqrt{2}/(2\sigma s)$。

小波函数的品质因数 Q 定义为小波中心频率 $\bar\omega$ 与其频宽 Δ_ω 的比值，即

$$Q = \bar\omega/\Delta_\omega \tag{2.29}$$

因此，Morlet 小波的品质因数为 $Q = \sqrt{2}\eta\sigma$。同时，令 $\sigma = Q/(\sqrt{2}\eta)$ 和 $\xi = \eta/s$，则 Morlet 小波可以表示为

$$\psi_{u,\xi,Q}(t) = \left[(Q/\xi)^2 \pi/2\right]^{-1/4} e^{-\left(\frac{t-u}{Q/\xi}\right)^2} e^{i\xi(t-u)} \tag{2.30}$$

其傅里叶变换为

$$\Psi_{u,\xi,Q}(\omega) = \left[2\pi(Q/\xi)^2\right]^{1/4} e^{-\frac{1}{4}\left(\frac{Q}{\xi}\right)^2(\omega-\xi)^2} e^{-i\omega u} \tag{2.31}$$

此时，小波函数的时宽 $\Delta_{t,Q}$ 和频宽 $\Delta_{\omega,Q}$ 分别为 $Q/2\xi$ 与 ξ/Q。

相应地，小波变换可以表示为

$$W_x(u, \xi) = \langle x(t), \psi_{u, \xi, Q}(t) \rangle = (\pi/2Q^2\xi^{-2})^{-1/4} \int_{-\infty}^{+\infty} x(t) e^{-\left(\frac{t-u}{Q/\xi}\right)^2} e^{-i\xi(t-u)} dt$$

(2.32)

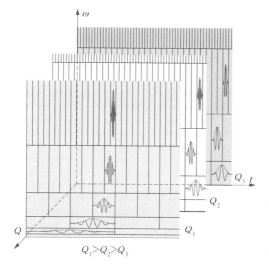

图 2.4　小波变换时频分辨率示意图

此时,完成了从时间-尺度变换到时频变换的转化,且转化后与转化前同样具有多分辨率的性质。图 2.4 为小波变换时频分辨率示意图,从图中可以看出:母小波确定后,小波变换对整个时频平面的时频分辨率也随之确定,且低频处的频率分辨率高而时间分辨率低,高频处的时间分辨率高而频率分辨率低。通过调整母小波的品质因数,还可以改变小波变换时频分辨率在时频平面上的分布形式,进而调节小波变换对不同信号的分析能力。

以上分析表明:时频变换的关键是构造合适的时频原子去匹配信号的时频性质,而时频分辨率能解释时频原子的特性。对于短时傅里叶变换,通过调节窗函数的尺度参数 σ,可以得到不同时频分辨率下的短时傅里叶原子。σ 值越大,时频原子的频率分辨率越高,而时间分辨率越低;反之,σ 值越小,时频原子的时间分辨率越高,而频率分辨率越低。σ 一旦确定,对应的短时傅里叶变换的窗函数也随之确定,此时,在整个时频平面上的时频原子的时频分辨率都确定,且保持不变。因此,短时傅里叶变换适合分析时频结构固定不变的信号,而小波变换则不同,它具有变化的时频分辨率。与短时傅里叶变换具有固定结构的时频原子相比,小波变换具有变化的时频原子,因此具有变化的时频分辨率,即多分辨能力,可用于分析同一个信号中具有不同时频结构的信号成分。

4. 参数化时频变换

前面介绍的各种时频变换方法,都没有先验地假定信号的模型,故称为非参数化时频方法。而参数化时频分析方法则根据对信号时频结构的分析,构造出与信号时频结构为最佳匹配的信号模型与时频变换核。参数化时频表示的能量聚集性与变换核的参数选择有关,如果参数选择恰当,变换核和信号模型较匹配,则可获得较好的时频聚集性;否则,时频聚集性会降低,甚至不如非参数化时频变换。

下面,以最基本的参数化时频变换方法——Chirplet 变换(Chirplet transform, CT)[22]为例,说明参数化时频变换方法的原理。Chirplet 变换通过在短时傅里叶原子和小波原子的基础上引入时间倾斜算子与频率倾斜算子,在时频平面上用一条斜率可调的直线描述信号的频率变化规律,最适合分析线调频信号,因为又称为线性调频小波变换。

信号 $x(t) \in L^2(\Re)$ 的 Chirplet 变换定义为信号 $x(t)$ 与 Chirplet 基函数的内积,即

$$\mathrm{CT}_x[t_c, f_c, \log(\Delta t), c, d] = \langle x(t), g_{t_c, f_c, \log(\Delta t), c, d}(t) \rangle = \int_{-\infty}^{+\infty} x(t)\overline{g_{t_c, f_c, \log(\Delta t), c, d}(t)}\mathrm{d}t \tag{2.33}$$

式中, $g_{t_c, f_c, \log(\Delta t), c, d}(t)$ 为 5 个参数(时移参数、频移参数、伸缩参数、频率倾斜参数、时间倾斜参数)控制的参数化基函数,Chirplet 变换结果也是一个五维空间表示。

由于控制参数太多,在实际使用过程中,往往使用简化的 Chirplet 变换形式,即

$$\mathrm{CT}_x(u, \xi, c) = \langle x(t), g_{u, \xi, c}(t) \rangle = \int_{-\infty}^{+\infty} x(t)\overline{g_{u, \xi, c}(t)}\mathrm{d}t \tag{2.34}$$
$$= \int_{-\infty}^{+\infty} x(t)g(t-u)\mathrm{e}^{-\mathrm{i}\left[\xi(t-u)+\frac{c}{2}(t-u)^2\right]}\mathrm{d}t$$

式中,简化的基函数 $g_{u, \xi, c}(t) = g(t-u)\mathrm{e}^{\mathrm{i}\left[\xi(t-u)+\frac{c}{2}(t-u)^2\right]}$,为短时傅里叶原子被频率倾斜后的结果。

简化的 Chirplet 变换为三维空间表示,当 c 能够匹配被分析的线性调频信号的调频率时,Chirplet 变换结果具有最高的时频聚集性。

之后,众多研究者进一步提出了更复杂的或者高阶的参数化时频分析方法,用于描述频率特性随时间的变化呈现出非线性关系的快变信号,如 Warblet 变换[22]、FM^{m}let 变换[23],以及上海交通大学的 Yang 等[24]提出的更一般化的参数化时频表示方法。从最初的短时傅里叶变换及其自适应算法中基函数对瞬时频率的零阶逼近,到线调频小波变换基函数对瞬时频率的一阶逼近,再到高阶调频小波变换基函数的多项式逼近,以及 Warblet 变换及其广义形式的正弦函数逼近,回顾线性时频变换的发展历程及不同方法性能的区别,可以看出:当建立的信号瞬时频率模型与被分析信号越接近时,所得到的时频表示的时频聚集性越高,分析效果越好。2014 年,Yang 等[24]考虑到参数化线性时频分析方法的本质规律,提出了统一的参数化线性时频分析理论。

2.2.2　时频重排方法

1995 年,Auger 等[25]另辟蹊径,通过对"直接"结果进行"重新排列"(修正),提高了时频变换结果的时频聚集性。Auger 等[25]将其称为时频重排方法,适用于

任何 Cohen 类二次型时频变换及小波变换。虽然这种时频重排方法能够极大地提高时频表示的能量聚集性,但是当需要重构信号成分时,这种时频重排方法则显得不足。2011 年,美国普林斯顿大学的 Daubechies 等[26]提出了一种可逆的时频重排方法,称为同步压缩变换(synchrosqueezing transform,SST)。同步压缩变换不仅能够提高时频聚集性,还能够重构时域信号。考虑到两类时频重排的区别,本节将不能重构时域信号的时频重排方法称为传统时频重排方法。

1. 传统时频重排方法

谱图是短时傅里叶变换的模的平方值,作为一种最基本的 Cohen 类时频分布,可以定义为

$$\mathrm{SP}_z(u,\xi)=|S_z(u,\xi)|^2=|\mathrm{STFT}_z(u,\xi)|^2$$
$$=\frac{1}{2\pi}\int_{-\infty}^{+\infty}\int_{-\infty}^{+\infty}\mathrm{WV}_g(t,\omega)\mathrm{WV}_z(u-t,\xi-\omega)\mathrm{d}t\mathrm{d}\omega \tag{2.35}$$

式中,$\mathrm{WV}_z(u,\xi)$ 为 Wigner-Ville 分布,对于 $z(t)\in L^2(\Re)$,其定义为

$$\mathrm{WV}_z(u,\xi)=\int_{-\infty}^{+\infty}z(u+\tau/2)\overline{z(u-\tau/2)}\mathrm{e}^{-i\xi\tau}\mathrm{d}\tau \tag{2.36}$$

与谱图相应的时频重排方法的定义为

$$\mathrm{RSP}_z(u,\xi)=\frac{1}{2\pi}\int_{-\infty}^{+\infty}\int_{-\infty}^{+\infty}\mathrm{SP}_z(t,\omega)\delta[t-\hat{t}_z(t,\omega)]\delta[\omega-\hat{\omega}_z(t,\omega)]\mathrm{d}t\mathrm{d}\omega \tag{2.37}$$

式中,$\delta(t)$ 表示 Dirac 冲击函数;$\hat{t}_z(t,\omega)$ 和 $\hat{\omega}_z(t,\omega)$ 统称为时频重排算子,前者称为时移重排算子,后者称为频率重排算子,其定义分别为

$$\hat{t}_z(t,\omega)=t-\frac{\int_{-\infty}^{+\infty}\int_{-\infty}^{+\infty}t\mathrm{WV}_g(t,\omega)\mathrm{WV}_z(u-t,\xi-\omega)\mathrm{d}t\mathrm{d}\omega}{\int_{-\infty}^{+\infty}\int_{-\infty}^{+\infty}\mathrm{WV}_g(t,\omega)\mathrm{WV}_z(u-t,\xi-\omega)\mathrm{d}t\mathrm{d}\omega} \tag{2.38}$$

$$\hat{\omega}_z(t,\omega)=\omega-\frac{\int_{-\infty}^{+\infty}\int_{-\infty}^{+\infty}\omega\mathrm{WV}_g(t,\omega)\mathrm{WV}_z(u-t,\xi-\omega)\mathrm{d}t\mathrm{d}\omega}{\int_{-\infty}^{+\infty}\int_{-\infty}^{+\infty}\mathrm{WV}_g(t,\omega)\mathrm{WV}_z(u-t,\xi-\omega)\mathrm{d}t\mathrm{d}\omega} \tag{2.39}$$

根据两个重排算子的物理意义,前者又称为群延时估计算子,后者又称为瞬时频率估计算子。

若将短时傅里叶变换记为 $S_z(u,\xi)=M_z(u,\xi)\mathrm{e}^{i\Phi_z(u,\xi)}$,根据短时傅里叶变换的逆变换性质,可得

$$z(t) = \int_{-\infty}^{+\infty} \int_{-\infty}^{+\infty} S_z(u, \xi) g_\xi(t - u) \frac{\mathrm{d}\xi}{2\pi} \mathrm{d}u = \int_{-\infty}^{+\infty} \int_{-\infty}^{+\infty} M_z(u, \xi) g(t - u) \mathrm{e}^{\mathrm{i}[\Phi_z(u, \xi) + \xi(t - u)]} \frac{\mathrm{d}\xi}{2\pi} \mathrm{d}u$$

对于上式的信号重构，信号的能量主要集中在极大值点附近，而极大值点满足相函数平稳条件，即

$$\partial_u\{\Phi_z(u, \xi) + \xi(t - u)\} = 0, \quad \partial_\xi\{\Phi_z(u, \xi) + \xi(t - u)\} = 0 \quad (2.40)$$

则谱图的重排算子分别为

$$\hat{\omega}_z(u, \xi) = \partial_u\Phi_z(u, \xi), \quad \hat{t}_z(u, \xi) = u - \partial_\xi\Phi_z(u, \xi) \quad (2.41)$$

式中，$\partial_u^n = \partial^n/\partial u^n$，用于简化表示（当 $n = 1$ 时，进一步将 ∂_u' 省略为 ∂_u）。

对于式（2.41）中的频率重排算子，首先考虑短时傅里叶变换的偏微分，即

$$\partial_u S_z(u, \xi) = \partial_u\{M_z(u, \xi)\mathrm{e}^{\mathrm{i}\Phi_z(u, \xi)}\} = \partial_u M_z(u, \xi)\mathrm{e}^{\mathrm{i}\Phi_z(u, \xi)} + \mathrm{i}S_z(u, \xi)\partial_u\Phi_z(u, \xi)$$
$$(2.42)$$

将其除以短时傅里叶变换本身，可得

$$\frac{\partial_u S_z(u, \xi)}{S_z(u, \xi)} = \frac{\partial_u M_z(u, \xi)}{M_z(u, \xi)} + \mathrm{i}\partial_u\Phi_z(u, \xi) \quad (2.43)$$

考虑到 $M_z(u, \xi)$ 是实数，且 $\partial_u S_z(u, \xi) = \mathrm{i}\xi S_z(u, \xi) - S_z^{g'}(u, \xi)$，可得

$$\hat{\omega}_z(u, \xi) = \partial_u\Phi_z(u, \xi) = \Im\left\{\frac{\partial_u S_z(u, \xi)}{S_z(u, \xi)}\right\} = \xi - \Im\left\{\frac{S_z^{g'}(u, \xi)}{S_z(u, \xi)}\right\} \quad (2.44)$$

同样，对于式（2.41）中的时移重排算子，首先考虑短时傅里叶变换的偏微分，即

$$\partial_\xi S_z(u, \xi) = \partial_\xi\{M_z(u, \xi)\mathrm{e}^{\mathrm{i}\Phi_z(u, \xi)}\} = \partial_\xi M_z(u, \xi)\mathrm{e}^{\mathrm{i}\Phi_z(u, \xi)} + \mathrm{i}S_z(u, \xi)\partial_\xi\Phi_z(u, \xi)$$
$$(2.45)$$

将其除以短时傅里叶变换本身，可得

$$\frac{\partial_\xi S_z(u, \xi)}{S_z(u, \xi)} = \frac{\partial_\xi M_z(u, \xi)}{M_z(u, \xi)} + \mathrm{i}\partial_\xi\Phi_z(u, \xi) \quad (2.46)$$

考虑到 $M_z(u, \xi)$ 是实数，且 $\partial_\xi S_z(u, \xi) = \mathrm{i}S_z^{tg}(u, \xi)$，可得

$$\hat{t}_z(u, \xi) = u - \partial_\xi\Phi_z(u, \xi) = u - \Im\left\{\frac{\partial_\xi S_z(u, \xi)}{S_z(u, \xi)}\right\} = u + \Re\left\{\frac{S_z^{tg}(u, \xi)}{S_z(u, \xi)}\right\}$$
$$(2.47)$$

除了谱图以外，时频重排方法对于尺度图（小波变换的模平方）、其他 Cohen 类

时频方法也可以得到类似的重排定义,都能够极大地提高时频表示的能量聚集性,因为经过二维积分之后,重排方法将原时频表示的能量集中到了信号的能量中心。

2. 同步压缩变换

同步压缩变换在线性时频变换(如小波变换、短时傅里叶变换)的基础上,通过后处理方法提高了时频表示方法的能量聚集性。这里以同步压缩短时傅里叶变换为例,说明同步压缩变换的原理与计算过程。

对于单分量纯谐波信号 $x(t) = A\cos(\omega_0 t) = A\cos(2\pi f_0 t)$,按照对短时傅里叶变换的定义,根据 Parseval 定理,可得

$$
\begin{aligned}
S_x(u, \xi) &= \frac{1}{2\pi} \int_{-\infty}^{+\infty} \hat{x}(\omega) \hat{g}(\omega - \xi) e^{i\omega u} d\omega = A \int_{-\infty}^{+\infty} \delta(\xi - \omega_0) \hat{g}(\omega - \xi) e^{i\omega u} d\omega \\
&= A \hat{g}(\omega_0 - \xi) e^{i\omega_0 u}
\end{aligned}
\tag{2.48}
$$

对短时傅里叶变换取其时移偏导数,可得

$$
\partial_u S_x(u, \xi) = A \hat{g}(\omega_0 - \xi) e^{i\omega_0 u} \cdot i\omega_0 = i\omega_0 \cdot S_x(u, \xi)
\tag{2.49}
$$

式中,$\partial_u S_x(u, \xi) = \partial S_x(u, \xi) / \partial u$,表示短时傅里叶变换对其时移变量的偏导数。

当 $S_x(u, \xi) \neq 0$ 时,可得

$$
\omega_0 = \frac{\partial_u S_x(u, \xi)}{i S_x(u, \xi)} \quad 或者 \quad f_0 = \frac{\omega_0}{2\pi} = \frac{\partial_u S_x(u, \xi)}{i 2\pi S_x(u, \xi)}
\tag{2.50}
$$

以上公式表明,短时傅里叶变换的时移偏导数与短时傅里叶变换本身的比值能够反映信号的瞬时频率信息,称为瞬时频率估计算子,即

$$
\tilde{\omega}_x(u, \xi) = \frac{\partial_u S_x(u, \xi)}{i S_x(u, \xi)} \quad 或 \quad \tilde{f}_x(u, \xi) = \frac{1}{2\pi} \tilde{\omega}_x(u, \xi) = \frac{\partial_u S_x(u, \xi)}{i 2\pi S_x(u, \xi)}
\tag{2.51}
$$

根据短时傅里叶变换的重构性质:

$$
\int_{-\infty}^{+\infty} S_x(u, \xi) d\xi = \frac{1}{2\pi} \int_{-\infty}^{+\infty} \int_{-\infty}^{+\infty} \hat{x}(\omega) \hat{g}(\omega - \xi) e^{i\omega u} d\omega d\xi = 2\pi g(0) x(u)
\tag{2.52}
$$

即

$$
x(u) = \frac{1}{2\pi g(0)} \int_{-\infty}^{+\infty} S_x(u, \xi) d\xi
\tag{2.53}
$$

结合瞬时频率估计算子 $\tilde{\omega}_x(u, s)$ 能够反映信号频率信号这一事实,可以得到同步压缩短时傅里叶变换的重排公式,即

$$T_{x, S}(u, \omega) = \int_{\Xi_{x, S(u)}} S_x(u, \xi) \delta[\omega - \tilde{\omega}_x(u, \xi)] \mathrm{d}\xi \qquad (2.54)$$

式中,$\Xi_{x, S}(u) = \{\xi \in \Re; \mid S_x(u, \xi) \mid \neq 0\}$。

同时,还可以得到同步压缩短时傅里叶变换的重构公式,即

$$x(u) = \frac{1}{2\pi g(0)} \int T_{x, S}(u, \omega) \mathrm{d}\omega \qquad (2.55)$$

对比传统时频重排方法的重排公式与同步压缩变换的重排公式,可以发现:传统时频重排方法考虑时频表示中信号能量具有沿着时间方向和频率方向同时分散的特点,通过二维积分重排分散的时频能量集中至能量中心,其缺点是无法重构信号成分;同时,即使不考虑两个重排算子本身的计算,仅是计算传统时频重排方法本身的二维积分,就已带来了不小的计算量,这也给传统时频重排方法的工程应用带来了不便。同步压缩变换仅仅考虑时频表示中信号能量沿着频率方向分散,通过一维积分从频率方向重排能量,而忽略了分散在时间方向的能量,因而其重排的时频聚集性低于传统时频重排方法,但是却换取了能够重构信号的优势;同时,同步压缩变换仅需一维积分,速度要明显快于传统时频重排方法,更有利于工程应用。

2.2.3　稀疏时频表示方法

稀疏表示是继频域分析、时频分析和小波分析之后的里程碑式的进展,其基函数又称为字典的超完备冗余函数集合取代,字典的选择应尽可能地匹配信源信息的结构,其构成可以没有任何限制,字典中的元素称为原子。从字典中找到具有最佳线性组合的少量原子来表示信源信号,称为信号的稀疏表示,该理论的诞生在原理和方法上的信号表示上取得了重大的突破,可以为信号观测寻求更加简洁的信息表示,可揭示信号或者系统最本质的内在结构。

稀疏表示的基本思想是通过合适的冗余表示字典 $D \in C^{N \times M}(N < M)$,将观测信号 $x \in \Re^N$ 映射到一个稀疏域,使其用仅含有少数非零元素的稀疏系数 $c \in C^M$ 来有效提取特征信息,并将噪声成分分散到整个表示域中。由此可以得到经典的稀疏表示模型,即

$$\hat{c} = \arg \min_c \| c \|_0$$
$$\text{s. t. } \| x - Dc \|_2^2 \leq \varepsilon \qquad (2.56)$$

式中,$\| x - Dc \|_2^2$ 为误差项;ε 为噪声干扰;$\| c \|_0$ 为 l_0 范数,即模型中的稀疏项,

用来统计系数 c 中的非零元素个数。

该经典稀疏表示模型是一个非凸优化问题，其求解是一个非确定性多项式（non-deterministic polynomial，NP）-hard 问题，难以获得其全局最优解。Donoho 等[27]提出了凸松弛理论，采用 l_1 范数来替代经典稀疏表示模型中的 l_0 范数，近似度量信号表示系数的稀疏性，l_1 正则化是 l_0 正则化的最紧凸松弛，从而将以上非凸优化模型转化为基追踪降噪（basis pursuit denoising，BPD）模型，即

$$\hat{c} = \arg \min_c \frac{1}{2} \| x - Dc \|_2^2 + \lambda \| c \|_1 \tag{2.57}$$

式中，$\| c \|_1 = \sum_i | c_i |$，为 l_1 范数；$\lambda > 0$，为正则化参数，用来调整稀疏正则项的权重。

该 BPD 问题可通过迭代阈值收缩算法（iterative shrinkage-thresholding algorithm，ISTA）、交替方向乘子法（alternating direction method of multipliers，ADMM）等获得全局最优解。

时频分析的最终目标是实现信号的理想时频，遗憾的是，没有一种通用的方法来自动获取信号的理想时频表示，除非是在一些特殊情况下。要想达到理想时频表示的结果，其本质是让信号时频表示系数在时频域内更加稀疏地刻画信号的时频特征。稀疏表示方法给出了最直接的方式来解决此问题，因此可以很自然地将稀疏表示与时频表示联系起来，构建稀疏时频表示模型，以提高传统时频方法的快变信号分析能力。

对于一个一维振动信号，若其在时域稀疏（如周期冲击信号），一般可采用小波字典对其冲击特征进行稀疏表示；若其在频域稀疏（如多谐波成分信号），可采用傅里叶字典对其谐波成分进行有效提取，在这两种情况下，稀疏表示系数 $c \in \mathbb{C}^M$ 同样为一维结构。对于一个瞬时频率随时间快速变化的快变信号，其信号特征在时频域是稀疏的，此时需要采用时频表示字典将信号在时频域进行稀疏表示，表示系数为二维结构，可以得到基本的稀疏时频表示模型，即

$$\begin{cases} \hat{\alpha} = \arg \min_{\alpha} H(\alpha) \\ H(\alpha) = \frac{1}{2} \| x - A\alpha \|_2^2 + \lambda R(\alpha) \end{cases} \tag{2.58}$$

式中，$\hat{\alpha}$ 为目标时频表示；$\alpha \in \mathbb{C}^M$，为稀疏时频表示系数（将时频矩阵系数按列组合排成列向量，其中 M 为时频系数总数）；$R(\alpha)$ 为稀疏正则项；$A \in \mathbb{C}^{N \times M}(N < M)$，为一个可逆时频变换的逆变换矩阵。

用 A 表示短时傅里叶逆变换算子，且 $R(\alpha) = \| \alpha \|_1$ 时，即可得到经典稀疏时频表示模型，即

$$\hat{\alpha} = \arg \min_{\alpha} H(\alpha)$$

$$
\begin{aligned}
H(\alpha) &= \frac{1}{2} \| x - A\alpha \|_2^2 + \lambda \| \alpha \|_1 \\
&= G(\alpha) + \lambda \| \alpha \|_1
\end{aligned}
\tag{2.59}
$$

该模型可用迭代阈值收缩算法进行有效求解,具体算法流程如算法 2.1 所示,其中,L_c 为 Lipschitz 常数;$\nabla G(\alpha^{(i)})$ 为函数 $G(\alpha^{(i)})$ 的梯度;soft 函数为软阈值函数。相较传统的短时傅里叶变换,经典稀疏时频表示模型能够有效地提升时频聚集性及鲁棒性,但由于该模型对整个时频平面的系数具有相同的惩罚,无法匹配时频结构进行有针对性的优化,从而影响时频脊线特征的增强。

算法 2.1　迭代阈值收缩算法

输入:
　　振动信号 x;
　　迭代终止阈值 ε;
　　最大迭代次数 $N_{\max}$;
　　迭代步长 $0 < \rho < \dfrac{1}{L_c}$。

初始化:
　　初始稀疏时频系数 $\alpha^{(0)} = 0$;
　　初始中间变量 $v^{(0)} = 0$。

迭代过程:
　　$v^{(i)} = \alpha^{(i)} - \rho \nabla G(\alpha^{(i)})$;
　　$\alpha^{(i+1)} = \mathrm{soft}(v^{(i)}, \lambda\rho)$;
　　重复,直至 $\dfrac{\| \alpha^{(i+1)} - \alpha^{(i)} \|}{\alpha^{(i)}} \leqslant \varepsilon$ 或达到最大迭代次数 $N_{\max}$。

输出:
　　稀疏时频系数 $\alpha^{(i+1)}$。

2.3　匹配时频分析基本原理

　　航空发动机频繁变工况、大幅升降速等引起的快变信号,蕴含着丰富的运行状态信息,如何从航空发动机的这类快变信号中挖掘出最能反映其故障状态的信号模式,并解决这种信号模式的精准识别问题,从而诊断故障并保障运行安全,是一项"卡脖子"技术,其瓶颈在于:捕捉快变信号时域及频域故障特征时,若采用传统时频分析方法,无法同时提高频聚集性与重构性两个重要指标,难以有效实现航空发动机振动故障诊断[28]。如图 2.5 所示,针对快变信号分析,线性时频变换方法

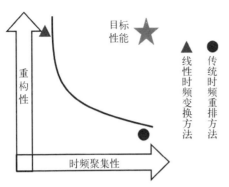

**图2.5　传统时频分析方法的时频
聚集性与重构性关系**

的重构性好,但是受 Heisenberg 不确定性原理的限制,速度与频率分辨率不可能同时提高,时频聚集性差,无法溯源振动故障的特征频率;传统时频重排方法的时频聚集性高,但是不具有重构性,无法重构出反映振动故障的时域特征。

为了提升采用传统时频分析方法处理快变信号的能力,特别是时频聚集性、重构性,以及面临航空发动机大量噪声干扰所需要的鲁棒性,本书提出了匹配时频分析理论[28],重点解决航空发动机快变信号分析所面临的时频聚集性、重构性及鲁棒性不足的难题,下面将简析匹配时频分析的基本原理。

2.3.1　逐步匹配迭代解调

由于其应用需求,航空发动机会出现频繁、大幅度的变速运行工况,导致其振动信号呈现快变调频特性。当转子系统存在摩碰故障时,系统运行产生的振动信号就会呈现瞬时频率快速振荡的快变特性。针对这种快变信号,一般的时频分析方法没有考虑信号的快变特性,因此得到的时频分析结果中往往因为基函数和信号不匹配而导致时频聚集性较低,无法精确表示信号结构。即使参数化时频分析方法(如采用高阶多项式的瞬时频率规律的调频小波变换,或者高阶的广义 Warblet 变换)建立的基函数能够考虑信号快变特性,也往往会因参数空间复杂而增大计算量。

参数化时频分析的思想是建立参数化的基函数,尽可能使基函数和被分析信号匹配。然而,作为内积变换的两个部分,也可以利用被分析信号的非线性调频特性,将信号"改造"成能与简单基函数匹配的新信号成分。下面,以非线性调频解析信号

$z(t) = Ae^{\mathrm{i}[2\pi f_c t + \varphi(t)]}$ (其中 f_c 为载波频率、$\varphi(t)$ 为非线性调制源)为例,说明"改造"过程——匹配解调。该信号在 $t = u$ 时刻的匹配解调过程示意图如图2.6所示。在被解调之前,由于信号中调制源的影响,信号 $z(t)$ 的瞬时频率如曲线 I 所示,在 $t = u$ 时刻,对应的频谱广泛地分布在该时刻的瞬时频率 $f_c + \varphi'(u)/2\pi$ 的周围,其分布范围宽,频谱能量聚集性低。若已知该信号的调制源 $\varphi(t)$,此时可以对信号进行两步解调。

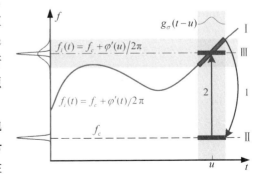

**图2.6　信号在 $t=u$ 时刻的匹配
解调过程示意图[29]**

第一步,将原信号 $z(t)$ 乘以 $e^{-i\varphi(t)}$ 对信号进行解调,则此时信号被解调为一个纯载波信号 $Ae^{i2\pi f_c t}$,也就是说,非线性调频信号被解调成一个固定频率为 f_c 的谐波信号,此过程如图 2.6 中的箭头 1 所示,解调后信号的瞬时频率如图 2.6 中的虚线 II 所示。那么,被解调的信号在 $t = u$ 时刻对应的频谱就集中在固定频率 f_c 附近,分布范围窄,频谱能量聚集性高。第二步,将已经被解调的信号乘以 $e^{i[\varphi'(u)t+\varphi(u)-\varphi'(u)u]}$ 后再进行调制,解调成另一个固定频率为 $f_c + \varphi'(u)/2\pi$ 的谐波信号,此过程如图 2.6 中的箭头 2 所示,解调后信号的瞬时频率如图 2.6 中的点划线 III 所示。此时,解调后信号频谱的能量聚集性高,而且能够刻画原信号在 $t = u$ 时刻的时频信息。至此,经过以上两步解调,匹配了信号非线性调频的时变本质,极大地提高了信号在 $t = u$ 时刻的频谱能量聚集性。

对于实际分析的航空发动机快变信号,其时变的调频规律与瞬时频率是未知的,这个快变信号的瞬时频率在绝大多数情况下恰恰就是需要通过信号分析技术得到的信息。因此,在实际应用时可以通过传统时频分析得到低聚集性时频表示与低精度时的瞬时频率,虽然低精度瞬时频率不能完全解调,但是仍然可以有一定程度的解调,从而在一定程度上提高时频变换结果的能量聚集性。时频聚集性的每一次提高,都有利于得到更高精度的瞬时频率,从而更准确地匹配快变信号的时变调频规律。如此逐步进行匹配迭代解调,最终能够得到高聚集性时频表示与高精度的瞬时频率,以上就是匹配时频分析中用来提升时频聚集性的"逐步匹配迭代解调"的基本原理。该原理所对应的方法,是逐步匹配信号的时变调频规律并迭代解调信号,从而进行时频变换,故称为匹配解调变换。

2.3.2　调频匹配同步重排

航空发动机快变信号具有快速变化的瞬时频率特性,导致在时频分析中,快变信号的能量也势必会沿着时间轴和频率轴同时分散开来。时频重排方法能够显著提高时频表示的能量聚集性,不受 Heisenberg 不确定性原理的限制。虽然传统时频重排方法同时考虑了这两个因素能够显著提高时频表示的能量聚集性,但是该方法也存在着一些固有缺陷:无法重构且计算量大;同步压缩变换仅考虑频率方向的能量分散,通过牺牲时频聚集性换取了重构性能。概括两种重排方法,可以用如下的两个公式分别表示:

$$\text{RTF}^{\text{I}}(u, \xi) = \iint \text{TF}(u, \xi)\delta[t - \hat{t}(t, \omega)]\delta[\omega - \hat{\omega}(t, \omega)]\mathrm{d}t\mathrm{d}\omega \quad (2.60)$$

$$\text{RTF}^{\text{II}}(u, \xi) = \int \text{TF}(u, \xi)\delta[\omega - \hat{\omega}(t, \omega)]\mathrm{d}\omega \quad (2.61)$$

二次积分表示传统时频重排方法沿时间和频率两个方向同时重排信号的时频

能量分布,一次积分表示仅从频率方向重排信号的时频能量分布。

观察同步压缩变换的推导过程,可以发现,对于频率恒定的信号,仅考虑信号在频率方向的分布,也能够得到很好的时频聚集性。回顾重排方法的推导过程还可以发现:无论是传统时频重排方法还是同步压缩变换,都没有考虑信号是否存在调频规律,因而需要时频重排方法中瞬时频率估计算子 $\hat{\omega}(t, \omega)$ 与群延时估计算子 $\hat{t}(t, \omega)$ 共同作用,才能反映调频信号能量沿时间与频率同时分布的规律。那么,能否通过某种方式,匹配信号的调频规律,然后像同步压缩变换一样,仅通过一次积分重排信号能量,就能够达到传统时频重排的效果,同时也保证重排方法的重构性能呢?

接下来以线调频信号的瞬时频率 $f_i(t) = f_c + ct$(其中 c 为调频率)为例,探讨匹配信号调频规律的方式。根据瞬时频率中各物理量的量纲,模仿线调频信号瞬时频率的构成方式,构造如下的瞬时物理量,即

$$\hat{\omega}_M(t, \omega) = \hat{\omega}(t, \omega) + \hat{c}(t, \omega) \cdot \hat{t}(t, \omega) \tag{2.62}$$

式中, $\hat{c}(t, \omega)$ 表示对线调频信号调频率进行估计的瞬时物理量(调频率估计算子); $\hat{\omega}_M(t, \omega)$ 为联合瞬时频率估计算子 $\hat{\omega}(t, \omega)$、群延时估计算子 $\hat{t}(t, \omega)$ 和调频率估计算子 $\hat{c}(t, \omega)$ 三个瞬时物理量而构造出新的瞬时物理量,其中下标 M 表示的含义为匹配。

按照其量纲, $\hat{\omega}_M(t, \omega)$ 应该可以理解为一种新的瞬时频率估计算子,且构造过程匹配了信号的调频规律,称为匹配瞬时频率估计算子[30]。匹配瞬时频率估计算子 $\hat{\omega}_M(t, \omega)$ 能够同时包含瞬时频率估计算子 $\hat{\omega}(t, \omega)$、群延时估计算子 $\hat{t}(t, \omega)$ 和调频率估计算子 $\hat{c}(t, \omega)$ 的信息。因此,如果用匹配瞬时频率估计算子 $\hat{\omega}_M(t, \omega)$ 替代瞬时频率估计算子 $\hat{\omega}(t, \omega)$,再按照同步压缩变换的一次积分重排信号能量,即

$$\mathrm{RTF}_M(u, \xi) = \int \mathrm{TF}(u, \xi) \delta[\omega - \hat{\omega}_M(t, \omega)] \mathrm{d}\omega \tag{2.63}$$

这样既能提高原来同步压缩变换的时频聚集性,使之达到传统时频重排方法的性能,同时还可以重构时域信号。提升时频聚集性与重构性的核心,就是匹配快变信号调频规律并同步重排时频系数,这就是匹配时频分析中用来提升时频聚集性与重构性的“调频匹配同步重排”的基本原理。该原理所对应的方法,即通过匹配信号调频规律构造重排算子(即匹配瞬时频率估计算子)的方式进行同步压缩变换,故称为匹配同步压缩变换。

2.3.3 带宽统计模式分离

航空发动机在运行过程中,由于频繁变工况和可能存在的动静转子摩碰、裂纹、轴承失效等非线性环节,信号呈现强烈的快变特性。此外,受测点布置和振动信号传递路径的影响,其快变信号中往往夹杂大量的噪声。同步压缩变换虽然能够提升时

频聚集性,但是在分析此类信号时仍然存在两个明显的不足:能量分散及无法区分信号和噪声。其中,能量分散现象是因为同步压缩变换的瞬时频率估计算子对于快变信号的瞬时频率为有偏估计,导致原本应该被压缩至瞬时频率处的能量压缩至其他地方;而无法区分信号和噪声是因为瞬时频率估计算子无法有选择性地仅对信号成分的瞬时频率进行估计,从而导致噪声的时频表示系数也被压缩至相应的瞬时频率估计值处,噪声能量也得到了增强,从而影响结果的鲁棒性及时频图的可读性。

　　针对同步压缩变换分析航空发动机快变信号的时频聚集性差这一问题,以及对抗噪声的鲁棒性需求,以线调频信号 $x_0(t) = Ae^{i\varphi_0(t)} = Ae^{i(a+bt+0.5ct^2)}$ 为例,推导瞬时频率估计算子 $\hat{\omega}_{x_0}(t, \omega)$ 在信号频带内的频率偏导数特性,可得

$$\partial_\omega \hat{\omega}_{x_0}(t, \omega) = \partial_\omega \left\{ \varphi_0'(t) + \frac{\sigma^4 \varphi_0''(t)^2}{1 + \sigma^4 \varphi_0''(t)^2} [\omega - \varphi_0'(t)] \right\} = \frac{\sigma^4 \varphi_0''(t)^2}{1 + \sigma^4 \varphi_0''(t)^2} < 1$$

$$(2.64)$$

式中, σ 为高斯窗函数的尺度参数。

　　式(2.64)说明,瞬时频率估计算子在信号频带内的频率偏导数恒小于 1。根据上述特性,并受到理想时频表示仅在信号瞬时频率处有值的启发,可以在瞬时频率的基础上,定义时频平面上的瞬时频带中心 $\omega_R(t)$ 及瞬时频带 $\left[\omega_R^L(t), \omega_R^H(t) \right]$ 的概念,进而考虑理想时频表示规律提升快变信号的时频聚集性。

　　进一步地,由于信号符合式(2.64)所示的规律,而噪声往往因存在随机性而不符合该规律,实际应用中无法提前区分信号与噪声,只能无差别地遍历计算时频平面中的瞬时频带,再统计整个时频平面的瞬时频带规律,如图 2.7 所示,得到以瞬时频带带宽 w 为横坐标、瞬时频带带宽个数 $H(w)$ 为纵坐标的统计直方图。信号

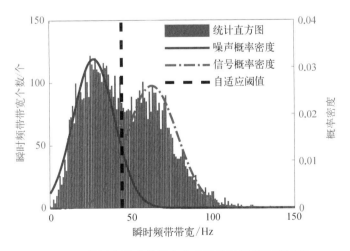

图 2.7　信号和噪声的概率密度函数及阈值选取示意

的时频结构确定性强、噪声的随机性强,导致信号成分的瞬时频带带宽大而噪声成分频带带宽小,因此在图 2.7 所示的瞬时频带带宽统计直方图中,信号分布位于右边而噪声分布位于左边。根据假设检验中的最小误检概率得到区分信号和噪声的自适应瞬时带宽阈值,将带宽小于该阈值的频带滤除,从而实现信号的阈值降噪。

通过瞬时频带带宽的统计特性,实现信号与噪声两种信号模式的自适应分离,这就是匹配时频分析中用于提升航空发动机快变信号分析鲁棒性的"带宽统计模式分离"的基本原理,该原理所对应的方法通过定义时频平面上的瞬时频带并利用瞬时频宽的统计思想实现了噪声的滤除与分离,因此称为"统计同步压缩变换"。

2.3.4　脊线匹配稀疏增强

航空发动机振动信号中往往含有大量的背景噪声,且由于振动传递路径复杂、运行工况恶劣,振动信号中往往包含微弱的特征成分,振动信号的快变特性使得时频图的能量发生分散,也会使得单位频带内的特征变得更加微弱。这些微弱的特征成分可能包含着重要的故障特征信息,是航空发动机振动监测与故障诊断的关键依据之一。因此,从大量背景噪声中鲁棒地提取出微弱的特征成分是发动机快变信号分析的重要需求之一。稀疏表示为信号特征的稀疏提取与噪声抑制提供了可靠的技术支撑,将其与时频表示方法结合,可以有效提升快变信号的特征提取性能。然而,传统的稀疏时频表示方法在进行稀疏优化时,对整个时频平面的系数一视同仁,具有相同的惩罚,无法基于信号结构进行有针对性的优化,导致无法更好地强化时频结构特征。因此,如何匹配信号结构,有针对性地进行稀疏增强是稀疏时频表示方法研究的重点。

传统的稀疏时频表示方法对整个时频平面系数具有相同大小的惩罚,无法凸显信号时频结构,也无法区分信号幅值大的强成分与信号幅值小的微弱成分,导致稀疏时频表示结果中微弱信号的表征能力有限。针对该问题,如果能够匹配时频脊线结构,有针对性地设置惩罚项,即在时频脊线处具有较小的惩罚,而在其他位置具有较大的惩罚,就可以建立一个匹配时频脊线的增强稀疏时频表示模型。通过该模型的迭代求解,一步步强化时频脊线结构、弱化噪声干扰,达到增强时频脊线匹配的目的。

进一步地,如果在匹配时频脊线的过程中,可以不受原始幅值影响地增强微弱信号的表示,则可更大限度地提升微弱信号的处理能力。这些都可以通过给正则项加权的方式直接影响稀疏时频表示模型在时频平面上各位置的惩罚,不同的权重系数能够实现对各位置惩罚项的扩大或缩小。加权稀疏时频表示模型如下[31]:

$$\begin{cases} \hat{\alpha} = \arg\min_{\alpha} H(\alpha) \\ H(\alpha) = \dfrac{1}{2} \parallel x - A\alpha \parallel_2^2 + \lambda \parallel W\alpha \parallel_1 \end{cases} \quad (2.65)$$

式中，$W \in \Re^{M \times M}$，为权重矩阵，所有非零系数分布在对角线上。

为了实现匹配时频脊线，从而针对性地增强稀疏表示中的微弱成分，式（2.65）中的权重矩阵 W 需要满足在时频脊线处具有小系数，而在其他位置具有大系数，从而通过给正则项加权的方式，影响稀疏时频表示模型对时频平面各位置的惩罚。达到上述要求的首要条件是能够准确感知时频脊线，然后在感知时频脊线的基础上设计满足条件的权重矩阵。利用不同时频表示之间的匹配协同作用，可以构造出能够感知并增强时频脊线的非线性压缩变换，且该变换结果具有一定的幅值无关性，因此对于微弱特征也具有较好的表征能力。通过非线性增强，非线性压缩变换结果在时频脊线处具有较大的系数，而在其余位置具有小系数，这与权重矩阵 W 的需求恰好相反，因此可以通过取倒数的方式得到目标权重矩阵。

通过在经典稀疏时频表示的基础上，引入能够匹配快变信号时频脊线结构的权重先验信息，且增强微弱信号检测，实现快变信号的高聚集性鲁棒表示，这就是匹配时频分析中用来提升航空发动机快变信号分析时频聚集性与鲁棒性的"脊线匹配稀疏增强"的基本原理，该原理所对应的方法称为"脊感知加权稀疏时频"。

参考文献

[1]　Niu L, Cao H, He Z, et al. Dynamic modeling and vibration response simulation for high speed rolling ball bearings with localized surface defects in raceways [J]. Journal of Manufacturing Science and Engineering, 2014, 136(4): 041015.

[2]　Antoni J, Randall R B. Differential diagnosis of gear and bearing faults [J]. Journal of Vibration and Acoustics-Transactions of the ASME, 2002, 124(2): 165 − 171.

[3]　Yang L, Chen X, Wang S, et al. Mechanism of fast time-varying vibration for rotor-stator contact system: with application to fault diagnosis [J]. Journal of Vibration and Acoustics, 2018, 140(1): 014501.

[4]　Carson J R, Fry T C. Variable frequency electric circuit theory with application to the theory of frequency-modulation [J]. Bell System Technical Journal, 1937, 16(4): 513 − 540.

[5]　Gabor D. Theory of communication. Part Ⅰ: the analysis of information [J]. Electrical Engineers Part Ⅲ Radio and Communication Engineering Journal of the Institution of Engineers, 1946, 93(26): 429 − 441.

[6]　Ville J. Théorie et applications de la notion de signal analytique [J]. Cables et Transmission, 1948, 2(1): 61 − 74.

[7]　Cohen L. Generalized phase-space distribution functions [J]. Journal of Mathematical Physics, 1966, 7(5): 781 − 786.

[8]　Huang N E, Shen Z, Long S R, et al. The empirical mode decomposition and the Hilbert spectrum for nonlinear and non-stationary time series analysis [J]. Proceedings Mathematical Physical and Engineering Sciences, 1998, 454(1971): 903 − 995.

[9]　Flandrin P, Amin M, Mclaughlin S, et al. Time-frequency analysis and applications [from the

guest editors][J]. IEEE Signal Processing Magazine, 2013, 30(6): 19 - 150.

[10] Balazs P, Doerfler M, Kowalski M, et al. Adapted and adaptive linear time-frequency representations: a synthesis point of view[J]. IEEE Signal Processing Magazine, 2013, 30(6): 20 - 31.

[11] Auger F, Flandrin P, Lin Y, et al. Time-frequency reassignment and synchrosqueezing: an overview[J]. IEEE Signal Processing Magazine, 2013, 30(6): 32 - 41.

[12] Chaparro L F, Sejdic E, Can A, et al. Asynchronous representation and processing of nonstationary signals: a time-frequency framework[J]. IEEE Signal Processing Magazine, 2013, 30(6): 42 - 52.

[13] Napolitano A. Generalizations of cyclostationarity: a new paradigm for signal processing for mobile communications, radar, and sonar[J]. IEEE Signal Processing Magazine, 2013, 30(6): 53 - 63.

[14] Angelosante D, Giannakis G B. Sparse parametric models for robust nonstationary signal analysis: leveraging the power of sparse regression[J]. IEEE Signal Processing Magazine, 2013, 30(6): 64 - 73.

[15] Mandic D P, Rehman N U, Wu Z, et al. Empirical mode decomposition-based time-frequency analysis of multivariate signals: the power of adaptive data analysis[J]. IEEE Signal Processing Magazine, 2013, 30(6): 97 - 107.

[16] Matz G, Bolcskei H, Hlawatsch F. Time-frequency foundations of communications: concepts and tools[J]. IEEE Signal Processing Magazine, 2013, 30(6): 87 - 96.

[17] Belouchrani A, Amin M, Thirion-Moreau N, et al. Source separation and localization using time-frequency distributions: an overview[J]. IEEE Signal Processing Magazine, 2013, 30(6): 97 - 107.

[18] Boashash B, Azemi G, O'toole J. Time-frequency processing of nonstationary signals: advanced TFD design to aid diagnosis with highlights from medical applications[J]. IEEE Signal Processing Magazine, 2013, 30(6): 108 - 119.

[19] Bonnel J, Le Touzé G, Nicolas B, et al. Physics-based time-frequency representations for underwater acoustics: power class utilization with waveguide-invariant approximation[J]. IEEE Signal Processing Magazine, 2013, 30(6): 120 - 129.

[20] Huang N E, Daubechies I, Hou T Y. Adaptive data analysis: theory and applications[J]. Philosophical Transactions of the Royal Society A, 2016, 374(2065): 20150207.

[21] Bastiaans M J. A sampling theorem for the complex spectrogram, and gabor expansion of a signal in Gaussian elementary signals[J]. Optical Engineering, 1981, 20(4): 594 - 598.

[22] Mann S, Haykin S. The chirplet transform: physical considerations[J]. IEEE Transactions on Signal Processing, 1995, 43(11): 2745 - 2761.

[23] Zou H, Dai Q, Wang R, et al. Parametric TFR via windowed exponential frequency modulated atoms[J]. IEEE Signal Processing Letters, 2001, 8(5): 140 - 142.

[24] Yang Y, Peng Z K, Dong X J, et al. General parameterized time-frequency transform[J]. IEEE Transactions on Signal Processing, 2014, 62(11): 2751 - 2764.

[25] Auger F, Flandrin P. Improving the readability of time-frequency and time-scale representations by the reassignment method[J]. IEEE Transactions on Signal Processing,

1995,43(5):1068-1089.

[26] Daubechies I, Lu J, Wu H T. Synchrosqueezed wavelet transforms: an empirical mode decomposition-like tool[J]. Applied and Computational Harmonic Analysis, 2011, 30(2): 243-261.

[27] Donoho D L, Elad M. Optimally sparse representation in general (nonorthogonal) dictionaries via L1 minimization[J]. Proceedings of the National Academy of Sciences, 2003, 100(5): 2197-2202.

[28] 王诗彬. 机械故障诊断的匹配时频分析原理及其应用研究[D]. 西安: 西安交通大学,2015.

[29] Wang S, Chen X, Cai G, et al. Matching demodulation transform and synchrosqueezing in time-frequency analysis[J]. IEEE Transactions on Signal Processing, 2014, 62 (1): 69-84.

[30] Wang S, Chen X, Selesnick I, et al. Matching synchrosqueezing transform: a useful tool for characterizing signals with fast varying instantaneous frequency and application to machine fault diagnosis[J]. Mechanical Systems and Signal Processing, 2018, 100: 242-288.

[31] Tong C, Wang S, Selesnick I, et al. Ridge-Aware Weighted Sparse Time-Frequency Representation[J]. IEEE Transactions on Signal Processing, 2021(69): 136-149.

第3章
匹配解调变换及动静摩碰故障诊断应用

　　动静摩碰是航空发动机最常见的故障之一,也是造成发动机振动过大的主要因素。随着航空发动机对高效率、高推重比及低油耗的要求不断提高,新技术和新结构在发动机设计中不断得以采用。研究表明,涡轮叶尖间隙每减小 0.25 mm,涡轮做功效率就会增加 1%。然而涡轮叶尖间隙减小,造成与摩碰相关的整机振动问题也日益增多[1]。动静摩碰是一种转子二次故障形式,它往往是在不对中、不平衡、热弯曲等因素影响下发生的并发故障。一般情况下,先是产生局部摩碰,随着故障的加剧,会发展成为整周摩碰。若不采用有效的监测手段并及时检测提取局部摩碰的故障特征,将会造成重大的人员伤亡与经济损失。

　　发动机摩碰故障所导致的航空事故屡见不鲜,例如,2014 年,F‑35 战斗机采用的普惠 F‑135 发动机失效并导致多次起火事故,美国国防部于当年停飞了整个 F‑35 机队,并对其进行发动机检查。根据美国国防部与普惠公司组成的联合调查团队于 10 月 13 日发布的联合声明,发生起火故障是因为发动机风扇静子材料的长期摩擦导致钛合金转子发生分解并产生了过多的热量,这些热量致使钛合金封严结构产生了非常细小的裂纹,导致第三级风扇转子失效,发动机与机身严重起火,如图 3.1 所示。这种因剧烈冲击、摩擦等极端情况导致局部温度升高,造成钛合金机件起火,继而引起整台发动机和飞机失火的现象称为钛火,我国多个型

图 3.1　F‑35 战斗机起火事故

号发动机都曾发生过钛火事故,准确及时地对动静摩碰故障进行诊断具有重要意义。

当发动机发生动静摩碰故障时,其瞬时频率将产生快速周期性振荡[2],且瞬时频率的变化率超过 1 000 Hz/s,属于典型的航空发动机快变信号。准确提取该类快变信号特征,对及时发现动静摩碰故障并保障航空发动机运行安全起到了重要作用。时频分析理论采用时频联合表征快变特征,在机械故障诊断中取得了广泛的应用。然而,当分析航空发动机快变信号时,传统时频分析方法的性能就会下降,时频分辨率大大降低,时频分析结果的可读性严重下降,导致判断的准确性下降甚至出现误判,将严重影响航空发动机振动信号分析与故障诊断应用。

在分析由动静摩碰导致的航空发动机快变信号时,如何在保证重构性能的基础上提升时频聚集性,是能否采用时频分析方法提取摩碰故障特征,从而成功实现故障诊断的关键因素。由于线性时频变换方法具有重构性质,在振动信号分析方面表现出较强的特征提取能力,提升线性时频变换方法性能的关键是增强时频聚集性。从最初的短时傅里叶变换及其自适应算法中基函数对瞬时频率的零阶逼近,到线调频小波变换基函数对瞬时频率的一阶逼近,再到高阶调频小波变换基函数的多项式逼近,以及 Warblet 变换及其广义形式的正弦函数逼近,回顾线性时频变换的发展历程及参数化线性时频分析方法的特点可以看出:引入多维参数空间建立的信号瞬时频率模型与被分析信号越接近,则线性时频变换的基函数和被分析信号的相似性越高,所得到的时频表示的时频聚集性越强。然而,使用提高空间维度确定最优基函数的方法,将不可避免地导致计算量随空间维数呈指数性增长。线性时频变换方法基函数构造与参数空间估计较为复杂,因此在一定的计算代价下可以更好地提高内积框架下被分析信号与基函数的相似性,进而提升线性时频变换方法的时频聚集性,这是提升时频分析方法性能及故障诊断性能有待解决的问题之一。

参数化线性时频变换的思想是建立参数化基函数,尽可能使基函数与被分析信号相似。然而,作为内积变换的两个部分,也可以针对被分析信号的非线性调频特性,将信号"改造"成与简单基函数相似的新信号。按照第 2 章探讨的匹配时频分析中"逐步匹配迭代解调"的基本原理,本章提出了匹配解调变换(matching demodulation transform, MDT),逐步匹配信号的时变调频规律并对信号进行迭代解调,最终完成时频变换,使得简单基函数的零阶逼近也能够有效描述航空发动机的快变信号成分,从而提高线性时频变换的时频聚集性。

本章首先以一般规律的单分量和多分量调频信号模型,详细阐述信号的匹配解调变换原理,以及实现匹配解调变换的迭代匹配迭代解调算法。然后,从匹配解调变换的瞬时频率估计误差的定量分析和匹配解调变换的收敛条件讨论,分析匹配解调变换的性能。最后,通过快变信号数值仿真试验、故障模拟试验及在某型航空发动机动静摩碰故障诊断的应用,证明匹配解调变换方法在航空发动机动静摩碰故障诊断中的有效性。

3.1　匹配解调变换原理

本节采用一般规律的单分量调频信号模型详细阐述匹配解调变换原理,假设单分量解析调频信号模型为

$$z(t) = A(t)\mathrm{e}^{\mathrm{i}\phi(t)} = A(t)\mathrm{e}^{\mathrm{i}[2\pi f_c t + \varphi(t)]} \tag{3.1}$$

式中,i 为虚数单位;$\phi(t)$ 为信号的相位函数;f_c 为载波频率;$\varphi(t)$ 为调制源。

该信号的瞬时频率为

$$f_{i,z}(t) = \phi'(t)/2\pi = f_c + \varphi'(t)/2\pi \tag{3.2}$$

该信号的短时傅里叶变换为

$$S_z(u, \xi) = \int_{-\infty}^{+\infty} z(t)g_\sigma(t-u)\mathrm{e}^{-\mathrm{i}\xi(t-u)}\mathrm{d}t \tag{3.3}$$

式中,$g_\sigma(\cdot)$ 为参数化窗函数,可以选用 $g_\sigma(t) = \dfrac{1}{\sqrt{\sigma}}g\left(\dfrac{t}{\sigma}\right)$ 的参数化形式,对高斯函数 $g(t) = \pi^{-1/4}\mathrm{e}^{-t^2/2}$ 进行伸缩得到,也可以选用其他窗函数。

首先将调制源 $\varphi(t)$ 在 u 附近进行泰勒展开,得

$$\varphi(t) = \varphi(u) + \varphi'(u)(t-u) + \Delta\varphi_u(t) \tag{3.4}$$

式中,$\varphi(u) + \varphi'(u)(t-u)$ 为线性部分;$\Delta\varphi_u(t)$ 为余项。

信号在 u 的邻域 $[u-\Delta T, u+\Delta T]$ 内的近似形式为

$$z(t)\big|_{[u-\Delta T, u+\Delta T]} \approx A(u)\mathrm{e}^{\mathrm{i}[\phi(u)+\phi'(u)(t-u)]} = A(u)\mathrm{e}^{\mathrm{i}[2\pi f_c t+\varphi(u)+\varphi'(u)(t-u)]} \tag{3.5}$$

式中,$\Delta T \approx 2\pi/\phi'(u)$,泰勒展开的高阶项 $O[A'(u)]$、$O[\varphi''(u)]$ 已经忽略。

若调制源 $\varphi(t)$ 已知,则可以构造单分量解析调频信号的解调算子——一个关于时间变量 t 和时移变量 u 的双变量函数:

$$f_d(t, u) = \mathrm{e}^{-\mathrm{i}[\varphi(t)-\varphi(u)-\varphi'(u)(t-u)]} = \mathrm{e}^{-\mathrm{i}\Delta\varphi_u(t)} \tag{3.6}$$

将关于时间变量 t 的一维信号 $z(t)$ 变换为关于时间变量 t 和时移变量 u 的二维信号:

$$z_d(t, u) = z(t)f_d(t, u) = A(t)\mathrm{e}^{\mathrm{i}[2\pi f_c t+\varphi'(u)(t-u)+\varphi(u)]} \tag{3.7}$$

此时,可以得到如下近似关系:

$$z(t) \big|_{[u-\Delta T,\, u+\Delta T]} \approx z_d(t,\, u) \tag{3.8}$$

若将双变量信号 $z_d(t,\, u)$ 的短时傅里叶变换定义为

$$S_{z_d}(u,\, \xi) = \int_{-\infty}^{+\infty} z_d(t,\, u) g_\sigma(t-u) \mathrm{e}^{-\mathrm{i}\xi(t-u)} \mathrm{d}t \tag{3.9}$$

则一维信号 $z(t)$ 的短时傅里叶变换可以通过双变量短时傅里叶变换近似得到,即

$$S_z(u,\, \xi) \approx S_{z_d}(u,\, \xi) \tag{3.10}$$

同时,一维信号 $z(t)$ 可以通过短时傅里叶变换的逆变换重构,其重构表达式为

$$z(t) = \frac{1}{2\pi \parallel g_\sigma(t) \parallel^2} \int_{-\infty}^{+\infty} \int_{-\infty}^{+\infty} S_{z_d}(u,\, \xi) \overline{f_d(t,\, u)} g_\sigma(t-u) \mathrm{e}^{\mathrm{i}\xi(t-u)} \mathrm{d}u \mathrm{d}\xi \tag{3.11}$$

通过观察双变量的二维信号 $z_d(t,\, u)$ 可以发现,当固定时移变量 u 时,该二维信号 $z_d(t,\, u)$ 可以看作一维时间信号,其幅值为 $A(t)$,其瞬时频率为

$$f_{i,\, z_d}(t) = \frac{1}{2\pi} \frac{\partial}{\partial t} \big[2\pi f_c t + \varphi'(u)(t-u) + \varphi(u) \big] = f_c + \varphi'(u)/2\pi \tag{3.12}$$

该瞬时频率与时间无关,仅与时移变量 u 有关,且瞬时频率与原信号 $z(t)$ 在 u 时刻的瞬时频率相等,即

$$f_{i,\, z_d}(t,\, u) = f_{i,\, z}(u) \tag{3.13}$$

因此,通过双变量(时间变量和时移变量)解调算子 $f_d(t,\, u)$,将关于时间变量 t 的一维信号 $z(t)$ 变换为时间变量 t 和时移变量的二维信号 $z_d(t,\, u)$,实质上是消除了调制源 $\varphi(t)$ 中高阶项的调制作用,将瞬时频率随时间变化的信号 $z(t)$ 变换成一系列瞬时频率恒定的信号,且在任意 u 值下,变换后的信号 $z_d(t,\, u)$ 的恒定瞬时频率与原信号 $z(t)$ 在该时刻的瞬时频率值相等。由于变换后的信号 $z_d(t,\, u)$ 在任意 u 时刻的瞬时频率恒定,即使短时傅里叶变换基函数的瞬时频率恒定,也能够逼近变换后的信号 $z_d(t,\, u)$ 的瞬时频率。

图 3.2 为匹配解调变换的解调过程示意图,受信号中调制源的影响,在 $t=u$ 时刻,原信号对应的频谱广泛地分布在频率 $f_c + \varphi'(u)/2\pi$ 的周围,如图中实线所示,其分布范围宽,频谱能量聚集性低。若已知信号的调制源 $\varphi(t)$,则双变量解调算子 $f_d(t,\, u)$ 对信号 $z(t)$ 的解调过程可分为两步。

第一步,构建前向解调算子 $f_d^1(t,\, u) = \mathrm{e}^{-\mathrm{i}\varphi(t)}$,并作用于信号 $z(t)$,则信号 $z(t)$ 被解调为一个纯载波信号 $z_d^1(t,\, u) = z(t) f_d^1(t,\, u) = A(t)\mathrm{e}^{\mathrm{i}2\pi f_c t}$。也就是说,非线性瞬时频率的原信号转换成一个固定载波频率为 f_c 的谐波信号,如图 3.2 中箭头"1"所示。那么,被解调的信号频谱就集中在载波频率 f_c 附近,其分布范围窄,频谱能

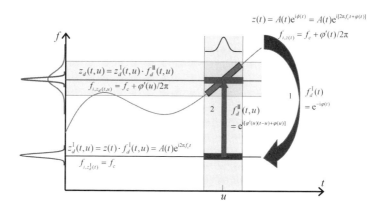

图 3.2 匹配解调变换的解调过程示意图

量聚集性高。然而,该频谱不能够反映信号 $z(t)$ 的时频信息,只是提高了频谱的能量聚集性,因此还需要第二步。

第二步,构建后向频移算子 $f_d^{II}(t,u) = \mathrm{e}^{\mathrm{i}[\varphi'(u)(t-u)+\varphi(u)]}$,将已解调的固定频率信号 $z_d^1(t,u)$ 利用后向频移算子 $f_d^{II}(t,u)$ 变换成另一个固定频率为 $f_c + \varphi'(u)/2\pi$ 的谐波信号 $z_d(t,u) = z_d^1(t,u)f_d^{II}(t,u)$,如图 3.2 中的箭头"2"所示。经过后向频移算子的作用,不但提高了被频移的信号频谱的能量聚集性,而且能够刻画信号 $z(t)$ 在 $t=u$ 时刻的瞬时频率信息。

至此,经过以上两步变换,通过对信号解调的方法提高了信号在 $t=u$ 时刻的频谱能量聚集性。若将信号 $z(t)$ 的每一个时刻都作为一个时移参数来构造相应的双变量解调算子,那么将得到一系列解调为谐波成分的信号,并且在不同时移参数下得到的谐波成分具有不同的频率。如果将这些不同时移参数的谐波信号通过加窗频谱分析变换成另一个关于时移和频率的二维函数,所得到的时频表示结果 $S_{z_d}(u,\xi)$ 不仅可以描述信号 $z(t)$ 的瞬时频率规律,而且其时频聚集性要明显优于 $S_z(u,\xi)$ 。

在以上分析中,解调过程的前提是已知信号的调频规律。然而,在绝大多数应用中,并不知晓信号的瞬时频率或者调制源规律。因此,本节提出了迭代解调的新思路:首先通过一个低聚集性的时频表示获得一个低精度的瞬时频率估计,以这个低精度的瞬时频率估计去粗略地解调信号,使得解调后的信号瞬时频率的跨度范围和非线性程度降低,从而提高信号时频表示的能量聚集性,获得高精度的瞬时频率估计(后面的瞬时频率估计误差定量分析能够证明解调后的精度较高);然后用高精度的估计进一步实现信号的解调与时频表示,如此迭代,分步解调,逐步逼近信号真实的瞬时频率规律。该方法采用迭代策略,实现"动态"时频分析,在迭代过程中逐步匹配信号的调频规律,逐步将信号解调为频率恒定的一系列信号成分后再进行时频变换,因此称为"匹配解调变换"。匹配解调变换算法如算法 3.1

所示,下面将详细介绍匹配解调变换算法的细节参数。

算法 3.1　匹配解调变换算法

初始化:
　　选择参数,时频表示窗函数的初始尺度参数 $\sigma_{(0)}$;
　　迭代终止阈值 δ 及最大迭代次数 L;
　　选择瞬时频率估计模型 $\tilde{f}_i$。

STFT 与初始瞬时频率估计:
　　计算信号 $z(t)$ 的 STFT S_z;
　　基于 S_z 估计初始瞬时频率 $\tilde{f}_{i,\,(1)}$。

重复以下步骤直至终止条件满足:
　　更新窗函数的尺度参数 $\sigma_{(m)}$;
　　基于 $\tilde{f}_{i,\,(m)}$ 解调信号并计算时频表示 $S_{z_d,\,(m)}$;
　　基于 $S_{z_d,\,(m)}$ 估计瞬时频率 $\tilde{f}_{i,\,(m+1)}$;
　　计算迭代终止判据;
　　更新迭代次数 $m \leftarrow m+1$。

返回
　　时频表示 $S_{z_d,\,(m)}$ 与瞬时频率 $\tilde{f}_{i,\,(m+1)}$。

---

1. 匹配解调变换迭代算法初始化

在初始阶段,需要选择匹配解调变换的参数,包括时频表示窗函数的初始尺度参数 $\sigma_{(0)}$、迭代终止阈值 δ 及最大迭代次数 L,另外要选择瞬时频率估计模型 $\tilde{f}_i$。

由线性时频变换的原理可知,时频分辨率由窗函数的尺度参数决定,继而影响瞬时频率估计误差的偏差和方差(后面将详细分析瞬时频率估计误差)。本节中,尺度参数的初始值与被分析信号中的主要频率成分成反比。另外,需要选定信号瞬时频率的模型,从而通过时频脊点,运用最小二乘法拟合瞬时频率规律来估计瞬时频率参数。若根据先验知识能确定瞬时频率模型时,则可用此模型拟合瞬时频率脊点;若未知瞬时频率模型,可以将以下两种常见函数作为瞬时频率模型,但必须根据实际情况选用,这两种模型分别简述如下。

(1)多项式级数模型: $f_i(t) = \sum_{k=0}^{K} \alpha_k t^k$, $\alpha_k \in \Re$。在数学上,根据 Weierstrass 逼近定理,闭区间上的连续函数可用多项式级数以任意精度一致逼近。研究表明,多项式级数规律已经多次应用于调频信号的瞬时频率估计[3,4]。对于该模型,可将 α_0 理解为载波频率 f_c,瞬时频率的其他部分记为 $m(t)$,则

$$m(t) = \sum_{k=1}^{K} \alpha_k t^k \tag{3.14}$$

对应的相位函数为调制源,即

$$\varphi(t) = 2\pi \int_0^t m(u)\,\mathrm{d}u = 2\pi \sum_{k=1}^K \frac{\alpha_k}{k+1} t^{k+1} \tag{3.15}$$

此时,两步解调过程的解调算子及双变量解调算子分别为

$$f_d^{\mathrm{I}}(t,\,u) = \mathrm{e}^{-\mathrm{i}\varphi(t)} = \mathrm{e}^{-\mathrm{i}2\pi \sum\limits_{k=1}^K \frac{\alpha_k}{k+1} t^{k+1}} \tag{3.16}$$

$$f_d^{\mathrm{II}}(t,\,u) = \mathrm{e}^{\mathrm{i}[\varphi'(u)(t-u)+\varphi(u)]} = \mathrm{e}^{\mathrm{i}2\pi \sum\limits_{k=1}^K \left[\alpha_k u^k t + \left(\frac{\alpha_k}{k+1}-\alpha_k\right) u^{k+1}\right]} \tag{3.17}$$

$$f_d(t,\,u) = \mathrm{e}^{-\mathrm{i}[\varphi(t)-\varphi(u)-\varphi'(u)(t-u)]} = \mathrm{e}^{-\mathrm{i}2\pi \sum\limits_{k=1}^K \left[\frac{\alpha_k}{k+1}(t^{k+1}-u^{k+1})-\alpha_k u^k(t-u)\right]} \tag{3.18}$$

(2) 傅里叶级数模型:$f_i(t) = \alpha_0 + \sum\limits_{k=1}^K [\alpha_k \cos(\omega_k t) + \beta_k \sin(\omega_k t)]$。傅里叶级数可以将任意周期函数分解为一组简单项的叠加,被拆分后可以单独求解,然后再将这些求解结果合成,从而获得原始问题的解或者近似解[5]。文献[6]表明,傅里叶级数规律也可应用于调频信号的瞬时频率估计。对于该模型,可将 α_0 理解为载波频率 f_c,瞬时频率的其他部分记为 $m(t)$,则

$$m(t) = \sum_{k=1}^K [\alpha_k \cos(\omega_k t) + \beta_k \sin(\omega_k t)] \tag{3.19}$$

对应的相位函数为调制源,即

$$\varphi(t) = 2\pi \int_0^t m(u)\,\mathrm{d}u = 2\pi \sum_{k=1}^K \left[\frac{\alpha_k}{\omega_k}\sin(\omega_k t) - \frac{\beta_k}{\omega_k}\cos(\omega_k t)\right] \tag{3.20}$$

此时,两步解调过程的解调算子及双变量解调算子分别为

$$f_d^{\mathrm{I}}(t,\,u) = \mathrm{e}^{-\mathrm{i}\varphi(t)} = \mathrm{e}^{-\mathrm{i}2\pi \sum\limits_{k=1}^K \left[\frac{\alpha_k}{\omega_k}\sin(\omega_k t) - \frac{\beta_k}{\omega_k}\cos(\omega_k t)\right]} \tag{3.21}$$

$$f_d^{\mathrm{II}}(t,\,u) = \mathrm{e}^{\mathrm{i}[\varphi'(u)t+\varphi(u)-\varphi'(u)u]}$$
$$= \mathrm{e}^{\mathrm{i}2\pi \sum\limits_{k=1}^K \left\{[\alpha_k\cos(\omega_k u)+\beta_k\sin(\omega_k u)](t-u)+\left[\frac{\alpha_k}{\omega_k}\sin(\omega_k u)-\frac{\beta_k}{\omega_k}\cos(\omega_k u)\right]\right\}} \tag{3.22}$$

$$f_d(t,\,u) = \mathrm{e}^{-\mathrm{i}[\varphi(t)-\varphi(u)-\varphi'(u)(t-u)]}$$
$$= \mathrm{e}^{-\mathrm{i}2\pi \sum\limits_{k=1}^K \left\{\left[\frac{\alpha_k}{\omega_k}\sin(\omega_k t)-\frac{\beta_k}{\omega_k}\cos(\omega_k t)\right] - \left[\frac{\alpha_k}{\omega_k}\sin(\omega_k u)-\frac{\beta_k}{\omega_k}\cos(\omega_k u)\right] - [\alpha_k\cos(\omega_k u)+\beta_k\sin(\omega_k u)](t-u)\right\}}$$
$$\tag{3.23}$$

2. 瞬时频率估计

为了保证算法的鲁棒性,迭代过程中的一个重要步骤就是估计瞬时频率,本节通过时频表示的局部极大能量来估计瞬时频率[6]。由于噪声的影响,在某些时刻,即便是单分量信号,在频域中,也有可能出现多个局部极大值点。因此,本节通过局部极大值,再辅以能量阈值的方式,确定时频平面中时频表示的局部极大值是否为真实的瞬时频率脊点。为了提高瞬时频率估计对噪声的鲁棒性,噪声越大,阈值应该更接近全局能量最大值。当信号中包含多个相互分离的瞬时频率的调频成分时,基于局部极大值方法能够同时检测多个成分的瞬时频率变化过程,同时可以用频率间距 d 区分不同成分。

3. 终止条件

当相邻两个迭代步骤中得到的瞬时频率估计结果之间没有明显的变化时,迭代过程可以终止,相应的终止条件为

$$\mathrm{MSE} = \frac{\| \tilde{f}_{i,(m+1)}(t) - \tilde{f}_{i,(m)}(t) \|_2}{\| \tilde{f}_{i,(m)}(t) \|_2} < \delta \tag{3.24}$$

式中,MSE 表示均方误差; $\| \cdot \|_2$ 表示 ℓ_2 范数; $\tilde{f}_{i,(m)}(t)$ 表示从第 $m-1$ 步迭代计算的时频表示中利用时频脊点和最小二乘法估计得到的瞬时频率; δ 为预先设置的终止阈值。

4. 窗函数尺度参数更新策略

参数化高斯窗函数的尺度参数 σ 同时影响匹配解调变换在迭代过程中瞬时频率估计误差的偏差和方差(后面将详细分析瞬时频率估计误差):尺度参数 σ 越大,估计误差的方差越小,而估计误差的偏差越大;反之,尺度参数 σ 越小,估计误差的偏差越小,而估计误差的方差越大。因此,应权衡之后选择一个合适的尺度参数。

随着匹配解调变换迭代算法的执行,算法估计的瞬时频率逐步匹配信号的真实瞬时频率,降低被解调信号的瞬时频率的非线性程度,从而减小了进一步进行瞬时频率估计时估计误差的偏差。于是,在下一次迭代过程中,可以增大窗函数的尺度参数 σ,从而减小瞬时频率估计误差的方差,使得误差的方差和偏差之间达到一个新的平衡。也就是说,在迭代过程的初期,利用比较小的尺度参数 σ 进行粗略的瞬时频率估计,随着迭代过程的执行,信号中频率调制的非线性程度逐步降低,此时可以再利用一个较大的尺度参数 σ 得到一个高精度的瞬时频率估计。而且,在不同的噪声情况下,可对尺度参数 σ 变化的快慢程度进行适当调整。例如,对于一个高信噪比信号,可以快速增大尺度参数,使得算法快速收敛:

$$\sigma_{(m)} = (m+1)\sigma_{(0)} \tag{3.25}$$

式中, $\sigma_{(m)}$ 为第 m 次迭代过程中所使用的窗函数的尺度参数; $\sigma_{(0)}$ 为初始尺度参数。

对于一个低信噪比的信号,可以缓慢地增加尺度参数,使得算法能够稳健收敛:

$$\sigma_{(m)} = \sigma_{(0)} \log_2(m+1) \tag{3.26}$$

3.2 多分量信号的匹配解调变换

在航空发动机快变信号分析与故障诊断应用中,被分析的信号是往往是多分量的,它们由一些时频结构平行或者近似平行的信号成分组成。这种近似平行的时频结构信号也存在于其他场景中,例如,在超视距雷达系统中,雷达接收的是经过不同路径传递回来的目标物反射信号,不同路径传递的反射信号之间的非线性瞬时频率随时间的变化趋势相近[7, 8];齿轮传动系统中,当某一个齿轮发生故障时,振动信号往往是多分量信号,并且它们的瞬时频率都随着齿轮运行速度发生变化[9, 10]。类似的例子很多,这些信号可以表示为

$$z(t) = \sum_{k=1}^{K} z_k(t) = \sum_{k=1}^{K} A_k(t) \mathrm{e}^{\mathrm{i}[2\pi f_{c,k} t + \varphi(t)]} \tag{3.27}$$

每个信号成分 $z_k(t)$ 具有相同的调制源 $\varphi(t)$,因此,当某一个成分被双变量解调算子解调时,其他成分也相应地被这个解调算子解调。然而,在大多数场合,被分析信号虽然同样可视为多分量信号,但它们却具有不同的调制规律,这种多分量信号可表示为

$$z(t) = \sum_{k=1}^{K} z_k(t) = \sum_{k=1}^{K} A_k(t) \mathrm{e}^{\mathrm{i}[2\pi f_{c,k} t + \varphi_k(t)]} \tag{3.28}$$

第 k 个信号成分的瞬时频率为

$$f_{i, z_k}(t) = 2\pi f_{c,k} + \varphi_k'(t)/2\pi, \quad k = 1, 2, \cdots, K \tag{3.29}$$

对应的调制源 $\varphi_k(t)$ 在 u 附近的泰勒展开式为

$$\varphi_k(t) = \varphi_k(u) + \varphi_k'(u)(t - u) + \Delta\varphi_{u,k}(t) \tag{3.30}$$

式中,$\varphi_k(u) + \varphi_k'(u)(t - u)$ 为调制源 $\varphi_k(t)$ 的线性部分;$\Delta\varphi_{u,k}(t)$ 为余项。

该方法考虑的多分量信号是 K 个相互之间的频率距离至少为 d 的多个调制源不同的单分量信号成分之和,也就是说,它们的瞬时频率满足如下条件:

$$f_{i, z_k}(t) - f_{i, z_{k-1}}(t) \geqslant d, \quad \forall t \in \mathrm{R} \tag{3.31}$$

这种情况下,匹配解调变换将面临如下问题:单一的解调算子无法同时解调时域中混合且具有不同调制源的调频信号。因此,需要给每一个调制源选择一个

合适的解调算子。此时,被分析信号将被不同的调制源变换成多个解调信号,其中的某些调频分量确实已经被合适的解调算子解调,而某些调频分量的调制现象可能会加剧。若将这些被不同的调制源变换的解调信号通过时频方法表示在时频平面内,根据分离条件,它们各自具有相应的时频子区域,并且在该时频子区域内的信号成分可以被对应的双变量解调算子解调。因此,可以将这些子区域划分,根据多分量信号中每个信号分量的时频特性选择对应的时频子区域,再叠加组合到一起,获得多分量信号本身的综合时频表示。

时频子区域的上下边界分别为

$$\omega_{ub, k}(t) = \pi f_{i, z_k}(t) + \pi f_{i, z_{k+1}}(t), \quad 1 \leq k < K \tag{3.32}$$

$$\omega_{lb, k}(t) = \pi f_{i, z_k}(t) + \pi f_{i, z_{k-1}}(t), \quad 1 < k \leq K \tag{3.33}$$

式中,$\omega_{ub, k}(t)$ 与 $\omega_{lb, k}(t)$ 分别表示 k 个时频子区域的上、下边界,$\omega_{ub, k}(t)$ 为信号系统的截止频率(或者是连续信号离散化时的采样频率),$\omega_{lb, 1}(t)$ 为 0。

此时,第 k 个信号成分的时频子区域为

$$D_k = \{(t, \omega) : \omega_{lb, k}(t) \leq \omega < \omega_{ub, k}(t)\}, \quad 1 < k \leq K \tag{3.34}$$

根据单分量信号的解调方式,信号成分 z_k 的双变量解调算子为

$$f_{d, k}(t, u) = \mathrm{e}^{-\mathrm{i}[\varphi_k(t) - \varphi_k(u) - \varphi_k'(u)(t-u)]} = \mathrm{e}^{-\mathrm{i}\Delta\varphi_{k, u}(t)} \tag{3.35}$$

该双变量解调算子 $f_{d, k}(t, u)$ 将信号成分 z_k 解调为

$$z_{d, k, k}(t, u) = z_k(t)f_{d, k}(t, u) = A_k(t)\mathrm{e}^{\mathrm{i}[2\pi f_{c, k}t + \varphi_k(u) + \varphi_k'(u)(t-u)]} \tag{3.36}$$

其恒定的瞬时频率为

$$f_{i, z_{d, k, k}}(t) = f_{c, k} + \varphi_k'(u)/2\pi \tag{3.37}$$

此时,多分量信号 $z(t)$ 变换为

$$z_{d, k}(t, u) = z_{d, k, k}(t, u) + \sum_{j=1, j \neq k}^{K} z_j(t)f_{d, k}(t, u)$$

$$= z_{d, k, k}(t, u) + \sum_{j=1, j \neq k}^{K} z_{d, j, k}(t, u) \tag{3.38}$$

式中,$z_{d, j, k}(t, u)$ 为第 j 个信号成分 $z_j(t)$ 被第 k 个信号成分 $z_k(t)$ 对应的双变量解调算子 $f_{d, k}(t, u)$ 变换的结果,其表达式为

$$z_{d, j, k}(t, u) = z_j(t)f_{d, k}(t, u) = A_j(t)\mathrm{e}^{\mathrm{i}[2\pi f_{c, j}t + \varphi_j(t) - \Delta\varphi_{k, u}(t)]} \tag{3.39}$$

其瞬时频率为

$$f_{i,z_{d,j,k}}(t) = f_{c,j} + \left[\varphi_j'(t) - \varphi_k'(t) + \varphi_k'(u) \right]/2\pi \tag{3.40}$$

在 $t = u$ 时刻的邻域 $[u - \Delta T, u + \Delta T]$ 内，瞬时频率可以近似取为

$$f_{i,z_{d,j,k}}(t)\big|_{[u-\Delta T,\,u+\Delta T]} \approx f_{c,j} + \varphi_j'(u)/2\pi \approx f_{in,z_j}(t)\big|_{[u-\Delta T,\,u+\Delta T]} \tag{3.41}$$

根据式（3.38），通过第 k 个信号成分 $z_k(t)$ 的解调算子 $f_{d,k}(t, u)$ 变换得到的信号 $z_{d,k}(t, u)$ 分成两个部分：谐波成分 $z_{d,k,k}(t, u)$ 和式（3.39）中的调频成分 $z_{d,j,k}(t, u)$，$j \neq k$。相应地，信号 $z_{d,k}(t, u)$ 的时频表示也分成两部分，其表达式为

$$
\begin{aligned}
S_{z_{d,k}}(u, \xi) &= \int_{-\infty}^{+\infty} z_{d,k}(t, u) g_\sigma(t - u) e^{-i\xi(t-u)} dt \\
&= \int_{-\infty}^{+\infty} z_{d,k,k}(t, u) g_\sigma(t - u) e^{-i\xi(t-u)} dt \\
&\quad + \sum_{j=1,\,j\neq k}^{K} \int_{-\infty}^{+\infty} z_{d,j,k}(t, u) g_\sigma(t - u) e^{-i\xi(t-u)} dt \\
&= S_{z_{d,k,k}}(u, \xi) + \sum_{j=1,\,j\neq k}^{K} S_{z_{d,j,k}}(u, \xi)
\end{aligned}
\tag{3.42}
$$

式（3.42）中，谐波分量 $z_{d,k,k}(t, u)$ 的时频表示以高聚集性的形式集中在时频子区域 D_k 的瞬时频率 $f_{i,z_k}(t)$ 周围，而其他成分 $z_{d,j,k}(t, u)$，$j \neq k$ 却广泛地分布在相应的时频子区域中，时频聚集性低。

此时，信号成分 $z_k(t)$ 的时频表示可以用谐波分量 $z_{d,k,k}(t, u)$ 的时频表示近似得到：

$$S_{z_k}(u, \xi) \approx S_{z_{d,k,k}}(u, \xi) \approx \begin{cases} S_{z_{d,k}}(u, \xi), & (u, \xi) \in D_k \\ 0, & (u, \xi) \notin D_k \end{cases} \tag{3.43}$$

而多分量信号 $z(t)$ 的时频表示是 K 个信号成分的近似时频表示的叠加，即

$$S_z(u, \xi) = \sum_{k=1}^{K} S_{z_k}(u, \xi) \tag{3.44}$$

另外，多分量信号 $z(t)$ 中的信号成分 $z_k(t)$ 可以通过逆变换重构，其重构表达式为

$$
\begin{aligned}
z_k(t) &= \frac{1}{2\pi \|g_\sigma(t)\|^2} \int_{-\infty}^{+\infty} \int_{-\infty}^{+\infty} S_{z_{d,k,k}}(u, \xi) \overline{f_{d,k}(t, u)} g_\sigma(t - u) e^{i\xi(t-u)} du d\xi \\
&\approx \frac{1}{2\pi \|g_\sigma(t)\|^2} \iint_{(u,\xi)\in D_k} S_{z_k}(u, \xi) \overline{f_{d,k}(t, u)} g_\sigma(t - u) e^{i\xi(t-u)} du d\xi \\
&= \frac{1}{2\pi \|g_\sigma(t)\|^2} \iint_{(u,\xi)\in D_k} S_z(u, \xi) \overline{f_{d,k}(t, u)} g_\sigma(t - u) e^{i\xi(t-u)} du d\xi
\end{aligned}
$$

$$\tag{3.45}$$

多分量信号 $z(t)$ 由重构的各信号成分叠加而成,即

$$z(t) = \sum_{k=1}^{K} z_k(t)$$

$$\approx \sum_{k=1}^{K} \left[\frac{1}{2\pi \parallel g_\sigma(t) \parallel^2} \iint_{(u,\xi) \in D_k} S_z(u,\xi) \overline{f_{d,k}(t,u)} g_\sigma(t-u) e^{i\xi(t-u)} du d\xi \right]$$

$$(3.46)$$

本节介绍的多分量信号的匹配解调变换方法是单分量信号的匹配解调变换方法的改进提升结果。每一个分量都有各自的解调算子与各自的时频子区域,通过叠加不同子区域的时频表示可以获得多分量信号本身的时频表示。

3.3 匹配解调变换性能分析

3.3.1 瞬时频率估计误差定量分析

为形成对比,本节首先将回顾短时傅里叶变换的瞬时频率估计误差,然后定量分析本节所提出的匹配解调变换的瞬时频率估计误差,并从瞬时频率估计的角度说明为什么短时傅里叶变换不适合分析航空发动机快变信号,而匹配解调变换为什么适合分析航空发动机快变信号。

1. 短时傅里叶变换瞬时频率估计误差回顾

基于时频分析的瞬时频率估计方法大致可以分为两类,第一类是根据 Cohen 从时频角度给出的瞬时频率定义来估计,即时频表示的一阶矩:

$$\tilde{\omega}(t) = \frac{\displaystyle\int_{-\infty}^{+\infty} \omega \mathrm{TF}(t,\omega) \mathrm{d}\omega}{\displaystyle\int_{-\infty}^{+\infty} \mathrm{TF}(t,\omega) \mathrm{d}\omega} \tag{3.47}$$

式中, ~ 表示瞬时频率估计值; $\mathrm{TF}(t,\omega)$ 为用于估计瞬时频率的时频表示。

第二类则是直接根据时频表示结果中的能量分布,通过局部极大值点锁定瞬时频率位置,即

$$\tilde{\omega}(t) = \arg\max_{\omega} \mid \mathrm{TF}(t,\omega) \mid \tag{3.48}$$

研究表明,在不同的信号环境下,这两类基于时频分析的瞬时频率估计方法会表现出不同的性能。采用第一类基于时频表示一阶矩的瞬时频率估计方法能提高信号瞬时频率的无偏估计,然而,当信号包含加性噪声时,即使信号信噪比较高,加性噪声也会导致该方法的性能严重下降。第二类基于时频表示局部极大值的瞬时频率估计方法,对加性噪声的抗噪性能要优于第一类方法,但易受乘性噪声的影

响,此时的抗噪性能不及第一类方法。考虑到机械振动信号的特点,第二类瞬时频率估计方法更适用于估计机械振动信号的瞬时频率,本节采用第二类方法估计信号瞬时频率。

首先考虑离散信号:

$$z(nT) = z_0(nT) + \varepsilon(nT) \tag{3.49}$$

式中,$z_0(nT)$ 为连续信号 $z_0(t) = A(t)\mathrm{e}^{\mathrm{i}\phi(t)}$ 的离散形式;T 为采样周期;$\varepsilon(nT)$ 为实部与虚部独立同分布的复数形式的高斯白噪声,总方差为 σ_ε^2,则 $\Re\{\varepsilon(nT)\} \sim N(0,\sigma_\varepsilon^2/2)$、$\Im\{\varepsilon(nT)\} \sim N(0,\sigma_\varepsilon^2/2)$。

根据连续信号短时傅里叶变换的定义,离散信号 $z(nT)$ 的短时傅里叶变换为

$$S_z(t,\omega) = T \sum_{n=-\infty}^{+\infty} z(t+nT) g_\sigma(nT) \mathrm{e}^{-\mathrm{i}\omega nT} \tag{3.50}$$

对应的谱图为

$$P(t,\omega) = T^2 \sum_{n_1=-\infty}^{+\infty} \sum_{n_2=-\infty}^{+\infty} z(t+n_1T)\overline{z(t+n_2T)} g_\sigma(n_1T) g_\sigma(n_2T) \mathrm{e}^{\mathrm{i}\omega(n_2-n_1)T} \tag{3.51}$$

根据局部极大值的瞬时频率估计方法,信号的瞬时频率可以估计为

$$\tilde{\omega}(t) = \arg\max_\omega P(t,\omega) \tag{3.52}$$

对应的估计误差为

$$\Delta\tilde{\omega}(t) = \tilde{\omega}(t) - \omega(t) \tag{3.53}$$

高斯白噪声的出现,使得瞬时频率估计误差 $\Delta\tilde{\omega}(t)$ 成为一个随机变量,由其统计参数(偏差与方差)衡量瞬时频率估计性能。文献[11]和[12]表明,基于短时傅里叶变换的瞬时频率估计误差满足定理3.1。

定理3.1: 设 $\tilde{\omega}(t)$ 为式(3.52)的一个解,且连续信号 $z_0(t) = A(t)\mathrm{e}^{\mathrm{i}\phi(t)}$ 满足如下条件:$A \in C^1(\Re)$、$\phi \in C^\infty(\Re)$、$|A'(t)| \ll |\phi'(t)|$,令 $M_{m,k} = \int_{-\infty}^{+\infty} t^k g^m(t)\mathrm{d}t$ 且 $g(t)$ 为实对称窗函数。当 $T \to 0$ 时,瞬时频率估计误差 $\Delta\tilde{\omega}(t)$ 的偏差和方差分别为

$$\mathrm{Bias}\{\Delta\tilde{\omega}(t)\} \to \sum_{k=1}^{+\infty} \frac{\phi^{(2k+1)}(t)\sigma^{2k}M_{1,2k+2}}{(2k+1)!\,M_{1,2}} \tag{3.54}$$

$$\mathrm{Var}\{\Delta\tilde{\omega}(t)\} \to \frac{\sigma_\varepsilon^2 M_{2,2}}{2|A(t)|^2(M_{1,2})^2}\left[1 + \frac{\sigma_\varepsilon^2 TM_{2,0}}{\sigma|A(t)|^2(M_{1,0})^2}\right]\frac{T}{\sigma^3} \tag{3.55}$$

由以上性质可知,基于短时傅里叶变换的瞬时频率估计误差受高斯白噪声方差 σ_ε^2、窗函数的尺度参数 σ 及瞬时频率的非线性程度等因素的影响。

(1) 当 σ_ε^2 增大时,基于短时傅里叶变换的瞬时频率估计误差 $\Delta\tilde{\omega}(t)$ 的偏差 $\mathrm{Bias}\{\Delta\tilde{\omega}(t)\}$ 不变,而方差 $\mathrm{Var}\{\Delta\tilde{\omega}(t)\}$ 增大。

(2) 当窗函数的尺度参数 σ 增大时(即窗伸长时),基于短时傅里叶变换的瞬时频率估计误差 $\Delta\tilde{\omega}(t)$ 的偏差 $\mathrm{Bias}\{\Delta\tilde{\omega}(t)\}$ 增大,而方差 $\mathrm{Var}\{\Delta\tilde{\omega}(t)\}$ 减小;然而,当窗函数的尺度参数 σ 减小时(即窗缩短时),偏差 $\mathrm{Bias}\{\Delta\tilde{\omega}(t)\}$ 减小,而方差 $\mathrm{Var}\{\Delta\tilde{\omega}(t)\}$ 增大。因此,基于短时傅里叶变换对瞬时频率进行估计时需折中选择尺度参数 σ。

(3) 被分析信号瞬时频率的非线性程度越高,瞬时频率估计误差 $\Delta\tilde{\omega}(t)$ 的偏差 $\mathrm{Bias}\{\Delta\tilde{\omega}(t)\}$ 越大。

以上性质表明,对于短时傅里叶变换,当分析瞬时频率变化缓慢的一般非平稳信号时,信号相位函数的高阶导数 $\phi^{(2k+1)}(t)$ 可以忽略不计。因此,可以增大尺度参数 σ,使得偏差 $\mathrm{Bias}\{\Delta\tilde{\omega}(t)\}$ 和方差 $\mathrm{Var}\{\Delta\tilde{\omega}(t)\}$ 都保持在较低水平,瞬时频率估计精度高。然而,当分析航空发动机快变信号时,信号瞬时频率的非线性程度将显著增大,此时信号相位函数的高阶导数 $\phi^{(2k+1)}(t)$ 无法忽略。因此,无论如何选择尺度参数 σ,都无法保证偏差 $\mathrm{Bias}\{\Delta\tilde{\omega}(t)\}$ 和方差 $\mathrm{Var}\{\Delta\tilde{\omega}(t)\}$ 都保持在较低水平,瞬时频率的估计精度低。因此,短时傅里叶变换不适合分析航空发动机快变信号。

2. 匹配解调变换瞬时频率估计误差定量分析

下面将分析匹配解调变换迭代过程中的瞬时频率估计误差。根据 3.1 节所述的匹配解调变换方法,首先从含噪声信号 $z(t) = A(t)\mathrm{e}^{\mathrm{i}\phi(t)} + \xi(t)$ 的谱图中估计瞬时频率,令 $r_{(1)}(t)$ 为瞬时频率对应的相位函数,即原信号相位函数 $\phi(t)$ 的第 1 次估计,用于构造匹配解调变换第 1 次迭代步骤中的双变量解调算子,对信号解调。用 $r_{(m)}(t)$ 表示原信号由匹配解调变换进行第 $m-1$ 次迭代估计得到的瞬时频率所对应的相位函数,即原信号相位函数 $\phi(t)$ 的第 m 次估计,用于在第 m 次迭代步骤中构造双变量解调算子,对信号解调。对应的双变量解调函数记为 $f_{d,(m)}(t, u) = \mathrm{e}^{-\mathrm{i}\Delta r_{(m), u}(t)}$,其中相位 $\Delta r_{(m), u}(t)$ 是第 m 次估计的相位函数在 u 的邻域内的一阶泰勒展开的余项,即

$$\Delta r_{(m), u}(t) = r_{(m)}(t) - \left[r_{(m)}(u) + r'_{(m)}(u)(t - u)\right] = \sum_{k=2}^{\infty} r_{(m)}^{(k)}(u)\frac{(t - u)^k}{k!}$$

$$(3.56)$$

原信号被相应地解调为关于时间变量 t 和时移变量 u 的二维信号:

$$z_d(t, u) = A(t) e^{i[\phi(t) - \Delta r_{(m)}, u(t)]} \tag{3.57}$$

考虑与式(3.57)相同的含噪离散信号,对应的二维信号离散形式为

$$z_d(nT, u) = [A(nT) e^{i\phi(nT)} + \varepsilon(nT)] e^{-i\Delta r_{(m)}, u(nT)} \tag{3.58}$$

根据式(3.58),连续信号匹配解调变换的第 m 次迭代中的时频表示定义为被解调二维信号的短时傅里叶变换,则离散序列 $z(nT)$ 对应的匹配解调变换的第 m 次迭代中的时频表示定义为被解调的二维信号离散形式的短时傅里叶变换,即

$$S_{z_d}(u, \xi) = T \sum_{n=-\infty}^{+\infty} z_d(u + nT, u) g_\sigma(nT) e^{-i\xi nT} \tag{3.59}$$

式中,

$$z_d(u + nT, u) = [A(u + nT) e^{i\phi(u+nT)} + \varepsilon(u + nT)] e^{-i\Delta r_{(m)}, u(u+nT)} \tag{3.60}$$

同样,信号的时频能量密度可分别通过匹配解调变换定义为

$$P_{(m)}(t, \omega) = T^2 \sum_{n_1=-\infty}^{+\infty} \sum_{n_2=-\infty}^{+\infty} z_d(t + n_1 T, t) \overline{z_d(t + n_2 T, t)} g_\sigma(n_1 T) g_\sigma(n_2 T) e^{i\omega(n_2 - n_1)T}$$

$$\tag{3.61}$$

此时,从时频表示中估计得出的瞬时角频率为

$$\tilde{\omega}_{(m)}(t) = \arg \max_\omega P_{(m)}(t, \omega) \tag{3.62}$$

相应的估计误差为

$$\Delta\tilde{\omega}_{(m)}(t) = \tilde{\omega}_{(m)}(t) - \omega(t) \tag{3.63}$$

与基于短时傅里叶变换的瞬时频率估计方法类似,此时的估计误差 $\Delta\tilde{\omega}_{(m)}(t)$ 也是一个随机变量,其统计特性由偏差和方差表征。对于本节提出的匹配解调变换,可以推导得出其瞬时频率估计误差满足定理3.2。

定理3.2: 设 $\tilde{\omega}_{(m)}(t)$ 为式(3.62)的一个解,且连续信号 $x_0(t) = A(t) e^{i\phi(t)}$ 满足 $A \in C^1(\Re)$、$\phi \in C^\infty(\Re)$、$|A'(t)| \ll |\phi'(t)|$,解调算子 $f_d(t, u) = e^{-i\Delta r_{(m)}, u(t)}$ 满足 $r_{(m)} \in C^\infty(\Re)$。令 $M_{m,k} = \int_{-\infty}^{+\infty} t^k g^m(t) dt$ 且 $g(t)$ 为实对称窗函数,当 $T \to 0$ 时,瞬时频率估计误差 $\Delta\tilde{\omega}(t)$ 的偏差和方差分别为

$$\text{Bias}\{\Delta\tilde{\omega}_{(m)}(t)\} \to \sum_{k=1}^{+\infty} \frac{[\phi^{(2k+1)}(t) - r_{(m)}^{(2k+1)}(t)] \sigma^{2k} M_{1,2k+2}}{(2k+1)! M_{1,2}} \tag{3.64}$$

$$\text{Var}\{\Delta\tilde{\omega}_{(m)}(t)\} \to \frac{\sigma_\varepsilon^2 M_{2,2}}{2 \mid A(t) \mid^2 (M_{1,2})^2}\left(1 + \frac{\sigma_\varepsilon^2 TM_{2,0}}{\sigma \mid A(t) \mid^2 (M_{1,0})^2}\right)\frac{T}{\sigma^3}$$

$$(3.65)$$

由以上性质可知,匹配解调变换的瞬时频率估计误差受高斯白噪声方差 σ_ε^2、窗函数的尺度参数 σ、第 $m-1$ 次迭代时瞬时频率估计的精度等因素影响。

(1) 当噪声方差 σ_ε^2 增大时,匹配解调变换的瞬时频率估计误差 $\Delta\tilde{\omega}(t)$ 的偏差 $\text{Bias}\{\Delta\tilde{\omega}(t)\}$ 不变,而方差 $\text{Var}\{\Delta\tilde{\omega}(t)\}$ 增大。

(2) 当窗函数尺度参数 σ 增大时(即窗伸长时),匹配解调变换的瞬时频率估计误差 $\Delta\tilde{\omega}(t)$ 的偏差 $\text{Bias}\{\Delta\tilde{\omega}(t)\}$ 增大,而方差 $\text{Var}\{\Delta\tilde{\omega}(t)\}$ 减小;然而,当窗函数尺度参数 σ 减小时(即窗缩短时),偏差 $\text{Bias}\{\Delta\tilde{\omega}(t)\}$ 减小,而方差 $\text{Var}\{\Delta\tilde{\omega}(t)\}$ 增大。

(3) 第 $m-1$ 次迭代时,瞬时频率估计的精度越高,估计的瞬时频率 $r'_{(m)}(t)$ 与信号的瞬时频率 $\phi'(t)$ 之间的误差越小,则第 m 次匹配解调变换迭代过程中瞬时频率估计误差 $\Delta\tilde{\omega}(t)$ 的偏差 $\text{Bias}\{\Delta\tilde{\omega}(t)\}$ 越小。

关于高斯白噪声方差 σ_ε^2 与窗函数的尺度参数 σ 对匹配解调变换瞬时频率估计误差的影响,即(1)和(2)与其对短时傅里叶变换瞬时频率估计误差的影响规律相同。但是,匹配解调变换的瞬时频率估计误差不再受被分析信号瞬时频率的非线性程度的影响,而是受 $\phi^{(2k+1)}(t) - r_{(m)}^{(2k+1)}(t)$ ($k = 1, 2, \cdots, \infty$) 的影响。

因此,即使是快变信号,其瞬时频率的非线性程度较高,只要上一次迭代后信号瞬时频率 $\phi'(t)$ 的估计结果 $r'_{(m)}(t)$ 能够达到一定精度,此时式(3.64)中解调后的 $\phi^{(2k+1)}(t) - r_{(m)}^{(2k+1)}(t)$ 要比式(3.54)中解调前的 $\phi^{(2k+1)}(t)$ 小,即双变量解调算子的相位函数 $r_{(m)}(t)$ 对调频信号 $x_0(t) = A(t)e^{i\phi(t)}$ 相位函数 $\phi(t)$ 的非线性程度起到了一定的削弱作用,则瞬时频率估计误差也可控制在较小范围内,后面将进一步对其进行分析和解释。

以下是该性质的详细推导证明过程:考虑原信号相位函数 $\phi(t + nT)$ 的泰勒展开形式及原信号具有缓变幅值的性质,式(3.61)中的二维信号 $z_d(t + nT, t)$ 可以展开为

$$\begin{aligned}
z_d(t + nT, t) &= \{A(t)e^{i[\phi(t)+\phi'(t)nT+\Delta\phi(t, nT)]} + \varepsilon(t + nT)\}e^{-i\Delta r_{(m), t}(t+nT)} \\
&= A(t)e^{i[\phi(t)+\phi'(t)nT+\Delta\phi(t, nT)-\Delta r_{(m), t}(t+nT)]} + \varepsilon(t + nT)e^{-i\Delta r_{(m), t}(t+nT)}
\end{aligned}$$

$$(3.66)$$

式中,$\Delta\phi(t, nT) = \sum\limits_{k=2}^{+\infty}\phi^{(k)}(t)\dfrac{(nT)^k}{k!}$;$\Delta r_{(m), t}(t + nT) = \sum\limits_{k=2}^{+\infty}r_{(m)}^{(k)}(t)\dfrac{(nT)^k}{k!}$。

由于瞬时频率由 $P_{(m)}(t, \omega)$ 的平稳点确定,即 $P_{(m)}(t, \omega)$ 的导数为 0 的点,瞬时频率估计 $\tilde{\omega}_{(m)}(t)$ 可通过求解偏微分方程 $\partial P_{(m)}(t, \omega)/\partial\omega = 0$ 得出,其中

$$\frac{\partial P_{(m)}(t, \omega)}{\partial \omega}$$

$$= T^2 \sum_{n_1 = -\infty}^{+\infty} \sum_{n_2 = -\infty}^{+\infty} \{z_d(t + n_1 T, t)\overline{z_d(t + n_2 T, t)}g_\sigma(n_1 T)g_\sigma(n_2 T)e^{i\omega(n_2 - n_1)T}[i(n_2 - n_1)T]\}$$

在瞬时频率估计中的任何误差均由以下三种因素中的一种或几种造成：① 估计误差 $\Delta\tilde{\omega}_{(m)}(t)$；② 偏差余项引起的误差 $\delta_{\Delta\phi, \Delta r}$；③ 噪声引起的误差 δ_ε。因此，针对上述误差，将偏微分方程 $\partial P_{(m)}(t, \omega)/\partial\omega = 0$ 进行线性化得到：

$$\frac{\partial P_{(m)}(t, \omega)}{\partial \omega} = \left.\frac{\partial P_{(m)}(t, \omega)}{\partial \omega}\right|_0 + \left.\frac{\partial^2 P_{(m)}(t, \omega)}{\partial \omega^2}\right|_0 \Delta\tilde{\omega}_{(m)}(t)$$

$$+ \left.\frac{\partial P_{(m)}(t, \omega)}{\partial \omega}\right|_0 \delta_{\Delta\phi, \Delta r} + \left.\frac{\partial P_{(m)}(t, \omega)}{\partial \omega}\right|_0 \delta_\varepsilon = 0$$

式中，$|_0$ 表示在 $\omega = \phi'(t)$、$\Delta\phi(t, nT) = 0$、$\Delta r_{(m), t}(t + nT) = 0$ 及 $\varepsilon(nT) = 0$ 时的计算结果；$\partial P_{(m)}(t, \omega)/\partial\omega|_0 \delta_{\Delta\phi, \Delta r}$ 表示仅仅由于高阶项 $\Delta\phi(t, nT)$ 与 $\Delta r_{(m), t}(t + nT)$ 引起的误差；$\partial P_{(m)}(t, \omega)/\partial\omega|_0 \delta_\varepsilon$ 表示仅仅由于噪声项 $\varepsilon(nT)$ 引起的误差。

因此，瞬时频率估计误差的通用表达式为

$$\Delta\tilde{\omega}_{(m)}(t) = -\frac{\left.\dfrac{\partial P_{(m)}(t, \omega)}{\partial \omega}\right|_0 + \left.\dfrac{\partial P_{(m)}(t, \omega)}{\partial \omega}\right|_0 \delta_{\Delta\phi, \Delta r} + \left.\dfrac{\partial P_{(m)}(t, \omega)}{\partial \omega}\right|_0 \delta_\varepsilon}{\left.\dfrac{\partial^2 P_{(m)}(t, \omega)}{\partial \omega^2}\right|_0}$$

$$(3.67)$$

式(3.67)中的元素分别为

$$\left.\frac{\partial P_{(m)}(t, \omega)}{\partial \omega}\right|_0 = 0$$

$$\left.\frac{\partial^2 P_{(m)}(t, \omega)}{\partial \omega^2}\right|_0 = -2\,|A(t)|^2 T^2 \sum_{n_1 = -\infty}^{+\infty} \sum_{n_2 = -\infty}^{+\infty} g_\sigma(n_1 T)g_\sigma(n_2 T)(n_1 T)^2$$

$$\left.\frac{\partial P_{(m)}(t, \omega)}{\partial \omega}\right|_0 \delta_{\Delta\phi, \Delta r} = |A(t)|^2 T^2 \sum_{n_1 = -\infty}^{+\infty} \sum_{n_2 = -\infty}^{+\infty} g_\sigma(n_1 T)g_\sigma(n_2 T)[i(n_2 - n_1)T]$$

$$\times e^{i\{[\Delta\phi(t, n_1 T) - \Delta r_{(m), t}(t + n_1 T)] - [\Delta\phi(t, n_2 T) - \Delta r_{(m), t}(t + n_2 T)]\}}$$

$$\left.\frac{\partial P_{(m)}(t, \omega)}{\partial \omega}\right|_0 \delta_\varepsilon = T^2 \sum_{n_1 = -\infty}^{+\infty} \sum_{n_2 = -\infty}^{+\infty} g_\sigma(n_1 T)g_\sigma(n_2 T)\{A(t)e^{i[\phi(t) + \phi'(t)n_1 T]} + \varepsilon(t + n_1 T)\}$$

$$\times \overline{\{A(t)e^{i[\phi(t) + \phi'(t)n_2 T]} + \varepsilon(t + n_2 T)\}}e^{i\omega(n_2 - n_1)T}[i(n_2 - n_1)T]$$

以上 4 个公式的计算过程中考虑了窗函数的实对称性质,这 4 个部分中唯一的随机项为 $\partial P_{(m)}(t, \omega) / \partial \omega |_0 \delta_\varepsilon$,令

$$L_{(m), \sigma}(t) = T^2 \sum_{n_1 = -\infty}^{+\infty} \sum_{n_2 = -\infty}^{+\infty} g_\sigma(n_1 T) g_\sigma(n_2 T) [i(n_2 - n_1)T] e^{i\{[\Delta\phi(t, n_1 T) - \Delta r_{(m), t}(t+n_1 T)] - [\Delta\phi(t, n_2 T) - \Delta r_{(m), t}(t+n_2 T)]\}}$$

$$\approx T^2 \sum_{n_1 = -\infty}^{+\infty} \sum_{n_2 = -\infty}^{+\infty} g_\sigma(n_1 T) g_\sigma(n_2 T) [(n_1 - n_2)T] \{[\Delta\phi(t, n_1 T) - \Delta r_{(m), t}(t + n_1 T)]$$

$$- [\Delta\phi(t, n_2 T) - \Delta r_{(m), t}(t + n_2 T)]\}$$

$$\approx 2T^2 \sum_{k=1}^{+\infty} \left[\frac{\phi^{(2k+1)}(t) - r_{(m)}^{(2k+1)}(t)}{(2k+1)!} \sum_{n_1 = -\infty}^{+\infty} g_\sigma(n_1 T)(n_1 T)^{2k+2} \right] \sum_{n_2 = -\infty}^{+\infty} g_\sigma(n_2 T)$$

$$\Xi_\sigma = \frac{\partial P_{(m)}(t, \omega)}{\partial \omega} \bigg|_0 \delta_\varepsilon$$

$$M_{T, m, k} = T^m \sum_{n=-\infty}^{+\infty} g_\sigma^m(nT)(nT)^k$$

则式(3.67)可表示为

$$\Delta\tilde{\omega}_{(m)}(t) = \frac{|A(t)|^2 L_{(m), \sigma}(t) + \Xi_\sigma}{2|A(t)|^2 M_{T, 1, 2} M_{T, 1, 0}} \tag{3.68}$$

进一步考虑随机项 Ξ_σ 的期望为 0,即 $E\{\Xi_\sigma\} = 0$,则瞬时频率估计误差 $\Delta\tilde{\omega}_{(m)}(t)$ 的偏差就是估计误差 $\Delta\tilde{\omega}_{(m)}(t)$ 的期望,即

$$\text{Bias}\{\Delta\tilde{\omega}_{(m)}(t)\} = E\{\Delta\tilde{\omega}_{(m)}(t)\}$$

$$= \frac{|A(t)|^2 L_{(m), \sigma}(t) + E\{\Xi_\sigma\}}{2|A(t)|^2 M_{T, 1, 2} M_{T, 1, 0}} \tag{3.69}$$

$$= \frac{L_{(m), \sigma}(t)}{2 M_{T, 1, 2} M_{T, 1, 0}}$$

估计误差的方差为

$$\text{Var}\{\Delta\tilde{\omega}_{(m)}(t)\} = \frac{\text{Var}\{\Xi_\sigma\}}{4|A(t)|^4 (M_{T, 1, 2} M_{T, 1, 0})^2} \tag{3.70}$$

$$= \frac{|A(t)|^2 \sigma_\varepsilon^2 M_{T, 2, 2} M_{T, 1, 0}^2 + \sigma_\varepsilon^4 M_{T, 2, 2} M_{T, 2, 0}}{2|A(t)|^4 (M_{T, 1, 2} M_{T, 1, 0})^2}$$

考虑 $M_{m, k} = \int_{-\infty}^{+\infty} t^k g^m(t) \mathrm{d}t$,则当 $T \to 0$ 时,可得

$$M_{T,m,k} = T^m \sum_{n=-\infty}^{+\infty} g_\sigma^m(nT)(nT)^k \to \sigma^{k-m/2+1}T^{m-1}M_{m,k}$$

$$L_{(m),\sigma}(t) \approx 2T^2 \sum_{k=1}^{+\infty} \left[\frac{\phi^{(2k+1)}(t) - r_{(m)}^{(2k+1)}(t)}{(2k+1)!} \sum_{n_1=-\infty}^{+\infty} g_\sigma(n_1 T)(n_1 T)^{2k+2} \right] \sum_{n_2=-\infty}^{+\infty} g_\sigma(n_2 T)$$

$$\to 2 \sum_{k=1}^{+\infty} \frac{\left[\phi^{(2k+1)}(t) - r_{(m)}^{(2k+1)}(t) \right] \sigma^{2k+3}}{(2k+1)!} M_{1,2k+2} M_{1,0}$$

此时,

$$\text{Bias}\{\Delta\tilde{\omega}_{(m)}(t)\} \to \sum_{k=1}^{+\infty} \frac{\left[\phi^{(2k+1)}(t) - r_{(m)}^{(2k+1)}(t) \right] \sigma^{2k} M_{1,2k+2}}{(2k+1)! \, M_{1,2}}$$

$$\text{Var}\{\Delta\tilde{\omega}_{(m)}(t)\} \to \frac{|A(t)|^2 \sigma_\varepsilon^2 \sigma T M_{2,2}(M_{1,0})^2 + \sigma_\varepsilon^4 T^2 M_{2,2} M_{2,0}}{2|A(t)|^4 \sigma^4 (M_{1,2})^2 (M_{1,0})^2}$$

$$= \frac{\sigma_\varepsilon^2 M_{2,2}}{2|A(t)|^2 (M_{1,2})^2} \left(1 + \frac{\sigma_\varepsilon^2 T M_{2,0}}{\sigma|A(t)|^2 (M_{1,0})^2} \right) \frac{T}{\sigma^3}$$

至此,匹配解调变换瞬时频率估计误差的性质[式(3.64)和式(3.65)]得证。

由于信号 $x_0(t) = A(t)\mathrm{e}^{\mathrm{i}\phi(t)}$ 的相位函数与解调算子 $f_d(t,u) = \mathrm{e}^{-\mathrm{i}\Delta r_{(m),u}(t)}$ 的相位函数满足如下关系:

$$\phi(t+nT) = \phi(t) + \phi'(t)nT + \Delta\phi(t,nT)$$

$$r_{(m)}(t+nT) = r_{(m)}(t) + r'_{(m)}(t)nT + \Delta r_{(m),t}(t+nT)$$

考虑到窗函数 $g_\sigma(t)$ 为实对称函数,可得

$$L_{(m),\sigma}(t) \approx 2T^2 \sum_{n_1=-\infty}^{+\infty} \left\{ g_\sigma(n_1 T) n_1 T \left[\Delta\phi(t, n_1 T) - \Delta r_{(m),t}(t+n_1 T) \right] \right\} \sum_{n_2=-\infty}^{+\infty} g_\sigma(n_2 T)$$

$$= 2T^2 \sum_{n_1=-\infty}^{+\infty} \left\{ g_\sigma(n_1 T) n_1 T \left[\phi(t+n_1 T) - \phi'(t)n_1 T - r_{(m)}(t+n_1 T) \right. \right.$$

$$\left. \left. + r'_{(m)}(t)n_1 T \right] \right\} \sum_{n_2=-\infty}^{+\infty} g_\sigma(n_2 T)$$

若双变量解调算子的相位函数满足以下条件:

$$0 < \sum_{n=-\infty}^{+\infty} g_\sigma(nT) nT \left[r_{(m)}(t+nT) - r'_{(m)}(t)nT \right]$$

$$< \sum_{n=-\infty}^{+\infty} g_\sigma(nT) nT \left[\phi(t+nT) - \phi'(t)nT \right]$$

则

$$0 < \sum_{n=-\infty}^{+\infty} \{ g_\sigma(nT) nT [\phi(t+nT) - \phi'(t)nT - r_{(m)}(t+nT) + r'_{(m)}(t)nT] \}$$

$$< \sum_{n=-\infty}^{+\infty} \{ g_\sigma(nT) nT [\phi(t+nT) - \phi'(t)nT] \}$$

即

$$0 < \sum_{k=1}^{+\infty} \left[\frac{\phi^{(2k+1)}(t) - r_{(m)}^{(2k+1)}(t)}{(2k+1)!} \sum_{n=-\infty}^{+\infty} g_\sigma(nT)(nT)^{2k+2} \right]$$

$$< \sum_{k=1}^{+\infty} \left[\frac{\phi^{(2k+1)}(t)}{(2k+1)!} \sum_{n=-\infty}^{+\infty} g_\sigma(nT)(nT)^{2k+2} \right]$$

令 $L_\sigma(t) \approx 2T^2 \sum_{k=1}^{+\infty} \left[\dfrac{\phi^{(2k+1)}(t)}{(2k+1)!} \sum_{n_1=-\infty}^{+\infty} g_\sigma(n_1 T)(n_1 T)^{2k+2} \right] \sum_{n_2=-\infty}^{+\infty} g_\sigma(n_2 T)$ ，则

$$\left| \frac{L_{(m),\sigma}(t)}{2M_{T,1,2}M_{T,1,0}} \right| < \left| \frac{L_\sigma(t)}{2M_{T,1,2}M_{T,1,0}} \right|$$

即

$$| \text{Bias} \{ \Delta\tilde{\omega}_{(m)}(t) \} | \leqslant | \text{Bias} \{ \Delta\tilde{\omega}(t) \} | \tag{3.71}$$

若双变量解调算子的相位函数满足以下条件：

$$\sum_{n=-\infty}^{+\infty} g_\sigma(nT) nT [\phi(t+nT) - \phi'(t)nT]$$

$$< \sum_{n=-\infty}^{+\infty} g_\sigma(nT) nT [r_{(m)}(t+nT) - r'_{(m)}(t)nT] < 0$$

那么也可以得到与式（3.71）相同的结论。因此，匹配解调变换和短时傅里叶变换相比，其瞬时频率估计误差满足以下性质。

定理 3.3：如果双变量解调算子的相位函数满足以下两个条件中的一个：

$$0 < \sum_{n=-\infty}^{+\infty} g_\sigma(nT) nT [r_{(m)}(t+nT) - r'_{(m)}(t)nT]$$

$$< \sum_{n=-\infty}^{+\infty} g_\sigma(nT) nT [\phi(t+nT) - \phi'(t)nT] \tag{3.72}$$

$$0 > \sum_{n=-\infty}^{+\infty} g_\sigma(nT) nT [r_{(m)}(t+nT) - r'_{(m)}(t)nT]$$

$$> \sum_{n=-\infty}^{+\infty} g_\sigma(nT) nT [\phi(t+nT) - \phi'(t)nT] \tag{3.73}$$

则

$$| \text{Bias}\{\Delta\tilde{\omega}_{(m)}(t)\} | < | \text{Bias}\{\Delta\tilde{\omega}(t)\} | \qquad (3.74)$$

以上性质表明:如果条件[式(3.72)或式(3.73)]满足,基于匹配解调变换的瞬时频率估计误差偏差会小于解调之前基于短时傅里叶变换得出的结果。这意味着,双变量解调算子的相位函数 $r_{(m)}(t)$ 对调频信号 $x_0(t) = A(t)\mathrm{e}^{\mathrm{i}\phi(t)}$ 相位函数 $\varphi(t)$ 的非线性程度起到了一定的削弱作用。对于单分量调频信号中调制源已知的情况,双变量解调算子满足 $r_{(m)}(t) = \phi(t)$,此时,对于 $k \in \mathrm{Z}^+$,均有 $\phi^{(2k+1)}(t) = r_{(m)}^{(2k+1)}(t)$。因此,可得

$$\text{Bias}\{\Delta\tilde{\omega}_{(m)}(t)\} = 0$$

此时,双变量解调算子彻底消除了高阶余项引起的误差 $\delta_{\Delta\phi}$。

另外,增大参数化高斯窗函数的尺度参数 σ 能够减小瞬时频率估计误差的方差,但却会增大误差的偏差,需要综合考虑误差的方差和偏差两个方面。最优的尺度参数 σ 可以通过求解如下优化问题得到:

$$\begin{aligned}
\sigma_{\text{opt}}(t) &= \arg \min_{\sigma} E\{[\Delta\tilde{\omega}_{(m)}(t)]^2\} \\
&= \arg \min_{\sigma}\{\text{Var}\{\Delta\tilde{\omega}_{(m)}(t)\} + [E\{\Delta\tilde{\omega}_{(m)}(t)\}]^2\}
\end{aligned} \qquad (3.75)$$

对于高斯窗函数,在尺度参数比较小的情况下,最优的尺度参数可以近似表示为

$$\sigma_{\text{opt}}(t) \approx \left\{ \frac{3T\sigma_\varepsilon^2}{8\sqrt{\pi} |A(t)|^2} \left[1 + \frac{\sigma_\varepsilon^2}{2\sqrt{\pi} |A(t)|^2} \right] \Big/ [\phi^{(3)}(t) - r_{(m)}^{(3)}(t)]^2 \right\}^{1/7} \qquad (3.76)$$

最优的尺度参数 $\sigma_{\text{opt}}(t)$ 取决于原信号相位函数的三阶导数 $\phi^{(3)}(t)$,以及瞬时频率估计的二阶导数 $r_{(m)}^{(3)}(t)$,它们都与时间有关。如果相位函数的三阶导数 $\phi^{(3)}(t)$ 在时域内显著变化,此时需要一个尺度参数时变的窗函数,这样才能提高瞬时频率的估计精度。没有双变量解调算子的作用,一个尺度参数固定不变的窗函数很难在所有时间内同时使瞬时频率估计误差最小化。

如果条件满足,随着迭代算法的执行,匹配解调变换能够逐步逼近真实的瞬时频率,导数 $\phi^{(3)}(t)$ 和 $r_{(m)}^{(3)}(t)$ 之间的差值将逐渐缩小,最优的尺度参数 $\sigma_{\text{opt}}(t)$ 也将逐步增大,从而平衡误差的偏差和方差。不仅如此,由于解调的作用,导数 $\phi^{(3)}(t)$ 和 $r_{(m)}^{(3)}(t)$ 的差值将远远小于原信号的相位函数的三阶导数 $\phi^{(3)}(t)$ 本身,即使没有时变窗函数,尺度参数固定的窗函数也可以使不同时间下的瞬时频率估计误差同时最小化,并且显著改进估计精度。

通过以上分析可知,对于航空发动机快变信号,基于匹配解调变换的瞬时频率的估计精度要远高于短时傅里叶变换。因此,由于本章提出的匹配解调变换采用了"匹配解调"策略,其匹配解调算子对快变信号的调制规律有明显的削弱作用,适用于航空发动机快变信号分析。

3.3.2　收敛条件与讨论

匹配解调变换作为迭代算法,其收敛性也是方法的关键性能之一。假设原信号的相位函数 $\phi(t)$ 可以表示为 $\phi(t, a)$,其中 a 为相位函数的参数。这时,第 m 次估计得到的相位函数 $r_{(m)}(t)$ 记为 $\phi[t, a_{(m)}]$,即 $r_{(m)}(t) = \phi[t, a_{(m)}]$。 如果在匹配解调变换的第 $m = M$ 次迭代中,条件[式(3.72)或者式(3.73)]满足,则基于第 M 次时频变换得到的瞬时频率估计误差 $\Delta\tilde{\omega}_{(M)}(t)$ 的偏差 $\mathrm{Bias}\{\Delta\tilde{\omega}_{(M)}(t)\}$ 将小于从原信号谱图中估计得到的瞬时频率估计的均方误差的偏差 $\mathrm{Bias}\{\Delta\tilde{\omega}(t)\}$。这意味着,相比原始的瞬时频率估计 $r'_{(1)}(t) = \phi'[t, a_{(1)}]$,第 $M + 1$ 次瞬时频率估计 $r'_{(M+1)}(t) = \phi'[t, a_{(M+1)}]$ 更接近于真实的瞬时频率 $\phi'(t, a)$,并且上述情况对于任意时间均成立。也就是说,第 $M + 1$ 次估计的瞬时频率 $\phi'[t, a_{(M+1)}]$ 的参数 $a_{(M+1)}$ 更接近于瞬时频率 $\phi'(t, a)$ 的实际参数 a。 这样就使得在匹配解调变换的第 $M + 1$ 次迭代中,条件[式(3.72)或者式(3.73)]进一步满足,信号能够被对应于 $\phi'[t, a_{(M+1)}]$ 的双变量解调算子更好地解调,相应的瞬时频率估计误差 $\Delta\tilde{\omega}_{(M+1)}(t)$ 的偏差 $\mathrm{Bias}\{\Delta\tilde{\omega}_{(M+1)}(t)\}$ 会小于 $\Delta\tilde{\omega}_{(M)}(t)$ 的偏差 $\mathrm{Bias}\{\Delta\tilde{\omega}_{(M)}(t)\}$。

总之,这样的迭代过程使得估计的瞬时频率逐步逼近信号的真实瞬时频率。匹配解调变换迭代算法使得瞬时频率在迭代过程中逐步匹配信号真实的瞬时频率,并最终收敛到真实的瞬时频率。后面将通过仿真分析,进一步说明匹配解调变换的收敛性。

3.4　试验研究与航空发动机动静摩碰故障诊断实例

3.4.1　数值仿真试验

本节通过数值仿真试验验证匹配解调变换处理快变信号的性能,并验证匹配解调变换在时频聚集性与瞬时频率估计精度方面相比传统时频分析方法所具有的优势。

1. 单分量仿真信号的匹配解调变换时频表示与瞬时频率估计

本小节构造具有强时变瞬时频率规律的单分量非线性调频信号,验证匹配解调变换处理快变信号的性能,其调频规律为反双曲正弦函数:

$$f_i(t) = f_{c0} + a_0 \cdot \mathrm{arsinh}[\,b_0(t - c_0)\,] \qquad (3.77)$$

式中，参数取值分别为 $f_{c0} = 256$、$a_0 = 40$、$b_0 = 100$、$c_0 = 0.5$，对应的瞬时频率如图 3.3(a) 所示。

根据反双曲正弦函数形式的瞬时频率的变化规律，令 $m_0(t) = a_0 \mathrm{arsinh}[\,b_0(t - c_0)\,]$、$p_0(t) = \ln[\,b_0(t - c_0) + \sqrt{b_0^2(t - c_0)^2 + 1}\,]$，则调制源为

$$\varphi_0(t) = 2\pi \int_{-\infty}^{t} m_0(u)\,\mathrm{d}u = 2\pi a_0 \{(t - c_0)p_0(t) - b_0^{-1}\cosh[\,p_0(t)\,]\} \quad (3.78)$$

那么对应的仿真信号为

$$x_0(t) = \cos(2\pi f_{c0}t + 2\pi a_0\{(t - c_0)p_0(t) - b_0^{-1}[\,\cosh p_0(t)\,]\}) \quad (3.79)$$

其时域波形如图 3.3(b) 所示，离散信号采样频率为 1 024 Hz，信号长度为 1 024。

为了验证方法对噪声的鲁棒性，在仿真信号中添加方差为 1.5 的高斯白噪声，即

$$x(t) = x_0(t) + n(t) = x_0(t) + 1.5\varepsilon(t) \qquad (3.80)$$

式中，$n(t)$ 表示添加的高斯白噪声；$\varepsilon(t)$ 表示零均值单位方差的高斯白噪声。

所含噪声的强度由信噪比（signal to noise ratio, SNR）衡量：

$$\mathrm{SNR} = 10\log_{10}(P_x/P_n) \qquad (3.81)$$

式中，P_x 为无噪声信号的能量；P_n 为噪声成分的能量。

图 3.3(c) 为添加高斯白噪声后的仿真信号波形，仿真信号的信噪比为 $\mathrm{SNR} = -6.65$ dB，噪声强度大，信号信噪比低。

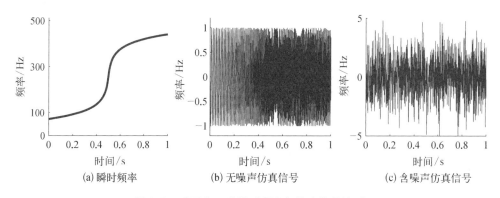

图 3.3 反双曲正弦瞬时频率与仿真信号波形

运用匹配解调变换分析该仿真信号，匹配解调变换选用的瞬时频率模型为未知参数的反双曲正弦函数模型，即假设瞬时频率模型为

$$f_i(t) = f_c + a \cdot \mathrm{arsinh}[b(t - c)] \tag{3.82}$$

式中，f_c、a、b、c 为模型的未知参数。

令 $m(t) = 2\pi a \cdot \mathrm{arsinh}[b(t - c)]$，则调制源为

$$\varphi(t) = \int_{-\infty}^{t} m(u)\,\mathrm{d}u = 2\pi a\{(t - c)p(t) - b^{-1}\cosh[p(t)]\} \tag{3.83}$$

式中，$p(t) = \ln[b(t - c) + \sqrt{b^2(t - c)^2 + 1}]$。

构造的两步解调过程的解调算子及双变量解调算子分别为

$$f_d^{\mathrm{I}}(t, u) = \mathrm{e}^{-\mathrm{i}\varphi(t)}, \quad f_d^{\mathrm{II}}(t, u) = \mathrm{e}^{\mathrm{i}[\varphi'(u)(t-u) + \varphi(u)]} = \mathrm{e}^{\mathrm{i}[m(u)(t-u) + \varphi(u)]} \tag{3.84}$$

$$f_d(t, u) = \mathrm{e}^{-\mathrm{i}[\varphi(t) - \varphi(u) - \varphi'(u)(t-u)]} = \mathrm{e}^{-\mathrm{i}[\varphi(t) - \varphi(u) - m(u)(t-u)]} \tag{3.85}$$

匹配解调变换的初始参数分别为：高斯窗函数初始尺度参数 $\sigma_{(0)} =$ 1/96、均方误差（mean square error，MSE）终止条件阈值为 $\delta = 10^{-4}$、最大迭代次数 $L = 20$。图 3.4 为含噪声仿真信号的短时傅里叶变换与匹配解调变换结果，从图中可以发现：短时傅里叶变换中只有部分瞬时频率位置存在明显的脊点，大部分时频区域被噪声严重干扰，且瞬时频率的快变部分好像被"截断"了一样；而匹配解调变换能够准确描述被噪声污染的仿真信号的时频结构（瞬时频率均方估计的均方误差为 MSE $= 2.19 \times 10^{-4}$），匹配解调变换结果的时频聚集性高。

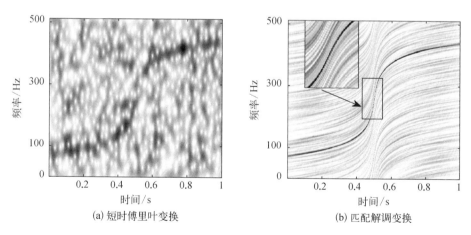

图 3.4　含噪声仿真信号的短时傅里叶变换与匹配解调变换结果

匹配解调变换（matching demodulation transform，MDT）迭代过程中的时频表示结果与瞬时频率估计见图 3.5，图中详细给出了匹配解调变换迭代过程中的初始瞬时频率估计，以及前 5 步的时频表示结果与瞬时频率（instantaneous frequency，

IF)的估计情况,其中虚线为利用式(3.82)所示的瞬时频率模型拟合脊点得出的信号瞬时频率估计。从迭代过程可以看出,虽然迭代开始时,基于短时傅里叶变换的瞬时频率的估计精度低,但是采用分步解调、逐步逼近的迭代策略,随着匹配解调变换迭代过程的执行,时频聚集性逐步提高,瞬时频率估计精度逐步改进。从图3.5中可以看出,匹配解调变换仅进行到第3步迭代时,其结果就能够基本描述仿真信号的瞬时频率变化规律。

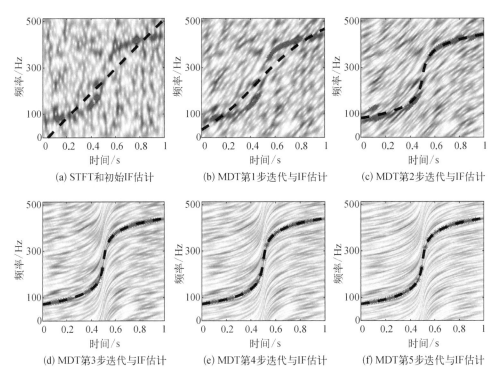

(a) STFT和初始IF估计　　(b) MDT第1步迭代与IF估计　　(c) MDT第2步迭代与IF估计

(d) MDT第3步迭代与IF估计　　(e) MDT第4步迭代与IF估计　　(f) MDT第5步迭代与IF估计

图 3.5　MDT 迭代过程中的时频表示结果与瞬时频率估计

为了进一步说明匹配解调变换的收敛过程,图3.6给出了匹配解调变换迭代过程中瞬时频率估计均方误差的对数值随迭代过程的衰减规律,图中,标记为MSE1 的实线为瞬时频率的估计值与真实值之间的均方误差对数值;标记为 MSE2 的虚线为相邻两次迭代步骤中瞬时频率估计之间的均方误差对数值,计算方法如式(3.63)所示。

从图3.6中可以看出,经过9次迭代,相邻两次迭代步骤中瞬时频率估计之间的均方误差为 $MSE = 9.07 \times 10^{-5}$,小于迭代终止阈值 $\delta = 10^{-4}$,因此停止迭代,此时瞬时频率估计均方误差为 $MSE = 2.19 \times 10^{-4}$,实现了瞬时频率的精确匹配。图3.7 为匹配解调变换过程中,仿真信号瞬时频率模型的参数估计结果,其中虚线为式(3.77)中设定的参数,即$f_{c0} = 256$、$a_0 = 40$、$b_0 = 100$、$c_0 = 0.5$;实线为参数估计值随迭代过程的变化。从图 3.7 中可以看出,随着匹配解调变换的迭代过程逐步进行,参数最终收敛于真值,这也证明了 3.3.2 节收敛性讨论中的参数收敛过程。

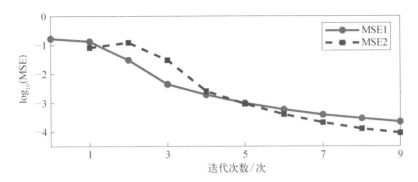

图 3.6 瞬时频率估计均方误差的对数值随迭代过程的衰减规律

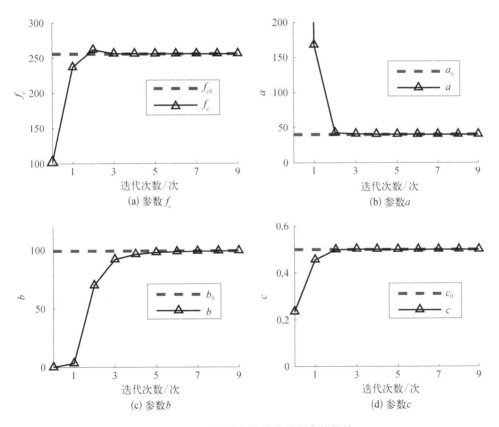

图 3.7 匹配解调变换迭代过程参数估计

为了对比说明匹配解调变换的信号时频结构表征性能,本节运用 Hilbert-Huang 变换(Hilbert-Huang transform,HHT)、S 方法(S-method)、重排短时傅里叶变换(reassigned short-time Fourier transform,RSTFT)、重排平滑伪 Wigner-Ville 分布(reassigned smoothed pseudo Wigner-Ville distribution,RSPWVD)、同步压缩变换(synchrosqueezing transform,SST)及广义同步压缩变换(generalized synchrosqueezing transform,GST)等不同的时频分析方法来分析仿真信号,分析结果如图 3.8 所示。另外,表 3.1 还对比给出了 MDT 与其他时频分析方法得到的瞬时频率估计结果。

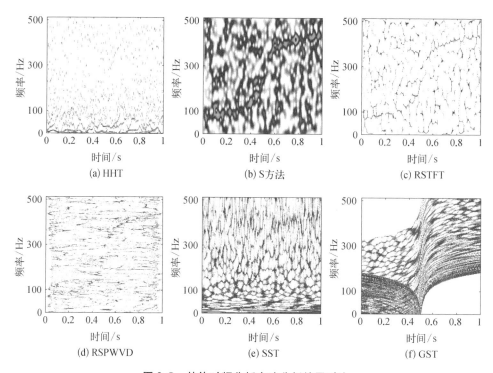

图 3.8　其他时频分析方法分析结果对比

表 3.1　MDT 与其他时频分析方法的瞬时频率估计结果对比

方法名称	MDT	S 方法	RSTFT	RSPWVD	SST	GST
瞬时频率估计均方误差	2.19×10^{-4}	7.99×10^{-2}	7.52×10^{-2}	5.56×10^{-2}	1.25×10^{-2}	3.48×10^{-4}

HHT 作为一种自适应时频分析方法,在许多领域得到了广泛应用。在此案例中,HHT 的分析结果如图 3.8(a)所示。由于仿真信号的快变特性,HHT 基本不能描述该仿真信号的瞬时频率规律。S 方法作为一种广义平滑伪 Wigner-Ville 分布,能够在一定程度上提高短时傅里叶变换的时频聚集性。在此案例中,S 方法采用

长度为 37 的矩形窗,得到的分析结果如图 3.8(b)所示,从图中可以看出,虽然部分瞬时频率所在位置的能量聚集性稍有提高,但是仿真信号瞬时频率快变的部分仍然被"截断"。RSTFT 作为一种常用的时频重排方法,也能够有效提高时频表示的聚集性。在此案例中,采用长度为 71 的高斯窗作为频率平滑窗,得到的 RSTFT 分析结果如图 3.8(c)所示,从图中可以看出,RSTFT 方法的时频聚集性要明显优于短时傅里叶变换,然而仍然无法提高瞬时频率快变部分的时频表示性能。RSPWVD 作为另外一种重排方法,在此案例中,分别采用长度为 103 与 257 的高斯窗作为时间与频率平滑窗,得到的分析结果如图 3.8(d)所示。从图 3.8(d)中可以看出,RSPWVD 方法也无法提高瞬时频率快变部分的时频表示性能。

　　SST 是另一种可逆的时频重排方法,在此案例中,采用品质因数 $Q = 20$ 的 Morlet 小波,得到的分析结果如图 3.8(e)所示。从图 3.8(e)中可以看出:SST 方法也无法描述瞬时频率快变部分的信号时频结构,而且在此案例中,其时频聚集性还不及 RSTFT 与 RSPWVD 这两种传统时频重排方法。GST 是一种改进的 SST 方法,通过对时域信号进行预先解调,然后再进行 SST,在此案例中,采用本节提出的 MDT 方法最终估计的高精度瞬时频率估计值作为 GST 方法需要的瞬时频率先验,采用品质因数 $Q = 30\pi$ 的 Morlet 小波对信号进行 SST,结果如图 3.8(f)所示,从图中可以看出,该方法也能够描述信号快变部分的瞬时频率规律。

　　然而,从表 3.1 可知,GST 方法即使使用了通过 MDT 得到的精度为 2.19×10^{-4} 的瞬时频率作为先验对信号解调,但是该方法得到的瞬时频率估计均方误差为 $\text{MSE} = 3.48\times10^{-4}$,反而降低了瞬时频率估计的精度。与这些时频分析方法相比,MDT 表现出更优越的快变信号分析能力。

　　为了进一步分析匹配解调变换对噪声的鲁棒性,本章运用 MDT 方法分析了信噪比为 $-10\sim10$ dB 时不同噪声强度下的含噪声仿真信号。在不同噪声强度下,MDT 方法均执行 10 次迭代过程,然后用瞬时频率估计 MSE 对数值衡量 MDT 方法对噪声的鲁棒性,结果如图 3.9 所示。从图 3.9 中可以看出,瞬时频率估计 MSE

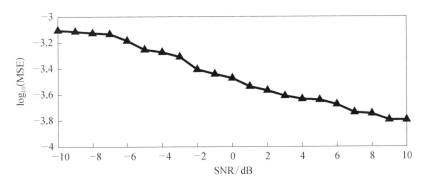

图 3.9　在不同噪声强度下对信号进行瞬时频率估计的 MSE 对数值

受到噪声的影响,噪声越强,瞬时频率估计 MSE 越低。然而,即使当噪声强度为 $-10\ \mathrm{dB}$ 时,瞬时频率估计 MSE 还能保证在 7.94×10^{-4}。因此,MDT 方法对噪声具有较强的鲁棒性。

2. 多分量仿真信号的匹配解调变换时频表示与瞬时频率估计

本小节通过构造多分量强时变瞬时频率规律的非线性调频信号,进一步验证匹配解调变换处理快变信号的性能。三个信号都为反双曲正弦调频成分,且频率间隔为 10 Hz,信号成分瞬时频率的表达式为

$$f_{i, k}(t) = f_{c, k} + a_0 \cdot \mathrm{arsinh}\left[b_0(t - c_0) \right], \quad k = 1, 2, 3 \tag{3.86}$$

式中,参数分别取值为 $f_{c, 1} = 246$、$f_{c, 2} = 256$、$f_{c, 3} = 266$、$a_0 = 40$、$b_0 = 100$、$c_0 = 0.5$,对应的瞬时频率如图 3.10(a) 所示。

信号成分的表达式为

$$x_k(t) = \cos\left(2\pi f_{c, k} t + 2\pi a_0 \left\{ (t - c) p_0(t) - b_0^{-1} \cosh\left[p_0(t) \right] \right\} \right) \tag{3.87}$$

3 个成分叠加后的仿真信号的时域波形如图 3.10(b) 所示,离散信号的采样频率为 1 024 Hz,信号长度为 1 024。在仿真信号中添加方差为 1.5 的高斯白噪声,即

$$x(t) = \sum_{k=1}^{3} x_k(t) + n(t) = \sum_{k=1}^{3} x_k(t) + 1.5\varepsilon(t) \tag{3.88}$$

含噪声信号的信噪比为 $-2.06\ \mathrm{dB}$,时域波形如图 3.10(c) 所示。

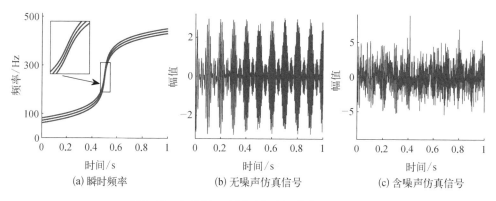

(a) 瞬时频率   (b) 无噪声仿真信号   (c) 含噪声仿真信号

图 3.10   多分量正弦瞬时频率与仿真信号波形

运用匹配解调变换分析该多分量仿真信号,仍选用未知参数的反双曲正弦函数作为瞬时频率模型,初始参数设置为:初始尺度参数 $\sigma_{(0)} = 1/96$,MSE 终止条件阈值为 $\delta = 2 \times 10^{-4}$,最大迭代次数 $L = 20$。多分量含噪声仿真信号的短时傅里叶变换与匹配解调变换结果如图 3.11 所示,从图中可以看出:短时傅里叶变换结果

犹如多个时频原子排列在仿真信号的瞬时频率周围;而匹配解调变换能够准确描述被噪声污染的 3 个信号成分的时频结构(瞬时频率估计的均方误差为 MSE = 9.32×10^{-4}),匹配解调变换结果的时频聚集性高,因而能够完全区分 3 个距离仅为 10 Hz 的信号成分。

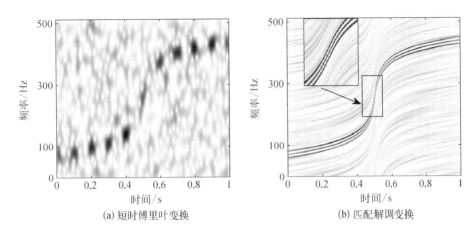

图 3.11　多分量含噪声仿真信号的短时傅里叶变换与匹配解调变换结果

为了进一步说明匹配解调变换分析多分量信号时瞬时频率估计的收敛过程,图 3.12 给出了匹配解调变换迭代过程中瞬时频率估计 MSE 对数值随迭代过程的衰减规律。图中,标记为 MSE1 的实线为瞬时频率的估计值与 $f_{i,2}(t)$ 之间的 MSE 对数值;标记为 MSE2 的虚线为相邻两次迭代步骤中瞬时频率估计之间的 MSE 对数值。从图 3.12 中可以看出,经过 11 次迭代,相邻两次迭代步骤中,瞬时频率估计之间的均方误差为 MSE = 1.12×10^{-4},小于终止条件阈值 $\delta = 2 \times 10^{-4}$,因而停止迭代,此时瞬时频率估计均方误差为 MSE = 9.32×10^{-4},实现了瞬时频率的精确匹配。

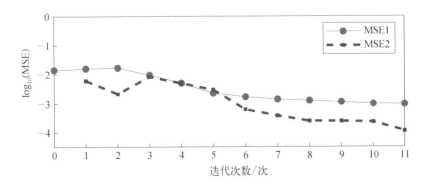

图 3.12　多分量瞬时频率估计 MSE 的对数值随迭代过程的衰减规律

为了对比说明匹配解调变换的信号时频结构表征性能,本小节还运用 S 方法、RSTFT、SST 等不同时频分析方法对仿真信号进行了分析,结果如图 3.13 所示,其中 S 方法采用长度为 37 的矩形窗,RSTFT 方法采用长度为 71 的高斯窗作为频率平滑窗,SST 方法采用品质因数 $Q = 20$ 的 Morlet 小波。从图 3.13 中可发现,三种方法都无法区分仿真信号中的三个信号成分。如图 3.13(a)所示,S 方法的时频表示结果中,瞬时频率所在的部分位置的能量聚集性稍有提高,但是仿真信号瞬时频率快变的部分仍然被"截断"。如图 3.13(b)和(c)所示,RSTFT 方法的时频聚集性要明显优于 STFT,然而仍然无法提高瞬时频率快变部分的时频表示性能,SST 方法也无法描述瞬时频率快变部分的信号时频结构。与这些时频分析方法相比,匹配解调变换表现出更强的多分量信号分析能力与强时变调频信号分析能力。

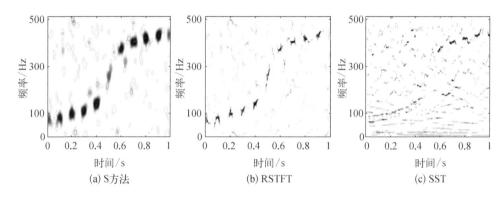

图 3.13　其他时频分析方法分析结果对比

3. 基于匹配解调变换的逆变换的信号重构

本小节利用数值仿真信号验证匹配解调变换的逆变换重构性质。正如前面所述,匹配解调变换得到的时频表示对每个分量都具有高聚集性,即每个分量的能量都集中于时频平面的某个有限的子区域。因此,可以通过选定该子区域按照式(3.45)与式(3.46)重构信号,一方面可以恢复时域信号,另一方面可以起到信号降噪的作用。

首先,以单分量信号为例,说明匹配解调变换的重构过程和重构性能。重构区域的选取宽度越宽,包含的信号成分越充足,但是包含的噪声成分也越多。因此,在尽量包含信号成分在时频平面上的表示区域的前提下,重构区域的选取应尽可能窄。图 3.14 给出了信号重构过程中的频带选择与重构结果。本小节通过在重构信号成分瞬时频率的上下两侧划定固定宽度的频带(在此案例中频宽为 $f_\omega = 7$ Hz),按照式(3.45)重构频带内的时频表示系数。图 3.14(b)中,重构信号成分的信噪比为 13.98 dB。由于在信号中添加的是高斯白噪声,它会广泛分布在整个时频平面内,当然也会分布在重构所选取的时频区域。经过重构时窗函数的平滑

作用,重构信号在幅值上存在误差。然而,信号的振荡行为可以被精确重构,瞬时
频率提取精度高。

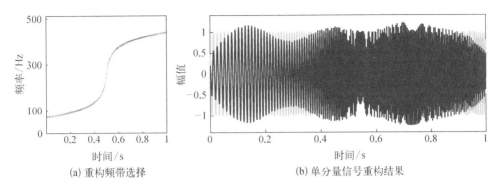

(a) 重构频带选择　　　　　　　　　(b) 单分量信号重构结果

图 3.14　基于匹配解调变换逆变换的重构频带选择与单分量信号重构结果

为了进一步研究逆变换重构信号对噪声的鲁棒性,本小节通过数值仿真,分析
不同噪声强度下重构信号的信噪比,结果如图 3.15 所示。从图 3.15 中可发现重
构信号的信噪比随原信号噪声强度的变化规律:原信号中的噪声强度越高,重构
信号受到的影响也越大,并且原信号的信噪比和重构信号的信噪比呈现出线性变
化的趋势。

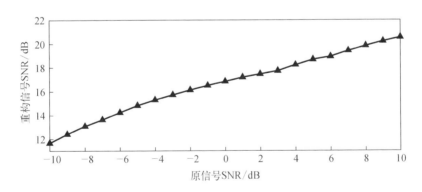

图 3.15　重构信号信噪比随原信号噪声强度的变化趋势

然后,运用前面构造的多分量信号,进一步说明匹配解调变换的重构过程和
重构性能。多分量信号中的 3 个信号成分 $x_1(t)$、$x_2(t)$ 与 $x_3(t)$ 的重构结果依次
如图 3.16(a) ~ (c) 所示。在此案例中,重构时域子区域的频宽为 f_ω = 8 Hz,3
个信号成分的信噪比分别为 12.37 dB、14.39 dB 及 12.09 dB。与单分量信号重
构类似,由于信号中高斯白噪声的影响,经过重构时窗函数的平滑作用,重构信
号在幅值上存在误差。然而,信号的振荡行为可以被精确重构,瞬时频率提取
精度高。

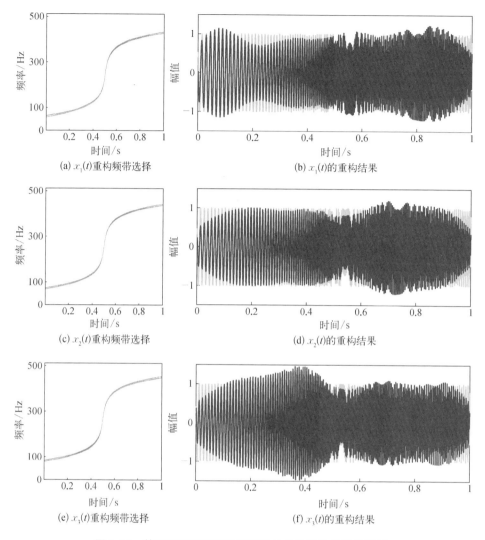

图 3.16　基于匹配解调变换逆变换的多分量信号重构结果

3.4.2　动静摩碰故障模拟试验

航空发动机动静摩碰是一种常见的故障类型,轻则会引起动静件表面擦伤,重则导致严重的摩擦与碰撞故障。造成摩碰故障的原因很多,如转子不平衡、轴弯曲、轴热变形、转子对中不良等。一般情况下,先是发生局部摩碰,随着故障程度的加剧,会发展成为整周摩碰。因此,采用有效的监测手段并检测提取局部摩碰的故障特征,及早诊断故障具有重要意义。

为了验证匹配解调变换对于摩碰故障特征提取的有效性,利用本特利转子试验台进行摩碰故障模拟。图 3.17 为试验台与监测系统全貌图,包含本特利转子试

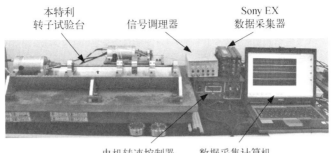

图 3.17　本特利转子摩碰故障试验台与监测系统

验台、信号调理器、Sony EX 数据采集器等。

　　本节试验中,利用本特利系统自带的摩擦棒模拟转子系统的径向轻微摩碰故障,试验时,将摩擦棒用自锁螺母固定在支架上,通过调节螺母位置控制摩碰故障的严重程度。转子系统运行时,采用安装在传感器基座上的电涡流传感器,同时采集转子系统水平和垂直方向的振动信号,信号采集系统如图 3.18 所示。转子运行速度为 2 000 r/min,信号采样频率为 2 kHz,采集点数为 1 024 个,振动信号波形及其频谱如图 3.19 所示。由于故障程度较轻,在频谱中除了工频与轻微的二倍频,找不到其他明显的故障特征。

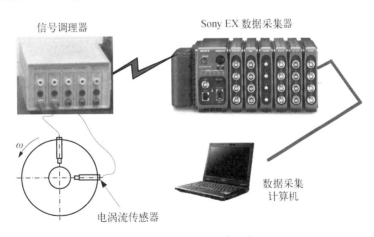

图 3.18　信号采集系统示意图

　　由于周期性的摩碰,在振动信号中将会产生周期性的快变非线性频率调制现象,振动信号具有强时变的瞬时频率。运用匹配解调变换分析信号,摩碰故障导致调频呈周期性,采用式(3.19)所示的傅里叶级数形式的瞬时频率模型,双变量解调算子的构造方法如式(3.21)~式(3.23)所示,窗函数的初始尺度参数为 $\sigma_{(0)}$ = 0.005,MSE 终止条件阈值为 $\delta = 10^{-3}$。

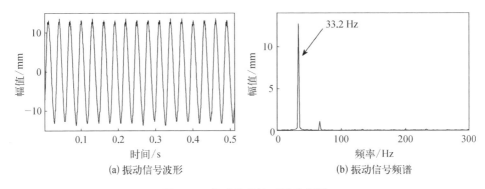

(a) 振动信号波形　　　　　　　　　　(b) 振动信号频谱

图 3.19　振动信号波形及其频谱

图 3.20 给出了匹配解调变换 5 次迭代终止后的结果与短时傅里叶变换结果的对比情况,图 3.21 为瞬时频率估计均方误差的对数值随迭代过程的变化情况,从匹配解调变换结果中可以发现明显的周期性振荡的瞬时频率规律。

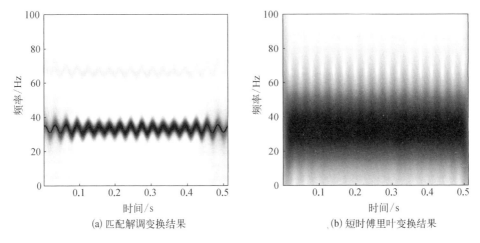

(a) 匹配解调变换结果　　　　　　　　(b) 短时傅里叶变换结果

图 3.20　匹配解调变换结果与短时傅里叶变换结果对比

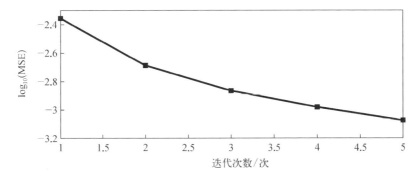

图 3.21　匹配解调变换瞬时频率估计均方误差的对数值随迭代过程的变化情况

图 3.22 进一步给出了匹配解调变换估计的瞬时频率及振荡部分的频谱,从图中可看出,转子工频处得到的瞬时频率估计结果的均值为 33.26 Hz,瞬时频率估计结果去均值之后的振荡部分的频率主要为 33.2 Hz,即瞬时频率估计结果均值和振荡部分的振荡周期都与转子系统的工频相同,这种周期性的瞬时频率变化表明转子系统动静件之间存在周期性的摩碰。

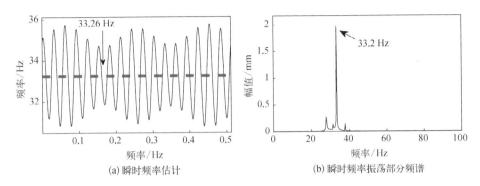

(a) 瞬时频率估计　　　　　　　　　　(b) 瞬时频率振荡部分频谱

图 3.22　匹配解调变换估计的瞬时频率及振荡部分的频谱

为了比较匹配解调变换的分析效果,图 3.23 给出了 HHT 分析结果。从图中可以发现:采用 HHT 方法能够揭示部分瞬时频率的振荡特性,然而由于模式混叠的缺陷,在某些时刻,如 0.2 s 与 0.27 s,采用 HHT 方法不能准确提取振荡信息,与之相比,匹配解调变换能更好地提取摩碰故障的故障特征。

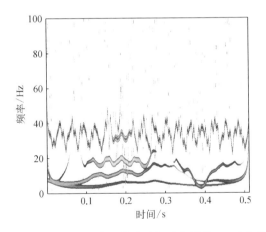

图 3.23　转子系统存在摩碰故障时振动信号的 HHT 分析结果

3.4.3　航空发动机动静摩碰故障诊断应用案例

为验证匹配解调变换算法,针对某型航空发动机整机振动测试数据进行时频分析并提取发动机双转子系统的振动特征,以期获取时频聚集性高且可重构的时频分析结果。

图 3.24 为某型发动机结构简图,其低压压气机为 5 级轴流式,高压压气机为 12 级,高低压涡轮都是 2 级,可满足其特定的应用需求。该型发动机采用 7 个支点的支承形式,低压转子采用"1-2-1"的支承形式,高压转子采取"1-2-0"的支承形式。发动机主机匣上的 3 个振动测点如图 3.24 所示,分别如下:前支点,又称为低压压气机测点,采用磁电式振动传感器安装于进气机匣上方的低压压气机前安装边,对低压压气机振动非常敏感;中支点,又称为高压压气机测点,采用磁电式振动传感器安装于扩散机匣上方的喷嘴支架上,主要监测高压压气机和高压涡轮转子的振动情况;后支点,又称为涡轮测点,采用磁电式振动传感器安装于低压涡轮后轴承下方的外涵道低压涡轮滑油供油管接头上,主要监测高低压涡轮转子的振动情况。3 个测点监测的都是振动速度量,经过调理电路转换成位移量后输入计算机。

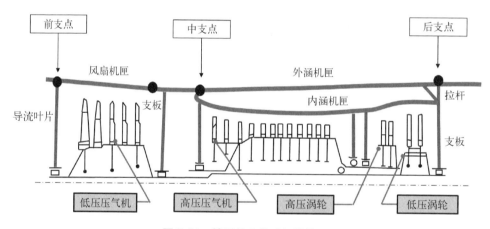

图 3.24　某型航空发动机结构图

某型航空发动机整机振动测试系统的组成如图 3.25 所示,包含振动传感器、转速传感器、信号调理箱、采集检测计算机等,实现振动信号和转速信号的滤波、放大、采集、显示、初步异常判断、实时数据存储等功能。

该型航空发动机完成装配后出厂,检验试车时振动超过限值,由于发动机装配前部件检查均合格,可初步判断为发动机装配故障,在进行检验试车时发现以下问题:

(1)发动机在完成暖机后升速,第一次升速至高压转速 11 400 r/min 附近并维持该转速运行约 4 min 后,后支点振动超过限值,发动机自动降速至慢车状态;

(2)慢车运行约 1 min 之后再次升速,当第二次升速至低压转子临界转速处(约 3 500 r/min)时,支点振动再次超过限值,发动机自动降速至慢车状态;

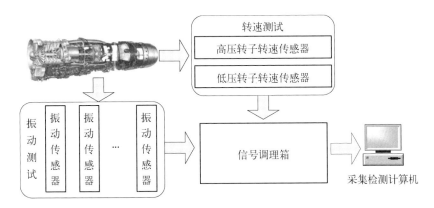

图 3.25　某型航空发动机整机振动测试系统组成

（3）慢车运行约 30 s 之后再次升速,第三次升速至高压转速 11 400 r/min 附近并在该转速运行约 7 min 后,后支点振动再次超过限值,发动机自动降速至慢车状态;

（4）之后两次尝试升速,均因振动超标失败。

图 3.26 为某型发动机中支点振动信号短时傅里叶变换结果,通过观察可以发现,在发动机的整个运行过程中,高低压转子的和频、差频成分明显,发动机可能存在摩碰故障;另外,振动超过限值的发动机的低压转子倍频成分更丰富,表明该型发动机低压转子可能存在摩碰故障。

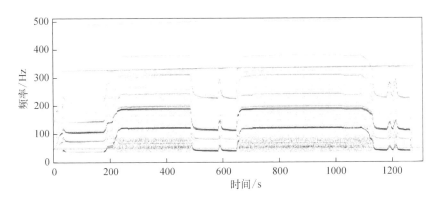

图 3.26　某型发动机中支点振动信号短时傅里叶变换结果

为了确定振动超过限制值的某型发动机的低压转子是否存在摩碰故障,选取该发动机试车 7 min（即 420 s）时振动未超过限值但倍频、和频与差频成分明显的中支点振动信号,采用匹配解调变换方法对该振动信号进行分析。选取的振动信号及其频谱如图 3.27 所示,此时低压转子转频 f_L 为 41.1 Hz,高压转子转频 f_H 为 115.3 Hz。在本案例中,采用式(3.19)所示的傅里叶级数形式的瞬时频率模型,双变量解调算子的构造方法如式(3.21)~式(3.23)所示,窗函数的初始尺度参数为 $\sigma_{(0)} = 0.004$,迭代终止条件的终止阈值为 $\delta = 10^{-3}$。

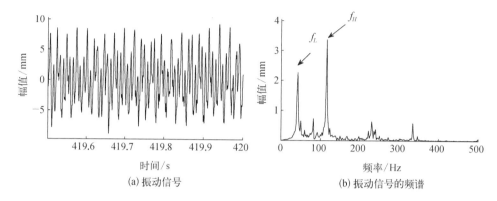

(a) 振动信号　　　　　　　　　　(b) 振动信号的频谱

图 3.27　某型发动机中支点 420 s 时的振动信号及其频谱

图 3.28 为匹配解调变换迭代结束后得到的最终时频表示结果,以及迭代过程中瞬时频率估计 MSE 对数值变化规律。从匹配解调变换时频表示中可以发现:振动信号中低压转子的工频成分的瞬时频率呈周期性快速振荡的强时变规律。

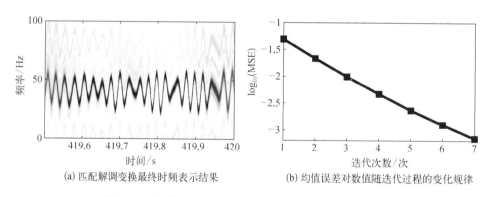

(a) 匹配解调变换最终时频表示结果　　　(b) 均值误差对数值随迭代过程的变化规律

图 3.28　振动信号的匹配解调变换最终时频表示结果及瞬时频率估计的 MSE 对数值变化规律

从匹配解调变换结果中提取出周期性振荡的低压转子工频成分的瞬时频率,如图 3.29(a)所示,从图中可以发现:该成分的瞬时频率在低压转子转频 41.1 Hz 周围振荡。该瞬时频率振荡部分对应的频谱如图 3.29(b)所示,其振荡频率为 41 Hz,与低压转子转频近似相等。也就是说,该型发动机振动信号呈现出以低压转子转频为基频、以低压转子转频为调制频率的调频现象,这与摩碰故障特征相符。因此,匹配解调变换的特征提取结果表明,该型发动机低压转子存在摩碰故障。

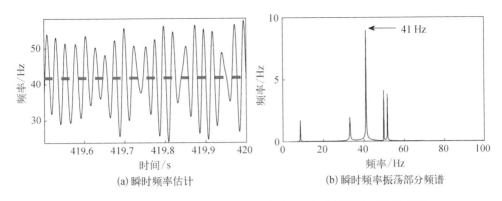

图 3.29　图 3.28 中匹配解调变换估计的瞬时频率及振荡部分的频谱

3.5　本章小结

匹配解调变换采用"逐步匹配迭代解调"策略,实现动态时频分析。每一次迭代过程中,匹配解调变换采用预先估计的瞬时频率规律构造双变量解调算子,将一维时间信号变换为关于时间和时移变量的二维信号,再进行时频变换。与变换前的信号相比,由于双变量解调算子的作用,在任意时移参数下,变换后信号的瞬时频率的频带跨度范围和非线性程度均显著减小,时频表示能量的聚集性得以提高。匹配解调变换采用迭代策略分步解调,逐步匹配信号的调频规律并逼近信号的真实瞬时频率。

根据定理 3.2 可知,每一次迭代中,匹配解调变换的瞬时频率估计误差不再受被分析信号瞬时频率的非线性程度的影响,而是受 $\phi^{(2k+1)}(t) - r_{(m)}^{(2k+1)}(t)$ 的影响。因此,即使是快变信号,其瞬时频率的非线性程度也较高,只要迭代后信号瞬时频率 $\phi'(t)$ 的估计结果 $r'_{(m)}(t)$ 能够达到一定精度,此时解调后的 $\phi^{(2k+1)}(t) - r_{(m)}^{(2k+1)}(t)$ 就远小于解调前的 $\phi^{(2k+1)}(t)$,即双变量解调算子的相位函数 $r_{(m)}(t)$ 对调频信号相位函数 $\phi(t)$ 的非线性程度起到了一定的削弱作用,则瞬时频率估计误差也可控制在较小范围内。对于强时变非平稳信号,匹配解调变换不仅具有较强的鲁棒性,其迭代算法也具有收敛性。匹配解调变换的瞬时频率估计满足收敛条件时,匹配解调变换能够最终收敛于信号的真实瞬时频率。因此,匹配解调变换具有优越的强时变非平稳信号的特征提取能力。通过瞬时频率为反双曲正弦函数的调频信号数值仿真试验,测试了匹配解调变换对不同噪声强度下的单分量信号与多分量信号的时频表征与特征提取能力,以及匹配解调变换的重构性能。本特利转子试验台摩碰故障模拟试验表明,匹配解调变换能够高聚集性地表征摩碰导致的快变信号周期性调制的瞬时频率特征。与 S 方法、HHT 及多种时频重排方法相比,本节所提出的匹配解调变换时频结果的聚集性更高,快变信号的时频结构表征能力更佳。

某型航空发动机动静摩碰故障诊断应用案例表明,匹配解调变换能够准确提取摩碰故障导致的强时变周期振荡的瞬时频率规律。从匹配解调变换分析结果可知,当航空发动机转子系统出现摩碰故障时,匹配解调变换能够提取转子工频成分强时变周期振荡瞬时频率规律,且振荡的频率与低压转子工频近似相同。与 HHT 结果进行对比分析,本节提出的匹配解调变换在航空发动机摩碰故障特征提取方面更具优势。

参考文献

[1] 王俨凯,廖明夫,丁小飞,等. 航空发动机故障诊断[M]. 北京: 科学出版社,2020.

[2] Yang L, Chen X, Wang S, et al. Mechanism of fast time-varying vibration for rotor-stator contact system: with application to fault diagnosis[J]. Journal of Vibration and Acoustics, 2018, 140(1): 014501.

[3] Li X, Bi G, Stankovic S, et al. Local polynomial Fourier transform: a review on recent developments and applications[J]. Signal Processing, 2011, 91(6): 1370 − 1393.

[4] Peng Z, Meng G, Chu F, et al. Polynomial chirplet transform with application to instantaneous frequency estimation[J]. IEEE Transactions on Instrumentation and Measurement, 2011, 60(9): 3222 − 3229.

[5] Yang Y, Peng Z, Meng G, et al. Characterize highly oscillating frequency modulation using generalized Warblet transform[J]. Mechanical System and Signal Processing, 2012, 26: 128 − 140.

[6] Sejdić E, Djurović I, Jiang J. Time-frequency feature representation using energy concentration: an overview of recent advances[J]. Digital Signal Processing, 2009, 19(1): 153 − 183.

[7] Ioana C, Zhang Y D, Amin M G, et al. Time-frequency characterization of micro-multipath signals in over-the-horizon radar[C]. IEEE Radar Conference, Atlanta, IEEE, 2012: 0671 − 0675.

[8] Zhang Y, Amin M G, Frazer G J. High-resolution time-frequency distributions for manoeuvring target detection in over-the-horizon radars [J]. IEEE Proceedings − Radar, Sonar and Navigation, 2003, 150(4): 299 − 304.

[9] Li C, Liang M. Time-frequency signal analysis for gearbox fault diagnosis using a generalized synchrosqueezing transform[J]. Mechanical System and Signal Processing, 2012, 26: 205 − 217.

[10] Li C, Liang M. A generalized synchrosqueezing transform for enhancing signal time-frequency representation[J]. Signal Processing, 2012, 92(9): 2264 − 2274.

[11] Sejdic E, Djurovic I, Stankovic L. Quantitative performance analysis of scalogram as instantaneous frequency estimator[J]. IEEE Transactions on Signal Processing, 2008, 56(8):

3837 - 3845.

[12]　Stankovic L, Dakovic M, Ivanovic V. Performance of spectrogram as IF estimator [J]. Electronics Letters, 2001, 37 (12): 797 - 799.

第4章
匹配同步压缩变换及振动突跳故障诊断应用

　　航空发动机振动参数是发动机适航及飞行过程中必须检测的项目之一,其引发的高周疲劳问题也给发动机的安全运行带来了隐患。整机振动突跳作为一种航空发动机中的主要振动故障,影响着发动机的运行稳定性,若处理不及时往往会造成严重的人员与经济损失。整机振动跳动量超过规定值(简称振动突跳)是一种在极短时间内发生的故障,其振动信号也具有非平稳信号强调制规律,是一种典型的航空发动机快变信号,传统时频分析方法可读性下降,特征提取难度增加,加之振动突跳发生时机不尽相同,突跳故障原因各异,发动机振动传递路径复杂,共同导致了在航空发动机振动突跳故障诊断中充满挑战。

　　振动突跳产生场景广泛,故障有时发生在工厂试车和检验试车过程中,也就是说刚组装好的发动机就有可能发生故障。发生振动突跳的故障机理尚不清楚,因此排除故障的盲目性较强,需要反复分解、重新组装发动机才能合格出厂,这样不但增加了修理工作量,也造成了较大的经济损失,严重影响了该型航空发动机的修理进度。故障有时是在使用中逐渐发展而成的,导致发动机提前返厂修理,严重影响了飞机的正常飞行。若不及时进行故障诊断,放任故障演化,可能为后续的飞行事故埋下隐患。因此,对航空发动机振动突跳进行特征提取与故障诊断具有重要且深远的意义。

　　图4.1为发动机振动幅值与高压转子转频变化趋势的时域对比图,记录了某型发动机在2009年12月17日地面试车记录中高压转子转速与振动值的时间历程,是在地面实测40多台该型发动机振动情况后,成功捕获的数组整机突跳现象振动数据中一组典型的实测数据,在飞行历程中可以清楚地看到有多次振动突跳现象,在T_1、T_2、T_3所指示的三个时段,对应的高压转子转速不变或缓慢变化,而振动值发生了突增;而在T_4指示的时段,对应转速缓增而振动值发生了突降。飞参数据记录显示,振动值的突增或突降都在1 s内完成。从振动图谱中可以观察到明显的突跳双稳态现象,即转子系统振动有两种稳定状态,且两种稳态的距离随转速的增加而变得越来越远(大致呈线性变化)。当受到某种外界扰动时,系统可以从一种稳态突跳到另一种稳态,表现为振动突跳故障。

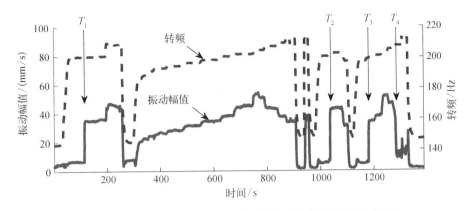

图 4.1　发动机振动幅值与高压转子转频变化趋势的时域对比图

　　发动机产生振动突跳故障时存在两个稳定的工作区域,并在两个状态之间快速变化。快变振动信号非平稳特征的提取,是实现发动机振动突跳故障特征提取的关键技术之一。时频聚集性与重构性是衡量时频分析方法性能的两个关键指标,也是时频分析方法是否能够有效提取故障特征,从而成功实现机械故障诊断的决定性因素。第 3 章针对快变特征提取问题,基于线性时频变换,提出了匹配解调变换方法,不仅时频聚集性高而且具有重构性质。然而,匹配解调变换的本质还是在内积的框架下使参与内积的两个部分尽可能地相似,从而提高时频聚集性。因此,内积框架下时频变换的缺点(如 Heisenberg 不确定性原理的限制)也在匹配解调变换中存在。时频重排方法通过对时频变换的“直接”结果进行二次处理,重新排列时频能量分布,将每个时频点的能量叠加至能量中心,从而提高时频聚集性。

　　同时兼顾高时频聚集性与重构性能,对于航空发动机突跳快变振动信号故障特征提取有着重要意义。快变信号的时频能量会沿着时间和频率方向同时分布,其根源还是信号的强调制规律。按照第 2 章探讨的匹配时频分析中“调频匹配同步重排”的基本原理,提出匹配同步压缩变换(matching synchrosqueezing transform,MSST)方法,通过匹配快变信号的强调频本质规律,以传统时频重排的瞬时频率估计算子和群延时估计算子为基础,定义了调频率估计算子,并构造匹配瞬时频率估计算子,使之同时考虑信号时频能量会沿着时间和频率方向同时分布的性质,然后按照同步压缩变换的方式重排信号时频能量。这样,既能够保持传统时频重排方法的高时频聚集性,同时还具有可逆性,解决时频重排方法中时频聚集性与重构性能不可兼得的矛盾。本章在快变信号基础上对匹配同步压缩变换的性能进行了分析,再从匹配同步压缩变换的算法实现角度,论述如何将匹配同步压缩变换应用于实际信号分析中。最后,通过仿真试验验证匹配同步压缩变换性能,并通过某型航空发动机整机振动测试验证其在机械快变振动信号分析中的有效性与可行性。

4.1　匹配同步压缩变换原理

　　传统时频重排方法的时频聚集性高是因为其同时考虑了瞬时频率估计算子和群延时估计算子,同步压缩变换计算速度快且可以重构是因为其只进行了一维(频率方向)重排。为解决传统时频重排方法无法重构且计算速度慢,而同步压缩变换处理瞬时频率快变信号时会导致时频聚集性降低等问题,根据两种方法各自的特点,充分发挥同步压缩变换只进行一维重排的优点,同时吸收传统重排方法兼顾瞬时频率估计算子和群延时估计算子的长处,通过瞬时频率估计算子和群延时估计算子共同作用,匹配瞬时频率快变信号的调频本质,提出了匹配同步压缩变换方法。

　　第2章已经回顾了传统时频重排方法和同步压缩变换方法的基本原理,本节在具体叙述匹配同步压缩变换原理之前,首先分析为什么在处理快变信号时,同步压缩变换的时频聚集性会严重下降。然后,通过一种最简单的快变信号——线调频信号,探讨如何将瞬时频率估计算子和群延时估计算子联合作用,以匹配瞬时频率快变信号的调频本质,从而提出匹配同步压缩变换。最后,针对提出的匹配同步压缩变换,探讨其具有的重要性质,尤其是线调频信号的完美时频分布的性质。

　　1995 年,Auger 等[1]通过对时频变换的“直接”结果进行“重新排列”(修正),提高了时频变换结果的时频聚集性,并将此方法称为时频重排,适用于任何 Cohen 类二次型时频变换及小波变换。虽然这种时频重排方法能够极大地提高时频表示的能量聚集性,但是当需要重构信号成分时,这种时频重排方法则显得不足。2011年,美国普林斯顿大学的 Daubechies 等[2]提出了一种新时频重排方法,称为同步压缩变换。同步压缩变换不仅能够提高时频聚集性,还能够重构时域信号。考虑到两类时频重排方法的区别,本书把不能重构时域信号的时频重排方法称为传统时频重排方法。

　　在讨论线性变换时,一般将其表示成被变换函数 $h(t)$ 和变换核函数 $\phi_\gamma(t)$ 之间的内积形式:

$$\langle h(t), \phi_\gamma(t) \rangle = \int_{-\infty}^{+\infty} h(t)\overline{\phi_\gamma(t)}\,\mathrm{d}t \tag{4.1}$$

式中,$\langle \cdot, \cdot \rangle$ 表示两个函数的内积;$\overline{\phi_\gamma(t)}$ 为复数 $\phi_\gamma(t)$ 的共轭。

4.1.1　小波变换回顾

　　信号 $x(t) \in L^2(\mathfrak{R})$ 的小波变换定义为

$$W_x(u,s) = \langle x(t), \psi_{u,s}(t) \rangle$$

$$= \int_{-\infty}^{+\infty} x(t)\overline{\psi_{u,s}(t)}\,\mathrm{d}t = \int_{-\infty}^{+\infty} x(t)\frac{1}{\sqrt{s}}\overline{\psi\left(\frac{t-u}{s}\right)}\,\mathrm{d}t, \quad s>0 \quad (4.2)$$

也就是说,小波变换的基函数 $\psi_{u,s}(t)$ 是将母小波 $\psi(t)$ 时移 u 个单位和将尺度伸缩 s 个单位的结果,常数 u 和 s 分别称为时移参数和尺度参数。根据小波变换的定义,其本质上应该是一种时间-尺度分析方法。

为了将小波变换和时频分析更好地联系起来,下面将小波定义为窗函数 $g(t)$ 被频率 Ω_0 调制后得到的函数 $\psi(t) = g(t)\mathrm{e}^{\mathrm{i}\Omega_0 t}$,则

$$W_x^\psi(u,s) = \int_{-\infty}^{+\infty} x(t)s^{-1/2}g\left(\frac{t-u}{s}\right)\mathrm{e}^{-\mathrm{i}\Omega_0\frac{t-u}{s}}\,\mathrm{d}t$$

$$= \int_{-\infty}^{+\infty} x(t+u)s^{-1/2}g\left(\frac{t}{s}\right)\mathrm{e}^{-\mathrm{i}\Omega_0\frac{t}{s}}\,\mathrm{d}t = M_x^\psi(u,s)\mathrm{e}^{\mathrm{i}\Phi_x^\psi(u,s)} \quad (4.3)$$

式中, $M_x^\psi(u,s)$ 与 $\Phi_x^\psi(u,s)$ 分别为小波变换的模函数与相角函数,小波变换对应的尺度为 $P_x^\psi(u,s) = |W_x^\psi(u,s)|^2 = |M_x^\psi(u,s)|^2$。

小波变换具有可逆性质,令小波函数 $\psi(t)$ 的傅里叶变换为 $\hat{\psi}(\omega)$,且满足容许性条件,即

$$C_\psi = \int_{-\infty}^{+\infty} \frac{|\hat{\psi}(\omega)|^2}{\omega}\,\mathrm{d}\omega < \infty \quad (4.4)$$

则对任意信号 $x(t) \in L^2(\Re)$,均有

$$x(t) = C_\psi^{-1}\int_0^{+\infty}\int_{-\infty}^{+\infty} W_x^\psi(u,s)s^{-1/2}\psi\left(\frac{t-u}{s}\right)\mathrm{d}u\frac{\mathrm{d}s}{s^2}$$

$$= C_\psi^{-1}\int_0^{+\infty}\int_{-\infty}^{+\infty} M_x^\psi(u,s)\mathrm{e}^{\mathrm{i}\Phi_x(u,s)}s^{-1/2}g\left(\frac{t-u}{s}\right)\mathrm{e}^{\mathrm{i}\frac{\Omega_0}{s}(t-u)}\mathrm{d}u\frac{\mathrm{d}s}{s^2} \quad (4.5)$$

$$= C_\psi^{-1}\int_0^{+\infty}\int_{-\infty}^{+\infty} s^{-5/2}g\left(\frac{t-u}{s}\right)M_x^\psi(u,s)\mathrm{e}^{\mathrm{i}\left[\Phi_x^\psi(u,s)+\frac{\Omega_0}{s}(t-u)\right]}\mathrm{d}u\mathrm{d}s$$

4.1.2　传统时频重排方法回顾

当信号随时间的变化小于相位随时间的变化时,信号重构积分中的最大贡献部分来源于满足相位稳定条件的时频点 (u,s) 附近的系数[2]:

$$\partial_u\left\{\Phi_x^\psi(u,s) + \frac{\Omega_0}{s}(t-u)\right\} = 0 \quad (4.6)$$

$$\partial_s \left\{ \Phi_x^\psi(u, s) + \frac{\Omega_0}{s}(t - u) \right\} = 0 \tag{4.7}$$

即

$$\frac{\Omega_0}{s} = \partial_u \Phi_x^\psi(u, s) \tag{4.8}$$

$$t = u + s^2 \partial_s \Phi_x^\psi(u, s)/\Omega_0 \tag{4.9}$$

因此,能够得到尺度图的重排算子为

$$\hat{\omega}_x(u, s) = \partial_u \Phi_x^\psi(u, s) \tag{4.10}$$

$$\hat{t}_x(u, s) = u + s^2 \partial_s \Phi_x^\psi(u, s)/\Omega_0 \tag{4.11}$$

频率重排算子与时间重排算子又分别称为瞬时频率与群延时算子。对于式(4.10)中的频率重排算子,首先考虑小波变换 $W_x^\psi(u, s)$ 关于时移变量 u 的偏导数:

$$
\begin{aligned}
\partial_u W_x^\psi(u, s) &= \partial_u \left\{ M_x^\psi(u, s) \mathrm{e}^{\mathrm{i}\Phi_x^\psi(u, s)} \right\} \\
&= \partial_u M_x^\psi(u, s) \mathrm{e}^{\mathrm{i}\Phi_x^\psi(u, s)} + \mathrm{i} W_x^\psi(u, s) \partial_u \Phi_x^\psi(u, s)
\end{aligned}
\tag{4.12}
$$

令等式两边同除以 $W_x^\psi(u, s)$,则

$$\frac{\partial_u W_x^\psi(u, s)}{W_x^\psi(u, s)} = \frac{\partial_u M_x^\psi(u, s)}{M_x^\psi(u, s)} + \mathrm{i}\partial_u \Phi_x^\psi(u, s)$$

由于模函数 $M_x^\psi(u, s)$ 为实函数,则上式中的虚部就是 $\partial_u \Phi_x^\psi(u, s)$,即

$$\hat{\omega}_x(u, s) = \partial_u \Phi_x^\psi(u, s) = \Im \left\{ \frac{\partial_u W_x^\psi(u, s)}{W_x^\psi(u, s)} \right\} \tag{4.13}$$

同样,关于式(4.11)中的时间重排算子,令

$$
\begin{aligned}
\partial_s W_x^\psi(u, s) &= \partial_s \left\{ M_x^\psi(u, s) \mathrm{e}^{\mathrm{i}\Phi_x^\psi(u, s)} \right\} \\
&= \partial_s M_x^\psi(u, s) \mathrm{e}^{\mathrm{i}\Phi_x^\psi(u, s)} + \mathrm{i} W_x^\psi(u, s) \partial_s \Phi_x^\psi(u, s)
\end{aligned}
\tag{4.14}
$$

令等式两边同除以 $W_x^\psi(u, s)$,则

$$\frac{\partial_s W_x^\psi(u, s)}{W_x^\psi(u, s)} = \frac{\partial_s M_x^\psi(u, s)}{M_x^\psi(u, s)} + \mathrm{i}\partial_s \Phi_x^\psi(u, s)$$

由于模函数 $M_x^\psi(u, s)$ 为实函数,则上式中的虚部就是 $\partial_s \Phi_x^\psi(u, s)$,即

$$\hat{t}_x(u, s) = u + s^2 \partial_s \Phi_x^\psi(u, s)/\Omega_0 = u + \Im\left\{\frac{s^2 \partial_s W_x^\psi(u, s)}{\Omega_0 W_x^\psi(u, s)}\right\} \qquad (4.15)$$

传统时频重排方法将 (u, s) 处尺度图的值移至"重心" $(\tilde{t}_x(u, s), \tilde{\omega}_x(u, s))$:

$$\hat{P}_x^\psi(t, \omega) = \int_0^{+\infty}\int_{-\infty}^{+\infty} P_x^\psi(u, s)\delta[\omega - \hat{\omega}_x(u, s)]\delta[t - \hat{t}_x(u, s)]\mathrm{d}u\mathrm{d}s$$

$$(4.16)$$

式中,$\delta(\cdot)$ 为狄拉克(Dirac)函数。

传统时频重排方法能够显著提升尺度图的时频聚集性,但是无法像小波变换一样重构时域信号成分。

4.1.3　同步压缩变换回顾

同步压缩变换是一种可逆的时频重排方法,在小波变换的基础上,通过后处理方法提高时频表示方法的能量聚集性。

对于信号 $x(t)$,首先按照式(4.2)中的小波变换定义计算小波变换系数,然后根据如下定义计算瞬时频率估计算子:

$$\tilde{\omega}_x(u, s) = \begin{cases} |\partial_u W_x^\psi(u, s)/W_x^\psi(u, s)|, & |W_x^\psi(u, s)| > \gamma \\ \infty, & |W_x^\psi(u, s)| \leqslant \gamma \end{cases} \qquad (4.17)$$

式中,参数 $\gamma > 0$。

最后,根据瞬时频率估计算子信息重排信号的小波变换系数:

$$T_x(u, \omega) = \int_{-\infty}^{+\infty} W_x^\psi(u, s)s^{-3/2}\delta[\omega - \tilde{\omega}_x(u, s)]\mathrm{d}s \qquad (4.18)$$

小波变换将小波变换系数从 (u, s) 重排至 $(u, \tilde{\omega}_x(u, s))$ 处,实际应用时,采用小波变换离散形式。令尺度离散序列为 $\{s_k\}$ 且 $s_k - s_{k-1} = (\Delta s)_k$,则重排后在以 ω_l 为频率中心的频带范围 $[\omega_l - 1/2\Delta\omega, \omega_l + 1/2\Delta\omega]$(且 $\Delta\omega = \omega_l - \omega_{l-1}$)内,同步压缩变换的计算公式为

$$T_x(u, \omega_l) = \sum_{s_k: |\tilde{\omega}_x(u, s_k) - \omega_l| \leqslant \Delta\omega/2} W_x^\psi(u, s_k)s_k^{-3/2}(\Delta s)_k \qquad (4.19)$$

而信号的重构公式为

$$x(u) \approx \Re\left\{C_\psi^{-1}\sum_l T_x(u, \omega_l)(\Delta\omega)_l\right\} \qquad (4.20)$$

式中，$\Re\{\cdot\}$ 表示复数的实部。

根据文献[2]~[4]可知，对于多分量的调幅调频信号 $x(t) = \sum_{k=1}^{K} A_k(t) \mathrm{e}^{\mathrm{i}\phi_k(t)}$，若其满足如下定义与条件(即都可以被同步压缩变换分析处理且具有理论保证的精度)，满足这些条件的所有信号构成的集合，统称为 $A_{\varepsilon,d}$ 函数类。首先回顾同步压缩变换能够处理的单分量信号的数学本质，其定义如下。

定义 4.1： 设函数 $x: \Re \to \mathfrak{C}$，如果 $x(t) = \sum_{k=1}^{K} A_k(t) \mathrm{e}^{\mathrm{i}\phi_k(t)}$ 的幅值函数 A_k 和相位函数 ϕ_k 满足以下条件：

$$A_k \in L^{\infty}(\Re) \cap C^1(\Re), \quad \phi_k \in C^2(\Re), \quad \phi'_k, \phi''_k \in L^{\infty}(\Re), \quad \forall k \in \{1, 2, \cdots, K\}$$

$$A_k(t) > 0, \quad \inf_{t \in \Re}\phi'_k(t) > 0, \quad \sup_{t \in \Re}\phi'_k(t) < \infty, \quad \forall k \in \{1, 2, \cdots, K\}$$

$$|A'_k(t)| < \varepsilon|\phi'_k(t)|, \quad |\phi''_k(t)| < \varepsilon|\phi'_k(t)|, \quad \forall t \in \Re$$

则称函数 x_k 为精度 $\varepsilon > 0$ 的本征模式类型(intrinsic-mode-type, IMT)函数。如果存在 K 个 IMT 函数，使得 $x(t) = \sum_{k=1}^{K} A_k(t) \mathrm{e}^{\mathrm{i}\phi_k(t)}$ 中任意 IMT 函数的相位函数 $\phi_k(t)$，对于 $\forall t \in \Re$ 与 $\forall k \in \{1, 2, \cdots, K-1\}$ 均满足如下条件：

$$\phi'_k(t) > \phi'_{k-1}(t) \quad \text{且} \quad |\phi'_k(t) - \phi'_{k-1}(t)| \geqslant d[\phi'_k(t) + \phi'_{k-1}(t)]$$

则称函数 x 为精度 $\varepsilon > 0$、距离 $d > 0$ 的 $A_{\varepsilon,d}$ 型分离的多分量 IMT 叠加函数，所有精度 $\varepsilon > 0$、距离 $d > 0$ 的 $A_{\varepsilon,d}$ 型分离 IMT 叠加函数的集合称为 $A_{\varepsilon,d}$ 函数类。

定义 4.1 表明，同步压缩变换中定义的 IMT 函数由于满足 $|\phi''(t)| < \varepsilon|\phi'(t)|$ 条件，可以看作近似为谐波的振荡成分，它具有缓慢变化的幅值和瞬时频率，即每个 IMT 信号在以 u 为中心的一个局部时间范围内，都可以近似看作一个幅值为 $A(u)$、频率为 $\phi'(u)$ 的纯谐波成分。$A_{\varepsilon,d}$ 函数类的任意一个组成元素都是分离距离至少为 d 的多分量信号，且其中任意一个信号成分都是定义 4.1 中的 IMT 函数。

对于 $A_{\varepsilon,d}$ 函数类中分离的多分量 IMT 叠加函数，其具有如下性质。

性质 4.1： 设 x 为 $A_{\varepsilon,d}$ 函数类中分离的多分量 IMT 叠加函数，令 $\tilde{\varepsilon} = \varepsilon^{1/3}$，设函数 $h \in C^{\infty}(\Re)$ 满足 $\int h(t)\mathrm{d}t = 1$；小波函数 $\psi \in S$(S 表示 Schwartz 类)，且其傅里叶变换满足 $\hat{\psi}$ 紧支于区间 $[1-\Delta, 1+\Delta]\left(\text{其中 } \Delta < \dfrac{d}{1+d}\right)$。令 $C_{\psi} = \int_{-\infty}^{+\infty} \overline{\hat{\psi}(\omega)} \omega^{-1}\mathrm{d}\omega$，若 $x(t) \in A_{\varepsilon,d}$ 的小波变换 $W_x^{\psi}(u, s)$ 的重排公式为

$$T^\delta_{x,\tilde\varepsilon}(u,\omega) = \int_{A_{x,\tilde\varepsilon}(u)} W^\psi_x(u,s)\,\frac{1}{\delta}h\!\left(\frac{\omega-\tilde\omega_x(u,s)}{\delta}\right)s^{-3/2}\mathrm{d}s \qquad (4.21)$$

式中, $A_{x,\tilde\varepsilon}(u) := \{s \in \Re_+; |W^\psi_x(u,s)| \geqslant \tilde\varepsilon\}$, 如果 ε 足够小, 则

(1) 仅当 $(u,s) \in Z_k := \{(u,s); |s\phi'_k(u) - 1| < \Delta\}$ 时, $|W^\psi_x(u,s)| \geqslant \tilde\varepsilon$ 成立, 其中 $k \in \{1,2,\cdots,K\}$;

(2) 对于 $\forall k \in \{1,2,\cdots,K\}$ 与任意 $(u,s) \in Z_k$, 当满足 $|W^\psi_x(u,s)| > \tilde\varepsilon$ 时, 有

$$|\tilde\omega_x(u,s) - \phi'_k(u)| \leqslant \tilde\varepsilon \qquad (4.22)$$

(3) 对于 $\forall k \in \{1,2,\cdots,K\}$, 存在常数 C 使得对 $\forall u \in \Re$, 有

$$\left| \left(\lim_{\delta\to0}C_\psi^{-1}\int_{|\omega-\phi'_k(u)|<\tilde\varepsilon} T^\delta_{x,\tilde\varepsilon}(u,\omega)\mathrm{d}\omega\right) - A_k(u)\mathrm{e}^{\mathrm{i}\phi_k(u)} \right| \leqslant C\tilde\varepsilon \qquad (4.23)$$

性质 4.1 中, 式 (4.21) 中的重排结果 $T^\delta_{x,\tilde\varepsilon}(u,\omega)$ 可视为同步压缩变换重排公式 (2.49) 的更一般的情况, 或称为平滑的重排结果, 当 Schwartz 函数 $\delta^{-1}h(\cdot/\delta)$ 取其极限 $\delta\to0$ 时, 式 (4.21) 中的重排结果 $T^\delta_{x,\tilde\varepsilon}(u,\omega)$ 则趋向于式 (2.49) 的重排结果 $T_x(u,\omega)$。

总体来说, 性质 4.1 表明, 当信号 $x(t) \in A_{\varepsilon,d}$ 时, 同步压缩变换重排结果 $T^\delta_{x,\tilde\varepsilon}(u,\omega)$ 的信号能量在 (u,ω) 平面内也会高聚集性地聚拢在曲线 $\omega = \phi'_k(u)$ 的一个窄带范围内, 并且, 仅利用第 k 个窄带范围内的重排结果即可高精度地重构原信号中的第 k 个 IMT 信号成分。性质 4.1 表明, 当信号 $x(t) \in A_{\varepsilon,d}$ 时, 其时频表示结果存在 K 个互不接触的时频子区域 Z_k, $k \in \{1,2,\cdots,K\}$, 且相邻的各子区域之间, $|W^\psi_x(u,s)|$ 很小。同时, 在子区域 Z_k 中, 信号 $x(t) \in A_{\varepsilon,d}$ 中的每个成分 $x_k(t)$ 可近似为其主要部分 $x_{k,1}(u,t) = A_k(u)\mathrm{e}^{\mathrm{i}[\phi_k(u)+\phi'_k(u)t]}$。性质 4.1(2) 表明, 当信号 $x(t) \in A_{\varepsilon,d}$ 时, 同步压缩变换的瞬时频率估计算子能够估计信号的瞬时频率, 估计误差小于 $\tilde\varepsilon$, 估计精度高。也就是说, 对于局部可以近似为谐波函数的信号, 同步压缩变换的瞬时频率估计算子能够有效估计信号的瞬时频率。性质 4.1(3) 表明, 当信号 $x(t) \in A_{\varepsilon,d}$ 时, 同步压缩变换的逆变换能够重构任意信号成分, 且重构误差小于 $C\tilde\varepsilon$。也就是说, 对于局部可以近似为谐波函数的信号, 同步压缩变换的逆变换能够有效重构信号。

4.1.4 匹配同步压缩变换

传统时频重排方法时频聚集性高是因为其同时考虑了瞬时频率估计算子和群延时估计算子(需要进行二维重排), 同步压缩变换计算速度快且可以重构是因为

其只进行了一维(频率方向)重排。两类重排的策略各有其优点与不足,本节在充分发挥同步压缩变换一维重排所带来的计算速度快与可重构特性的同时,结合传统方法兼顾频率估计算子和群延迟估计算子的长处,匹配瞬时频率快变信号的调频本质,提出匹配同步压缩变换方法。

前面已经回顾了传统时频重排方法和同步压缩变换方法的基本原理,并分析为什么同步压缩变换在处理快变信号时的时频聚集性会严重下降。本节通过一种最简单的快变信号——线调频信号,探讨在同步压缩变换的框架下将瞬时频率估计算子和群延迟估计算子进行联合,使得采用重排方法分析快变信号时,既具有传统时频重排方法的时频聚集性,也具有同步压缩变换的重构性质,也就是本节提出的匹配同步压缩变换。

对于纯谐波信号 $x_h(t) = A\mathrm{e}^{\mathrm{i}\omega_0 t}$,根据小波变换定义,当小波变换中的小波函数为实对称函数 $\psi(t) = g(t)\mathrm{e}^{\mathrm{i}\Omega_0 t}$ 时,有

$$
\begin{aligned}
W_{x_h}^{\psi}(u, s) &= \int_{-\infty}^{+\infty} x_h(t) s^{-1/2} g\left(\frac{t-u}{s}\right) \mathrm{e}^{-\mathrm{i}\Omega_0 \frac{t-u}{s}} \mathrm{d}t \\
&= \frac{s^{1/2}}{2\pi} \int_{-\infty}^{+\infty} \hat{x}_h(\omega) \hat{g}(s\omega - \omega_0) \mathrm{e}^{\mathrm{i}\omega u} \mathrm{d}\omega = A s^{1/2} \hat{g}(s\omega_0 - \omega_0) \mathrm{e}^{\mathrm{i}\omega_0 u}
\end{aligned}
$$

$$(4.24)$$

因此, $\partial_u W_{x_h}^{\psi}(u, s) = \mathrm{i}\omega_0 W_{x_h}^{\psi}(u, s)$,并据此定义瞬时频率估计算子 $\tilde{\omega}_x(u, \xi)$ 为

$$
\tilde{\omega}_x(u, s) = \frac{\partial_u W_x^{\psi}(u, s)}{\mathrm{i} W_x^{\psi}(u, s)}
$$

$$(4.25)$$

注意,这里的瞬时频率估计算子与式(4.13)中瞬时频率估计算子的区别在于:用 $\partial_u W_x^{\psi}(u, s) / W_x^{\psi}(u, s)$ 本身的复数形式而不用式(4.13)中 $\partial_u W_x^{\psi}(u, s) / W_x^{\psi}(u, s)$ 的虚部形式。

对于纯冲击信号 $x_\delta(t) = A\delta(t - t_0)$,根据小波变换定义,当小波变换中小波函数为实对称函数 $\psi(t) = g(t)\mathrm{e}^{\mathrm{i}\Omega_0 t}$ 与 $t\psi(t) = tg(t)\mathrm{e}^{\mathrm{i}\Omega_0 t}$ 时,有

$$
\begin{aligned}
W_{x_\delta}^{\psi}(u, s) &= \int_{-\infty}^{+\infty} x_\delta(t) s^{-1/2} g\left(\frac{t-u}{s}\right) \mathrm{e}^{-\mathrm{i}\Omega_0 \frac{t-u}{s}} \mathrm{d}t \\
&= A \int_{-\infty}^{+\infty} \delta(t - t_0) s^{-1/2} g\left(\frac{t-u}{s}\right) \mathrm{e}^{-\mathrm{i}\Omega_0 \frac{t-u}{s}} \mathrm{d}t \\
&= A s^{-1/2} g\left(\frac{t_0 - u}{s}\right) \mathrm{e}^{-\mathrm{i}\Omega_0 \frac{t_0 - u}{s}}
\end{aligned}
$$

$$(4.26)$$

$$W_{x_\delta}^{t\psi}(u,s) = \int_{-\infty}^{+\infty} x_\delta(t) s^{-1/2}\left(\frac{t-u}{s}\right) g\left(\frac{t-u}{s}\right) e^{-i\Omega_0\frac{t-u}{s}} dt$$

$$= A s^{-1/2}\left(\frac{t_0-u}{s}\right) g\left(\frac{t_0-u}{s}\right) e^{-i\Omega_0\frac{t_0-u}{s}} \tag{4.27}$$

因此，

$$t_0 = u + \frac{s W_{x_\delta}^{t\psi}(u,s)}{W_{x_\delta}^{\psi}(u,s)} \tag{4.28}$$

并据此定义群延时估计算子为

$$\tilde{t}_x(u,s) = u + \frac{s W_x^{t\psi}(u,s)}{W_x^{\psi}(u,s)} \tag{4.29}$$

现在考虑一种最简单的快变信号——线调频信号，其表达式如下：

$$x_c(t) = A e^{i\phi_c(t)} = A e^{i\left(a+bt+\frac{1}{2}ct^2\right)} \tag{4.30}$$

式中，$\phi_c(t)$ 为线调频信号的相位函数；a、b、c 分别为线调频信号的初始相位、载波频率和调频率，当 $c=0$ 时，为纯谐波信号，当 c 较小时，局部时间内可以近似为谐波信号，当 c 较大时，则属于快变信号。

对于式(4.30)中的线调频信号，可得

$$x_c(t+u) = A e^{i\phi_c(t+u)} = A e^{i\left[a+b(t+u)+\frac{1}{2}c(t+u)^2\right]}$$

$$= A e^{i\left(a+bu+\frac{1}{2}cu^2\right)} e^{i\left(bt+cut+\frac{1}{2}ct^2\right)} = x_c(u) e^{i\left[\frac{1}{2}ct^2+\phi_c'(u)t\right]} \tag{4.31}$$

根据小波变换的定义，当窗函数为实对称函数时，其小波变换为

$$W_{x_c}^{\psi}(u,s) = \int_{-\infty}^{+\infty} x_c(t+u) \frac{1}{\sqrt{s}} g\left(\frac{t}{s}\right) e^{-i\Omega_0\frac{t}{s}} dt$$

$$= \int_{-\infty}^{+\infty} x_c(u) e^{i\left[\frac{1}{2}ct^2+\phi_c'(u)t\right]} \frac{1}{\sqrt{s}} g\left(\frac{t}{s}\right) e^{-i\Omega_0\frac{t}{s}} dt$$

$$= \frac{x_c(u)}{\sqrt{s}} \int_{-\infty}^{+\infty} e^{i\frac{1}{2}ct^2} g\left(\frac{t}{s}\right) e^{-i\left[\frac{\Omega_0}{s}-\phi_c'(u)\right]t} dt \tag{4.32}$$

令

$$X_\Delta^{\psi}(\omega) = \int_{-\infty}^{+\infty} e^{i\frac{1}{2}ct^2} g(t/s) e^{-i\omega t} dt = M_\Delta^{\psi}(\omega) e^{i\Phi_\Delta^{\psi}(\omega)} \tag{4.33}$$

则

$$W_{x_c}^{\psi}(u, s) = s^{-1/2}x_c(u)\int_{-\infty}^{+\infty}e^{i\frac{1}{2}ct^2}g(t/s)e^{-i\left[\frac{\Omega_0}{s}-\phi_c'(u)\right]t}\mathrm{d}t$$

$$= s^{-1/2}x_c(u)X_{\Delta}[\Omega_0/s - \phi_c'(u)]$$

$$= As^{-1/2}M_{\Delta}^{\psi}[\Omega_0/s - \phi_c'(u)]e^{i\phi_c(u)+i\Phi_{\Delta}^{\psi}[\Omega_0/s-\phi_c'(u)]} \tag{4.34}$$

因此

$$\Phi_{x_c}(u, s) = \phi_c(u) + \Phi_{\Delta}^{\psi}[\Omega_0/s - \phi_c'(u)] \tag{4.35}$$

此时,根据传统时频重排方法中瞬时频率估计算子与群延时估计算子的定义,可得

$$\hat{\omega}_{x_c}(u, s) = \partial_u\Phi_{x_c}(u, s) = \phi_c'(u) - \phi_c''(u)\Phi_{\Delta}'[\Omega_0/s - \phi_c'(u)] \tag{4.36}$$

$$\partial_u\hat{\omega}_{x_c}(u, s) = \phi_c''(u)\{1 + c\Phi_{\Delta}''[\Omega_0/s - \phi_c'(u)]\} \tag{4.37}$$

$$\hat{t}_{x_c}(u, s) = u + s^2\partial_s\Phi_{x_c}(u, s)/\Omega_0 = u - \Phi_{\Delta}'[\Omega_0/s - \phi_c'(u)] \tag{4.38}$$

$$\partial_u\hat{t}_{x_c}(u, s) = 1 + c\Phi_{\Delta}''[\Omega_0/s - \phi_c'(u)] \tag{4.39}$$

式中,Φ_{Δ}'与Φ_{Δ}''分别为Φ_{Δ}^{ψ}的一阶导数与二阶导数。

结合式(4.37)与式(4.39),则

$$c = \phi_c''(u) = \frac{\partial_u\hat{\omega}_{x_c}(u, s)}{\partial_u\hat{t}_{x_c}(u, s)} \tag{4.40}$$

$$\phi_c'(u) = \hat{\omega}_{x_c}(u, s) + c[u - \hat{t}_{x_c}(u, s)] \tag{4.41}$$

式(4.40)表明,通过线调频信号的调频率,可以将传统时频重排方法瞬时频率估计算子$\hat{\omega}_{x_c}(u, \xi)$和群延时估计算子$\hat{t}_{x_c}(u, \xi)$联系起来,并且可以通过式(4.41)将两者联合起来融合成一个统一的物理量,估计线调频信号的瞬时频率。

本章提出的匹配同步压缩变换正是利用式(4.40)的关系,通过定义瞬时频率估计算子、群延时估计算子及调频率估计算子,从而定义匹配瞬时频率估计算子,然后按照同步压缩变换的框架重排信号能量,既像传统时频重排方法一样同时吸收瞬时频率估计算子和群延时估计算子的优点,又可以只进行频率方向的一维重排,使得方法具有可逆性质,重构信号。综上所述,匹配同步压缩变换的定义如下。

定义 4.2: 设$x \in L^2(\Re)$,小波函数为$\psi(t)$的小波变换为

$$W_x(u, s) = \langle x(t), \psi_{u,s}(t)\rangle = \int_{-\infty}^{+\infty}x(t)\overline{\psi_{u,s}(t)}\mathrm{d}t = \int_{-\infty}^{+\infty}x(t)\frac{1}{\sqrt{s}}\overline{\psi\left(\frac{t-u}{s}\right)}\mathrm{d}t$$

则匹配同步压缩变换为

$$T_x^m(u, \omega) = \int_{-\infty}^{+\infty} W_x^\psi(u, s) s^{-3/2} \delta\left[\omega - \tilde{\omega}_x^m(u, s)\right] \mathrm{d}s \qquad (4.42)$$

式中, $\tilde{\omega}_x^m(u, s)$ 为匹配瞬时频率估计算子,其定义为

$$\tilde{\omega}_x^m(u, s) = \tilde{\omega}_x(u, s) + \tilde{c}_x(u, s)\left[u - \tilde{t}_x(u, s)\right] \qquad (4.43)$$

式中, $\tilde{\omega}_x(u, s)$ 为瞬时频率估计算子; $\tilde{t}_x(u, s)$ 为群延时估计算子; $\tilde{c}_x(u, s)$ 为调频率估计算子,其定义分别为

$$\tilde{\omega}_x(u, s) = \frac{\partial_u W_x^\psi(u, s)}{\mathrm{i} W_x^\psi(u, s)} \qquad (4.44)$$

$$\tilde{t}_x(u, s) = u + \frac{s W_x^{t\psi}(u, s)}{W_x^\psi(u, s)} \qquad (4.45)$$

$$\tilde{c}_x(u, s) = \frac{\partial_u \tilde{\omega}_x(u, s)}{\partial_u \tilde{t}_x(u, s)} = \partial_u\left\{\frac{\partial_u W_x^\psi(u, s)}{\mathrm{i} W_x^\psi(u, s)}\right\} \Big/ \partial_u\left\{u + \frac{s W_x^{t\psi}(u, s)}{W_x^\psi(u, s)}\right\} \qquad (4.46)$$

同时,匹配同步压缩逆变换为

$$x(u) = \Re\left\{C_\psi^{-1} \int_0^{+\infty} W_x^\psi(u, s) s^{-3/2} \mathrm{d}s\right\} = \Re\left\{C_\psi^{-1} \int_{-\infty}^{+\infty} T_x^m(u, \omega) \mathrm{d}\omega\right\} \qquad (4.47)$$

定义 4.2 中,式(4.43)定义的匹配瞬时频率估计算子 $\tilde{\omega}_x^m(u, s)$,通过式(4.46)中的调频率估计算子 $\tilde{c}_x(u, s)$ 融合了式(4.44)中的瞬时频率估计算子 $\tilde{\omega}_x(u, s)$ 和式(4.45)中的群延时估计算子 $\tilde{t}_x(u, s)$。按照其结构形式可知,它是根据式(4.42)所示的调频信号的瞬时频率规律构建的,其物理意义也是信号的瞬时频率。因此, $\tilde{\omega}_x^m(u, s)$ 可以理解为一种"改进"的瞬时频率估计算子,且 $\tilde{\omega}_x^m(u, s)$ 的构造方式匹配了调频信号的调频本质,这也是将其称为匹配瞬时频率估计算子的原因。匹配瞬时频率估计算子 $\tilde{\omega}_x^m(u, s)$,既可以像传统时频重排方法一样兼顾瞬时频率估计算子和群延时估计算子的优点,同时又可以作为一个整体,只进行频率方向的一维重排,使得方法具有可逆性质,从而重构信号。该重排过程为根据匹配瞬时频率估计算子 $\tilde{\omega}_x^m(u, s)$ 提供的信号瞬时频率信息,并按照同步压缩变换的方式对时频系数进行重排,因此本书中将其称为匹配同步压缩变换。

关于定义 4.2,需要说明一点:对于传统时频重排方法中的瞬时频率估计算子与群延时估计算子,或者同步压缩变换中的瞬时频率估计算子,按照其物理意义及定义的由来可知,瞬时频率估计算子没有考虑时间维度上的信号能量分散问题,群延时估计算子没有考虑频率维度上信号的能量分散问题。如果按照传统时频重排方法从时间和频率上同时重排的方式,就能够同时考虑快变信号的能量分散在时

间维度和频率维度上的问题;如果按照同步压缩变换方式,仅从频率维度上重排而忽略时间维度,那么快变信号的重排聚集性将严重下降。而匹配同步压缩变换则不同,虽然其重排形式与同步压缩变换相同,但是匹配瞬时频率估计算子 $\tilde{\omega}_x^m(u,s)$ 由 $\tilde{\omega}_x(u,s)$、$\tilde{t}_x(u,s)$ 与 $\tilde{c}_x(u,s)$ 联合构成,能够匹配快变信号的本质结构,因而匹配同步压缩变换能够保持传统时频重排的时频聚集性,同时还具有重构性质,能够重构快变信号的时域信号成分。

最后,通过仿真信号说明该方法分析快变信号时趋于理想时频变换的特性,构造的仿真信号如下:

$$x(t) = \sum_{k=1}^{4} x_k(t) = \sum_{k=1}^{4} A_k(t)\cos[2\pi\phi_k(t)] \tag{4.48}$$

$$x_1(t) = [0.5 - 0.5\cos(4\pi t)]\cos\{1\,024\pi t + 100\pi(t - 0.5)p(t) - \pi\cosh[p(t)]\},$$
$$0 < t \leqslant 0.5$$

$$x_2(t) = [0.5 - 0.5\cos(4\pi t)]\cos\{1\,024\pi t - 100\pi(t - 0.5)p(t) + \pi\cosh[p(t)]\},$$
$$0.5 < t \leqslant 1$$

$$x_3(t) = e^{-(t-0.25/0.05)^2}\cos(500\pi t - 500\pi t^2), \quad 0 < t \leqslant 0.5$$

$$x_4(t) = e^{-(t-0.75/0.05)^2}\cos(500\pi t - 500\pi t^2), \quad 0.5 < t \leqslant 1$$

其中,$p(t) = \ln[b(t-c) + \sqrt{b^2(t-c)^2 + 1}]$,其参数取值为 $b = 100$、$c = 0.5$。信号采样频率为 1 024 Hz,第一个成分 $x_1(t)$(以下简称 C1)和第二个成分 $x_2(t)$(以下简称 C2)是两个反双曲正弦函数调频信号;第三个成分 $x_3(t)$(以下简称 C3)和第四个成分 $x_4(t)$(以下简称 C4)是两个线性调频信号。

图 4.2 给出了采用小波变换(wavelet transform,WT)、同步压缩变换(SST)及匹配同步压缩变换(MSST)对于式(4.48)中的仿真信号的分析结果对比,包括整个时频平面结果对比和局部放大对比。从对比结果中可以看出:匹配同步压缩变换对于快变信号能够提供聚集性更好的时频表示,仅仅用信号瞬时频率处的系数就能够表示信号,而其他处的时频系数几乎为零。

为了进一步说明匹配同步压缩变换对于快变信号趋近于理想时频变换的特性,图 4.3 给出了匹配同步压缩变换在信号瞬时频率处的时频系数 $|T_x^m(u, 2\pi\phi_k'(u))|/C_\psi$ 和信号成分幅值对比。对于两个反双曲正弦调频信号成分 C1 和 C2,将瞬时频率处及瞬时频率上下各一个时频点(即每个时刻总计 3 个时频点)的系数叠加后就几乎可以完全表示信号。对于两个线性调频信号成分 C3 和 C4,仅采用瞬时频率处(即每个时刻总计 1 个时频点)的系数就几乎可以完全表示信号。从对比结果可以看出,对于快变信号,匹配同步压缩变换能够提供高聚集性的时频表示结果。

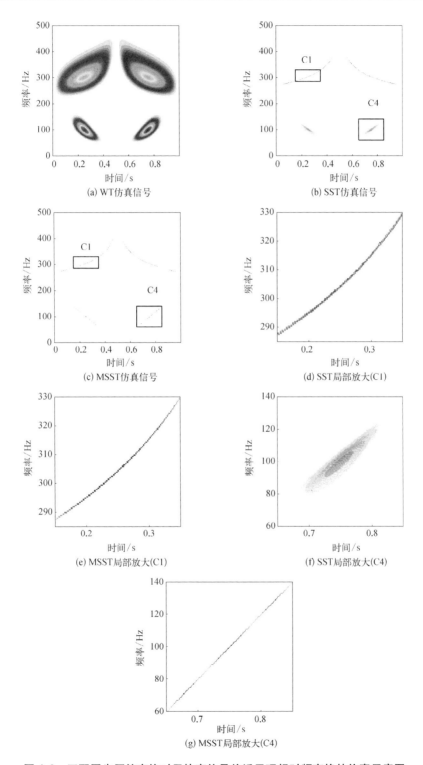

图 4.2　匹配同步压缩变换对于**快变信号**趋近于理想时频变换的仿真示意图

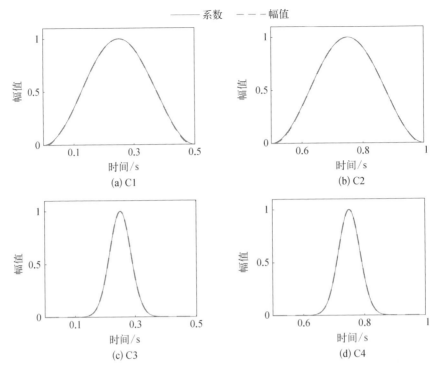

图 4.3   匹配同步压缩变换在信号瞬时频率处的时频系数与信号成分幅值对比

相比传统时频重排方法,匹配同步压缩变换的优点是能够重构时域信号,即,对于快变信号,匹配同步压缩变换既能够像传统时频重排那样具有高能量聚集性,又能够像同步压缩变换或者经验模态分解(empirical mode decomposition,EMD)等方法那样重构信号时域波形。为了说明匹配同步压缩变换的重构性质,给出式(4.48)中仿真信号的重构误差,如图 4.4 所示,其中 C1 和 C2 的重构信噪比为

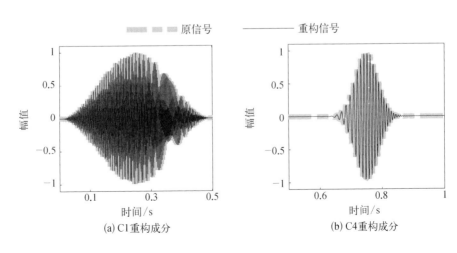

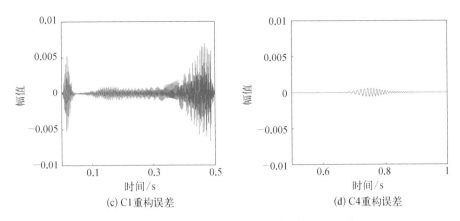

图 4.4　匹配同步压缩变换时域信号的重构误差

48.1 dB,C3 和 C4 的重构信噪比为 64.3 dB。

通过仿真信号分析,更直观地说明了对于快变信号,匹配同步压缩变换能够提供趋近于理想时频变换的时频表示结果,并且具有重构性质,可以重构时域信号,下面将进一步开展匹配同步压缩变换的性能分析。

4.1.5　匹配同步压缩变换性质

1. 线调频信号理想时频表示性

如果信号为线调频信号,即 $x(t) = x_c(t) = A\mathrm{e}^{\mathrm{i}\phi_c(t)} = A\mathrm{e}^{\mathrm{i}\left(a + bt + \frac{1}{2}ct^2\right)}$,则

$$\tilde{\omega}_x(u, \xi) = \phi_c\left[\tilde{t}_x(u, \xi)\right], \quad \tilde{c}_x(u, \xi) = c, \quad \tilde{\omega}_x^c(u, \xi) = \phi_c'(u) \quad (4.49)$$

因此,

$$\begin{aligned}
T_x^c(u, \omega) &= \int_{\Xi_x(u)} S_x(u, \xi)\delta\left[\omega - \tilde{\omega}_x^c(u, \xi)\right]\mathrm{d}\xi \\
&= \left[\int_{-\infty}^{+\infty} S_x(u, \xi)\mathrm{d}\xi\right]\delta\left[\omega - \phi_c'(u)\right] \\
&= 2\pi g(0)x(u)\delta\left[\omega - \varphi_c'(u)\right]
\end{aligned} \quad (4.50)$$

$$\left|T_x^c(u, \omega)\right| = 2\pi Ag(0)\delta\left[\omega - \phi_c'(u)\right] \quad (4.51)$$

该性质表明,匹配同步压缩变换能够得到线调频信号理想时频分布:通过匹配同步压缩变换得到线调频信号的时频表示,时频平面上只在信号的瞬时频率位置有系数,且系数仅与信号幅值有关,时频平面上其他位置的系数为零。众多时频分析方法中,除匹配同步压缩变换外,只有 Wigner-Ville 分布与时频重排方法具有

线调频信号理想时频分布的性质,然而这两类方法都不具有重构性质。

2. 时移性质和频移性质

如果 $y(t) = x(t - t_0) \mathrm{e}^{\mathrm{i}\omega_0 t}$,则 $S_y(u, \xi) = S_x(u - t_0, \xi - \omega_0) \mathrm{e}^{\mathrm{i}\omega_0 u}$,因此

$$\tilde{\omega}_y(u, \xi) = \tilde{\omega}_x(u - t_0, \xi - \omega_0) + \omega_0, \quad \tilde{t}_y(u, \xi) = \tilde{t}_x(u - t_0, \xi - \omega_0) + t_0 \tag{4.52}$$

$$\tilde{c}_y(u, \xi) = \tilde{c}_x(u - t_0, \xi - \omega_0), \quad \tilde{\omega}_y^c(u, \xi) = \tilde{\omega}_x^c(u - t_0, \xi - \omega_0) + \omega_0 \tag{4.53}$$

$$T_y^c(u, \omega) = T_x^c(u - t_0, \omega - \omega_0) \mathrm{e}^{\mathrm{i}\omega_0 u} \tag{4.54}$$

该性质表明,当信号发生时移或者频移时,匹配同步压缩变换的瞬时频率估计算子、群延时估计算子、调频率估计算子、匹配瞬时频率估计算子均会发生对应的时移与频移,并且反映时间与频率物理意义的算子会相应地增加或减少时间或频率的移动量。匹配同步压缩变换的幅值函数会发生相应的时移与频移,相位函数也会发生相应的频移。

3. 复共轭性质

如果 $x: \Re \to \mathbb{C}$ 且 $y(t) = \overline{x(t)}$,则 $S_y(u, \xi) = \overline{S_x(u, -\xi)}$,因此

$$\tilde{\omega}_y(u, \xi) = -\tilde{\omega}_x(u, -\xi), \quad \tilde{t}_y(u, \xi) = \tilde{t}_x(u, -\xi) \tag{4.55}$$

$$\tilde{c}_y(u, \xi) = -\tilde{c}_x(u, -\xi), \quad \tilde{\omega}_y^c(u, \xi) = -\tilde{\omega}_x^c(u, -\xi) \tag{4.56}$$

$$T_y^c(u, \omega) = \overline{T_x^c(u, -\omega)} \tag{4.57}$$

4. Hermitian 性质

如果 $x: \Re \to \Re$,则 $S_x(u, -\xi) = \overline{S_x(u, \xi)}$,因此

$$\tilde{\omega}_x(u, \xi) = -\tilde{\omega}_x(u, -\xi), \quad \tilde{t}_x(u, \xi) = \tilde{t}_x(u, -\xi) \tag{4.58}$$

$$\tilde{c}_x(u, \xi) = -\tilde{c}_x(u, -\xi), \quad \tilde{\omega}_x^c(u, \xi) = -\tilde{\omega}_x^c(u, -\xi) \tag{4.59}$$

$$T_x^c(u, -\omega) = \overline{T_x^c(u, \omega)} \tag{4.60}$$

该性质表明,当信号为实信号时,匹配同步压缩变换的群延时估计算子关于频率轴对称,而瞬时频率估计算子、调频率估计算子、匹配瞬时频率估计算子均关于原点对称,而匹配同步压缩变换的时频表示结果的幅值与相位分别关于频率轴与原点对称。

4.2　匹配同步压缩变换性能分析

航空发动机快变信号是瞬时频率快速变化的强时变调频信号,其数学本质是

信号的相位函数的一阶导数变化快,也就是相位函数的二阶导数较大。因此,同步压缩变换 $A_{S,\varepsilon_1,d}$ 函数类中 IMT 函数(见定义 4.1)的 $|\phi''(t)| < \varepsilon_1|\phi'(t)|$ 条件对于快变信号无法满足。本节将从快变信号的调频物理本质及其数学模型出发,推导匹配同步压缩变换的性能。首先,给出能够描述快变信号的函数模型,然后给出匹配同步压缩变换针对服从该模型的信号所具有的性能,最后给出严格的证明过程。

4.2.1　快变信号建模

无论快变信号非线性程度如何,在局部时间范围内都可以近似为线调频信号。因此,本节定义如下的线调频本征模式函数用于快变信号建模。

定义 4.3：设函数 $x:\Re \to \mathfrak{C}$,如果 $x(t) = \sum_{k=1}^{K} A_k(t)\mathrm{e}^{\mathrm{i}\phi_k(t)}$ 的幅值函数 A_k 和相位函数 ϕ_k 满足以下条件:

$$A_k \in L^\infty(\Re) \cap C^2(\Re), \quad \phi_k \in C^3(\Re), \quad \phi_k', \phi_k'', \phi_k''' \in L^\infty(\Re),$$
$$\forall k \in \{1, 2, \cdots, K\}$$

$$A_k(t) > 0, \quad \inf_{t\in\Re}\phi_k'(t) > 0, \quad \sup_{t\in\Re}\phi_k'(t) < \infty, \quad \forall k \in \{1, 2, \cdots, K\}$$

$$|A_k'(t)| < \varepsilon|\phi_k''(t)|, \quad |A_k''(t)| < \varepsilon|\phi_k''(t)|, \quad |\phi_k'''(t)| < \varepsilon|\phi_k''(t)|,$$
$$\forall t \in \Re$$

$$M_k = \sup_{t\in\Re}A_k(t) < \infty, \quad M_k' = \max(\sup_{t\in\Re}|A_k'(t)|, \sup_{t\in\Re}|\phi_k'(t)|) < \infty,$$
$$M_k'' = \sup_{t\in\Re}|\phi_k''(t)| < \infty$$

则称函数 $x \in L^\infty(\Re)$ 是精度为 $\varepsilon > 0$ 的线调频本征模式类型(chirp-like intrinsic-mode-type, CIMT)函数。如果存在 K 个 CIMT 函数,使得 $x(t) = \sum_{k=1}^{K} A_k(t)\mathrm{e}^{\mathrm{i}\phi_k(t)}$ 中任意 CIMT 函数的相位函数 $\phi_k(t)$,对于 $\forall t \in \Re$ 与 $\forall k \in \{1, 2, \cdots, K-1\}$,均满足如下条件:

$$\phi_k'(t) > \phi_{k-1}'(t) \text{ 且 } |\phi_k'(t) - \phi_{k-1}'(t)| \geqslant d[\phi_k'(t) + \phi_{k-1}'(t)]$$

则称函数 x 为精度 $\varepsilon > 0$、距离 $d > 0$ 的 $B_{\varepsilon,d}$ 型分离多分量 CIMT 叠加函数,所有精度 $\varepsilon > 0$、距离 $d > 0$ 的 $B_{\varepsilon,d}$ 型分离 CIMT 叠加函数的集合称为 $B_{\varepsilon,d}$ 函数类。

定义 4.3 表明,CIMT 函数具有较小变化率的 $A(t)$、$A'(t)$ 与 $\phi''(t)$,因而在以 u 为中心的较短时间范围内,CIMT 函数可以看作幅值为 $A(u)$、频率为 $\phi'(u)$、调频率为 $\phi''(u)$ 的线调频信号。这一点与定义 4.1 中 IMT 函数仅具有较小变化率的 $A(t)$ 与 $\phi'(t)$ 的信号完全不同,因为在以 u 为中心的较短时间范围内,IMT 函数只

可以看作幅值为 $A(u)$、频率为 $\phi'(u)$ 的纯谐波信号。若不考虑幅值函数和相位函数光滑性的影响，则 CIMT 函数不仅能够包含 IMT 函数，且未对 $|\phi''(t)|$ 施加约束，因此具有快变信号建模能力且具有更广泛的适用范围。

$B_{\varepsilon,d}$ 函数类与定义 4.1 中 $A_{\varepsilon,d}$ 函数类的元素的构成形式是相同的，不同之处在于：$B_{\varepsilon,d}$ 函数类元素的多分量信号中的各个单分量都是 CIMT 函数，即线调频本征模式函数；而 $A_{\varepsilon,d}$ 函数类元素的多分量信号中的各个单分量都是 IMT 函数，即谐波本征模式函数。

回顾同步压缩变换的性质 4.1 可得如下结论。

（1）在子区域 Z_k 中，信号 $x \in A_{\varepsilon,d}$ 中的每个成分 $x_k(t)$ 可被其主要部分 $x_{k,1}(u,t) = A_k(u)\mathrm{e}^{\mathrm{i}[\phi_k(u)+\phi_k'(u)t]}$ 近似，即对于小波函数 $\psi \in S$，当 $\hat{\psi}$ 紧支于 $[1-\Delta, 1+\Delta]$ 时，$x_k(t)$ 的主要部分 $x_{k,1}(u,t) = A_k(u)\mathrm{e}^{\mathrm{i}[\phi_k(u)+\phi_k'(u)t]}$ 的小波变换也紧支于时频子区域 Z_k。同样，对于定义 4.3 中的 $B_{\varepsilon,d}$ 函数类，信号 $x \in B_{\varepsilon,d}$ 中的每个成分 $x_k(t)$ 的主要部分为

$$x_{k,2}(u,t) = A_k(u)\mathrm{e}^{\mathrm{i}\left[\phi_k(u)+\phi_k'(u)t+\frac{1}{2}\phi_k''(u)t^2\right]} \tag{4.61}$$

（2）通过同步压缩变换能够得到信号 $x \in A_{\varepsilon,d}$ 的瞬时频率的高精度估计结果，并能有效重构信号，但其不适合分析快变信号。当分析快变信号，即 $x \in B_{\varepsilon,d}$ 时，匹配同步压缩变换能够有效估计信号的调频率和瞬时频率，也能够重构快变信号 $x \in B_{\varepsilon,d}$ 中的任意信号成分。

4.2.2　匹配同步压缩变换快变信号性能分析

下面将给出匹配同步压缩变换处理快变信号 $B_{\varepsilon_2,d}$ 函数类时所具有的分析性能。

性质 4.2： 设 x 为 $B_{\varepsilon,d}$ 函数类中分离的多分量 CIMT 叠加函数，令 $\tilde{\varepsilon} = \varepsilon^{1/3}$，设函数 $h \in C^{\infty}(\mathfrak{R})$ 满足 $\int h(t)\mathrm{d}t = 1$。选择小波函数 ψ，使得其变体 $\psi_\phi(t) = \mathrm{e}^{-\frac{1}{2}s^2\phi_k''(u)t^2}\psi(t)$ 满足如下条件：对于时频子区域 $|\omega-1| > \Delta[\Delta < d/(1+d)]$，$|\hat{\psi}_\phi(\omega)| \leqslant \varepsilon M_0$、$|t\hat{\psi}_\phi(\omega)| \leqslant \varepsilon M_1$、$|t^2\hat{\psi}_\phi(\omega)| \leqslant \varepsilon M_2$ 均成立。令 $R_\psi = \int_{|\omega-1|<\Delta} \overline{\hat{\psi}_\varphi(\omega)}\omega^{-1}\mathrm{d}\omega$，若 x 的小波变换 $W_x^\psi(u,s)$ 的重排公式为

$$T_{x,\tilde{\varepsilon}}^{m,\delta}(u,\omega) = \int_{A_{x,\tilde{\varepsilon}}(u)} W_x^\psi(u,s)\frac{1}{\delta}h\left(\frac{\omega-\tilde{\omega}_x^m(u,s)}{\delta}\right)s^{-3/2}\mathrm{d}s \tag{4.62}$$

式中，$A_{x,\tilde{\varepsilon}}(u) := \{s \in \mathfrak{R}_+; |W_x^\psi(u,s)| \geqslant \tilde{\varepsilon}\}$，如果 ε 足够小，则满足如下条件：

（1）仅当 $(u, s) \in Z_k := \{(u, s); |s\phi_k'(u) - 1| < \Delta\}$ 时，$|W_x^{\psi}(u, s)| \geqslant \bar{\varepsilon}$ 成立，其中 $k \in \{1, 2, \cdots, K\}$；

（2）对于 $\forall k \in \{1, 2, \cdots, K\}$ 与任意 $(u, s) \in Z_k$，有

$$|\tilde{c}_x(u, s) - \phi_k''(u)| \leqslant \bar{\varepsilon} \qquad (4.63)$$

（3）对于 $\forall k \in \{1, 2, \cdots, K\}$ 与任意 $(u, s) \in Z_k$，当其满足 $|W_x^{\psi}(u, s)| \geqslant \bar{\varepsilon}$ 时，有

$$|\tilde{\omega}_x^m(u, s) - \phi_k'(u)| \leqslant \bar{\varepsilon} \qquad (4.64)$$

（4）对于 $\forall k \in \{1, 2, \cdots, K\}$，存在常数 C 使得

$$\left| \left[\lim_{\delta \to 0} R_{\psi}^{-1} \int_{M_{k, \bar{\varepsilon}_2}} T_{x, \bar{\varepsilon}}^{m, \delta}(u, \omega) \mathrm{d}\omega \right] - A_k(u) \mathrm{e}^{\mathrm{i}\phi_k(u)} \right| \leqslant C\bar{\varepsilon} \qquad (4.65)$$

式中，$M_{k, \bar{\varepsilon}_2} := \{\omega : |\omega - \phi_k'(u)| < \bar{\varepsilon}_2\}$。

性质 4.2 表明，对于快变信号 $x \in B_{\varepsilon, d}$，如果选用的小波函数 ψ 使得其变体 $\psi_{\phi}(t) = \mathrm{e}^{-\frac{1}{2} s^2 \phi_k''(u) t^2} \psi(t)$ 满足如下条件：对于时频子区域 $|\omega - 1| > \Delta [\Delta < d/(1 + d)]$，$|\hat{\psi}_{\phi}(\omega)| \leqslant \varepsilon M_0$、$|t\hat{\psi}_{\phi}(\omega)| \leqslant \varepsilon M_1$、$|t^2 \hat{\psi}_{\phi}(\omega)| \leqslant \varepsilon M_2$ 均成立，则其时频表示结果存在 K 个互不接触的时频子区域 Z_k，$k \in \{1, 2, \cdots, K\}$，且相邻的各子区域之间的时频系数幅值很小。

更重要的是，性质 4.2(2)~(4) 表明：① 对于式（4.46）定义的调频率估计算子 $\tilde{c}_x(u, \xi)$，当匹配同步压缩变换分析快变信号 $x(t) \in B_{\varepsilon_2, d}$ 时，可以得到有精度保证的调频率估计，即调频率估计误差小于 $\bar{\varepsilon}$；② 对于式（4.43）定义的匹配瞬时频率估计算子 $\tilde{\omega}_x^m(u, s)$，当匹配同步压缩变换分析快变信号 $x(t) \in B_{\varepsilon, d}$ 时，也可以得到有精度保证的瞬时频率估计，即瞬时频率估计误差也小于 $\bar{\varepsilon}$；③ 对于式（4.47）定义的匹配同步压缩逆变换，当匹配同步压缩变换分析快变信号 $x(t) \in B_{\varepsilon_2, d}$ 时，也可以得到有精度保证的信号重构，即重构误差小于 $C\bar{\varepsilon}$。

下面将通过详细的理论分析，证明性质 4.2 中关于匹配同步压缩变换的 4 个结论。

4.2.3　匹配同步压缩变换性质证明

性质 4.2 的证明，需要以一系列理论推导为基础。为了使推导过程条理更清晰，本节将推导过程分为与性质 4.2 对应的四个部分，且将其中的一些证明环节以引理的形式给出。接下来，分别给出一系列引理与证明过程。这些引理具有与性质 4.1 相同的条件，为防赘述，在下列引理中不予重复。

引理 4.1：对于任意 $k \in \{1, 2, \cdots, K\}$，有

$$| \phi_k''(t) - \phi_k''(u) | \leqslant \varepsilon M_k'' | t - u | \qquad (4.66)$$

$$| A_k(t) - A_k(u) | \leqslant \varepsilon M_k'' | t - u | \qquad (4.67)$$

$$| \phi_k'(t) - \phi_k'(u) - \phi_k''(u)(t - u) | \leqslant \frac{1}{2} \varepsilon M_k'' | t - u |^2 \qquad (4.68)$$

$$| \phi_k(t) - \phi_k(u) - \phi_k'(u)(t - u) - \frac{1}{2} \phi_k''(u)(t - u)^2 | \leqslant \frac{1}{6} \varepsilon M_k'' | t - u |^3$$

$$(4.69)$$

证明:不妨令 $t \geqslant u(t < u$ 时采用相同的方法亦可证明$)$,则

$$| \phi_k''(t) - \phi_k''(u) | = \left| \int_u^t \phi_k'''(\tau) \mathrm{d}\tau \right| \leqslant \varepsilon \int_u^t | \phi_k''(\tau) | \mathrm{d}\tau \leqslant \varepsilon M_k'' | t - u |$$

$$| A_k(t) - A_k(u) | = \left| \int_u^t A_k'(\tau) \mathrm{d}\tau \right| \leqslant \int_u^t | A_k'(\tau) | \mathrm{d}\tau \leqslant \varepsilon \int_u^t | \phi_k''(\tau) | \mathrm{d}\tau$$

$$= \varepsilon M_k'' | t - u |$$

$$| \phi_k'(t) - \phi_k'(u) - \phi_k''(u)(t - u) | = \left| \int_u^t \phi_k''(\tau) - \phi_k''(u) \mathrm{d}\tau \right| \leqslant \frac{1}{2} \varepsilon M_k'' | t - u |^2$$

$$\left| \phi_k(t) - \phi_k(u) - \phi_k'(u)(t - u) - \frac{1}{2} \phi_k''(u)(t - u)^2 \right| \leqslant \int_u^t \int_u^\tau | \phi_k''(x) - \phi_k''(u) | \mathrm{d}x \mathrm{d}\tau$$

$$\leqslant \frac{1}{6} \varepsilon | t - u |^3$$

引理 4.1 证毕。

为了使证明过程中的表达更简洁,令

$$x_{k,2}(u, t) = A_k(u) \mathrm{e}^{\mathrm{i} \left[\phi_k(u) + \phi_k'(u)t + \frac{1}{2}\phi_k''(u)t^2 \right]}, \quad I_n = \int_{-\infty}^{+\infty} | t |^n | \psi(t) | \mathrm{d}t$$

$$(4.70)$$

因此,在时刻 u 的局部范围内,第 k 个成分 $x_k(t)$ 可以近似为

$$x_k(t) \big|_{[u-\Delta T, u+\Delta T]} \approx x_{k,2}(u, t - u) = A_k(u) \mathrm{e}^{\mathrm{i} \left[\phi_k(u) + \phi_k'(u)(t-u) + \frac{1}{2}\phi_k''(u)(t-u)^2 \right]}$$

其本质上是 $x_k(t)$ 忽略了 $O(A_k')$ 与 $O(\varphi_k''')$ 的泰勒展开。

1. 性质 4.2(1) 的证明

首先证明性质 4.2(1),相关的证明过程和需要的引理如下。

引理 4.2: 对于任意 $k \in \{1, 2, \cdots, K\}$ 与任意 $(u, s) \notin Z_k$,有

$$| W_{x_{k,2}}^{\psi}(u, s) | \leqslant \varepsilon s^{1/2} M_0 A_k(u) \tag{4.71}$$

$$| W_{x_{k,2}}^{t\psi}(u, s) | \leqslant \varepsilon s^{3/2} M_1 A_k(u) \tag{4.72}$$

$$| W_{x_{k,2}}^{t^2\psi}(u, s) | \leqslant \varepsilon s^{5/2} M_2 A_k(u) \tag{4.73}$$

证明:

回顾小波变换的定义,有

$$
\begin{aligned}
W_{x_{k,2}}^{\psi}(u, s) &= \int_{-\infty}^{+\infty} x_{k,2}(u, t-u) \overline{\psi_s(t-u)} \, \mathrm{d}t \\
&= \int_{-\infty}^{+\infty} A_k(u) \mathrm{e}^{\mathrm{i}[\phi_k(u)+\phi_k'(u)t+\frac{1}{2}\phi_k''(u)t^2]} s^{-1/2} \overline{\psi(t/s)} \, \mathrm{d}t \\
&= A_k(u) \mathrm{e}^{\mathrm{i}\phi_k(u)} \int_{-\infty}^{+\infty} \mathrm{e}^{\mathrm{i}\frac{1}{2}\phi_k''(u)t^2} s^{-1/2} \overline{\psi(t/s)} \, \mathrm{e}^{\mathrm{i}\phi_k'(u)t} \, \mathrm{d}t \\
&= A_k(u) \mathrm{e}^{\mathrm{i}\phi_k(u)} \int_{-\infty}^{+\infty} \mathrm{e}^{\mathrm{i}\frac{1}{2}\phi_k''(u)s^2 x^2} s^{1/2} \overline{\psi(x)} \, \mathrm{e}^{\mathrm{i}s\phi_k'(u)x} \, \mathrm{d}x \\
&= A_k(u) \mathrm{e}^{\mathrm{i}\phi_k(u)} s^{1/2} \overline{\int_{-\infty}^{+\infty} \psi_{\phi}(x) \mathrm{e}^{\mathrm{i}s\phi_k'(u)x} \, \mathrm{d}x} \\
&= A_k(u) \mathrm{e}^{\mathrm{i}\phi_k(u)} s^{1/2} \overline{\hat{\psi}_{\phi}[s\phi_k'(u)]} \tag{4.74}
\end{aligned}
$$

根据性质 4.2 中关于 $\psi(t) \in S$ 的条件,当 $| \omega - 1 | > \Delta$ 时,$| \hat{\psi}_{\phi}(\omega) | \leqslant \varepsilon M_0$,则对于任意 $k \in \{1, 2, \cdots, K\}$ 与任意 $| s\phi_k'(u) - 1 | > \Delta$,有

$$
\begin{aligned}
| W_{x_{k,2}}^{\psi}(u, s) | &= | A_k(u) \mathrm{e}^{\mathrm{i}\phi_k(u)} s^{1/2} \overline{\hat{\psi}_{\phi}[s\phi_k'(u)]} | = A_k(u) s^{1/2} | \hat{\psi}_{\phi}[s\phi_k'(u)] | \\
&\leqslant \varepsilon s^{1/2} M_0 A_k(u)
\end{aligned}
$$

这意味着,对于任意 $k \in \{1, 2, \cdots, K\}$ 与任意 $(u, s) \notin Z_k = \{(u, s); | s\phi_k'(u) - 1 | < \Delta\}$,都有 $| W_{x_{k,2}}^{\psi}(u, s) | \leqslant \varepsilon M_0 s^{1/2} A_k(u)$。式(4.72)与式(4.73)中的证明类似。

引理 4.2 证毕。

引理 4.3: 对于任意 $k \in \{1, 2, \cdots, K\}$ 与 $\forall (u, s) \in \Re \times \Re^+$,有

$$| W_{x_k}^{\psi}(u, s) - W_{x_{k,2}}^{\psi}(u, s) | \leqslant \varepsilon M_k'' \left[s^{3/2} I_1 + \frac{1}{6} s^{7/2} I_3 A_k(u) \right] \tag{4.75}$$

$$| W_{x_k}^{t\psi}(u, s) - W_{x_{k,2}}^{t\psi}(u, s) | \leqslant \varepsilon M_k'' \left[s^{3/2} I_2 + \frac{1}{6} s^{7/2} I_4 A_k(u) \right] \tag{4.76}$$

$$| W_{x_k}^{t^2\psi}(u, s) - W_{x_{k,2}}^{t^2\psi}(u, s) | \leqslant \varepsilon M_k'' \left[s^{3/2} I_3 + \frac{1}{6} s^{7/2} I_5 A_k(u) \right] \tag{4.77}$$

因此,对于 $\forall (u, s) \notin Z_k$,有

$$\mid W_{x_k}^{\psi}(u, s) \mid \leqslant \varepsilon E_{x_k}^{\psi}(u), \quad \mid W_{x_k}^{t\psi}(u, s) \mid \leqslant \varepsilon E_{x_k}^{t\psi}(u), \quad \mid W_{x_k}^{t^2\psi}(u, s) \mid \leqslant \varepsilon E_{x_k}^{t^2\psi}(u) \tag{4.78}$$

式中, $E_{x_k}^{t^n\psi}(u) = s^{3/2}M_k''I_{1+n} + \dfrac{1}{6}s^{7/2}I_{3+n}M_k''A_k(u) + s^{n+1/2}M_nA_k(u)$。

证明:

根据小波变换的定义,对于 $\forall (u, s) \in \Re \times \Re^+$,当 $n = 0, 1, 2$ 时,有

$$\mid W_{x_k}^{t^n\psi}(u, s) - W_{x_{k,2}}^{t^n\psi}(u, s) \mid$$

$$= \left| \int_{-\infty}^{+\infty} x_k(t)\left(\frac{t-u}{s}\right)^n \overline{\psi_s(t-u)}\mathrm{d}t - \int_{-\infty}^{+\infty} x_{k,2}(u, t-u)\left(\frac{t-u}{s}\right)^n \overline{\psi_s(t-u)}\,\mathrm{d}t \right|$$

$$= \left| \int_{-\infty}^{+\infty} A_k(t)\mathrm{e}^{\mathrm{i}\phi_k(t)}\left(\frac{t-u}{s}\right)^n \overline{\psi_s(t-u)}\mathrm{d}t \right.$$
$$\left. - \int_{-\infty}^{+\infty} A_k(u)\mathrm{e}^{\mathrm{i}\left[\phi_k(u)+\phi_k'(u)(t-u)+\frac{1}{2}\phi_k''(u)(t-u)^2\right]}\left(\frac{t-u}{s}\right)^n \overline{\psi_s(t-u)}\,\mathrm{d}t \right|$$

$$= \left| \int_{-\infty}^{+\infty} [A_k(t) - A_k(u)]\mathrm{e}^{\mathrm{i}\phi_k(t)}\left(\frac{t-u}{s}\right)^n \overline{\psi_s(t-u)}\,\mathrm{d}t \right.$$
$$\left. - \int_{-\infty}^{+\infty} A_k(u)\left\{\mathrm{e}^{\mathrm{i}\phi_k(t)} - \mathrm{e}^{\mathrm{i}\left[\phi_k(u)+\phi_k'(u)(t-u)+\frac{1}{2}\phi_k''(u)(t-u)^2\right]}\right\}\left(\frac{t-u}{s}\right)^n \overline{\psi_s(t-u)}\,\mathrm{d}t \right|$$

$$\leqslant \int_{-\infty}^{+\infty} \mid A_k(t) - A_k(u) \mid \left|\frac{t-u}{s}\right|^n \mid \psi_s(t-u) \mid \mathrm{d}t$$
$$+ \int_{-\infty}^{+\infty} A_k(u) \mid \mathrm{e}^{\mathrm{i}\left[\phi_k(t)-\phi_k(u)-\phi_k'(u)(t-u)-\frac{1}{2}\phi_k''(u)(t-u)^2\right]} - 1 \mid \left|\frac{t-u}{s}\right|^n \mid \psi_s(t-u) \mid \mathrm{d}t$$

$$\leqslant \int_{-\infty}^{+\infty} \mid A_k(t) - A_k(u) \mid \left|\frac{t-u}{s}\right|^n \mid \psi_s(t-u) \mid \mathrm{d}t + \int_{-\infty}^{+\infty} A_k(u) \mid \phi_k(t)$$
$$- \phi_k(u) - \phi_k'(u)(t-u) - \frac{1}{2}\phi_k''(u)(t-u)^2 \mid \left|\frac{t-u}{s}\right|^n \mid \psi_s(t-u) \mid \mathrm{d}t$$

$$\leqslant \varepsilon M_k''\int_{-\infty}^{+\infty} \mid t-u \mid \left|\frac{t-u}{s}\right|^n \mid \psi_s(t-u) \mid \mathrm{d}t$$
$$+ \frac{1}{6}\varepsilon M_k''A_k(u)\int_{-\infty}^{+\infty} \mid t-u \mid^3 \left|\frac{t-u}{s}\right|^n \mid \psi_s(t-u) \mid \mathrm{d}t$$

$$= \varepsilon M_k''\left[s^{3/2}I_{1+n} + \frac{1}{6}s^{7/2}I_{3+n}A_k(u)\right]$$

即

$$\mid W_{x_k}^{\psi}(u,\,s) - W_{x_{k,\,2}}^{\psi}(u,\,s)\mid \leqslant \varepsilon M_k''\left[s^{3/2}I_1 + \frac{1}{6}s^{7/2}I_3 A_k(u)\right]$$

$$\mid W_{x_k}^{t\psi}(u,\,s) - W_{x_{k,\,2}}^{t\psi}(u,\,s)\mid \leqslant \varepsilon M_k''\left[s^{3/2}I_2 + \frac{1}{6}s^{7/2}I_4 A_k(u)\right]$$

$$\mid W_{x_k}^{t^2\psi}(u,\,s) - W_{x_{k,\,2}}^{t^2\psi}(u,\,s)\mid \leqslant \varepsilon M_k''\left[s^{3/2}I_3 + \frac{1}{6}s^{7/2}I_5 A_k(u)\right]$$

因此,根据引理 4.2,对于 $\forall(u,\,s) \notin Z_k$,当 $n = 0,\,1,\,2$ 时,有

$$\mid W_{x_k}^{t^n\psi}(u,\,s)\mid \leqslant \mid W_{x_k}^{t^n\psi}(u,\,s) - W_{x_{k,\,2}}^{t^n\psi}(u,\,s)\mid + \mid W_{x_{k,\,2}}^{t^n\psi}(u,\,s)\mid$$

$$\leqslant \varepsilon M_k''\left[s^{3/2}I_{1+n} + \frac{1}{6}s^{7/2}I_{3+n}A_k(u)\right] + \varepsilon s^{n+1/2}M_n A_k(u)$$

$$= \varepsilon E_{x_k}^{t^n\psi}(u)$$

引理 4.3 证毕。

引理 4.4: 对于任意 $k \in \{1,\,2,\,\cdots,\,K\}$ 与 $\forall(u,\,s) \in \Re \times \Re^+$,有

$$\left\lvert W_x^{\psi}(u,\,s) - \sum_{k=1}^{K} W_{x_{k,\,2}}^{\psi}(u,\,s)\right\rvert \leqslant \varepsilon \sum_{k=1}^{K} M_k''\left[s^{3/2}I_1 + \frac{1}{6}s^{7/2}I_3 A_k(u)\right] \quad (4.79)$$

$$\mid W_x^{t\psi}(u,\,s) - \sum_{k=1}^{K} W_{x_{k,\,2}}^{t\psi}(u,\,s)\mid \leqslant \varepsilon \sum_{k=1}^{K} M_k''\left[s^{3/2}I_2 + \frac{1}{6}s^{7/2}I_4 A_k(u)\right] \quad (4.80)$$

$$\mid W_x^{t^2\psi}(u,\,s) - \sum_{k=1}^{K} W_{x_{k,\,2}}^{t^2\psi}(u,\,s)\mid \leqslant \varepsilon \sum_{k=1}^{K} M_k''\left[s^{3/2}I_3 + \frac{1}{6}s^{7/2}I_5 A_k(u)\right]$$

$$(4.81)$$

因此,对于 $\forall(u,\,s) \in Z_k$,有

$$\mid W_x^{\psi}(u,\,s) - W_{x_{k,\,2}}^{\psi}(u,\,s)\mid \leqslant \varepsilon E_0(u) \quad (4.82)$$

式中, $E_0(u) = \sum_{k=1}^{K}\left\{M_k''\left[s^{3/2}I_1 + \frac{1}{6}s^{7/2}I_3 A_k(u)\right] + M_0 s^{1/2}A_k(u)\right\}$。

并且,对于 $(u,\,s) \notin \bigcup_{k=1}^{K} Z_k$,有

$$\mid W_x^{\psi}(u,\,s)\mid \leqslant \varepsilon E_0(u) \quad (4.83)$$

证明:

根据引理 4.3,对于 $\forall(u,\,s) \in \Re \times \Re^+$,当 $n = 0,\,1,\,2$ 时,有

$$\left| W_x^{t^n\psi}(u,s) - \sum_{k=1}^K W_{x_{k,2}}^{t^n\psi}(u,s) \right| = \left| \sum_{k=1}^K \left[W_{x_k}^{t^n\psi}(u,s) - W_{x_{k,2}}^{t^n\psi}(u,s) \right] \right|$$

$$\leqslant \sum_{k=1}^K \left| W_{x_k}^{t^n\psi}(u,s) - W_{x_{k,2}}^{t^n\psi}(u,s) \right|$$

$$\leqslant \varepsilon \sum_{k=1}^K M_k'' \left[s^{3/2} I_{n+1} + \frac{1}{6} s^{7/2} I_{n+3} A_k(u) \right] \quad (4.84)$$

根据引理 4.2,对于 $(u,s) \in Z_k \neq Z_l$,有

$$| W_{x_{l,2}}^{\psi}(u,s) | \leqslant \varepsilon M_0 s^{1/2} A_l(u) \quad (4.85)$$

因此,对于 $(u,s) \in Z_k$,有

$$| W_x^{\psi}(u,s) - W_{x_{k,2}}^{\psi}(u,s) | \leqslant \left| W_x^{\psi}(u,s) - \sum_{k=1}^K W_{x_{k,2}}^{\psi}(u,s) \right| + \sum_{l \neq k} | W_{x_{l,2}}^{\psi}(u,s) |$$

$$\leqslant \varepsilon \left\{ \sum_{k=1}^K M_k'' \left[s^{3/2} I_1 + \frac{1}{6} s^{7/2} I_3 A_k(u) \right] + \sum_{l \neq k} M_0 s^{1/2} A_l(u) \right\}$$

$$\leqslant \varepsilon E_0(u)$$

并且,对于 $(u,s) \notin \bigcup_{k=1}^K Z_k$,有

$$| W_x^{\psi}(u,s) | \leqslant \left| W_x^{\psi}(u,s) - \sum_{k=1}^K W_{x_{k,2}}^{\psi}(u,s) \right| + \sum_{k=1}^K | W_{x_{l,2}}^{\psi}(u,s) |$$

$$\leqslant \varepsilon \left\{ \sum_{k=1}^K M_k'' \left[s^{3/2} I_1 + \frac{1}{6} s^{7/2} I_3 A_k(u) \right] + \sum_{k=1}^K M_0 s^{1/2} A_l(u) \right\} = \varepsilon E_0(u)$$

引理 4.4 证毕。

引理 4.5: 对于 $\forall (u,s)$,最多存在一个 $k \in \{1,2,\cdots,K\}$,使得 $| s\phi_k'(u) - 1 | < \Delta$ 成立。

证明:

假设存在 $k,l \in \{1,2,\cdots,K\}$ 且 $k \neq l$,使得 $| s\phi_k'(u) - 1 | < \Delta$ 与 $| s\phi_l'(u) - 1 | < \Delta$ 都成立,不妨设 $k > l$。因为 $x(t) \in B_{\varepsilon,d}$,则

$$\phi_k'(u) - \phi_l'(u) \geqslant \phi_k'(u) - \phi_{k-1}'(u) \geqslant d[\phi_k'(u) + \phi_{k-1}'(u)]$$

$$\geqslant d[\phi_k'(u) + \phi_l'(u)]$$

考虑到

$$\phi_k'(u) - \phi_l'(u) \leqslant s^{-1} [(1+\Delta) - (1-\Delta)] = 2s^{-1}\Delta$$

$$\phi_k'(u) + \phi_l'(u) \geqslant s^{-1} [(1-\Delta) + (1-\Delta)] = 2s^{-1}(1-\Delta)$$

因此,可得

$$\Delta \geqslant d(1 - \Delta)$$

而这与 $B_{\varepsilon, d}$ 定义中的分离条件 $\Delta < d/(1 + d)$ 相矛盾,因此最多存在一个 $k \in \{1, 2, \cdots, K\}$ 使得 $| s\phi_k'(u) - 1 | < \Delta$ 成立。

引理 4.5 证毕。

引理 4.5 表明,(u, s) 平面中存在着 K 个互补相接的子区域 Z_k, $k \in \{1, 2, \cdots, K\}$。 如果给 ε 施加额外限制: 对于所有的 $k \in \{1, 2, \cdots, K\}$ 与所有的 $(u, s) \in Z_k$,均满足如下条件:

$$\varepsilon \leqslant E_0^{-3/2}(u) \tag{4.86}$$

则 $\varepsilon E_0(u) \leqslant \tilde{\varepsilon}$。 因此,对于任意 $k \in \{1, 2, \cdots, K\}$ 与任意 $(u, s) \in Z_k$,都有 $| W_x^\psi(u, s) - W_{x_{k, 2}}^\psi(u, s) | \leqslant \varepsilon E_0(u) \leqslant \tilde{\varepsilon}$;对于任意 $(u, s) \notin \bigcup_{k=1}^{K} Z_k$,都有 $| W_x^\psi(u, s) | \leqslant \varepsilon E_0(u) \leqslant \tilde{\varepsilon}$。 至此,完成了性质 4.2(1)的证明。

2. 性质 4.2(2)的证明

接下来,分析证明性质 4.2 中关于 $| \tilde{c}_x(u, \xi) - \phi_k''(u) |$ 的部分。

根据瞬时频率估计算子与群延时估计算子的定义,以及小波变换的定义可知

$$\partial_u \tilde{\omega}_x(u, s) = \partial_u \left[\frac{\partial_u W_x^\psi(u, s)}{\mathrm{i} W_x^\psi(u, s)} \right] = \frac{\partial_u^2 W_x^\psi(u, s) W_x^\psi(u, s) - [\partial_u W_x^\psi(u, s)]^2}{\mathrm{i} [W_x^\psi(u, s)]^2} \tag{4.87}$$

$$\begin{aligned} \partial_u \tilde{t}_x(u, s) &= \partial_u \left[u + \frac{s W_x^{t\psi}(u, s)}{W_x^\psi(u, s)} \right] \\ &= 1 + \frac{s \partial_u W_x^{t\psi}(u, s) W_x^\psi(u, s) - s W_x^{t\psi}(u, s) \partial_u W_x^\psi(u, s)}{[W_x^\psi(u, s)]^2} \end{aligned} \tag{4.88}$$

并且对于任意信号 $x(t)$,都有

$$s \partial_u W_x^{t\psi}(u, s) = - W_x^\psi(u, s) - W_x^{t\psi'}(u, s) \tag{4.89}$$

$$s \partial_u W_x^\psi(u, s) = - W_x^{\psi'}(u, s) \tag{4.90}$$

令

$$\begin{aligned} W_x^\Delta(u, s) &= \partial_u \tilde{t}_x(u, s) [W_x^\psi(u, s)]^2 \\ &= W_x^{t\psi}(u, s) W_x^{\psi'}(u, s) - W_x^{t\psi'}(u, s) W_x^\psi(u, s) \end{aligned} \tag{4.91}$$

则

$$\phi_k''(u) - \tilde{c}_x(u, s)$$

$$= \frac{\mathrm{i}\phi_k''(u) \partial_u \tilde{t}_x(u, s) - \mathrm{i}\partial_u \tilde{\omega}_x(u, s)}{\mathrm{i}\partial_u \tilde{t}_x(u, s)}$$

$$= \frac{\mathrm{i}\phi_k''(u) \left\{ \left[W_x^{\psi}(u, s) \right]^2 + s\partial_u W_x^{t\psi}(u, s) W_x^{\psi}(u, s) - s W_x^{t\psi}(u, s) \partial_u W_x^{\psi}(u, s) \right\}}{\mathrm{i}\partial_u \tilde{t}_x(u, s) \left[W_x^{\psi}(u, s) \right]^2}$$

$$- \frac{\partial_u^2 W_x^{\psi}(u, s) W_x^{\psi}(u, s) - \left[\partial_u W_x^{\psi}(u, s) \right]^2}{\mathrm{i}\partial_u \tilde{t}_x(u, s) \left[W_x^{\psi}(u, s) \right]^2}$$

$$= \frac{\partial_u W_x^{\psi}(u, s) \left[\partial_u W_x^{\psi}(u, s) - \mathrm{i}\phi_k'(u) W_x^{\psi}(u, s) - \mathrm{i}s\phi_k''(u) W_x^{t\psi}(u, s) \right]}{\mathrm{i}W_x^{\Delta}(u, s)}$$

$$- \frac{W_x^{\psi}(u, s) \left[\partial_u^2 W_x^{\psi}(u, s) - \mathrm{i}\phi_k'(u) \partial_u W_x^{\psi}(u, s) - \mathrm{i}\phi_k''(u) W_x^{\psi}(u, s) - \mathrm{i}s\phi_k''(u) \partial_u W_x^{t\psi}(u, s) \right]}{\mathrm{i}W_x^{\Delta}(u, s)}$$

$$= B_1(u, s) \frac{\partial_u W_x^{\psi}(u, s)}{\mathrm{i}W_x^{\Delta}(u, s)} - B_2(u, s) \frac{W_x^{\psi}(u, s)}{\mathrm{i}W_x^{\Delta}(u, s)}$$

式中,

$$B_1(u, s) = \partial_u W_x^{\psi}(u, s) - \mathrm{i}\phi_k'(u) W_x^{\psi}(u, s) - \mathrm{i}s\phi_k''(u) W_x^{t\psi}(u, s) \tag{4.92}$$

$$B_2(u, s) = \partial_u^2 W_x^{\psi}(u, s) - \mathrm{i}\phi_k'(u) \partial_u W_x^{\psi}(u, s)$$
$$- \mathrm{i}\phi_k''(u) W_x^{\psi}(u, s) - \mathrm{i}s\phi_k''(u) \partial_u W_x^{t\psi}(u, s) \tag{4.93}$$

因此可得

$$\left| \tilde{c}_x(u, s) - \phi_k''(u) \right| \leqslant \left| B_1(u, s) \frac{\partial_u W_x^{\psi}(u, s)}{\mathrm{i}W_x^{\Delta}(u, s)} \right| + \left| B_2(u, s) \frac{W_x^{\psi}(u, s)}{\mathrm{i}W_x^{\Delta}(u, s)} \right|$$

$$\tag{4.94}$$

这意味着 $\left| \tilde{c}_x(u, s) - \phi_k''(u) \right|$ 的上界包括两个部分。下面将针对两个部分,逐个讨论其上界。然而在讨论这两部分上界之前,先分析如下引理。

引理 4.6: 对于任意 $k \in \{1, 2, \cdots, K\}$ 与任意 $(u, s) \in \Re \times \Re^+$,有

$$\left| \partial_u W_{x_k}^{\psi}(u, s) - \mathrm{i}\phi_k'(u) W_{x_k}^{\psi}(u, s) - \mathrm{i}s\phi_k''(u) W_{x_k}^{t\psi}(u, s) \right|$$

$$\leqslant \varepsilon \left[s^{1/2} I_0 M_k'' + \frac{1}{2} s^{5/2} I_2 M_k M_k'' \right] \tag{4.95}$$

$$\mid \partial_u W_{x_k}^{t\psi}(u, s) - \mathrm{i}\phi_k'(u) W_{x_k}^{t\psi}(u, s) - \mathrm{i}s\phi_k''(u) W_{x_k}^{t^2\psi}(u, s) \mid$$

$$\leqslant \varepsilon \left[s^{1/2} I_1 M_k'' + \frac{1}{2} s^{5/2} I_3 M_k M_k'' \right] \qquad (4.96)$$

证明:

回顾小波变换的定义,对于任意 $x(t) \in B_{\varepsilon, d}$, 有

$$\partial_u W_{x_k}^{\psi}(u, s) - \mathrm{i}\phi_k'(u) W_{x_k}^{\psi}(u, s) - \mathrm{i}s\phi_k''(u) W_{x_k}^{t\psi}(u, s)$$

$$= \int_{-\infty}^{+\infty} \partial_u [x_k(t + u)] \overline{\psi_s(t)} \mathrm{d}t - \mathrm{i}\phi_k'(u) \int_{-\infty}^{+\infty} x_k(t) \overline{\psi_s(t - u)} \mathrm{d}t$$

$$- \mathrm{i}\phi_k''(u) \int_{-\infty}^{+\infty} x_k(t)(t - u) \overline{\psi_s(t - u)} \mathrm{d}t$$

$$= \int_{-\infty}^{+\infty} A_k'(t) \mathrm{e}^{\mathrm{i}\phi_k(t)} \overline{\psi_s(t - u)} \mathrm{d}t$$

$$- \mathrm{i} \int_{-\infty}^{+\infty} x_k(t) [\phi_k'(t) - \phi_k'(u) - \phi_k''(u)(t - u)] \overline{\psi_s(t - u)} \mathrm{d}t$$

因此可得

$$\mid \partial_u W_{x_k}^{\psi}(u, s) - \mathrm{i}\phi_k'(u) W_{x_k}^{\psi}(u, s) - \mathrm{i}s\phi_k''(u) W_{x_k}^{t\psi}(u, s) \mid$$

$$\leqslant \left| \int_{-\infty}^{+\infty} A_k'(t) \mathrm{e}^{\mathrm{i}\phi_k(t)} \overline{\psi_s(t - u)} \mathrm{d}t \right|$$

$$+ \left| \int_{-\infty}^{+\infty} x_k(t) [\phi_k'(t) - \phi_k'(u) - \phi_k''(u)(t - u)] \overline{\psi_s(t - u)} \mathrm{d}t \right|$$

$$\leqslant \int_{-\infty}^{+\infty} \mid A_k'(t) \mid \mid \psi_s(t - u) \mid \mathrm{d}t$$

$$+ \int_{-\infty}^{+\infty} A_k(t) \mid \phi_k'(t) - \phi_k'(u) - \phi_k''(u)(t - u) \mid \mid \psi_s(t - u) \mid \mathrm{d}t$$

$$\leqslant \varepsilon M_k'' \int_{-\infty}^{+\infty} \mid \psi_s(t - u) \mid \mathrm{d}t + \frac{1}{2} \varepsilon M_k M_k'' \int_{-\infty}^{+\infty} \mid t - u \mid^2 \mid \psi_s(t - u) \mid \mathrm{d}t$$

$$= \varepsilon \left[M_k'' s^{1/2} I_0 + \frac{1}{2} M_k M_k'' s^{5/2} I_2 \right]$$

同样:

$$\mid \partial_u W_{x_k}^{t\psi}(u, s) - \mathrm{i}\phi_k'(u) W_{x_k}^{t\psi}(u, s) - \mathrm{i}s\phi_k''(u) W_{x_k}^{t^2\psi}(u, s) \mid$$

$$\leqslant \left| \int_{-\infty}^{+\infty} A_k'(t) \left(\frac{t - u}{s} \right) \overline{\psi_s(t - u)} \mathrm{d}t \right|$$

$$+ \left| \int_{-\infty}^{+\infty} A_k(t) \mathrm{e}^{\mathrm{i}\phi_k(t)} [\phi_k'(t) - \phi_k'(u) - \phi_k''(u)(t - u)] \left(\frac{t - u}{s} \right) \overline{\psi_s(t - u)} \mathrm{d}t \right|$$

$$\leqslant \int_{-\infty}^{+\infty} \mid A'_k(t) \mid \left| \frac{t-u}{s} \right| \mid \psi_s(t-u) \mid \mathrm{d}t$$

$$+ \int_{-\infty}^{+\infty} A_k(t) \mid \phi'_k(t) - \phi'_k(u) - \phi''_k(u)(t-u) \mid \left| \frac{t-u}{s} \right| \mid \psi_s(t-u) \mid \mathrm{d}t$$

$$\leqslant \varepsilon \left[M''_k s^{1/2} I_1 + \frac{1}{2} M_k M''_k s^{5/2} I_3 \right]$$

引理 4.6 证毕。

接下来,通过引理 4.7 与引理 4.8 分别给出这两个部分的上边界。

引理 4.7: 对于任意 $k \in \{1, 2, \cdots, K\}$ 与任意 $(u, s) \in Z_k$,都有

$$\mid B_1(u, \xi) \mid \leqslant \varepsilon E_1(u) \tag{4.97}$$

式中, $E_1(u) = \sum_{l=1}^{K} \left\{ \left[M''_l s^{1/2} I_0 + \frac{1}{2} M_l M''_l s^{5/2} I_2 \right] + \mid \phi'_k(u) - \phi'_l(u) \mid E_{x_l}^{\psi}(u) + \right.$ $\left. s \mid \phi''_k(u) - \phi''_l(u) \mid E_{x_l}^{t\psi}(u) \right\}$。

证明:

根据式(4.92),有

$$B_1(u, s) = \partial_u W_x^{\psi}(u, s) - \mathrm{i}\phi'_k(u) W_x^{\psi}(u, s) - \mathrm{i}\phi''_k(u)s W_x^{t\psi}(u, s)$$

$$= \sum_{l=1}^{K} \left[\partial_u W_{x_l}^{\psi}(u, s) - \mathrm{i}\phi'_k(u) W_{x_l}^{\psi}(u, s) - \mathrm{i}\phi''_k(u)s W_{x_l}^{t\psi}(u, s) \right]$$

$$= \sum_{l=1}^{K} \left[\partial_u W_{x_l}^{\psi}(u, s) - \mathrm{i}\phi'_l(u) W_{x_l}^{\psi}(u, s) - \mathrm{i}\phi''_l(u)s W_{x_l}^{t\psi}(u, s) \right]$$

$$- \mathrm{i} \sum_{l=1}^{K} \left[\phi'_k(u) - \phi'_l(u) \right] W_{x_l}^{\psi}(u, s) - \mathrm{i} \sum_{l=1}^{K} \left[\phi''_k(u) - \phi''_l(u) \right] s W_{x_l}^{t\psi}(u, s)$$

$$= \sum_{l=1}^{K} \left[\partial_u W_{x_l}^{\psi}(u, s) - \mathrm{i}\phi'_l(u) W_{x_l}^{\psi}(u, s) - \mathrm{i}\phi''_l(u)s W_{x_l}^{t\psi}(u, s) \right]$$

$$- \mathrm{i} \sum_{l \neq k} \left[\phi'_k(u) - \phi'_l(u) \right] W_{x_l}^{\psi}(u, s) - \mathrm{i} \sum_{l \neq k} \left[\phi''_k(u) - \phi''_l(u) \right] s W_{x_l}^{t\psi}(u, s)$$

因此

$$\mid B_1(u, \xi) \mid \leqslant \sum_{l=1}^{K} \mid \partial_u W_{x_l}^{\psi}(u, s) - \mathrm{i}\phi'_l(u) W_{x_l}^{\psi}(u, s) - \mathrm{i}\phi''_l(u)s W_{x_l}^{t\psi}(u, s) \mid$$

$$+ \sum_{l \neq k} \mid \phi'_k(u) - \phi'_l(u) \mid \mid W_{x_l}^{\psi}(u, s) \mid$$

$$+ \sum_{l \neq k} \mid \phi''_k(u) - \phi''_l(u) \mid s \mid W_{x_l}^{t\psi}(u, s) \mid$$

根据引理 4.3,当 $(u, s) \in Z_k \neq Z_l$ 时,有

$$\mid W_{x_l}^{\psi}(u, s) \mid \leqslant \varepsilon E_{x_l}^{\psi}(u), \qquad \mid W_{x_l}^{t\psi}(u, s) \mid \leqslant \varepsilon E_{x_l}^{t\psi}(u)$$

因此,结合式(4.95)与引理 4.6 可知

$$
\begin{aligned}
\mid B_1(u, \xi) \mid &\leqslant \varepsilon \sum_{l=1}^{K} \left[M_l'' s^{1/2} I_0 + \frac{1}{2} M_l M_l'' s^{5/2} I_2 \right] + \varepsilon \sum_{l \neq k} \mid \phi_k'(u) - \phi_l'(u) \mid E_{x_l}^{\psi}(u) \\
&\quad + \varepsilon \sum_{l \neq k} \mid \phi_k''(u) - \phi_l''(u) \mid s E_{x_l}^{t\psi}(u) \\
&\leqslant \varepsilon \sum_{l=1}^{K} \left\{ \left[M_l'' s^{1/2} I_0 + \frac{1}{2} M_l M_l'' s^{5/2} I_2 \right] + \mid \phi_k'(u) - \phi_l'(u) \mid E_{x_l}^{\psi}(u) \right. \\
&\quad \left. + s \mid \phi_k''(u) - \phi_l''(u) \mid E_{x_l}^{t\psi}(u) \right\} \\
&= \varepsilon E_1(u)
\end{aligned}
$$

引理 4.7 证毕。

引理 4.8:对于任意 $k \in \{1, 2, \cdots, K\}$ 与任意 $(u, s) \in Z_k$,有

$$\mid B_2(u, \xi) \mid \leqslant \varepsilon E_2(u) \tag{4.98}$$

式中,$E_2(u) = E_{21} + E_{22}(u) + E_{23}(u) + E_{24}(u)$。

其中,

$$E_{21} = \sum_{l=1}^{K} \left[s^{1/2} I_0 M_l'' + s^{1/2} I_0 M_l M_l'' + \frac{1}{2} s^{1/2} I_2 M_l''(M_l' + M_l M_l') + s^{1/2} I_1 M_l M_l'' \right]$$

$$E_{22}(u) = \sum_{l \neq k} \mid \phi_k''(u) - \phi_l''(u) \mid E_{x_l}^{\psi}(u)$$

$$
\begin{aligned}
E_{23}(u) = \sum_{l \neq k} \mid \phi_k'(u) - \phi_l'(u) \mid &\left[\left(s^{1/2} I_0 M_l'' + \frac{1}{2} s^{5/2} I_2 M_l M_l'' \right) \right. \\
&\quad \left. + \phi_l'(u) E_{x_l}^{\psi}(u) + s \mid \phi_l''(u) \mid E_{x_k}^{t\psi}(u) \right]
\end{aligned}
$$

$$
\begin{aligned}
E_{24}(u) = s \sum_{l \neq k} \mid \phi_k''(u) - \phi_l''(u) \mid &\left[\left(s^{1/2} I_1 M_l'' + \frac{1}{2} s^{5/2} I_3 M_l M_l'' \right) \right. \\
&\quad \left. + \phi_l'(u) E_{x_k}^{t\psi}(u) + s \mid \phi_l''(u) \mid E_{x_k}^{t^2\psi}(u) \right]
\end{aligned}
$$

证明:

根据小波变换的定义与式(4.96)可知

$$B_2(u, s)$$

$$= \partial_u^2 W_x^{\psi}(u, s) - i\phi_k'(u)\partial_u W_x^{\psi}(u, s) - i\phi_k''(u) W_x^{\psi}(u, s) - is\phi_k''(u)\partial_u W_x^{t\psi}(u, s)$$

$$= \sum_{l=1}^{K} \left[\partial_u^2 W_{x_l}^{\psi}(u, s) - i\phi_k'(u)\partial_u W_{x_l}^{\psi}(u, s) - i\phi_k''(u) W_{x_l}^{\psi}(u, s) - is\phi_k''(u)\partial_u W_{x_l}^{t\psi}(u, s) \right]$$

$$= \sum_{l=1}^{K} \left[\partial_u^2 W_{x_l}^{\psi}(u, s) - i\phi_l'(u)\partial_u W_{x_l}^{\psi}(u, s) - i\phi_l''(u) W_{x_l}^{\psi}(u, s) - is\phi_l''(u)\partial_u W_{x_l}^{t\psi}(u, s) \right]$$

$$- i\sum_{l \neq k} \left[\phi_k'(u) - \phi_l'(u) \right] \partial_u W_{x_l}^{\psi}(u, s) - i\sum_{l \neq k} \left[\phi_k''(u) - \phi_l''(u) \right] W_{x_l}^{\psi}(u, s)$$

$$- is\sum_{l \neq k} \left[\phi_k''(u) - \phi_l''(u) \right] \partial_u W_{x_l}^{t\psi}(u, s)$$

这意味着，$B_2(u, s)$ 包括四个部分。对于第一部分，根据小波变换的定义可知

$$\partial_u^2 W_{x_l}^{\psi}(u, s) = \int_{-\infty}^{+\infty} \partial_u^2 \left[x_l(t+u) \right] \overline{\psi_s(t)} \, dt$$

$$= \int_{-\infty}^{+\infty} A_l''(t) e^{i\phi_k(t)} \overline{\psi_s(t-u)} \, dt + \int_{-\infty}^{+\infty} A_l'(t) e^{i\phi_k(t)} \overline{\psi_s(t-u)} \, dt$$

$$+ \int_{-\infty}^{+\infty} x_l'(t) i\phi_l'(t) \overline{\psi_s(t-u)} \, dt + \int_{-\infty}^{+\infty} x_l(t) i\phi_l''(t) \overline{\psi_s(t-u)} \, dt$$

$$\partial_u W_{x_l}^{\psi}(u, s) = \int_{-\infty}^{+\infty} x_l'(t) \overline{\psi_s(t-u)} \, dt$$

$$s\partial_u W_{x_l}^{t\psi}(u, s) = \int_{-\infty}^{+\infty} x_l'(t)(t-u) \overline{\psi_s(t-u)} \, dt$$

因此

$$\partial_u^2 W_{x_l}^{\psi}(u, s) - i\phi_l'(u)\partial_u W_{x_l}^{\psi}(u, s) - i\phi_l''(u) W_{x_l}^{\psi}(u, s) - is\phi_l''(u)\partial_u W_{x_l}^{t\psi}(u, s)$$

$$= \int_{-\infty}^{+\infty} A_l''(t) e^{i\phi_k(t)} \overline{\psi_s(t-u)} \, dt + \int_{-\infty}^{+\infty} A_l'(t) e^{i\phi_k(t)} i\phi_l'(t) \overline{\psi_s(t-u)} \, dt$$

$$+ i\int_{-\infty}^{+\infty} x_l'(t) \left[\phi_l'(t) - \phi_l'(u) - \phi_l''(u)(t-u) \right] \overline{\psi_s(t-u)} \, dt$$

$$+ i\int_{-\infty}^{+\infty} x_l(t) \left[\phi_l''(t) - \phi_l''(u) \right] \overline{\psi_s(t-u)} \, dt$$

所以

$$\left| \partial_u^2 W_{x_l}^{\psi}(u, s) - i\phi_l'(u)\partial_u W_{x_l}^{\psi}(u, s) - i\phi_l''(u) W_{x_l}^{\psi}(u, s) - is\phi_l''(u)\partial_u W_{x_l}^{t\psi}(u, s) \right|$$

$$\leq \left| \int_{-\infty}^{+\infty} A_l''(t) e^{i\phi_k(t)} \overline{\psi_s(t-u)} \, dt \right| + \left| \int_{-\infty}^{+\infty} A_l'(t) e^{i\phi_k(t)} i\phi_l'(t) \overline{\psi_s(t-u)} \, dt \right|$$

$$+ \left| \int_{-\infty}^{+\infty} x'_l(t) \left[\phi'_l(t) - \phi'_l(u) - \phi''_l(u)(t-u) \right] \overline{\psi_s(t-u)} \, dt \right|$$

$$+ \left| \int_{-\infty}^{+\infty} x_l(t) \left[\phi''_l(t) - \phi''_l(u) \right] \overline{\psi_s(t-u)} \, dt \right|$$

$$\leqslant \int_{-\infty}^{+\infty} |A''_l(t)| |\psi_s(t-u)| \, dt + \int_{-\infty}^{+\infty} |A'_l(t)| \phi'_l(t) |\psi_s(t-u)| \, dt$$

$$+ \int_{-\infty}^{+\infty} |x'_l(t)| |\phi'_l(t) - \phi'_l(u) - \phi''_l(u)(t-u)| |\psi_s(t-u)| \, dt$$

$$+ \int_{-\infty}^{+\infty} |x_l(t)| |\phi''_l(t) - \phi''_l(u)| |\psi_s(t-u)| \, dt$$

$$\leqslant \varepsilon M''_l \int_{-\infty}^{+\infty} |\psi_s(t-u)| \, dt + \varepsilon M''_l \int_{-\infty}^{+\infty} \phi'_l(t) |\psi_s(t-u)| \, dt$$

$$+ \frac{1}{2} \varepsilon M''_l \int_{-\infty}^{+\infty} \left[|A'_l(t)| + A_l(t)\phi'_k(t) \right] |t-u|^2 |\psi_s(t-u)| \, dt$$

$$+ \varepsilon \int_{-\infty}^{+\infty} A_l(t) |t-u| |\psi_s(t-u)| \, dt$$

$$\leqslant \varepsilon \left[s^{1/2} I_0 M''_l + s^{1/2} I_0 M_l M''_l + \frac{1}{2} s^{1/2} I_2 M''_l(M'_l + M_l M'_l) + s^{1/2} I_1 M_l M''_l \right]$$

这意味着对于第一部分,有

$$\sum_{l=1}^{K} |\partial_u^2 W^{\psi}_{x_l}(u, s) - \mathrm{i}\phi'_l(u)\partial_u W^{\psi}_{x_l}(u, s) - \mathrm{i}\phi''_l(u) W^{\psi}_{x_l}(u, s) - \mathrm{i}s\phi''_l(u)\partial_u W^{t\psi}_{x_l}(u, s)|$$

$$\leqslant \varepsilon \sum_{l=1}^{K} \left[s^{1/2} I_0 M''_l + s^{1/2} I_0 M_l M''_l + \frac{1}{2} s^{1/2} I_2 M''_l(M'_l + M_l M'_l) + s^{1/2} I_1 M_l M''_l \right]$$

$$= \varepsilon E_{21}$$

对于第二部分,当 $(u, s) \in Z_k \neq Z_l$ 时,根据引理 4.3 可知

$$|W^{\psi}_{x_l}(u, s)| \leqslant \varepsilon E^{\psi}_{x_l}(u)$$

因此

$$\sum_{l \neq k} |\phi''_k(u) - \phi''_l(u)| |W^{\psi}_{x_l}(u, s)| \leqslant \varepsilon \sum_{l \neq k} |\phi''_k(u) - \phi''_l(u)| E^{\psi}_{x_l}(u) = \varepsilon E_{22}(u)$$

对于第三部分,有

$$\sum_{l \neq k} |\phi'_k(u) - \phi'_l(u)| |\partial_u W^{\psi}_{x_l}(u, s)|$$

$$\leqslant \sum_{l \neq k} |\phi'_k(u) - \phi'_l(u)| |\partial_u W^{\psi}_{x_l}(u, s) - \mathrm{i}\phi'_l(u) W^{\psi}_{x_l}(u, s) - \mathrm{i}s\phi''_l(u) W^{t\psi}_{x_l}(u, s)|$$

$$+ \sum_{l \neq k} |\phi'_k(u) - \phi'_l(u)| \phi'_l(u) |W^{\psi}_{x_l}(u, s)|$$

$$+ \sum_{l \neq k} \mid \phi_k'(u) - \phi_l'(u) \mid \mid \phi_l''(u) \mid s \mid W_{x_l}^{t\psi}(u, s) \mid$$

当 $(u, s) \in Z_k \neq Z_l$ 时，根据引理 4.3 可知

$$\mid W_{x_l}^{\psi}(u, s) \mid \leqslant \varepsilon E_{x_l}^{\psi}(u) \text{ 且 } \mid W_{x_k}^{t\psi}(u, s) \mid \leqslant \varepsilon E_{x_k}^{t\psi}(u)$$

结合引理 4.6 可知，当 $(u, s) \in Z_k \neq Z_l$ 时，有

$$\sum_{l \neq k} \mid \phi_k'(u) - \phi_l'(u) \mid \mid \partial_u W_{x_l}^{\psi}(u, s) \mid$$

$$\leqslant \sum_{l \neq k} \mid \phi_k'(u) - \phi_l'(u) \mid \mid \partial_u W_{x_l}^{\psi}(u, s) - i\phi_l'(u) W_{x_l}^{\psi}(u, s) - is\phi_l''(u) W_{x_l}^{t\psi}(u, s) \mid$$

$$+ \sum_{l \neq k} \mid \phi_k'(u) - \phi_l'(u) \mid \phi_l'(u) \mid W_{x_l}^{\psi}(u, s) \mid$$

$$+ \sum_{l \neq k} \mid \phi_k'(u) - \phi_l'(u) \mid \mid \phi_l''(u) \mid s \mid W_{x_l}^{t\psi}(u, s) \mid$$

$$\leqslant \varepsilon \sum_{l \neq k} \mid \phi_k'(u) - \phi_l'(u) \mid \left(s^{1/2} I_0 M_l'' + \frac{1}{2} s^{5/2} I_2 M_l M_l'' \right)$$

$$+ \varepsilon \sum_{l \neq k} \mid \phi_k'(u) - \phi_l'(u) \mid \phi_l'(u) E_{x_l}^{\psi}(u) + \varepsilon \sum_{l \neq k} \mid \phi_k'(u) - \phi_l'(u) \mid \mid \phi_l''(u) \mid s E_{x_k}^{t\psi}(u)$$

$$= \varepsilon \sum_{l \neq k} \mid \phi_k'(u) - \phi_l'(u) \mid \left[\left(s^{1/2} I_0 M_l'' + \frac{1}{2} s^{5/2} I_2 M_l M_l'' \right) + \phi_l'(u) E_{x_l}^{\psi}(u) + s \mid \phi_l''(u) \mid E_{x_k}^{t\psi}(u) \right]$$

$$= \varepsilon E_{23}(u)$$

同样，对于第四部分，当 $(u, s) \in Z_k \neq Z_l$ 时，有

$$s \sum_{l \neq k} \mid \phi_k''(u) - \phi_l''(u) \mid \mid \partial_u W_{x_l}^{t\psi}(u, s) \mid$$

$$\leqslant s \sum_{l \neq k} \mid \phi_k''(u) - \phi_l''(u) \mid \mid \partial_u W_{x_l}^{t\psi}(u, s) - i\phi_l'(u) W_{x_l}^{t\psi}(u, s) - is\phi_l''(u) W_{x_l}^{t^2\psi}(u, s) \mid$$

$$+ s \sum_{l \neq k} \mid \phi_k''(u) - \phi_l''(u) \mid \mid \phi_l'(u) W_{x_l}^{t\psi}(u, s) \mid$$

$$+ s \sum_{l \neq k} \mid \phi_k''(u) - \phi_l''(u) \mid \mid s\phi_l''(u) W_{x_l}^{t^2\psi}(u, s) \mid$$

$$\leqslant \varepsilon s \sum_{l \neq k} \mid \phi_k''(u) - \phi_l''(u) \mid \left(s^{1/2} I_1 M_l'' + \frac{1}{2} s^{5/2} I_3 M_l M_l'' \right)$$

$$+ \varepsilon s \sum_{l \neq k} \mid \phi_k''(u) - \phi_l''(u) \mid \phi_l'(u) E_{x_k}^{t\psi}(u) + \varepsilon s \sum_{l \neq k} \mid \phi_k''(u) - \phi_l''(u) \mid s \mid \phi_l''(u) \mid E_{x_k}^{t^2\psi}(u)$$

$$= \varepsilon s \sum_{l \neq k} \mid \phi_k''(u) - \phi_l''(u) \mid \left[\left(s^{1/2} I_1 M_l'' + \frac{1}{2} s^{5/2} I_3 M_l M_l'' \right) + \phi_l'(u) E_{x_k}^{t\psi}(u) + s \mid \phi_l''(u) \mid E_{x_k}^{t^2\psi}(u) \right]$$

$$= \varepsilon E_{24}(u)$$

因此,结合这四个部分,对于 $(u, s) \in Z_k$ 可得

$$| B_2(u, s) | \leqslant \varepsilon [E_{21}(u) + E_{22}(u) + E_{23}(u) + E_{24}(u)]$$

引理 4.8 证毕。

根据以上关于 $| \tilde{c}_x(u, s) - \phi_k''(u) |$ 的推导,结合引理 4.7 和引理 4.8,可以得到如下引理。

引理 4.9:对于任意 $k \in \{1, 2, \cdots, K\}$ 与任意 $(u, s) \in Z_k$,有

$$| \tilde{c}_x(u, s) - \phi_k''(u) | \leqslant \varepsilon [E_1(u)M_1(u) + E_2(u)M_2(u)] \quad (4.99)$$

式中,$M_1(u) = \max\limits_{s \in \Re_+} \left| \dfrac{\partial_u W_x^\psi(u, s)}{W_x^\Delta(u, s)} \right|$;$M_2(u) = \max\limits_{s \in \Re_+} \left| \dfrac{W_x^\psi(u, s)}{W_x^\Delta(u, s)} \right|$。

证明:

根据 $\tilde{c}_x(u, s)$ 的定义,对于任意 $k \in \{1, 2, \cdots, K\}$ 与任意 $(u, s) \in Z_k$,可得

$$| \tilde{c}_x(u, s) - \phi_k''(u) | \leqslant \left| B_1(u, s) \dfrac{\partial_u W_x^\psi(u, s)}{\mathrm{i} W_x^\Delta(u, s)} \right| + \left| B_2(u, s) \dfrac{W_x^\psi(u, s)}{\mathrm{i} W_x^\Delta(u, s)} \right|$$

$$\leqslant \varepsilon [E_1(u)M_1(u) + E_2(u)M_2(u)] \quad (4.100)$$

引理 4.9 得证。

如果给 ε 施加额外限制:对于所有的 $k \in \{1, 2, \cdots, K\}$ 与所有的 $(u, s) \in Z_k$,均满足如下条件:

$$0 < \varepsilon < [E_1(u)M_1(u) + E_2(u)M_2(u)]^{-3/2} \quad (4.101)$$

则

$$| \tilde{c}_x(u, s) - \phi_k''(u) | \leqslant \tilde{\varepsilon} \quad (4.102)$$

至此,完成了性质 4.2 中关于 $| \tilde{c}_x(u, s) - \phi_k''(u) |$ 部分的证明过程。

3. 性质 4.2(3) 的证明

接下来,分析证明性质 4.2(3),相关的证明过程和需要的引理如下。

引理 4.10:对于任意 $k \in \{1, 2, \cdots, K\}$ 与任意 $(u, s) \in Z_k$ 使得 $| W_x^\psi(u, \xi) | \geqslant \tilde{\varepsilon}$,有

$$| \tilde{\omega}_x^m(u, s) - \phi_k'(u) | \leqslant \varepsilon^{2/3} E_\omega(u) \quad (4.103)$$

式中,

$$E_\omega(u) = E_1(u) + [E_1(u)M_1(u) + E_2(u)M_2(u)] M_x^{t\psi}(u) \quad (4.104)$$

式中,$M_x^{t\psi}(u) = \max\limits_{s \in \Re_+} | s W_x^{t\psi}(u, s) |$。

证明：

根据 $\tilde{\omega}_x^m(u,s)$ 的定义，可得

$$\tilde{\omega}_x^m(u,s) = \tilde{\omega}_x(u,s) + \tilde{c}_x(u,s)[u - \tilde{t}_x(u,s)]$$
$$= \frac{\partial_u W_x^\psi(u,s) - \mathrm{i}\tilde{c}_x(u,s)sW_x^{t\psi}(u,s)}{\mathrm{i}W_x^\psi(u,s)} \tag{4.105}$$

因此

$$\tilde{\omega}_x^m(u,s) - \phi_k'(u) = \frac{\partial_u W_x^\psi(u,s) - \mathrm{i}\tilde{c}_x(u,s)sW_x^{t\psi}(u,s)}{\mathrm{i}W_x^\psi(u,s)} - \phi_k'(u)$$
$$= \frac{B_1(u,s)}{\mathrm{i}W_x^\psi(u,s)} - \frac{(\tilde{c}_x(u,s) - \phi_k''(u))sW_x^{t\psi}(u,s)}{W_x^\psi(u,s)} \tag{4.106}$$

结合引理 4.9 和引理 4.4，对于任意 $k \in \{1,2,\cdots,K\}$ 和任意 $(u,s) \in Z_k$，均使 $|W_x^\psi(u,s)| \geq \tilde{\varepsilon}$，可得

$$|\tilde{\omega}_x^m(u,s) - \phi_k'(u)| \leq \frac{|B_1(u,s)|}{|W_x^\psi(u,s)|} + \frac{|\tilde{c}_x(u,s) - \phi_k''(u)||sW_x^{t\psi}(u,s)|}{|W_x^\psi(u,s)|}$$
$$\leq \varepsilon\frac{E_1(u)}{|W_x^\psi(u,s)|} + \varepsilon\frac{(E_1(u)M_1(u) + E_2(u)M_2(u))M_x^{t\psi}(u)}{|W_x^\psi(u,s)|}$$
$$\leq \varepsilon^{2/3}E_\omega(u) \tag{4.107}$$

引理 4.10 得证。

如果给 ε 施加额外限制，即对于所有的 $k \in \{1,2,\cdots,K\}$ 与所有的 $(u,s) \in \{|s\phi_k'(u) - 1| < \Delta; |W_x^\psi(u,s)| \geq \tilde{\varepsilon}\} \subset Z_k$，均满足如下条件：

$$0 < \varepsilon \leq [E_\omega(u)]^{-3} \tag{4.108}$$

则

$$|\tilde{\omega}_x^m(u,s) - \phi_k'(u)| \leq \tilde{\varepsilon} \tag{4.109}$$

4. 性质 4.2(4) 的证明

最后，证明性质 4.2(4)，相关的证明过程和需要的引理如下。

引理 4.11：设式(4.86)、式(4.101)、式(4.108)均满足，且对于所有的 $u \in \Re$，满足

$$\varepsilon \leq \frac{1}{8}d^3[\phi_1'(u) + \phi_2'(u)]^3 \tag{4.110}$$

令 $T_{x,\tilde{\varepsilon}}^{m,\delta}(u,\omega)$ 为信号 $x(t)\in B_{\varepsilon,d}$ 的匹配同步压缩变换,定义为

$$T_{x,\tilde{\varepsilon}}^{m,\delta}(u,\omega)=\int_{A_{x,\tilde{\varepsilon}}(u)}W_x^{\psi}(u,s)\frac{1}{\delta}h\left(\frac{\omega-\tilde{\omega}_x^m(u,s)}{\delta}\right)s^{-3/2}\mathrm{d}s \qquad (4.111)$$

则对于 $\forall t\in\Re$ 与 $\forall k\in\{1,2,\cdots,K\}$,有

$$\left|\left(\lim_{\delta\to0}R_\psi^{-1}\int_{M_{k,\tilde{\varepsilon}}}T_{x,\tilde{\varepsilon}}^{m,\delta}(u,\omega)\mathrm{d}\omega\right)-A_k(u)\mathrm{e}^{\mathrm{i}\phi_k(u)}\right|\leqslant C\tilde{\varepsilon} \qquad (4.112)$$

式中,$M_{k,\tilde{\varepsilon}}:=\{\omega:|\omega-\phi_k'(u)|<\tilde{\varepsilon}\}$。

证明:

除了下面的推导以外,引理 4.11 的证明过程与同步压缩变换中对应部分的证明类似,可得

$$R_\psi^{-1}\int_{|s\phi_k'(u)-1|<\Delta}W_{x_{k,2}}^{\psi}(u,s)s^{-3/2}\mathrm{d}\xi$$

$$=R_\psi^{-1}\int_{|s\phi_k'(u)-1|<\Delta}\int_{-\infty}^{+\infty}A_k(u)\mathrm{e}^{\mathrm{i}[\phi_k(u)+\phi_k'(u)t+\frac{1}{2}\phi_k''(u)t^2]}\overline{\psi_s(t)}\,\mathrm{d}ts^{-3/2}\mathrm{d}s$$

$$=R_\psi^{-1}A_k(u)\mathrm{e}^{\mathrm{i}\phi_k(u)}\int_{|s\phi_k'(u)-1|<\Delta}\int_{-\infty}^{+\infty}\mathrm{e}^{\mathrm{i}\frac{1}{2}\phi_k''(u)t^2}\overline{\psi_s(t)}\mathrm{e}^{\mathrm{i}\phi_k'(u)t}\,\mathrm{d}ts^{-3/2}\mathrm{d}s$$

$$=R_\psi^{-1}A_k(u)\mathrm{e}^{\mathrm{i}\phi_k(u)}\int_{|s\phi_k'(u)-1|<\Delta}\overline{\int_{-\infty}^{+\infty}s^{-2}\psi_\phi(t/s)\mathrm{e}^{\mathrm{i}\phi_k'(u)t}\,\mathrm{d}t}\mathrm{d}s$$

$$=R_\psi^{-1}A_k(u)\mathrm{e}^{\mathrm{i}\phi_k(u)}\int_{|s\phi_k'(u)-1|<\Delta}\overline{\hat{\psi}_\phi[s\phi_k'(u)]}s^{-1}\mathrm{d}s$$

$$=R_\psi^{-1}A_k(u)\mathrm{e}^{\mathrm{i}\phi_k(u)}\int_{|\omega-1|<\Delta}\overline{\hat{\psi}_\phi(\omega)}\omega^{-1}\mathrm{d}\omega=A_k(u)\mathrm{e}^{\mathrm{i}\phi_k(u)}$$

至此,通过引理 4.1~引理 4.11,完成了性质 4.2(1)~(4)的完整证明。

从证明过程可知,对 ε 施加了四个额外条件,即式(4.86)、式(4.101)、式(4.108)与式(4.110),这四个限制条件构成了性质 4.2 中"如果 ε 足够小"的定量表述。这些辅助条件依赖于时移参数 u,而且这些条件需要被所有考虑的 (u,s) 时频点满足。

性质 4.2 中,要求小波函数对应的变体 $\psi_\phi(t)=\mathrm{e}^{-\frac{1}{2}\mathrm{i}^2\phi_k''(u)t^2}\psi(t)$ 应满足如下条件:对于时频子区域 $|\omega-1|>\Delta[\Delta<d/(1+d)]$,$|\hat{\psi}_\phi(\omega)|\leqslant\varepsilon M_0$、$|t\hat{\psi}_\phi(\omega)|\leqslant\varepsilon M_1$、$|t^2\hat{\psi}_\phi(\omega)|\leqslant\varepsilon M_2$ 均成立。实际应用中,所采用的小波函数 $\psi(t)$ 的频谱 $|\hat{\psi}|$ 在区间 $|\omega-1|>\Delta$ 之外的能量比较小即可满足使用要求。

综上所述,本节从快变信号的数学本质出发,给出了快变信号模型,并根据此模型

给出了匹配同步压缩变换的重要性质,即对于 $x \in B_{\varepsilon, d}$ 的快变信号,匹配同步压缩变换能够估计信号的调频率、瞬时频率,并能够重构快变信号中的任意单分量信号成分。

4.3 算 法 实 现

本节将从匹配同步压缩变换的算法实现角度,论述如何将匹配同步压缩变换应用于实际离散信号分析。本节提出的匹配同步压缩算法以快速傅里叶变换为基础,同时通过理论分析,将定义 4.2 中的匹配瞬时频率估计算子 $\tilde{\omega}_x^m(u, s)$ 转化成以快速傅里叶变换为基础的其他小波变换形式,而不是直接利用小波变换的一阶、二阶偏微分进行计算,从而便于实现算法,同时避免直接微分导致的噪声放大,使计算效率优于传统时频重排方法。

4.3.1 匹配同步压缩变换的离散形式

对于信号 $x(t)$,根据短时傅里叶变换的定义可知

$$
\begin{aligned}
\partial_u \tilde{\omega}_x(u, s) &= \partial_u \left[\frac{\partial_u W_x^{\psi}(u, s)}{i W_x^{\psi}(u, s)} \right] = \partial_u \left[\frac{i}{s} \frac{W_x^{\psi'}(u, s)}{W_x^{\psi}(u, s)} \right] \\
&= \frac{i}{s^2} \frac{[W_x^{\psi'}(u, s)]^2 - W_x^{\psi}(u, s) W_x^{\psi''}(u, s)}{[W_x^{\psi}(u, s)]^2}
\end{aligned}
\tag{4.113}
$$

$$
\begin{aligned}
\partial_u \tilde{t}_x(u, s) &= \partial_u \left(u + \frac{s W_x^{t\psi}(u, s)}{W_x^{\psi}(u, s)} \right) \\
&= 1 + \frac{s \partial_u W_x^{t\psi}(u, s) W_x^{\psi}(u, s) - s W_x^{t\psi}(u, s) \partial_u W_x^{\psi}(u, s)}{[W_x^{\psi}(u, s)]^2} \\
&= \frac{W_x^{\Delta}(u, s)}{[W_x^{\psi}(u, s)]^2}
\end{aligned}
\tag{4.114}
$$

式中,$W_x^{\Delta}(u, s) = \partial_u \tilde{t}_x(u, s) [W_x^{\psi}(u, s)]^2 = W_x^{t\psi}(u, s) W_x^{\psi'}(u, s) - W_x^{t\psi'}(u, s) W_x^{\psi}(u, s)$。

因此,调频率估计算子 $\tilde{c}_x(u, s)$ 可以表示为

$$
\tilde{c}_x(u, s) = \frac{\partial_u \tilde{\omega}_x(u, s)}{\partial_u \tilde{t}_x(u, s)} = \frac{i}{s^2} \frac{[W_x^{\psi'}(u, s)]^2 - W_x^{\psi}(u, s) W_x^{\psi''}(u, s)}{W_x^{\Delta}(u, s)}
\tag{4.115}
$$

则匹配瞬时频率估计算子 $\tilde{\omega}_x^m(u, s)$ 可以表示为

$$\tilde{\omega}_x^m(u, s) = \tilde{\omega}_x(u, s) + \tilde{c}_x(u, s)[u - \tilde{t}_x(u, s)]$$

$$= \frac{i}{s}\frac{W_x^{\psi'}(u, s)}{W_x^\psi(u, s)} + \frac{i}{s^2}\frac{[W_x^{\psi'}(u, s)]^2 - W_x^\psi(u, s)W_x^{\psi''}(u, s)}{W_x^\Delta(u, s)}\left[-\frac{sW_x^{t\psi}(u, s)}{W_x^\psi(u, s)}\right]$$

$$= \frac{i}{s}\frac{W_x^{t\psi}(u, s)W_x^{\psi''}(u, s) - W_x^{t\psi'}(u, s)W_x^{\psi'}(u, s)}{W_x^{t\psi}(u, s)W_x^{\psi'}(u, s) - W_x^{t\psi'}(u, s)W_x^\psi(u, s)}$$

$$= \frac{i}{s}\frac{W_x^{\Delta'}(u, s)}{W_x^\Delta(u, s)}$$

$$(4.116)$$

式中，$W_x^{\Delta'}(u, s) = W_x^{t\psi}(u, s)W_x^{\psi''}(u, s) - W_x^{t\psi'}(u, s)W_x^{\psi'}(u, s)$。

对于 $W_x^{\Delta'}(u, s)/W_x^\Delta(u, s)$ 的计算，根据其定义可知，只需要计算 5 个小波变换即可，分别为 $W_x^\psi(u, s)$、$W_x^{t\psi}(u, s)$、$W_x^{\psi'}(u, s)$、$W_x^{t\psi'}(u, s)$ 和 $W_x^{\psi''}(u, s)$，而无须按照瞬时频率估计算子、群延时估计算子、调频率估计算子的原始定义，计算小波变换的一阶或二阶偏微分。

接下来讨论匹配同步压缩变换的离散形式。设被分析的 N 点离散信号为 $x[n]$，$n = 0, 1, \cdots, N-1$，采样时间间隔为 T，则元素 $x[n]$ 对应连续信号 $x(t)$ 在 $t_n = t_0 + nT$ 时刻的值。采样频率为 $f_s = 1/T$，频率间隔为 $\Delta f = 1/NT$，离散尺度参数序列为 $\{s_k\}$ 且 $s_k - s_{k-1} = (\Delta s)_k$，重排后 $\Delta\omega = \omega_l - \omega_{l-1}$。

根据前面的分析，计算离散信号 $x[n]$ 的匹配同步压缩变换的首要任务是计算该信号的 5 个小波变换。设小波变换 $W_x^\psi(u, s)$ 的离散形式为 $W_x^\psi[n, k]$，其中 $n = 0, 1, \cdots, N-1$，$k = 0, 1, \cdots, N-1$，则

$$W_x^\psi[n, k] = \sum_{j=0}^{N-1} x[j] \cdot \overline{\psi_k[j-n]} \tag{4.117}$$

式中，$\psi_k[\cdot]$ 为 N 点离散形式的小波函数，即

$$\psi_k[n] = s_k^{-1/2}\psi(ns_k^{-1}) \tag{4.118}$$

式中，s_k 为离散的尺度参数。

为避免边界问题，将离散小波变换用循环卷积的形式表示：

$$W_x^\psi[n, k] = \sum_{j=0}^{N-1} x[j] \cdot \overline{\psi_k[j-n]} = x \otimes \tilde{\psi}_k[n] \tag{4.119}$$

式中，$\tilde{\psi}_k[n] = \overline{\psi_k[-n]}$。

循环卷积可以通过快速傅里叶变换实现。同样，可以计算其余的 4 个小波变

换。$W_x^{t\psi}(u, s)$、$W_x^{\psi'}(u, s)$、$W_x^{t\psi'}(u, s)$ 与 $W_x^{\psi''}(u, s)$ 的离散形式分别记为 $W_x^{t\psi}[n, k]$、$W_x^{\psi'}[n, k]$、$W_x^{t\psi'}[n, k]$ 与 $W_x^{\psi''}[n, k]$。当 5 个小波变换计算完成时,可得

$$W_x^{\Delta}[n, k] = W_x^{t\psi}[n, k]W_x^{\psi'}[n, k] - W_x^{t\psi'}[n, k]W_x^{\psi}[n, k] \quad (4.120)$$

$$W_x^{\Delta'}[n, k] = W_x^{t\psi}[n, k]W_x^{\psi''}[n, k] - W_x^{t\psi'}[n, k]W_x^{\psi'}[n, k] \quad (4.121)$$

匹配同步压缩变换的第二步是计算匹配瞬时频率估计算子。考虑到瞬时频率应为实数,而式(4.116)中匹配瞬时频率估计算子为复数,因此需对其进行适当修改,修改后的实数匹配瞬时频率估计算子为

$$\tilde{\omega}_x^m(u, s) = s^{-1}|W_x^{\Delta'}(u, s)/W_x^{\Delta}(u, s)| \quad (4.122)$$

考虑到实际信号总是会被噪声干扰,此时只有选取"足够大"的小波系数和"足够大"的 $|W_x^{\psi}|$、$|W_x^{\Delta}|$ 系数,才可以避免匹配瞬时频率估计算子计算不稳定的问题。因此,实际需要计算匹配瞬时频率估计算子的离散时频点为

$$S_{\gamma_1, \gamma_2}[n] = \{k: |W_x^{\psi}[n, k]| > \gamma_1; |W_{\Delta}^{\psi}[n, k]| > \gamma_2\}, \quad n = 0, 1, \cdots, N - 1$$
$$(4.123)$$

式中,阈值 γ_1、$\gamma_2 > 0$,用于克服两者太小时导致的瞬时频率计算不稳定问题。

当 $k \in S_{\gamma_1, \gamma_2}[n]$ 时,离散信号 $x[n]$ 的匹配瞬时频率估计算子为

$$\tilde{\omega}_x^m[n, k] = s_k^{-1}|W_x^{\Delta'}[n, k]/W_x^{\Delta}[n, k]| \quad (4.124)$$

注意到,这里计算匹配瞬时频率估计算子得到的结果并不是信号的瞬时频率,而是一种反映信号瞬时频率的函数。最简单的区别在于:瞬时频率是一个一维函数,而这里的计算结果是一个二维函数。虽然匹配瞬时频率估计算子的计算结果不是瞬时频率,但是它反映了信号的瞬时频率信息,利用这个信息,可以对信号的时频分析结果进行时频重排(或者同步压缩)。

匹配同步压缩变换的最后一步就是同步压缩(或者称为时频重排)。对于连续信号 $x(t)$,根据短时傅里叶变换的可逆性质:

$$x(u) = C_{\psi}^{-1} \int_0^{+\infty} W_x(u, s) s^{-3/2} \mathrm{d}s \quad (4.125)$$

可得如下匹配同步压缩变换形式:

$$T_x^m(u, \omega) = \int W_x^{\psi}(u, s)\delta[\omega - \tilde{\omega}_x^m(u, s)]\mathrm{d}s \quad (4.126)$$

对于离散信号 $x[n]$,匹配同步压缩变换的离散同步压缩形式为

$$T_x^m[n, m] = \sum_{s_k: |\omega_x^m(u, s_k) - \omega_l| \leqslant \Delta\omega/2} W_x^{\psi}[n, k]s_k^{-3/2}(\Delta s)_k \quad (4.127)$$

　　实际的重排策略,可以是根据 $T_x^m[n, m]$ 的每一个时频点,从 $\tilde{\omega}_x^m[n, k]$ 中寻找符合重排条件 $|\omega_x^m(u, s_k) - \omega_l| \leqslant \Delta\omega/2$ 的时频位置信息,将寻找到的时频位置对应的小波系数 $W_x^\psi[n, k]$ 按照式(4.127)相加即可,遍历完 $T_x^m[n, m]$ 中的所有时频点,则完成了重排运算。另一种重排策略是:针对小波变换结果 $W_x^\psi[n, k]$ 中的每个时频点,根据对应的匹配瞬时频率估计算子信息,寻找其合适的重排位置,并将小波变换系数 $W_x^\psi[n, k]$ 按式(4.127)相加即可,遍历完 $W_x^\psi[n, k]$ 所有的时频点,则完成了重排运算。显然,第二种重排策略更快速有效,本章采用该策略完成匹配同步压缩变换的重排运算。

　　综上所述,完成了匹配同步压缩变换的所有步骤。观察匹配同步压缩变换与同步压缩变换的区别,除了信号的短时傅里叶变换以外,只需额外计算其他 4 种衍生的窗函数对应的短时傅里叶变换即可。通过快速傅里叶变换和合适的搜索重排策略,可实现离散信号的匹配同步压缩变换,匹配同步压缩变换算法的具体实现方法如算法 4.1 所示。

算法 4.1　匹配同步压缩变换算法

初始化:
　　　选择小波函数 ψ,计算小波函数 $t\psi$、ψ'、$t\psi'$、ψ'';
　　　选择阈值 γ_1、γ_2;
　　　$T_x^m[n, k] \leftarrow 0$。
for　$n \in [0, N-1]$
　　　$W_x^\psi[\cdot, k] = x \otimes \tilde{\psi}_k[\cdot]$;
　　　$W_x^{t\psi}[\cdot, k] = x \otimes \widetilde{t\psi}_k[\cdot]$;
　　　$W_x^{\psi'}[\cdot, k] = x \otimes \widetilde{\psi'}_k[\cdot]$;
　　　$W_x^{t\psi'}[\cdot, k] = x \otimes \widetilde{t\psi'}_k[\cdot]$;
　　　$W_x^{\psi''}[\cdot, k] = x \otimes \widetilde{\psi''}_k[\cdot]$;
　　　计算 $W_x^\Delta[\cdot, k]$ 和 $W_x^{\Delta'}[\cdot, k]$;
　　　选择 $S_{\gamma_1, \gamma_2}[n]$;
　　　计算 $\tilde{\omega}_x^m[\cdot, k]$;
while　$k \in S_{\gamma_1, \gamma_2}[n]$
　　　$m \leftarrow \text{round}(\tilde{\omega}_x^m[n, k]/\Delta\xi)$;
　　　if　$m \in [0, N-1]$　**then**
　　　　　$T_x^m[n, m] \leftarrow T_x^m[n, m] + W_x^\psi[n, k]s_k^{-3/2}(\Delta s)_k$;
　　　end if
end while
end for
返回　时频表示 T_x^m。

4.3.2 匹配同步压缩逆变换重构

匹配同步压缩变换既具有传统时频重排方法的时频聚集性,还具有可逆性质,能够重构时域信号。本节针对离散信号,主要讨论实际使用过程中,如何通过匹配同步压缩逆变换重构信号。

由匹配同步压缩变换的可逆性质可知,匹配同步压缩变换可重构恢复时域信号,进而通过性质4.2可知,匹配同步压缩变换可重构恢复多成分调频信号中的任意一个信号成分。当信号为离散多成分信号时,成分 x_k 的重构公式为

$$\tilde{x}_k[n] = \Re\left\{ C_\psi^{-1} \sum_{m \in M_k[n]} T_x^m[n, m](\Delta\omega)_m \right\} \tag{4.128}$$

式中,~表示重构; $M_k[n]$ 为成分 x_k 的匹配同步压缩变换结果在时频平面上对应的能量频带,该频带以成分 x_k 的瞬时频率为中心,在其周围以一定的频宽 f_ω 分布。当时频表示的能量聚集性高时,该频带可以是较窄的区域。当时频表示的能量聚集性低时,该频带需要较宽区域才能涵盖信号能量。当某一含噪声的信号成分的时频表示确定后,频带越窄,所包含的信号能量越少,但是包含的噪声能量也越少。频带越宽,所包含的信号能量越多,但是包含的噪声能量也越多。

从式(4.128)可以看出,只要重构频带 $M_k[n]$ 确定,则只需将对应元素按重构法则相加即可,而重构频带的确定与信号的瞬时频率和频宽相关。

重构信号的首要任务是估计信号的瞬时频率,本节以匹配同步压缩变换得到的高聚集性时频表示结果为基础,通过脊线搜索算法,估计信号的瞬时频率。

设离散信号 $x[n]$ 的匹配同步压缩变换结果 $T_x^e[n, m]$,其中 $n = 0, 1, \cdots, N-1$, $m = 0, 1, \cdots, N-1$,脊线搜索的起始点为 $(K_k, \tilde{m}_k^C[K])$,其中 K_k 表示起始点对应的时间坐标,下标 k 表示该起始点与第 k 个成分有关, $\tilde{m}_k^C[K]$ 表示起始点对应的频率坐标。其他时刻的脊线搜索代价函数为

$$C_k[n, m] = \begin{cases} |\xi[m] - \xi[\tilde{m}_k^C[n+1]]|^2 - e_k[n] |T_x^e[n, m]|^2, & n = 0, 2, \cdots, K_k - 1 \\ |\xi[m] - \xi[\tilde{m}_k^C[n-1]]|^2 - e_k[n] |T_x^e[n, m]|^2, & n = K_k + 1, K_k + 2, \cdots, N-1 \end{cases}$$

式中, $\xi[m]$ 表示待搜索的时刻备选频率点对应的频率值; $\tilde{m}_k^C[n+1]$ 与 $\tilde{m}_k^C[n-1]$ 分别为待搜索时刻的后一个时刻或者前一个时刻已经搜索出的部分脊线对应的频率坐标; $e_k[n]$ 为代价函数的权重因子,用于调节频率点距离与时频点系数大小之间的相对关系。

通过最小化脊线搜索代价函数,可获得待搜索时刻脊线对应的频率点位置,即

$$\tilde{m}_k^C[n] = \begin{cases} \underset{m}{\mathrm{argmin}} |\xi[m] - \xi[\tilde{m}_k^C[n+1]]|^2 - e_k[n] |T_x^e[n, m]|^2, & n = 0, 2, \cdots, K_k - 1 \\ \underset{m}{\mathrm{argmin}} |\xi[m] - \xi[\tilde{m}_k^C[n-1]]|^2 - e_k[n] |T_x^e[n, m]|^2, & n = K_k + 1, K_k + 2, \cdots, N-1 \end{cases}$$

为了减少计算量,在搜索后一个时刻(或前一个时刻)脊点时限制频带范围在

前一个时刻(后一个时刻)已知脊点的一个窄带范围内,即

$$\mathcal{M}_k[n] = \begin{cases} \{m : \xi[\tilde{m}_k^C[n+1]] - f_\omega \leqslant \xi[m] \leqslant \xi[\tilde{m}_k^C[n+1]] + f_\omega\}, & n = 0, 2, \cdots, K_k - 1 \\ \{m : \xi[\tilde{m}_k^C[n-1]] - f_\omega \leqslant \xi[m] \leqslant \xi[\tilde{m}_k^C[n-1]] + f_\omega\}, & n = K_k + 1, K_k + 2, \cdots, N - 1 \end{cases}$$

式中,f_ω 为窄带半带宽。此时,脊线搜索的最小化公式为

$$\tilde{m}_k^C[n] = \begin{cases} \arg\min_{m \in \mathcal{M}_k[n]} |\xi[m] - \xi[\tilde{m}_k^C[n+1]]|^2 - e_k[n] |T_x^e[n,m]|^2, & n = 0, 2, \cdots, K_k - 1 \\ \arg\min_{m \in \mathcal{M}_k[n]} |\xi[m] - \xi[\tilde{m}_k^C[n-1]]|^2 - e_k[n] |T_x^e[n,m]|^2, & n = K_k + 1, K_k + 2, \cdots, N - 1 \end{cases}$$

用于调节频率点距离与时频点系数大小之间相对关系的权重因子为

$$e_k[n] = \left[\frac{10f_\omega}{\max\limits_{m \in \mathcal{M}_k[n]} |T_x^e[n,m]|} \right]^2$$

以上脊线搜索算法,通过迭代方式从脊线搜索的起始点开始,向前后时刻依次搜索脊点。一旦起始点与频宽参数确定,其余时刻的脊点可以依次搜索得出。当该脊线搜索完成后,脊线坐标 $\tilde{m}_k^C[n](n = 0, 2, \cdots, N-1)$ 对应的频率值 $\xi[\tilde{m}_k^C[n]](n = 0, 2, \cdots, N-1)$ 则为离散信号中某个成分的瞬时频率估计,从而可以按照式(4.128)完成信号成分重构。若将该脊线对应的重构频带中所有时频点元素的系数置零,还可以依照以上步骤搜索其他成分对应的脊线,从而估计对应成分的瞬时频率并完成信号重构。

4.4　试验研究与航空发动机振动突跳故障诊断实例

4.4.1　航空发动机振动性能试验

1. 时频聚集性验证

为验证方法的时频聚集性,构造如下包含 3 个成分的仿真信号:

$$\begin{cases} x(t) = \sum_{k=1}^{3} x_k(t) \\ x_1(t) = [1 - 0.1\cos(2\pi t)]\cos(100\pi t), & 0 < t \leqslant 1 \, \text{s} \\ x_2(t) = \begin{cases} \cos(500\pi t - 200\pi t^2), & 0 < t \leqslant 0.5 \, \text{s} \\ \cos\left(500\pi t - 400\pi t^2 + \dfrac{800}{3}\pi t^3 + \dfrac{2}{3}\pi\right), & 0.5 \, \text{s} < t \leqslant 1 \, \text{s} \end{cases} \\ x_3(t) = [1 - 0.2\cos(\pi t)]\cos\left[740\pi t + \dfrac{50}{3}\sin(6\pi t) - 25\sin(4\pi t)\right], & 0 < t \leqslant 1 \, \text{s} \end{cases}$$

$$(4.129)$$

信号成分 $x_1(t)$ 是一个频率恒定为 50 Hz 的调幅信号;信号成分 $x_2(t)$ 是一个幅值恒定的调频信号,且前半段($0 \leqslant t < 0.5$)信号的瞬时频率为 $250 - 200t$,服从线性调频规律,后半段($0.5 \leqslant t < 1$)信号的瞬时频率为 $250 - 400t + 400t^2$,服从二次多项式调频规律;信号成分 $x_3(t)$ 是一个调幅调频信号,其瞬时频率为 $370 + 50\cos(6\pi t) - 50\cos(4\pi t)$,用于模拟瞬时频率变化较快的调频信号成分。

仿真信号的采样频率为 1 024 Hz,离散点数为 1 024。3 个信号成分的波形分别如图 4.5(a)~(c)所示,其瞬时频率为图 4.6 所示的 3 条从下到上的曲线。

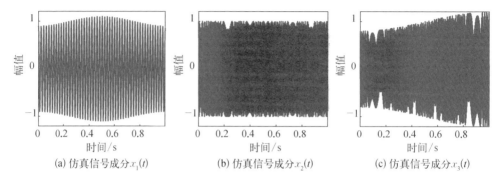

(a) 仿真信号成分 $x_1(t)$　　(b) 仿真信号成分 $x_2(t)$　　(c) 仿真信号成分 $x_3(t)$

图 4.5　仿真信号波形示意图

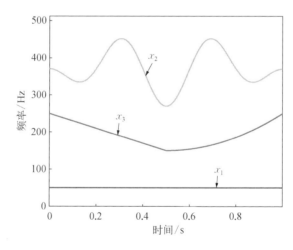

图 4.6　仿真信号瞬时频率示意图

通过在仿真信号中加入高斯白噪声,并运用匹配同步压缩变换分析含噪声信号,从而验证匹配同步压缩变换的鲁棒性。图 4.7 给出了信噪比为 5 dB 的含噪声信号的匹配同步压缩变换结果。为对比分析,图 4.7 中还给出了小波变换(WT)、S方法(S 方法)、重排短时傅里叶变换(RSTFT)、Hilbert-Huang 变换(HHT)以及同步压缩变换(SST)的时频分析结果。图 4.8 为含噪声仿真信号时频分析结果对于成

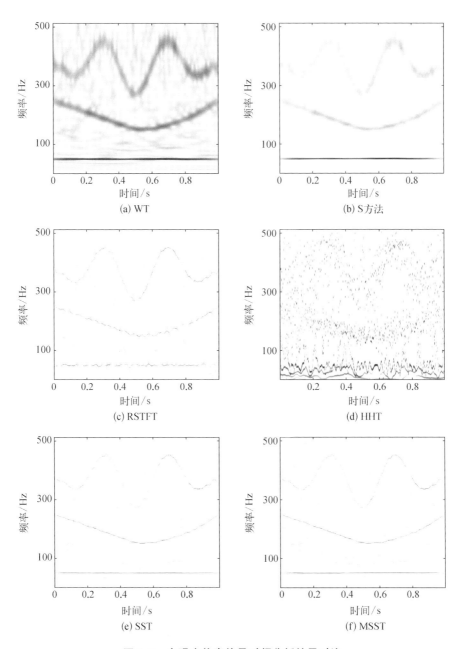

图 4.7　含噪声仿真信号时频分析结果对比

分 $x_3(t)$ 的局部放大示意图,且仅列出 WT、RSTFT、SST、MSST 四种方法的局部放大结果。无论是从整个时频平面观察,还是从局部放大图观察,均能发现:对于含噪声信号,匹配同步压缩变换方法的时频能量聚集性均明显优于传统同步压缩变换方法,视觉效果与经典时频重排方法相当。

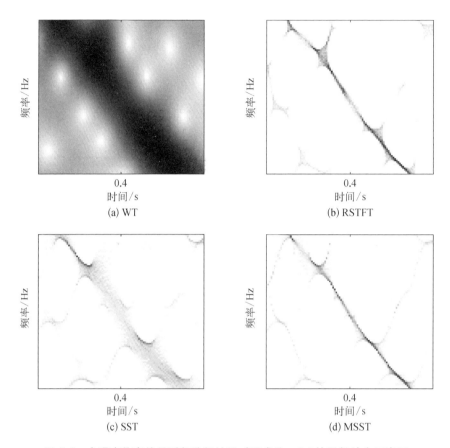

图 4.8　含噪声仿真信号时频分析结果对于成分 $x_3(t)$ 的局部放大示意图

　　衡量时频表示的时频聚集性,不但要从视觉效果上进行定性分析,更要通过定量指标客观描述。本节通过时频表示的瑞利熵,定量反映采用不同时频方法得到的时频表示的能量聚集性。

　　众所周知,在信息论中,熵是随机变量不确定度的度量。若随机变量 X 的概率密度函数为连续函数 $f(x)$,则其香农熵定义为

$$I_X = - \int_{-\infty}^{+\infty} f(x) \log_2 f(x) \, \mathrm{d}x \qquad (4.130)$$

若随机变量 X 的概率密度函数为离散函数 p_i,则其香农熵定义为

$$I_X = - \sum_i p_i \log_2 p_i \qquad (4.131)$$

　　瑞利熵是比香农熵更一般的随机变量不确定度的度量。若随机变量 X 的概率密度函数为连续函数 $f(x)$,则其 α 阶瑞利熵定义为

$$R_X^\alpha = \frac{1}{1-\alpha} \log_2 \int_{-\infty}^{+\infty} f^\alpha(x) \, \mathrm{d}x \tag{4.132}$$

对应的离散形式为

$$R_X^\alpha = \frac{1}{1-\alpha} \log_2 \sum_i p_i^\alpha \tag{4.133}$$

且香农熵与瑞利熵具有如下关系:

$$\lim_{\alpha \to 1} R_X^\alpha = I_X \tag{4.134}$$

对于时频表示中时频聚集性的度量,可以将信号的时频能量密度函数看作伪概率密度函数,从而借助瑞利熵对信号在时频平面上的信息复杂度的度量,定量表征信号时频表示的能量聚集性。研究表明,时频表示的瑞利熵会随着时频聚集性的提高而减小[5, 6]。连续型双变量概率密度函数 $P(x, y)$ 的 α 阶瑞利熵为

$$R_P^\alpha = \frac{1}{1-\alpha} \log_2 \left[\iint P^\alpha(x, y) \, \mathrm{d}x \mathrm{d}y \Big/ \iint P(x, y) \, \mathrm{d}x \mathrm{d}y \right] \tag{4.135}$$

对于时频表示 $P(u, \xi)$,可将能量归一化的时频表示视为概率密度函数,则瑞利熵为

$$R_P^\alpha = \frac{1}{1-\alpha} \log_2 \iint \left[P(u, \xi) \Big/ \iint P(u, \xi) \, \mathrm{d}u \mathrm{d}\xi \right]^\alpha \mathrm{d}u \mathrm{d}\xi \tag{4.136}$$

表 4.1 为采用不同时频方法分析含噪声仿真信号得到的时频表示对应的瑞利熵结果。该结果与无噪声情况下的结果类似:三种时频重排方法(RSTFT、SST、MSST)的瑞利熵要低于 STFT 和 S 方法;同时,MSST 方法的瑞利熵最低,RSTFT 方法略高,SST 方法最高,因此依然是 MSST 方法的时频聚集性最高。但是,与无噪声情况相比,含噪声情况下的瑞利熵增大,说明高斯白噪声随机分布在时频平面上,使得整体的时频聚集性降低了。

表 4.1　采用不同时频方法分析含噪声仿真信号得到的时频表示对应的瑞利熵

情　况	WT	S 方法	RSTFT	SST	MSST
仅 $x_1(t)$	3.245	2.353	0.031	0.419	0.336
仅 $x_2(t)$	5.023	4.396	0.200	1.845	0.290
仅 $x_3(t)$	5.926	5.222	0.860	1.805	0.733
无噪声 $x(t)$	6.372	4.719	1.930	2.512	1.988
含噪声 $x(t)$	7.600	5.210	4.370	4.311	4.183

为了进一步说明噪声的影响,图 4.9 还给出了不同噪声(0～20 dB)强度下 $x_3(t)$ 的瑞利熵结果,其中对应的时频区域为 $[0.35, 0.45]$ s 和 $[321, 420]$ Hz 结果表明:所有时频表示的瑞利熵都随着噪声的增大而增大,说明时频分布的有序性降低。时频重排方法的瑞利熵要小于非重排方法,MSST 和 RSTFT 方法对应的瑞利熵要小于 SST 方法。

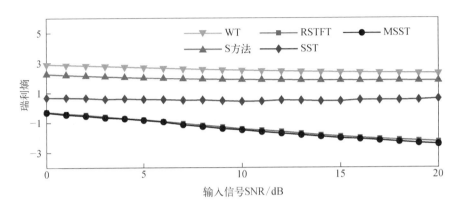

图 4.9　不同噪声强度下 $x_3(t)$ 的瑞利熵对比

通过以上分析表明:MSST 方法能够显著提高 SST 方法的时频聚集性,与传统时频重排方法得到的时频表示的能量聚集性相当。

2. 重构性能验证

与传统时频重排方法相比,匹配同步压缩变换的显著优势是具有重构性质。本节将通过仿真信号分析验证匹配同步压缩变换的重构性能。通过在仿真信号中加入高斯白噪声,分析不同噪声强度下(0～20 dB)匹配同步压缩变换的重构性能。不同噪声强度下不同时频分析方法的信号成分的重构结果对比情况如图 4.10 所示,对比的时频分析方法包括 SST 方法与集成经验模式分解(ensemble empirical mode decomposition, EEMD)。类似于 SST 或者 MSST 等重构方法,在重构信号时需要估计信号的瞬时频率,从而确定重构时频区间。本节运用所提出的脊点搜索的瞬时频率估计方法,其中频宽参数对于瞬时频率估计和重构误差均有影响,在此以 $f_\omega = 10$ Hz 与 $f_\omega = 20$ Hz 为例进行说明。EEMD 方法则直接将分解结果中的某个信号成分作为恢复的信号成分。

其中,图 4.10(a)为信号成分 $x_1(t)$ 对应的重构结果,图 4.10(b)为信号成分 $x_2(t)$ 对应的重构结果,图 4.10(c)为信号成分 $x_3(t)$ 对应的重构结果(~表示重构)。结果表明:在讨论的噪声强度(0～20 dB)范围内,无论噪声强度如何,MSST 和 SST 方法的重构性能都优于 EEMD 方法;随着噪声增强,SST 方法和 MSST 方法的重构性能降低;相比于 SST 方法,MSST 方法的重构性能与信号瞬时频率变化快

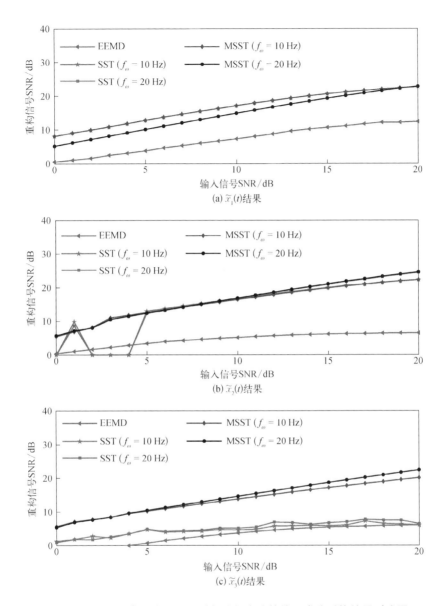

图 4.10　不同噪声强度下不同时频分析方法的信号成分重构结果对比图

慢的关系较小,无论是恒定频率的信号成分 $x_1(t)$,还是线调频信号成分 $x_2(t)$,抑或瞬时频率变化较快的信号成分 $x_3(t)$,MSST 方法表现出的重构性能均相当。而 SST 方法对于瞬时频率变化较快的信号成分的重构性能要低于瞬时频率变化较慢的信号成分。信号成分 $x_3(t)$ 的重构结果还表明:MSST 方法受频宽参数的影响更小。

　　为了进一步说明不同时频分析方法的重构性能,图 4.11 给出了信噪比为 5 dB 时的信号成分重构结果对比,图中分别给出了 MSST、SST、EEMD 三个方法的时频

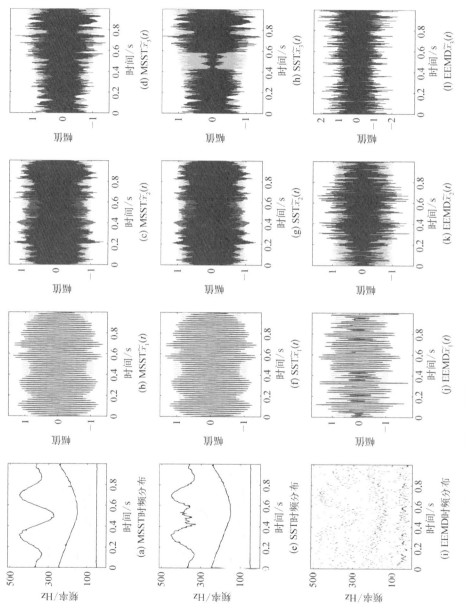

图 4.11 含噪声信号的时频表示瞬时频率估计及多信号成分重构结果对比

分布与瞬时频率估计结果,以及三个信号成分的重构结果。从瞬时频率估计结果可以看出,基于 MSST 时频表示的瞬时频率估计精度高于基于 SST 时频表示的瞬时频率估计,其中瞬时频率变化较快的信号成分 $x_3(t)$ 的对比最为明显。相应地,当瞬时频率估计的精度高时,信号成分的重构精度也更高,重构误差更小。图 4.11 中,MSST 方法重构的三个成分的信噪比分别为 12.81 dB、12.58 dB、10.24 dB,SST 方法重构的三个成分的信噪比分别为 12.81 dB、12.98 dB、6.28 dB,EEMD 方法重构的三个成分的信噪比分别为 3.83 dB、3.47 dB、0.76 dB。

从重构结果中可以看出,MSST 方法与 SST 方法都优于 EEMD 方法。在两种同步压缩变换中,对于瞬时频率恒定或者多项式变化的成分,MSST 方法与 SST 方法的性能相当;而对于强时变调频规律的信号成分 $x_3(t)$,MSST 方法的瞬时频率估计精度与重构性能要明显优于 SST 方法。

本节首先通过数值仿真试验,测试了匹配同步压缩变换对不同非线性程度和不同噪声强度的信号时频表征、特征提取及重构性能,其结果表明,即使对于快变信号,匹配同步压缩变换仍然具有传统时频重排方法的时频聚集性,同时具有传统时频重排方法所不具备的重构能力,可提高传统时频分析方法的性能,成功提取快变信号特征,为航空发动机故障诊断贡献原创技术方法。

4.4.2　航空发动机振动突跳故障诊断应用

本节针对某型双转子涡扇发动机,通过整机振动测试,采集能够反映航空发动机双转子结构振动特性的振动信号,采用传统时频分析方法及本章提出的匹配同步压缩变换方法分析振动信号并提取双转子系统的振动特征,结合发动机的结构特点,开展航空发动机整机振动突跳故障诊断研究,从而说明匹配同步压缩变换在实际航空发动机振动信号分析与故障诊断中的可行性。

在地面台架上的 5 个截面上选择了垂直和水平方向的振动测点,如图 4.12 所示。5 个截面分别为:① 1-1 截面:穿过风扇前支承点(简称前水和前垂),采用磁电式振动传感器,主要用于监控风扇转子的振动状态;② 2-2 截面:穿过位于中介机匣的主支承点(简称中水和中垂),采用磁电式振动传感器,主要用于两个转子的综合振动状态;③ 3-3 截面:穿过低压涡轮后支承点(简称后水和后垂),采用磁电式振动传感器,主要用于监控涡轮转子的振动状态;④ 4-4 截面:在发动机附件机匣(简称上水和上垂),采用压电式振动传感器,主要用于监控附件齿轮和轴承的振动状态;⑤ 5-5 截面:飞机附件机匣(外水和外垂),采用磁电式振动传感器,主要用于监控柔性传动轴的状态。在安装到飞机上后,只保留 2-2 截面的水平测点。

图 4.13 为某型航空发动机结构简图,该型发动机采用 6 支点的支承方式,低压压气机为 4 级轴流式,整个风扇为全钛合金结构。高压压气机为 9 级轴流式,其中第 1~3 级盘和第 4~6 级盘均用电子束焊焊接在一起,为钛合金结构;第 7~9 级

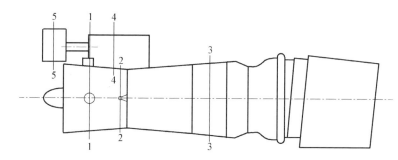

图 4.12 某型航空发动机振动测点示意图

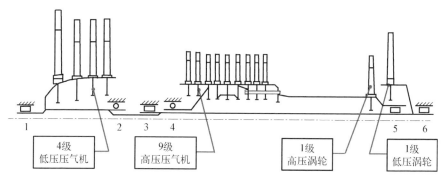

图 4.13 某型航空发动机结构简图

用长螺栓与第 6 级盘连在一起,由耐热合金制成。而转子叶片前 5 级由钛合金制成,后 4 级由耐热合金制成。高低压涡轮均为单级。

对该型在役航空发动机进行地面试车时发现:在高压压气机转速 N_2 小于 94% 之前,振动正常;当高压压气机转速 N_2 达到 94% 时,发动机的振动值在 1 s 内从 7.77 mm/s 突增到 23.3 mm/s。经专家调整后,故障现象有所变化:当 N_2 = 95.2% ± 1% 时,振动值由 11.1 mm/s 突增至 24.5 mm/s,显然故障现象并没有消除。图 4.1 为发动机振动幅值与高压转子转频变化趋势的时域对比图:在 T_1、T_2、T_3 所指示的三个时段,对应高压转子转速不变或发生缓慢变化,而振动值突增;而在 T_4 指示的时段,对应转速缓慢增大,而振动值突降。飞参数据记录显示,振动值的突增或突降都在 1 s 内完成。

为分析该型发动机的振动突跳现象,选用同时包含振动突增的 T_3 时段与振动突降的 T_4 时段对应的振动信号,运用传统的短时傅里叶变换和本章提出的匹配同步压缩变换方法进行分析。图 4.14 为发动机 T_3 与 T_4 时段振动信号的时域波形,图 4.15 为 T_3 与 T_4 时段的短时傅里叶变换结果(图中右侧数值用来辅助衡量时频能量,无单位,图 4.16 和图 4.17(a) 同),图 4.16 为 T_3 与 T_4 时段的匹配同步压缩变换结果。从图 4.15 和图 4.16 中可以发现:在 T_3 时段,标记 A 处的高压转子工频成分幅值突增;在 T_4 时段,标记 B 处的高压转子工频成分能量突降。

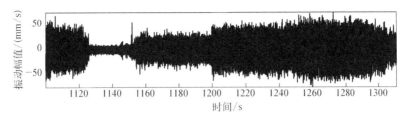

图 4.14　发动机 T_3 与 T_4 时段振动信号时域波形

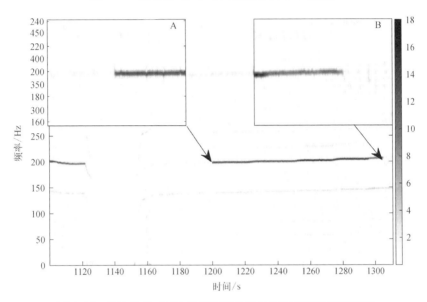

图 4.15　发动机 T_3 与 T_4 时段振动信号的短时傅里叶变换结果

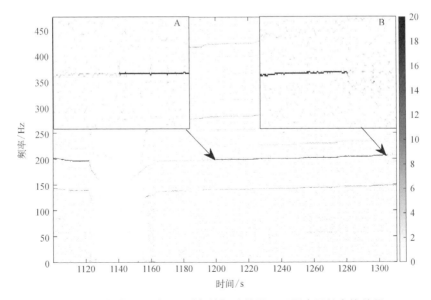

图 4.16　发动机 T_3 与 T_4 时段的振动信号匹配同步压缩变换结果

为观察振动信号中高压转子工频成分幅值突变的规律,首先利用脊线搜索算法估计高压转子工频成分的瞬时频率,再利用匹配同步压缩变换的可逆性质来重构高压转子工频成分,高压转子转频估计与重构信号的振动幅值如图 4.17 所示。从重构结果中可以看出, T_3 时段,高压转子工频成分振动幅值从 3 mm/s 跳变至 23 mm/s,跳变幅度大且跳变过程在 0.2 s 内完成;标记为 B 的时刻,高压转子工频成分振动幅值从 28 mm/s 跳变至 17 mm/s,然后在 T_4 时段跳变至 3 mm/s,幅值突降的跳变过程在 0.3 s 内完成。

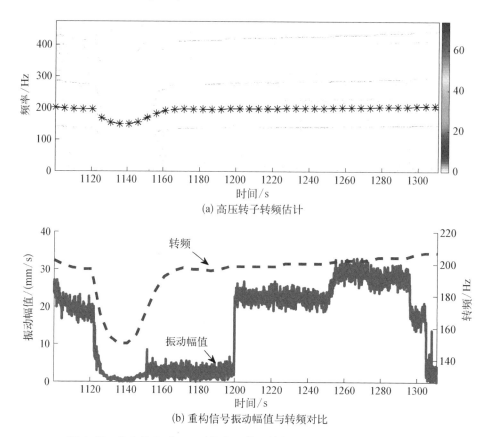

(a) 高压转子转频估计

(b) 重构信号振动幅值与转频对比

图 4.17　发动机 T_3 与 T_4 时段高压转子转频估计与重构信号振动幅值

该型发动机 T_3 和 T_4 时段的振动信号分析表明:无论是振动的突然增大还是突然降低,都是该发动机高压转子工频成分在转速不变的情况下,因振动幅值发生突变导致的。同时,这种突变是可逆的,既能增大也能减小,突变的过程约在 0.2 s 时间内完成,而突变完成后发动机又能够在该状态下稳定运行。在非线性动力系统的某些参数区域内,存在两个或者两个以上的吸引子,它们对应于不同的吸引域。当机械平稳运行时,系统状态处于其中的某一个吸引子上;当系统受到一定的外界或内部某些因素的干扰时,系统状态立刻向另一个吸引子靠拢,形成突跳。当系统再次受到类似的干扰时,系统状态又立刻逆向靠拢到原来的吸引子,再次形成突跳[6]。航空发动机这种可逆的振动突变表明,发动机存在两个稳定的工作区域,即"双稳态"现象,这种"双稳态"之间的振动突跳是一种典型的非线性动力学行为。

非线性是复杂机电系统的固有特性,航空发动机也不例外,通常是由转子系统内部的非线性环节及子系统之间的多场耦合所引发的。根据航空发动机双转子系统的结构特点,可将引起航空发动机非线性转子动力学问题产生的原因分为双转子系统内部原因与双转子系统外界原因两类:前者包括热弯曲、不对中、裂纹等转子自身故障;后者包括轴承失效、挤压油膜阻尼器和支承产生松动或变形等支承非线性因素,叶片摩碰之类的接触非线性因素,以及喘振、封严系统的气流激振等流-固耦合非线性因素。

发动机这种可逆的"双稳态"突跳现象与上述多种非线性原因不符。例如,转子自身存在故障时往往是不可逆的,轴承失效故障也是不可逆的。挤压油膜阻尼器是现代发动机中越来越实用的结构,其主要作用是降低转子越过临界转速时过大的振动。国内,北京航空航天大学、西北工业大学、哈尔滨工业大学、空军工程大学、浙江大学、西安交通大学等高校学者对挤压油膜阻尼器的"双稳态"现象均进行了比较深入的研究[7]。研究表明,挤压油膜阻尼器工作不正常导致的振动突跳不是同频的,而是从某个频率的振动运行状态突然变化至另一个频率的振动[8]。本节通过匹配同步压缩变换分析得到的发动机高压转子工频成分的突跳现象与挤压油膜阻尼器导致的非线性现象不符。

为了分析是否为转子摩碰故障导致系统出现振动突跳,采用匹配同步压缩变换分析突跳前后的振动信号,提取振动信号特征。首先,分析突跳发生时的振动信号,选用发动机监测系统在振动突跳时刻存储的振动数据。图 4.18 为该型发动机在 T_3 和 T_4 时段产生振动突跳时的振动信号波形和匹配同步压缩变换(MSST)分析结果。对于 T_3 时段的振动突增,从图 4.18(a)所示的振动信号波形中可以发现,大约在 1 200 s 时,振动幅值明显增加,相应的匹配同步压缩变换结果[图 4.18(c)]中,该位置外的信号特征也发生了明显的变化:振动突增之前,匹配同步压缩变换结果中高压转子工频成分(约 200 Hz)附近的信号结构与其他频率处基本相同;振动突增之后,匹配同步压缩变换结果中,高压转子工频成分信号的瞬时频率呈现快速振荡特性。对于 T_4 时段的振动突降,从图 4.18(b)所示的振动信号波形中可以发现,大约在 1 305 s 时,振动幅值出现一定程度的下降,相应的匹配同步压缩变换结果[图 4.18(d)]中,该位置外的信号特征也发生了明显的变化:振动突降之前,匹配同步压缩变换结果中高压转子工频成分(约 205 Hz)信号的瞬时频率呈现快速振荡特性;振动突降之后,匹配同步压缩变换结果中,高压转子工频成分附近的信号

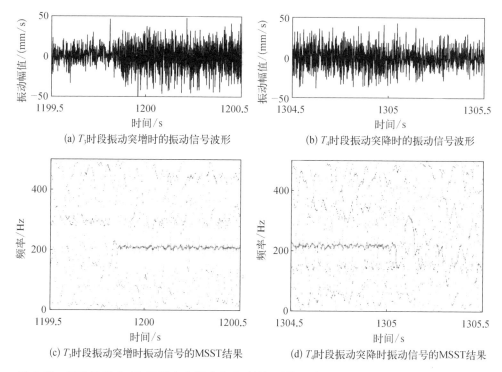

(a) T_3时段振动突增时的振动信号波形   (b) T_4时段振动突降时的振动信号波形

(c) T_3时段振动突增时振动信号的MSST结果   (d) T_4时段振动突降时振动信号的MSST结果

图 4.18　发动机 T_3 与 T_4 时段产生振动突跳时的振动信号波形和匹配同步压缩变换分析结果

结构与其他频率处基本相同。

　　为了进一步观察振动突增之后及振动突降之前振动信号中高压转子工频成分对应的瞬时频率的快速振荡规律,再次运用匹配同步压缩变换方法分析振动突增后一秒与振动突降前一秒时发动机监测系统存储的振动数据。图 4.19 给出了 T_3 时段振动突增后与 T_4 时段突降前通过匹配同步压缩变换方法分析的振动信号波形和匹配同步压缩变换结果,以及采用脊线搜索算法估计得到的高压转子工频成分的瞬时频率及振荡部分频谱。

　　从图 4.19 中可以发现:T_3 时段振动突增之后,发动机振动信号中的高压转子工频成分呈现出持续的快速振荡特性;在 T_4 时段振动突降之前,这种快速振荡特性仍然存在。但在 T_3 时段振动突增之后与 T_4 时段振动突降之前,瞬时频率快速振荡的规律是不同的,并且振荡频率与高低压转子的转频无关。因此,其瞬时频率振荡特征与第 2 章中分析的转子摩碰的故障特征不同,从而可以排除该型发动机转子摩碰故障导致系统出现振动突跳的可能性。

　　综上所述,本节首先根据匹配同步压缩变换的宏观分析,证实该型发动机振动突跳的信号表现为高压转子工频成分幅值突跳,并结合发动机的非线性动力学行为排除了转子自身存在故障、高压转子支承轴承失效、高压转子支承减振结构——

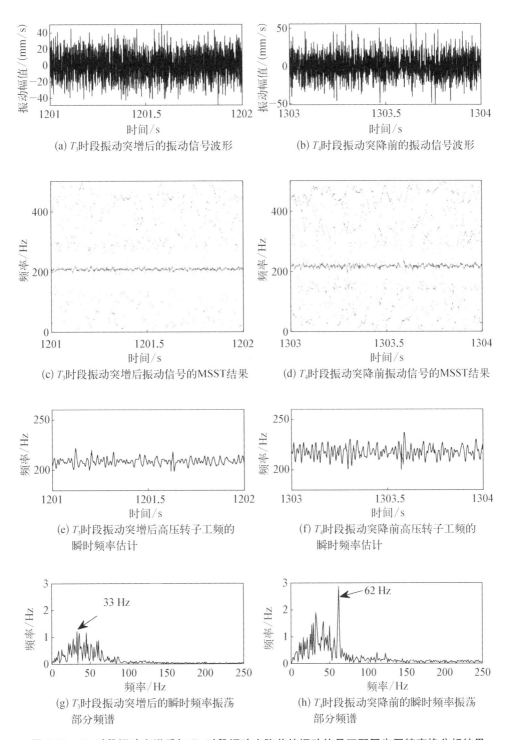

(a) T_3 时段振动突增后的振动信号波形

(b) T_4 时段振动突降前的振动信号波形

(c) T_3 时段振动突增后振动信号的 MSST 结果

(d) T_4 时段振动突降前振动信号的 MSST 结果

(e) T_3 时段振动突增后高压转子工频的
瞬时频率估计

(f) T_4 时段振动突降前高压转子工频的
瞬时频率估计

(g) T_3 时段振动突增后的瞬时频率振荡
部分频谱

(h) T_4 时段振动突降前的瞬时频率振荡
部分频谱

图 4.19　T_3 时段振动突增后与 T_4 时段振动突降前的振动信号匹配同步压缩变换分析结果

挤压油膜阻尼器发生故障等原因;进一步通过匹配同步压缩变换的细化分析,也排除了高压转子摩碰的原因。

4.5 本 章 小 结

本章针对经典同步压缩变换方法难以兼顾高时频聚集性与重构性能、无法有效提取航空发动机振动突跳快变信号特征的问题,采用"调频匹配同步重排"策略,提出了匹配同步压缩变换方法,能够有效对航空发动机变工况运行时的快变信号进行分析与特征提取。从匹配同步压缩变换的算法实现角度,论述了如何将匹配同步压缩变换应用于实际信号分析中,随后通过数值仿真试验验证了匹配同步压缩变换的性能,最后将匹配同步压缩变换应用于某型在役小涵道比双转子涡扇发动机的振动突跳故障诊断中,验证了其在实际航空发动机快变信号分析及故障诊断中的实用性。

理论研究方面,本章在传统时频重排方法和同步压缩变换的瞬时频率估计算子和群延时估计算子的基础上,定义了调频率估计算子,并根据快变信号的调频本质,将瞬时频率估计算子和群延时估计算子融合到一起构造了匹配瞬时频率估计算子,用来匹配信号调频本质。利用匹配瞬时频率估计算子,匹配同步压缩变换既可以按照同步压缩变换方式来重排时频能量,从而保证重构性质,又可以兼顾快变信号的时频能量沿时间与频率两个方向同时分布的特点,保证高时频聚集性。分析表明,对于线调频本征模式类函数,匹配同步压缩变换能够同时保证时频聚集性、调频率估计精度、瞬时频率估计精度及信号重构精度等。因此,在分析快变信号时,匹配同步压缩变换能够同时保证高时频聚集性与重构性质。

某型航空发动机振动突跳故障诊断应用案例表明,匹配同步压缩变换可以准确提取航空发动机突跳导致的振动信号快变特征,不仅能够将升降速过程的振动信号特征高聚集性地表示在时频平面上,使得航空发动机振动信号分析结果更精确,还可以通过匹配同步压缩逆变换重构双转子系统中每个转子对应的信号成分,其重构精度高,从而准确揭示双转子系统中每个转子对应的信号成分随转速变化的规律,验证了匹配同步压缩变换在航空发动机振动突跳类快变振动信号分析与特征提取中的有效性和实用性。

-------------------- 参考文献 --------------------

[1] Auger F, Flandrin P. Improving the readability of time-frequency and time-scale representations by the reassignment method[J]. IEEE Transactions on Signal Processing, 1995, 43 (5): 1068 - 1089.

[2] Daubechies I, Lu J, Wu H T. Synchrosqueezed wavelet transforms: an empirical mode

decomposition-like tool［J］. Applied and Computational Harmonic Analysis，2011，30（2）：243－261.

［ 3 ］ Nelson D J. Instantaneous higher order phase derivatives. Digital Signal Processing，2002（12）：416－428.

［ 4 ］ Thakur G，Wu H T. Synchrosqueezing-based recovery of instantaneous frequency from nonuniform samples［J］. SIAM Journal on Mathematical Analysis，2011，43（5）：2078－2095.

［ 5 ］ Baraniuk R G，Flandrin P，Janssen A，et al. Measuring time-frequency information content using the Rényi entropies［J］. IEEE Transactions on Information Theory，2001，47（4）：1391－1409.

［ 6 ］ Williams W J，Brown M L，Iii A O. Uncertainty，information，and time-frequency distributions［C］. Advanced Signal Processing Algorithms，Architectures，and Implementations II，San Diego，1991.

［ 7 ］ 闻邦椿,李以农,徐培民,等.工程非线性振动[M].北京:科学出版社,2007.

［ 8 ］ 程礼.航空发动机刚度非线性转子动力学问题研究[D].西安:西安交通大学,2010.

第 5 章
统计同步压缩变换及故障溯源应用

航空发动机双转子系统是航空发动机的重要组成部分,包含高压压气机、高压涡轮、低压压气机、低压涡轮、高低压转轴、支承轴承、连接结构等。严苛的服役环境和复杂多变的工况使得双转子系统经常出现振动超限或异常突跳等问题。例如,2021 年,阿苏尔航空 AD4383 航班一架装有 LEAP – 1A26 发动机的空客 A320 – 251N,在爬升阶段,引擎指示与机组警报系统显示 2 号发动机振动超限,经现场排故后故障仍然存在,所幸未造成发动机损坏与人员伤亡。开展航空发动机振动监测并及时发现振动异常,有效溯源双转子系统造成振动异常的可能原因,从而给出发动机在翼调整与下发维修建议,可避免拆机检查或者盲目拆解,提高发动机排故效率,降低发动机维护成本,并保障发动机运行安全,具有重要意义。

在航空发动机运行过程中,由于航空发动机推力、转速等变化,双转子系统激起的航空发动机振动信号往往呈现强时变非平稳的快变特性。在航空发动机双转子系统振动监测过程中,一个重要的目的是对异常振动与故障进行溯源,对故障环节进行定位,从而缩短故障排查的范围与周期并降低维修成本。航空发动机是十分复杂的气动热力机械,很多零部件不仅在高温、高压、高速环境下工作,经常承受高负荷和热冲击,而且受到强振动和复杂交变载荷影响,工作环境异常严酷,因而呈现故障模式多、多模式复合失效等特点,显著增加了故障溯源的难度。航空发动机的另一重要特性就是具有强烈的非线性,非线性是航空发动机等复杂机电系统所固有的特性,通常由转子内部非线性环节及子系统之间的机-电耦合、刚-弹耦合、流-固耦合、热-弹耦合或非线性控制所引发(图 5.1)。在航空发动机转子非线性动力学的相关研究工作中,普遍认为发动机的非线性环节通常与某些故障模式相匹配,如摩碰、裂纹、装配等故障引起的刚度非线性环节,通常会引起瞬时频率的快速波动,通过时频分析方法对瞬时频率特征进行提取,就能够对非线性环节的类型进行推断,从而缩小故障树的排查范围,有利于快速追溯故障信息。

采用同步压缩变换等时频分析方法,能够提升时频聚集性并提取振动信号

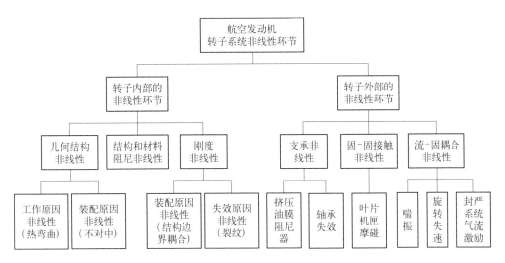

图 5.1　航空发动机转子系统非线性环节

的瞬时频率信息,从而与故障特征建立直接联系,但是这些均以被分析信号是慢变信号为前提。航空发动机快变信号不符合慢变信号假设,导致时频重排后的能量依然分散,时频聚集性降低,重构性能也随之降低,这将严重影响航空发动机快变信号的特征提取。此外,同步压缩变换不能区分信号和噪声,时频重排在提高信号时频能量聚集性的同时,使得噪声的时频表示也得到了增强,影响信号时频表示的可读性,这也导致航空发动机含噪快变信号分析时的鲁棒性严重受限,从而进一步影响航空发动机快变信号特征提取。时频聚集性降低与鲁棒性差都将严重影响航空发动机双转子系统故障溯源的准确性与有效性。因此,如何对现有的同步压缩变换方法进行改进,研究时频聚集性高且对噪声有足够鲁棒性的方法,是提升航空发动机快变信号分析性能与故障溯源有效性的关键问题之一。

　　针对该问题,本章提出了统计同步压缩变换(statistical synchrosqueezing transform, stat-SST),提升航空发动机快变信号分析的时频聚集性与鲁棒性。首先,在瞬时频率的基础上定义瞬时频带与瞬时频宽的概念,根据瞬时频带中心频率对瞬时频带范围内的瞬时频率估计算子进行修正,得到时频聚集性大幅提升的时频表示结果。其次,利用信号和噪声的瞬时频宽统计分布规律差异,实现信号与噪声模式分离,并据此对快变信号的时频表示进行自适应降噪,最终可以得到时频聚集性大幅提升且大幅降噪的高鲁棒性结果,即"带宽统计模式分离"。然后,本章给出了算法在离散信号处理中的具体实现流程,并通过数值仿真试验验证了统计同步压缩变换在时频聚集性和鲁棒性等方面的优势。最后,通过某型在役小涵道比涡扇发动机的振动突跳溯源应用,验证其在航空发动机快变信号分析中的优越性,能够为航空发动机双转子系统故障溯源提供一定的理论指导。

5.1　瞬时频带和瞬时频宽

回顾同步压缩变换的理论,能够发现同步压缩变换虽然能够对平稳信号的时频结构以接近理想时频表示的结果进行表征,但它依然存在两个明显的不足:第一,同步压缩变换在分析快变信号时会出现能量分散的现象,导致时频聚集性下降;第二,同步压缩变换在分析含有噪声的信号时无法区分信号和噪声,使得噪声的时频表示被锐化。在本节中,为解决同步压缩变换能量分散的问题,将通过引入时频平面上瞬时频带的概念,阐明同步压缩变换分析快变信号时能量分散的原因,并提出一种能够大幅提高瞬时频率估计算子估计精度与时频聚集性的策略。

5.1.1　瞬时频带和瞬时频带中心

回顾 Daubechies 等[1]对同步压缩变换性质的说明,同步压缩变换能够取得理想时频表示结果的前提是所分析信号满足慢变条件,即对于某多成分信号 $x(t)$,其中任意一个成分 $x_k(t) = a_k(t)\mathrm{e}^{\mathrm{i}\varphi(t)}$ 应该满足以下关系:

$$| a'_k(t) | \ll | \varphi'_k(t) |, \quad | \varphi''_k(t) | \ll | \varphi'_k(t) |, \quad \forall t \in \Re \qquad (5.1)$$

式中, $a'_k(t)$ 为第 k 个成分的瞬时幅值函数的一阶导数; $\varphi'_k(t)$ 为第 k 个成分的瞬时相位函数的一阶导数,即瞬时频率; $\varphi''_k(t)$ 为第 k 个成分的瞬时相位函数的二阶导数,即瞬时频率的变化率,或者调频率。

将满足式(5.1)的信号称为慢变信号,式(5.1)表明,慢变信号的瞬时幅值和瞬时频率在每一时刻 t 都可以近似看作常数,据此得到的瞬时频率估计算子为对瞬时频率的无偏估计,所以同步压缩变换可以很好地刻画慢变信号瞬时频率随时间变化的关系。然而,当被分析信号为快变信号时,其瞬时幅值函数和瞬时频率函数不满足式(5.1),此时瞬时频率估计算子为对瞬时频率的有偏估计,导致压缩后的能量依然分散。

为了从可视化的角度解释同步压缩变换分析中快变信号能量分散的原因,首先考虑一个包含两个成分 a 和 b 的仿真信号的瞬时频率估计算子和对应的同步压缩变换结果,同时引入瞬时频带的定义。在无噪声的情况下,采用同步压缩变换对该信号进行分析,无噪声信号的瞬时频率估计算子及同步压缩变换见图 5.2。其中图 5.2(a)为瞬时频率估计算子,其中黑色曲线表示信号的理想瞬时频率曲线,从图中可以发现,两个成分的时频区域沿着各自的理想瞬时频率曲线被明确地分开,形成各自独立的频带。图 5.2(b)为瞬时频率估计算子在 0.75 s 时的切片,观察发现,瞬时频率估计算子在 a 成分对应的频带内几乎呈水平状态,而在 b 成分对应的频带内呈倾斜状态,这正是由于其各自具有不同的调频率。其中,水平状态表

示该时刻附近的信号为慢变信号,该频带内的瞬时频率估计值大致相同且接近真
实瞬时频率值,频带内各点的时频系数可以重排至同一个位置;而倾斜状态则表示
该频带内的瞬时频率估计出现偏差,频带内各时频点处的时频系数无法重排至同一
点,而是被分散地重排至以瞬时频率点为中心的区间,导致采用同步压缩变换方法在
处理快变信号时出现能量分散。从图 5.2(c)所示的同步压缩变换结果可以看出,
0.75 s 时,b 成分的时频表示出现了严重的能量分散,这正是因为 b 成分在该时刻附
近为快变信号,而在同一时刻,a 成分由于满足慢变条件而具有很高的能量聚集性。

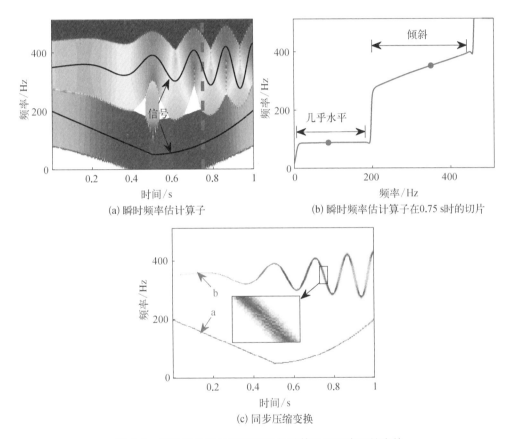

(a) 瞬时频率估计算子

(b) 瞬时频率估计算子在0.75 s时的切片

(c) 同步压缩变换

图 5.2　无噪声信号的瞬时频率估计算子及同步压缩变换

　　观察图 5.2(b)可以发现,瞬时频率估计算子在信号快变处呈倾斜状态,造成
了能量分散。若能将此处信号频带内的瞬时频率估计算子由具有一定倾角的倾斜
状态修正为与慢变信号相同的水平状态,就能够提高瞬时频率估计算子在信号快变
处的瞬时频率估计精度。在后续的重排过程中,时频系数就能够被准确压缩至瞬时
频率处,提高时频图的时频分辨率。为达到此目的,主要可分为以下三个步骤:

　　(1)找到各个成分的修正基准频率;

（2）确定各个成分需要修正的频带范围；

（3）利用基准频率赋值于该频率成分对应的频带范围，得到修正后的结果。

在介绍算法之前，首先给出下面关于瞬时频带中心和瞬时频带的定义。

定义 5.1：瞬时频带中心和瞬时频带。

对于给定的信号 $x(t) \in L^2(\Re)$，其在 u 时刻的瞬时频带中心定义为

$$
\begin{aligned}
&\omega_R(u) = \xi \\
&\text{s.t.} \quad \hat{\omega}_x(u, \xi) - \xi = 0, \quad |\partial_\xi \hat{\omega}_x(u, \xi)| < 1
\end{aligned}
\tag{5.2}
$$

式（5.2）代表频率修正的基准。其次，将需要对瞬时频率估计算子进行修正的时频区域定义为瞬时频带 $[\omega_R^L(u), \omega_R^H(u)]$，其中 $\omega_R^L(u)$ 和 $\omega_R^H(u)$ 分别为瞬时频带的下界和上界，其定义为

$$
\begin{cases}
\omega_R^H(u) = \min\{\xi \mid \partial_\xi \hat{\omega}_x(u, \xi) \geqslant 1, \quad \xi \geqslant \omega_R(u)\} \\
\omega_R^L(u) = \max\{\xi \mid \partial_\xi \hat{\omega}_x(u, \xi) \geqslant 1, \quad \xi \leqslant \omega_R(u)\}
\end{cases}
\tag{5.3}
$$

然后，使用瞬时频带中心作为基准，可以对瞬时频带内的瞬时频率估计算子进行修正：

$$
\hat{\omega}_x^A(u, \xi) = \begin{cases}
\hat{\omega}_x[u, \omega_R(u)], & \omega_R^L(u) < \xi < \omega_R^H(u) \\
\infty, & \text{其他}
\end{cases}
\tag{5.4}
$$

式（5.4）称为修正瞬时频率估计算子，基于此可以得到时频能量高度集中的同步压缩变换结果：

$$
T_x^A(u, \omega) = \int_R S_x^g(u, \xi) \delta[\omega - \hat{\omega}_x^A(u, \xi)] \mathrm{d}\xi
\tag{5.5}
$$

同时，任意信号成分可以通过如下方式重构：

$$
x(u) \approx \frac{1}{2\pi g(0)} \int_{|\omega - \varphi'(u)| < \varepsilon} T_x^A(u, \omega) \mathrm{d}\omega
\tag{5.6}
$$

式中，ε 为非常小的正数。

对定义 5.1 的解释如下。为了对有偏的瞬时频率估计算子进行修正，需要得到精确的修正基准频率和修正范围。回顾同步压缩变换中的脉冲函数 $\delta[\xi - \hat{\omega}_x(u, \xi)]$，其具有如下性质：

$$
\delta[\xi - \hat{\omega}_x(u, \xi)] = \begin{cases}
1, & \xi = \hat{\omega}_x(u, \xi) \\
0, & \xi \neq \hat{\omega}_x(u, \xi)
\end{cases}
\tag{5.7}
$$

根据式（5.7），当 $\xi = \hat{\omega}_x(u, \xi)$ 时，$\delta[\xi - \hat{\omega}_x(u, \xi)] = 1$，即瞬时频率估计算子等于频率本身；而在其他情况下，$\delta[\xi - \hat{\omega}_x(u, \xi)] = 0$，这与理想时频表示（ideal time-frequency representation，ITFR）的形式非常相似,后者的定义为

$$\Psi(u, \xi) = \sum_{k=1}^{K} a_k(u)\delta\left[\xi - \varphi_k'(u)\right] \tag{5.8}$$

　　式(5.8)表明,理想时频表示结果仅在信号瞬时频率处不为零,且与信号幅值一致。因此,受单位脉冲函数性质的启发,可以利用 $\xi = \hat{\omega}_x(u, \xi)$ 作为寻找信号中各个成分的瞬时频率基准的依据。若将该基准记为 $\omega_R(u)$ 并命名为瞬时频带中心,则寻找瞬时频带中心的公式如下:

$$\begin{cases} \omega_R(u) = \xi \\ \text{s.t.} \quad \hat{\omega}_x(u, \xi) - \xi = 0 \end{cases} \tag{5.9}$$

　　从解析几何的角度分析,所寻找的基准就是瞬时频率估计算子与过零点且斜率为 1 的基准线之间的交点,如图 5.3 所示。可以将通过式(5.9)所找到的点视作瞬时频率估计算子中各个成分对应的不动点。但是,在信号分量之间的过渡区与过零点且斜率为 1 的基准线的交点也满足条件,但它们是不可取的,因为其并不是任何信号成分的基准。因此,需要根据信号成分的特性筛选出合适的点作为相应的基准点,这一点将在接下来关于瞬时频带范围的讨论中说明。

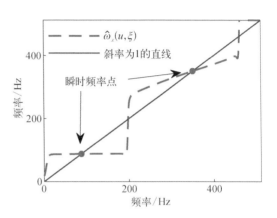

图 5.3　基准频率寻找示意图

　　在找到修正基准后,需要确定信号中各个成分在瞬时频率估计算子中所对应的频带范围。观察图 5.2(a)和(b),瞬时频率估计算子在两个信号成分之间存在明显的分界线,且信号成分对应的瞬时频率估计算子频带内都具有较小的斜率,而信号成分之间的过渡带则具有较大的斜率。受此现象启发,可以利用瞬时频率估计算子对频率的偏导数的大小标定各个成分在瞬时频率估计算子中需要修正的区域。

　　考虑单成分恒定幅值的调频信号 $x_0(t) = Ae^{i\varphi_0(t)}$,将其相位函数在 u 时刻进行二阶泰勒展开,且忽略 $O\left[\varphi_0^{(3)}(u)\right]$ 及更高阶项,可以得到:

$$x_0(t) \approx Ae^{i\left[\varphi_0(u) + \varphi_0'(u)(t-u) + \frac{1}{2}\varphi_0''(u)(t-u)^2\right]} \tag{5.10}$$

其在标准高斯窗函数 $g(t) = \dfrac{1}{\sqrt{2\pi}\sigma}e^{-\frac{t^2}{2\sigma^2}}$ 下得到的短时傅里叶变换结果为

$$S_{x_0}^g(u, \xi) = \int_{-\infty}^{+\infty} x_0(t) g(t-u) e^{-i\xi(t-u)} dt$$

$$\approx \int_{-\infty}^{+\infty} A e^{i\left[\varphi_0(u) + \varphi_0'(u)(t-u) + \frac{1}{2}\varphi_0''(u)(t-u)^2\right]} \frac{1}{\sqrt{2\pi}\sigma} e^{-\frac{(t-u)^2}{2\sigma^2}} e^{-i\xi(t-u)} dt$$

$$= \frac{A}{\sqrt{1-i\sigma^2\varphi_0''(u)}} e^{i\varphi_0(u) - \frac{[\xi-\varphi_0'(u)]^2}{2\left[\frac{1}{\sigma^2} - i\varphi_0''(u)\right]}} \tag{5.11}$$

对式(5.11)求关于时间 u 的偏导数,得到:

$$\partial_u S_{x_0}^g(u, \xi) = S_{x_0}^g(u, \xi) \left\{ i\varphi_0'(u) + \frac{\varphi_0''(u)[\xi - \varphi_0''(u)]}{\left[\frac{1}{\sigma^2} - i\varphi_0''(u)\right]} \right\} \tag{5.12}$$

将式(5.12)的结果代入瞬时频率估计算子的计算公式,得到:

$$\hat{\omega}_{x_0}(u, \xi) = \Re\left\{ \frac{\partial_u S_{x_0}^g(u, \xi)}{i S_{x_0}^g(u, \xi)} \right\} = \Re\left(\frac{1}{i} \left\{ i\varphi_0'(u) + \frac{\varphi_0''(u)[\xi - \varphi_0'(u)]}{\left[\frac{1}{\sigma^2} - i\varphi_0''(u)\right]} \right\} \right)$$

$$= \varphi_0'(u) + \frac{\sigma^4 \varphi_0''(u)^2}{1 + \sigma^4 \varphi_0''(u)^2}[\xi - \varphi_0'(u)] \tag{5.13}$$

观察式(5.13)可以发现,瞬时频率估计算子由两部分组成:第一部分为相位函数的一阶导数,即瞬时频率;第二部分为与频率 ξ 有关的线性函数。可以发现,当 $\xi = \varphi_0'(u)$ 时,瞬时频率估计算子就等于瞬时频率,即 $\hat{\omega}_{x_0}[u, \varphi_0'(u)] = \varphi_0'(u)$,而当 $\xi \neq \varphi_0'(u)$ 时,第二部分则不为零,使瞬时频率估计算子的值偏离实际瞬时频率。以上分析再次说明,同步压缩变换在处理快变信号时,瞬时频率估计算子将出现偏差,导致能量分散。对式(5.13)求关于频率 ξ 的偏导数,结果如下:

$$\partial_\xi \hat{\omega}_{x_0}(u, \xi) = \partial_\xi \left\{ \varphi_0'(u) + \frac{\sigma^4 \varphi_0''(u)^2}{1 + \sigma^4 \varphi_0''(u)^2}[\xi - \varphi_0'(u)] \right\} = \frac{\sigma^4 \varphi_0''(u)^2}{1 + \sigma^4 \varphi_0''(u)^2} < 1$$

$$\tag{5.14}$$

式(5.14)表明,信号成分对应的瞬时频率估计算子对频率的偏导数是一个恒小于1的正数。这就意味着,信号成分的短时傅里叶变换的能量分布在 $0 < \partial_\xi \hat{\omega}_{x_0}(u, \xi) < 1$ 时频区域内。但在实际处理离散信号时,由于计算误差,有时会存在偏导数小于0的情况。

因此,为了避免计算问题,在实际计算中可以用 $|\partial_\xi \hat{\omega}_{x_0}(u, \xi)| < 1$ 代替

$\partial_{\xi}\hat{\omega}_{x_0}(u,\xi)<1$ 作为寻找瞬时频率估计算子需要修正范围的条件。基于上述讨论,需要在式(5.9)的基础上加入 $|\partial_{\xi}\hat{\omega}_{x_0}(u,\xi)|<1$ 的限制条件,以确保寻找到的是代表信号成分的有意义的频率基准点,即瞬时频率的基准点需要同时满足 $\hat{\omega}_x(u,\xi)=\xi$ 和 $|\partial_{\xi}\hat{\omega}_x(u,\xi)|<1$,这样就得到了瞬时频带中心和瞬时频带区域的计算公式。最后,将瞬时频率估计算子在各个范围进行局部修正,得到更为准确的修正瞬时频率估计算子。根据修正后的瞬时频率估计算子,就能够准确地将时频系数重排至瞬时频率处,避免能量分散。

无噪声信号的瞬时频率估计算子修正过程见图 5.4。其中,图 5.4(a) 和 (b) 分别为修正瞬时频率估计算子和修正瞬时频率估计算子在 0.75 s 时的切片,从图中可以发现,将信号快变处的瞬时频率估计算子由原来的斜线修正为一条水平线,值恒定不变,使得时频系数能够被准确地压缩重排至该水平线所代表的瞬时频率处。因此,修正后的时频表示结果具有极高的能量聚集性,有利于刻画航空发动机快变信号的时频结构,如图 5.4(c) 所示。

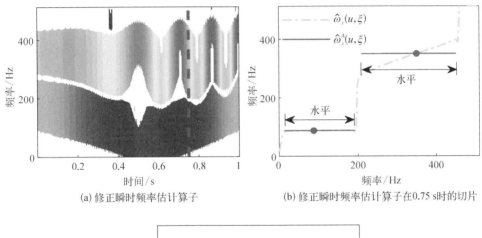

(a) 修正瞬时频率估计算子　　　　(b) 修正瞬时频率估计算子在0.75 s时的切片

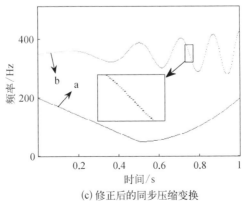

(c) 修正后的同步压缩变换

图 5.4　无噪声信号的瞬时频率估计算子修正过程

5.1.2　瞬时频宽

当信号中包含噪声时,将与图 5.4 所述情况有所区别。如果将噪声视为一种特殊的快变信号,在进行同步压缩变换的过程中,噪声对应的瞬时频率估计算子也会产生有偏估计,使得噪声发生能量分散。在对瞬时频率估计算子进行修正的过程中,除非有足够的先验信息来区分信号和噪声,否则无法做到仅对信号瞬时频带内的瞬时频率估计算子进行有选择性地修正,因而噪声的时频表示也会被大幅锐化。当信噪比较高时,即使噪声的时频系数被锐化,信号和噪声也具有很高的区分度。但随着噪声能量不断增加,其在同步压缩变换结果中的时频系数幅值不断增大,甚至超过信号的幅值,因此在修正后的同步压缩变换结果中,噪声也变得非常明显。虽然修正的策略大幅提升了信号快变处的时频能量聚集性,降低了直接对同步压缩变换结果进行脊线搜索时出错的风险,但时频图上过多锐化的噪点严重影响了时频图的可读性,降低了方法的鲁棒性。

为了对该情况进行说明,在上述信号的基础上加入零均值高斯白噪声,令整体的信噪比为 5 dB,计算其瞬时频率估计算子,并通过修正策略来提升瞬时频率估计算子的估计精度。图 5.5 为含噪声信号的瞬时频率估计算子修正过程,从图中可以看出,在对瞬时频率估计算子进行修正的过程中,不仅信号的瞬时频率估计算子得到了修正,噪声也同样得到了修正,这就导致修正后的瞬时频率估计算子中包含了很多对噪声瞬时频率本不应存在的估计和修正,在进行同步压缩变换的过程中,时频图上的噪声也必将被大幅度锐化。上述问题的本质是同步压缩变换无法区分信号和噪声,瞬时频率估计算子同时对信号和噪声的瞬时频率进行了估计,进而导致修正后的结果也缺失对信号和噪声的鉴别性。

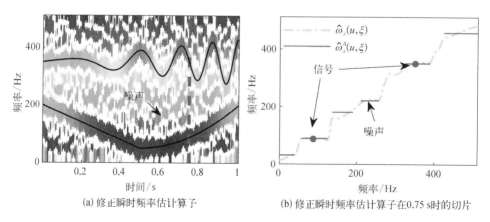

(a) 修正瞬时频率估计算子　　　(b) 修正瞬时频率估计算子在0.75 s时的切片

图 5.5　含噪声信号的瞬时频率估计算子修正过程

针对同步压缩变换无法区分信号和噪声,进而导致修正后的结果也缺失对信号和噪声的鉴别性问题,通过观察图 5.5 可以发现,信号成分的瞬时频带在时频平面上沿着其对应的瞬时频率曲线连续分布且普遍具有较宽的范围,与周围零星分布在时频平面上各个位置且占据较窄范围的噪声频带存在明显区别。因此,受启发于信号与噪声在瞬时频宽上的差异,可以通过对信号和噪声不同宽度的瞬时频带个数进行统计,从而得以区分。为了可视化地呈现信号和噪声瞬时频宽的差异,将瞬时频宽定义如下。

定义 5.2:瞬时频宽。

时频平面上任意时频点的瞬时频带宽度定义为瞬时频宽 $\omega_R^\Delta(u,\xi)$,即

$$\omega_R^\Delta(u,\xi) = \begin{cases} \omega_R^H(u) - \omega_R^L(u), & \omega_R^L(u) < \xi < \omega_R^H(u) \\ \infty, & \text{其他} \end{cases} \tag{5.15}$$

对比观察图 5.4 和图 5.5 可以发现,当信号中存在噪声时,两个信号成分对应的瞬时频带由于噪声的影响而向瞬时频带中心收缩变窄。为了探寻不同信噪比下瞬时频宽的变化规律,对仿真信号加入不同信噪比(SNR = 20 dB、10 dB、5 dB)的高斯白噪声,统计时频平面上所有瞬时频宽并绘制统计直方图。(如图 5.6 所示,从上到下、从左到右依次为 SNR = 20 dB、10 dB 及 5 dB 的结果,每一行从左到右依次为修正瞬时频率估计算子、瞬时频宽及瞬时频宽个数的统计直方图。)为了使统计结果更具可区分性,通过如下公式统计 $\omega_R^\Delta(u,\xi)$ 平面上不同宽度的瞬时频带出现的个数:

$$H(w) = \frac{\#\{(u,\xi):\omega_R^\Delta(u,\xi)=w\}}{w} \tag{5.16}$$

式中,w 为直方图的横轴变量,即瞬时频宽;$H(w)$ 为直方图的纵轴变量,即宽度为 w 的瞬时频带出现的个数。

从图 5.6 可以看出,当信噪比足够高时,信号和噪声瞬时频宽的分布能够彼此分离,其中噪声的瞬时频宽分布于左边,而信号成分的瞬时频宽分布于右边。随着噪声的增强,两者的分布逐渐接近直至融合。为了解释此现象,需要参考短时傅里叶变换的过程:短时傅里叶变换中因加窗操作导致了能量泄漏,即短时傅里叶变换是窗函数的傅里叶变换和该段信号的傅里叶变换的卷积。与频域窗函数卷积之后的各段信号的频谱(信号截断后的频谱)中,信号成分和噪声都会出现类似的高斯分布形状(即高斯窗函数的傅里叶变换)。当噪声强度增大后,在卷积后的频谱中,噪声和信号成分的高斯分布幅值相当,并相互影响、相互重合,导致信号成分高斯分布的宽度变窄,也就是说使得信号成分的瞬时频宽变窄。

信号成分与噪声的瞬时频宽分布没有完全融合时,信号和噪声成分是可以区分的。因此,根据二者的分布性质不同,通过在瞬时频宽统计直方图的基础上寻找自适应阈值,将带宽小于该阈值的频带全部视为噪声并将其滤除,就可以达到阈值降噪的目的。关键问题在于如何自适应地选择阈值,并且需要说明的是,由于二者

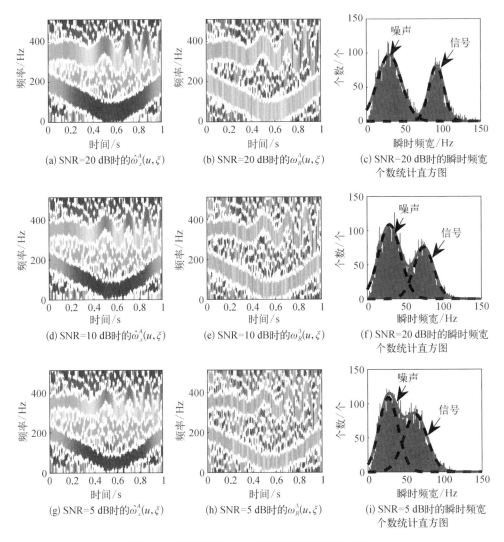

(a) SNR=20 dB时的 $\hat{\omega}_x^A(u,\xi)$　(b) SNR=20 dB时的 $\omega_R^A(u,\xi)$　(c) SNR=20 dB时的瞬时频宽个数统计直方图

(d) SNR=10 dB时的 $\hat{\omega}_x^A(u,\xi)$　(e) SNR=10 dB时的 $\omega_R^A(u,\xi)$　(f) SNR=20 dB时的瞬时频宽个数统计直方图

(g) SNR=5 dB时的 $\hat{\omega}_x^A(u,\xi)$　(h) SNR=5 dB时的 $\omega_R^A(u,\xi)$　(i) SNR=5 dB时的瞬时频宽个数统计直方图

图 5.6　不同噪声强度下修正瞬时频率估计算子、瞬时频宽及瞬时频宽个数的统计直方图

的分布总是不可避免地存在重合,无论阈值如何选取,都会存在保留噪声频带的"存伪"错误和滤除信号频带的"弃真"错误。在 5.2 节中,将对阈值的计算方法进行详细讨论,并给出对阈值降噪过程中关于这两类错误的修正策略。

5.2　统计降噪方法

本节提出了一种对修正后的同步压缩变换结果进行基于瞬时频宽统计的降噪方法,该方法在已经获得了修正瞬时频率估计算子和瞬时频带的基础上,首先通过瞬时频宽的统计拟合结果,根据假设检验的理论获得自适应阈值,对修正后的结果进行初步阈值降噪;然后,基于脊线搜索算法和阈值降噪结果,进一步滤除噪声频带,恢复缺失的信号频带,实现修正瞬时频率估计算子的修复和降噪,最终得到高度锐化且完全降噪的时频表示结果,即统计同步压缩变换结果。

5.2.1 基于瞬时频宽的阈值降噪

根据对瞬时频宽分布规律的讨论,在得到关于"瞬时频宽-个数"的统计直方图后,需要确定一个最优阈值,以在保留噪声频带的"存伪"错误和滤除信号频带的"弃真"错误之间达到平衡。图5.7为大阈值和小阈值的降噪效果对比,说明了不同的阈值选取会造成不同的结果。当信噪比较低时(即信号和噪声成分的瞬时频宽分布存在部分重合时),若取小阈值,信号成分的瞬时频带能够被更好地保留,而部分噪声的瞬时频带也会被保留,无法将噪声完全滤除;若取大阈值,则会使得噪声的瞬时频带被大幅度滤除,但同时部分宽度较小的信号成分瞬时频带也会被滤除,导致信号不完整,不利于后续的特征提取与信号重构。无论阈值如何选取,上述两种错误总是不可避免的,一些信号成分的瞬时频带会被滤除,而一些噪声成分的瞬时频带会被保留下来。因此,必须确定一个最优阈值,在两种错误之间找到平衡。

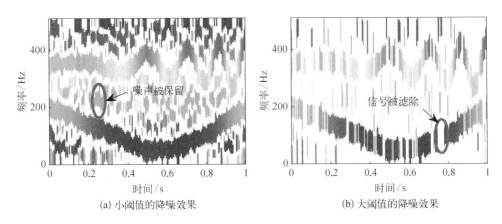

(a) 小阈值的降噪效果　　　　(b) 大阈值的降噪效果

图 5.7　大阈值与小阈值的降噪效果对比

观察图5.6中瞬时频带的分布形态,通过高斯双峰函数对直方图进行拟合:

$$f(w) = A_\varepsilon e^{-\frac{(w-\mu_\varepsilon)^2}{2\sigma_\varepsilon^2}} + A_s e^{-\frac{(w-\mu_s)^2}{2\sigma_s^2}} \tag{5.17}$$

式中,w 为瞬时频宽;A_ε、μ_ε、σ_ε 和 A_s、μ_s、σ_s 分别为信号和噪声的幅值、均值和标准差。

通过非线性最小二乘方法对上述参数进行拟合,得到两个分布的概率密度函数:

$$f_\varepsilon(w) = \frac{1}{\sigma_\varepsilon\sqrt{2\pi}}\mathrm{e}^{-\frac{(w-\mu_\varepsilon)^2}{2\sigma_\varepsilon^2}}, \quad f_s(w) = \frac{1}{\sigma_s\sqrt{2\pi}}\mathrm{e}^{-\frac{(w-\mu_s)^2}{2\sigma_s^2}} \tag{5.18}$$

式中, $f_\varepsilon(w)$ 为噪声瞬时频宽分布的概率密度函数; $f_s(w)$ 为信号瞬时频宽分布的概率密度函数。

需要在 $f_\varepsilon(w)$ 和 $f_s(w)$ 这两个分布之间确定一个阈值来滤除瞬时频率估计子中噪声的瞬时频带,但是这两个分布是相互重叠的。因此,无论阈值如何选取,总存在保留噪声频带的"存伪"错误和滤除信号频带的"弃真"错误。假设所选取的带宽阈值为 T_w,为了衡量"存伪"和"弃真"这两类错误发生的概率,建立以 T_w 为变量的犯错概率函数:

$$E(T_w) = \int_0^{T_w} f_s(w)\,\mathrm{d}w + \int_{T_w}^{+\infty} f_\varepsilon(w)\,\mathrm{d}w \tag{5.19}$$

为了使该犯错概率最小,对式(5.19)求关于 T_w 的变上下限积分的导数并令其为 0:

$$\frac{\mathrm{d}E(T_w)}{\mathrm{d}T_w} = f_s(T_w) - f_\varepsilon(T_w) = 0 \tag{5.20}$$

通过计算可知,当宽度 T_w 取为两个概率密度函数中间的交点 T_w^* 时,损失函数值可以达到全局最小,因此将两个概率密度函数中间交点所代表的宽度设为最终阈值 T_w^*:

$$f_\varepsilon(T_w^*) = f_s(T_w^*), \quad \mu_\varepsilon < T_w < \mu_s \tag{5.21}$$

那么,阈值降噪后的修正瞬时频率估计子为

$$\hat{\omega}_x^F(u, \xi) = \begin{cases} \hat{\omega}_x^A(u, \xi), & \omega_R^\Delta(u, \xi) > T_w^* \\ \infty, & \text{其他} \end{cases} \tag{5.22}$$

对应的同步压缩变换结果为

$$T_x'^F(u, \omega) = \int_{\Re} S_x^g(u, \xi)\delta[\omega - \hat{\omega}_x^F(u, \xi)]\,\mathrm{d}\xi \tag{5.23}$$

信号和噪声的概率密度函数及阈值选取示意图如图 5.8 所示,基于"瞬时频宽-个数"分布的拟合与阈值的自适应选取,可以得到阈值降噪的时频图,但是其仍然不可避免地存在上述两类错误,需要进一步通过纠偏策略进行处理。

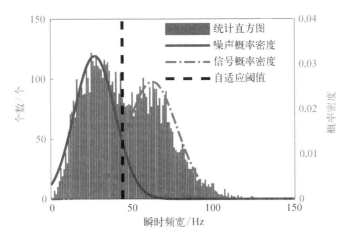

图 5.8 信号和噪声的概率密度函数及阈值选取示意图

5.2.2 基于脊线搜索的偏差修正

阈值降噪后的修正瞬时频率估计算子如图 5.9 所示。在上述阈值降噪的过程中,仍有部分噪声的瞬时频带被保留("存伪"错误),且仍有部分信号的瞬时频带被滤除("弃真"错误),因此,为了保证信号重构的完整性和降噪的彻底性,必须找到一种纠偏算法来进一步降噪并实现缺失信号的恢复。此时,可以利用信号的瞬时频率曲线在时间上具有一定连续性的特性,通过基于脊线搜索的纠偏算法将丢失的信号数据恢复,并对噪声进行彻底滤除。

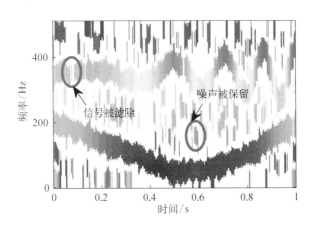

图 5.9 阈值降噪后的修正瞬时频率估计算子

为了对阈值降噪的错误进行修正,恢复信号并进一步滤除噪声,需要对阈值降噪前的同步压缩变换结果 $T_x^A(u, \xi)$ 进行脊线搜索,利用信号瞬时频率曲线的连续性及信号频带被保留的概率来判断该脊线是否为信号,并据此进行相应的操作。

使用的脊线搜索算法属于广义 Viterbi 动态规划算法,该算法常用于动态规划问题,其同时考虑了时频系数的幅值大小和脊线的连续性,构造了路径惩罚函数,从所有可能的路径中选出使路径惩罚函数最小的路径作为最优路径,得到信号的瞬时频率估计[2]。对于含有多个成分的信号,采用 Viterbi 算法,首先得到能量最大的成分的脊线路径,然后将对应时频子区域的系数置零,再进行下一条路径的搜索,该过程需要循环进行,直至所有成分都被检测完成。相比传统脊线搜索算法,这种算法的优势是在强噪声下具有更好的鲁棒性,其具体流程将在下面的 5.3 节算法实现中进行详细描述。

假设上述纠偏过程总共进行了 Q 步,在其中的第 q 步中,所进行的具体操作如下。

(1) 对阈值降噪前的同步压缩变换结果 $T_x^A(u, \xi)$ 进行基于 Viterbi 动态规划算法的脊线搜索,得到脊线 $R(u)$。

(2) 判断阈值降噪后的同步压缩变换 $T_x^F(u, \xi)$ 在这条脊线路径上的对应元素是否为 0,如果是 0,就说明该位置的元素在阈值降噪的过程中被滤除,否则没有被滤除,并据此对该脊线进行评估:

$$B(u) = \begin{cases} 1, & T_x^F[u, R(u)] \neq 0 \\ 0, & \text{其他} \end{cases} \tag{5.24}$$

式中, $B(u) = 1$ 表示脊点 $R(u)$ 处的系数在阈值降噪过程中没有被滤除; $B(u) = 0$ 则表示该系数被滤除。

然后,计算该脊线属于信号成分的近似概率 γ:

$$\gamma = \frac{1}{T} \int_{\Re} B(u) \, \mathrm{d}u \tag{5.25}$$

通过比较 γ 与信号频带被保留的概率 Γ 的大小关系,从而判断当前脊线是否为信号成分的脊线, Γ 的计算公式为

$$\Gamma = \int_{T_w^*}^{\infty} f_s(w) \, \mathrm{d}w \tag{5.26}$$

式中, $f_s(w)$ 为信号瞬时频宽分布的概率密度函数。

令 i 为所检测到的信号成分的个数,如果 $\Gamma < \gamma$,就将其视为噪声,不进行任何纠偏与恢复操作。如果 $\Gamma > \gamma$,则认为是信号,令 $i = i + 1$,于是执行以下恢复过程:将脊线上每个脊点所处于的瞬时频带内的修正瞬时频率估计算子进行恢复,得到第 i 个信号成分对应的修正瞬时频率估计算子 $\hat{\omega}_x^{\text{Stat}[i]}$。假设脊点 $R(u)$ 位于 u 时刻的第 $r(u)$ 个频带中,那么 $\hat{\omega}_x^{\text{Stat}[i]}$ 可以表示为

$$\hat{\omega}_x^{\text{Stat}[i]}(u, \xi) = \begin{cases} \hat{\omega}_x^{\text{Stat}[i]}(u, \xi), & \omega_{R, r(u)}^L(u) < \xi < \omega_{R, r(u)}^H(u) \\ \infty, & \text{其他} \end{cases} \tag{5.27}$$

式中，$\omega_{R, r(u)}^L(u)$ 和 $\omega_{R, r(u)}^H(u)$ 分别为 u 时刻第 $r(u)$ 个瞬时频带的下界和上界频率。

（3）在以上两种情况下，都需要将修正后的时频表示 $T_x^A(u, \xi)$ 中脊线 $R(u)$ 处的时频系数置零，以进行下一条脊线的搜索，即

$$T_x^A[u, R(u)] = 0 \tag{5.28}$$

重复上述三个步骤，直至 T_x^A 中的所有系数均已置零，即 $\iint_{\Re^2} | T_x^A(u, \xi) | \, du d\xi = 0$，则说明所有的成分都已被检测完成。这样降噪过程中遗留的噪声能够被进一步滤除，而丢失的信号也得以恢复。假设总共检测到了 K 个信号成分，那么最终得到的修正瞬时频率估计算子为

$$\hat{\omega}_x^{\text{Stat}}(u, \xi) = \sum_{i=1}^K \hat{\omega}_x^{\text{Stat}(i)}(u, \xi) \tag{5.29}$$

对应的噪声得以大幅度滤除且时频能量高度集中的时频表示 T_x^{Stat} 为

$$T_x^{\text{Stat}}(u, \omega) = \int_{\Re} S_x^g(u, \xi) \delta[\omega - \hat{\omega}_x^{\text{Stat}}(u, \xi)] \mathrm{d}\xi \tag{5.30}$$

以上是统计同步压缩变换的完整算法流程，该方法通过瞬时频宽统计的策略实现了噪声的滤除，因此称为统计同步压缩变换，相应的估计算子称为统计瞬时频率估计算子。

图 5.10 为信号 a 的纠偏过程与结果示意图，图 5.11 为信号 b 的纠偏过程与结果示意图，在局部放大图中，能够发现在原本信号被滤除的地方，其频带得到了

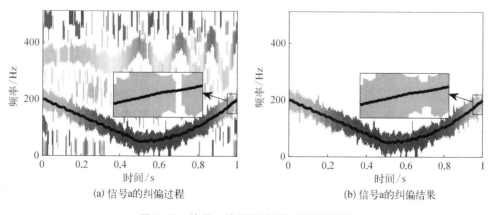

(a) 信号a的纠偏过程　　　　　　　　(b) 信号a的纠偏结果

图 5.10　信号 a 的纠偏过程与结果示意图

恢复,从而能够完整地表示整个信号成分,而噪声也得以完全滤除。图 5.12 为图 55 中含噪信号的统计同步压缩变换结果,对于该含噪声信号,统计同步压缩变换实现了瞬时频率估计算子的修正与噪声的滤除,得到了时频聚集性大幅提升且大幅降噪的时频表示结果。观察图 5.12(a)和(b),可以发现:经过基于瞬时频宽的

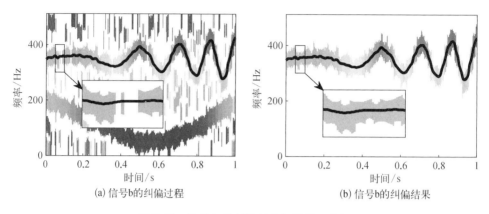

(a) 信号b的纠偏过程   (b) 信号b的纠偏结果

图 5.11   信号 b 的纠偏过程与结果示意图

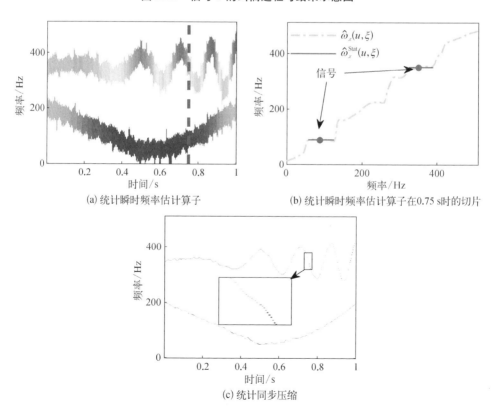

(a) 统计瞬时频率估计算子   (b) 统计瞬时频率估计算子在0.75 s时的切片

(c) 统计同步压缩

图 5.12   图 5.5 中含噪信号的统计同步压缩变换结果

统计降噪和纠偏策略,瞬时频率估计算子只保留了信号成分的准确瞬时频率信息,因此压缩后的时频图也仅包含时频能量高度集中的信号成分,实现了信号和噪声的分离,如图 5.12(c)所示。

5.3　算法实现

　　本节将从统计同步压缩变换的算法实现角度,论述如何将统计同步压缩变换应用于实际离散时间信号的分析,并将给出基于 Viterbi 动态规划算法的脊线搜索算法的详细流程。

5.3.1　统计同步压缩变换的离散形式

　　为了方便算法的说明,首先将时间 u 和频率 ξ 离散化为 N 点时间索引序列 $n = 1, 2, \cdots, N$ 和 $(M/2 + 1)$ 点频率索引序列 $m = 1, 2, \cdots, M/2 + 1$,其分别对应时间序列 $u[n] = nT$ 和频率序列 $\xi[m] = 2\pi(m-1)/(MT)$,其中 T 为采样间隔,M 为窗函数的点数,那么坐标索引 $[n, m]$ 对应连续时间和频率下的时频点 $(u[n], \xi[m])$。同时,信号 $x[t]$ 的离散形式可以表达为

$$x[n] = \sum_{k=1}^{K} a_k[n] e^{i\varphi_k[n]} + \varepsilon[n] \tag{5.31}$$

式中,$x[n] = x(nT)$,为信号序列;$a_k[n] = a_k(nT)$,为第 k 个成分的幅值序列;$\varphi_k[n] = \varphi_k(nT)$,为第 k 个成分的相位序列;$\varepsilon[n] = \varepsilon(nT)$,为高斯白噪声序列。

　　在同步压缩变换中,为了避免在瞬时频率估计算子中的偏微分计算引起的数值稳定性差的问题,通常将瞬时频率估计算子写为如下离散形式:

$$\hat{\omega}_x[n, m] = \Re\left[i\frac{S_x^{g'}[n, m]}{S_x^{g}[n, m]}\right] + \xi[m] \tag{5.32}$$

然后,根据式(5.2)的离散形式搜索每个成分的瞬时频带中心,找到修正基准频率在频率序列中的索引:

$$\omega_R[n] = \begin{cases} m_\omega & \begin{vmatrix} P_x[n, m] < \Delta\xi \\ D_x[n, m] < 1 \\ P_x[n, m] \leqslant P_x[n, m-1] \\ P_x[n, m] \geqslant P_x[n, m+1] \end{vmatrix} \end{cases} \tag{5.33}$$

式中,$P_x[n, m] = |\hat{\omega}_x[n, m] - \xi[m]|$,为瞬时频率估计算子与过零点且斜率为 1 的基准线之间的距离;$D_x[n, m] = |\hat{\omega}_x[n, m] - \hat{\omega}_x[n, m-1]|/\Delta\xi$,为瞬时频

率估计算子在频率 $\xi[m]$ 处的偏导数；$\Delta\xi = \xi[m] - \xi[m-1] = 2\pi/(MT)$，为频率分辨率。

在 n 时刻，全部瞬时频带中心的个数记为 $N_R[n]$ 并且 $N_R[n] \geqslant K$，因为噪声成分在一定程度上可以看作特殊的信号，其也会存在相应的频率基准点。对于 n 时刻的第 i 个瞬时频带中心 $\omega_{R,i}[n]$，$i = 1, 2, \cdots, N_R[n]$，通过式(5.32)的离散形式(5.3)计算其所标定的瞬时频带的上界频率索引 $\omega_{R,i}^{H}[n]$ 和下界频率索引 $\omega_{R,i}^{L}[n]$：

$$\omega_{R,i}^{H}[n] = \min\{m \mid D_x[n, m] \geqslant 1, m \geqslant \omega_{R,i}[n]\} \tag{5.34}$$

$$\omega_{R,i}^{L}[n] = \max\{m \mid D_x[n, m] \geqslant 1, m \leqslant \omega_{R,i}[n]\} \tag{5.35}$$

确定了瞬时频带之后，通过式(5.4)的离散形式对瞬时频率估计算子进行修正：

$$\hat{\omega}_x^A[n, m] = \begin{cases} \hat{\omega}_x[n, \omega_{R,1}[n]], & \omega_{R,1}^{L}[n] < m < \omega_{R,1}^{H}[n] \\ \hat{\omega}_x[n, \omega_{R,2}[n]], & \omega_{R,2}^{L}[n] < m < \omega_{R,2}^{H}[n] \\ \vdots \\ \hat{\omega}_x[n, \omega_{R,N_R[n]}[n]], & \omega_{R,N_R[n]}^{L}[n] < m < \omega_{R,N_R[n]}^{H}[n] \\ \infty, & 其他 \end{cases} \tag{5.36}$$

对瞬时频率估计算子进行修正后，短时傅里叶变换的系数就可以被精确地重排至对应的瞬时频率点处，得到能量高度集中的时频表示：

$$T_x^A[n, k] = \sum_{|\hat{\omega}_x^A(n, m) - \xi(k)| < \frac{\Delta\xi}{2}} S_x^g[n, m]\Delta\xi \tag{5.37}$$

在得到修正瞬时频率估计算子及对应的高聚集性的同步压缩变换时频表示后，为了进一步实现降噪，可以通过对式(5.15)进行离散化，得到离散时间情况下的瞬时频宽：

$$\omega_R^{\Delta}[n, m] = \begin{cases} \omega_{R,1}^{H}[n] - \omega_{R,1}^{L}[n], & \omega_{R,1}^{L}[n] < m < \omega_{R,1}^{H}[n] \\ \omega_{R,2}^{H}[n] - \omega_{R,2}^{L}[n], & \omega_{R,2}^{L}[n] < m < \omega_{R,2}^{H}[n] \\ \vdots \\ \omega_{R,N_R(n)}^{H}[n] - \omega_{R,N_R(n)}^{L}[n], & \omega_{R,N_R(n_t)}^{L}[n] < m < \omega_{R,N_R(n)}^{H}[n] \\ \infty, & 其他 \end{cases} \tag{5.38}$$

然后,根据瞬时频宽统计与拟合的方式确定区分信号和噪声的最优带宽阈值 T_w^*,并根据式(5.22)和式(5.23)的离散形式得到阈值降噪后的瞬时频率估计算子:

$$\hat{\omega}_x^F[n, m] = \begin{cases} \hat{\omega}_x^A[n, m], & \omega_R^{\Delta}[n, m] > T_w^* \\ \infty, & \text{其他} \end{cases} \tag{5.39}$$

对应的同步压缩变换结果如下:

$$T_x^F[n, k] = \sum_{\left| \hat{\omega}_x^F[n, m] - \xi[k] \right| < \frac{\Delta\xi}{2}} S_x^g[n, m]\Delta\xi \tag{5.40}$$

在纠偏过程中,首先初始化信号成分的个数为 $i = 0$,在对阈值降噪前的同步压缩变换 $T_x^A[n, m]$ 进行脊线搜索并得到其在离散时间情况下的脊线 $R[n]$ 后,通过式(5.24)和式(5.25)的离散形式计算当前脊线为信号成分的概率 γ:

$$B[n] = \begin{cases} 1, & T_x^F[n, R(n)] \neq 0 \\ 0, & \text{其他} \end{cases} \tag{5.41}$$

$$\gamma = \frac{1}{N} \sum_{n=1}^N B[n] \tag{5.42}$$

进一步根据式(5.26)计算信号频带保留概率 Γ,若 $\Gamma < \gamma$,就将其视为噪声;如果 $\Gamma > \gamma$,则认为该脊线属于信号成分,于是令信号成分计数 $i = i+1$,假设脊点 $R[n]$ 位于 n 时刻的第 $r[n]$ 个频带内,则第 i 个信号成分对应的修正瞬时频率估计算子 $\hat{\omega}_x^{\text{Stat}(i)}$ 为

$$\hat{\omega}_x^{\text{Stat}(i)}[n, m] = \begin{cases} \hat{\omega}_x^{\text{Stat}(i)}[n, m], & \omega_{R, r[n]}^L[n] < m < \omega_{R, r[n]}^H[n] \\ \infty, & \text{其他} \end{cases} \tag{5.43}$$

式中,$\omega_{R, r[n]}^L[n]$ 和 $\omega_{R, r[n]}^H[n]$ 分别为 n 时刻第 $r[n]$ 个瞬时频带的下界频率索引和上界频率索引。

最后,将时频表示 $T_x^A[n, m]$ 中脊线 $R(n)$ 处的时频系数置零,即

$$T_x^A[n, R[n]] = 0 \tag{5.44}$$

重复以上步骤,直至时频表示 $T_x^A[n, m]$ 中的所有系数均已置零,即 $\sum_{n=1}^N \sum_{m=1}^{M/2+1} |T_x^A[n, m]| = 0$,则根据式(5.29)和式(5.30)得到最终离散形式的统计瞬时频率估计算子为

$$\hat{\omega}_x^{\text{Stat}}[n, m] = \sum_{i=1}^K \hat{\omega}_x^{\text{Stat}(i)}[n, m] \tag{5.45}$$

对应的统计同步压缩变换结果如下：

$$T_x^{\text{Stat}}[n_t, k] = \sum_{|\hat{\omega}_x^{\text{Stat}}[n, m] - \xi[k]| < \frac{\Delta\xi}{2}} S_x^g[n, m]\Delta\xi \qquad (5.46)$$

以上是统计同步压缩变换在离散情况下的完整算法流程，其伪代码见算法 5.1。

算法 5.1　统计同步压缩变换

步骤 1：初始化

信号 $x(n)$、短时傅里叶变换 $S_x[n, m]$ 和瞬时频率估计算子 $\hat{\omega}_x[n, m]$。

步骤 2：标记瞬时频带中心，瞬时频带和修正瞬时频率估计算子

    for $n = 1 : N$ **do**

    根据式 (5.33) 计算基准频率 $\omega_R[n]$ 并找到对应的基准频率点数量 $N_R[n]$；

    for $i = 1 : N_R[n]$ **do**

      根据式 (5.34) 和式 (5.35) 计算瞬时频带边界 $\omega_{R,i}^L[n]$ 和 $\omega_{R,i}^H[n]$；

      根据式 (5.36) 计算修正瞬时频率估计算子 $\hat{\omega}_x^A[n, m]$；

    end for

    end for

步骤 3：通过瞬时频宽统计降噪

根据式 (5.38) 计算瞬时频宽 $\omega_R^\Delta[n, m]$ 并通过式 (5.17) 拟合分布；

计算 A_ε、μ_ε、σ_ε、A_s、μ_s、σ_s 及概率密度函数 $f_\varepsilon(w)$、$f_s(w)$；根据式 (5.21) 计算阈值 T_w^*；

根据式 (5.39) 计算阈值降噪算子 $\hat{\omega}_x^F[n, m]$ 并根据式 (5.40) 计算同步压缩变换 $T[n, m]$；

步骤 4：纠偏

根据式 (5.26) 计算概率 Γ；信号计数 $i = 0$。

    while $\sum\limits_{n=1}^{N}\sum\limits_{m=1}^{M/2+1} |T_x^A[n, m]| \neq 0$ **do**

    根据 Viterbi 动态规划算法检测 $T_x^A[n, m]$ 的脊线 $R(n)$ 并根据式 (5.42) 计算 γ；

    if $\gamma > \Gamma$ **then**

      $i = i + 1$；

      根据式 (5.43) 恢复第 i 个信号成分的修正瞬时频率估计算子 $\hat{\omega}_x^{\text{Stat}(i)}[n, m]$；

      根据式 (5.44) 对 $T_x^A[n, m]$ 相应时频区域的系数置零；

    else

      根据式 (5.44) 对 $T_x^A[n, m]$ 相应时频区域的系数置零；

    end if

    end while

得到全部信号的修正瞬时频率估计算子 $\hat{\omega}_x^{\text{Stat}}[n, m] \leftarrow \sum\limits_{i=1}^{K} \hat{\omega}_x^{\text{Stat}(i)}[n, m]$；

计算统计同步压缩变换结果 $T_x^{\text{Stat}}[n, k] \leftarrow \sum\limits_{|\hat{\omega}_x^{\text{Stat}}[n, m] - \xi[k]| < \frac{\Delta\xi}{2}} S_x^g[n, m]\Delta\xi$；

输出：统计同步压缩变换 $T_x^{\text{Stat}}[n, k]$。

5.3.2　脊线搜索算法

脊线搜索算法通过构造与时频系数幅值大小和瞬时频率曲线连续性相关的路径惩罚函数,利用 Viterbi 动态规划算法求解全局最优解,从所有可能的路径中选取使惩罚函数最小的路径作为瞬时频率脊线的估计,在低信噪比环境下具有较高的鲁棒性,其主要基于以下两点假设。

(1) 如果某时刻的时频系数极大值点不是瞬时频率脊点,那么瞬时频率脊点很可能是在其余较大的系数处(如第二大或者第三大的系数等)。因此,基于时频系数幅值的大小,可以构造一个惩罚函数,时频系数的幅值越小,函数值越大,反之亦然。

(2) 瞬时频率函数具有较好的连续性,即连续两个相邻脊点之间的瞬时频率变化量不是非常显著。

基于以上两点假设,可以构造包括幅值惩罚项和频差惩罚项的瞬时频率脊线路径惩罚函数。假设时频表示 $\mathrm{TFR}[n, k]$ 的离散时间和频率的维度分别为 N 和 K,其中时间索引为 $n = 1, 2, \cdots, N$,频率索引为 $k = 1, 2, \cdots, K$,那么瞬时频率脊线路径的估计可以通过求解以下最小化优化问题得到:

$$\hat{p}[n] = \arg \min_{p[n] \in P} \left\{ \sum_{n=1}^{N} f(\mathrm{TFR}[n, p(n)]) + \sum_{n=1}^{N-1} g[p(n), p(n+1)] \right\}$$

(5.47)

式中,$p(n)$ 为脊线路径 p 在 n 时刻的脊点频率索引;P 为区间 $[1, N]$ 内所有可能路径的集合;$f(\mathrm{TFR}[n, p(n)])$ 为时频系数的幅值惩罚项。

在给定的时刻 n,函数 f 可以通过如下的方式定义,首先将时频表示系数幅值按照从小到大的顺序排列:

$$\mathrm{TFR}[n, k_K] \leqslant \cdots \mathrm{TFR}[n, k_j] \leqslant \cdots < \mathrm{TFR}[n, k_2] \leqslant \mathrm{TFR}[n, k_1]$$

(5.48)

式中,$j \in [1, K]$,为上述非减序列中幅值第 j 个大的系数的序号。

那么函数 f 可以定义为

$$f(\mathrm{TFR}[n, k_j]) = j - 1$$

(5.49)

这样就放大了大幅值系数在目标函数最小化中的作用,使其受到更小的惩罚,也就有更大的概率成为瞬时频率的脊点。$g(p[n], p[n+1])$ 为脊线路径的频差惩罚项,其与相邻时刻(n 时刻与 $n+1$ 时刻)的连续两个脊点频率之差的绝对值相关,在本节中定义为关于频率之差的绝对值的线性函数:

$$g(p[n], p[n+1]) = \begin{cases} 0, & |p[n] - p[n+1]| \leqslant \Delta \\ c(|p[n] - p[n+1]| - \Delta), & |p[n] - p[n+1]| > \Delta \end{cases}$$

(5.50)

式中,Δ 为对瞬时频率变化量的容限阈值,通常可以根据连续两个相邻时刻瞬时频率变化量的绝对值的最大值进行选取,只有当频差大于 Δ 时才进行惩罚;c 为常数,控制对瞬时频率变化量的惩罚大小。

对于优化的目标函数,使用穷举法进行求解几乎是不可能的,因为其总共需要搜索 N^K 个路径,时间复杂度过高。为了解决该优化问题,可以通过一种用于动态规划的 Viterbi 算法进行求解,其实现方法可以总结如下。

Viterbi 算法是从起始时刻开始,逐步搜索到下一时刻各点的局部最优路径(使路径惩罚函数最小),保存这些局部最优路径,删除所有不符合最短路径要求的路径,从而大大降低计算复杂度。假设从起始时刻开始,到 i 时刻各点的局部最优路径均已获得:

$$\hat{p}_{i,j}[n] = \arg \min_{p_{i,j}[n] \in P_{i,j}} \left(\sum_{n=1}^{i} f\{TFR[n, p_{i,j}[n]]\} + \sum_{n=1}^{i-1} g[p_{i,j}[n], p_{i,j}[n+1]] \right),$$
$$j = 1, 2, \cdots, K$$

$$(5.51)$$

式中,$p_{i,j}$ 为从起始时刻到 i 时刻的第 j 个点的某一条路径,$P_{i,j}$ 为这些路径的集合;$\hat{p}_{i,j}$ 为从起始时刻到 i 时刻的第 j 个点的局部最优路径。

如果令 $\Pi_{i,j}$ 代表局部最优路径 $\hat{p}_{i,j}$ 所对应的路径惩罚函数的值,那么从起始时刻到 i 时刻,局部瞬时频率脊线路径为

$$\hat{p}_i[n] = \arg \min_{\hat{p}_{i,j}, j = 1, \cdots, K} \Pi_{i,j} \qquad (5.52)$$

在得到 i 时刻各点的局部最优路径后,就可以删除其余无关路径的信息,因为全局最优路径中已经不可能再包含非局部最优路径,而经过当前时刻各点的任何局部最优路径都是全局最短路径的备选路径。

接下来,利用记录的上一时刻的局部最优路径惩罚函数 $\Pi_{i,j}$,可以直接得到:

$$\Pi_{i+1,j,k} = \Pi_{i,j} + f[TFR(n_{i+1}, k)] + g(j, k), \quad j, k = 1, \cdots, K \qquad (5.53)$$

式中,$\Pi_{i+1,j,k}$ 为起始时刻到 $i+1$ 时刻第 k 个点且经过 $\hat{p}_{i,j}$ 的路径(记为 $\hat{p}_{i+1,j,k}$)所对应的惩罚函数。

那么从起始时刻到 $i+1$ 时刻,第 k 个点的局部最优路径为

$$\hat{p}_{i+1,k}(n) = \arg \min_{\hat{p}_{i+1,j,k}, j = 1, \cdots, K} \Pi_{i+1,j,k}, \quad k = 1, \cdots, K \qquad (5.54)$$

同时能够得到对应的惩罚函数:

$$\Pi_{i+1,k} = \min_{j = 1, \cdots, K} \Pi_{i+1,j,k}, \quad k = 1, \cdots, K \qquad (5.55)$$

通过上述方式从起始时刻逐步向后搜索,对于某点从某时刻到下一时刻的局

部最优路径,仅需搜索 K 条路径即可;对于全部的 K 个频率点,仅需搜索 K^2 条路径;而对于整个时频平面,仅需搜索 NK^2 条路径,相较于原时间复杂度 N^K 大幅下降。在得到各点从起始时刻到最后时刻 N 的局部最优路径后,可以得到最终的全局最优路径为

$$\hat{p}(n) = \hat{p}_N(n) = \arg \min_{\hat{p}_{N,j}, j=1,\cdots,K} \Pi_{N,j} \tag{5.56}$$

以某个时频维度为 3×6 的时频表示为例,进行可视化说明,该时频表示包含 3 个离散时刻 $n_1 \sim n_2$ 和 6 个离散频率 $k_1 \sim k_6$,如图 5.13(a)所示,每个时频点都用方框表示,方框中的数字表示按照系数幅值大小关系计算得到的幅值惩罚函数的值。令频差惩罚函数的参数为 $\Delta = 1$、$c = 2$,也就是说,当前时刻某点与下一时刻距离最近的 3 个点之间的路径不会产生任何频差惩罚(假设相邻两点之间的频差为 1)。$n_1 \sim n_2$ 时刻,各点的局部最优路径(记为 $\hat{p}_{2,j}$,$j = 1, \cdots, 6$)按照式(5.52)进行计算,并用箭头标注于图 5.13(a)中,箭头上方的数字表示两点之间频差惩罚。

接下来,用到 n_2 时刻各点的局部最优路径对应的惩罚函数的值代替原 n_2 时刻各点的幅值惩罚函数(将箭头两端的幅值惩罚项与箭头上方的频差惩罚项的值相加),如图 5.13(b)所示,通过式(5.53)计算 $n_1 \sim n_3$ 时刻各点且经过 $\hat{p}_{2,j}$ 的路径惩罚函数,并通过式(5.54)和式(5.55)计算 $n_1 \sim n_3$ 时刻各点的局部最优路径和对应的惩罚函数。此时已经遍历完所有的时刻,最后需确定最终的脊线路径,如图 5.13(a)、(b)中的加粗箭头所示。图 5.13(c)方框中的数字表示从 n_1 时刻到对应位置的局部最优路径所对应的路径惩罚函数。在本例中,路径 $(n_1, k_3) \to (n_2, k_3) \to (n_3, k_4)$ 所对应的路径惩罚函数在所有 3^6 个路径中取最小值(最小值为 1),因此将其作为最终的脊线路径。

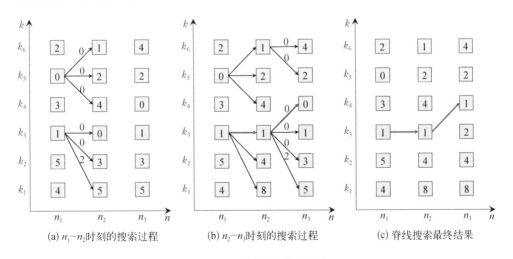

(a) $n_1 \sim n_2$ 时刻的搜索过程　　(b) $n_2 \sim n_3$ 时刻的搜索过程　　(c) 脊线搜索最终结果

图 5.13　脊线搜索算法示意

5.4　试验研究与航空发动机振动故障溯源实例

本节将通过数值仿真试验对统计同步压缩变换的性能进行验证,并将其应用于某型航空发动机振动故障的溯源中,以说明统计同步压缩变换方法在实际航空发动机快变信号分析与故障诊断中的可行性。

5.4.1　数值仿真试验

本节通过仿真信号分析验证来说明统计同步压缩变换在分析快变信号时所具有的时频聚集性、对噪声的鲁棒性和重构性优势。为了更直观地展示统计同步压缩变换在上述各方面的优越性,利用统计同步压缩变换与其他对比方法同时分析含噪声的仿真信号,包括短时傅里叶变换(STFT)、同步压缩变换(SST)、四阶同步压缩变换(4th-SST)、同步提取变换(synchroextracting transform, SET),通过对比各方法的分析结果,说明统计同步压缩变换的性能。该仿真信号包含两个成分,其表达式为

$$\begin{cases} x(t) = x_a(t) + x_b(t) \\ x_a(t) = \begin{cases} [1.5 - 0.1\cos(2\pi t)] \times \cos(400\pi t - 300\pi t^2), & 0 < t \leqslant 0.5 \\ [1.5 - 0.1\cos(2\pi t)] \times \cos(400\pi t - 600\pi t^2 + 400\pi t^3 + \pi), & 0.5 < t \leqslant 1 \end{cases} \\ x_b(t) = (1 + 0.6t) \times \cos[700\pi t + 10\sin(8\pi t^2)], & 0 \leqslant t \leqslant 1 \end{cases}$$

$$(5.57)$$

式中,$x_a(t)$ 的前半段为线性调频的信号,而后半段为二次调频信号(即瞬时频率函数为二次函数);$x_b(t)$ 为瞬时频率呈波内调制的快变信号(即瞬时频率呈振荡状态)。

将式(5.57)的仿真信号加入高斯白噪声并令总体信噪比为 3 dB,图 5.14 为含

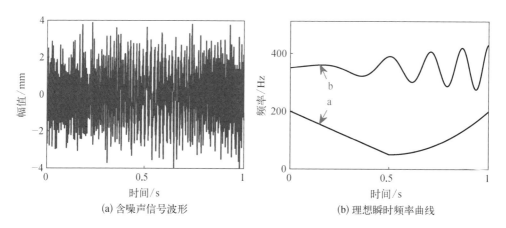

(a) 含噪声信号波形　　　　　　　(b) 理想瞬时频率曲线

图 5.14　含噪声信号波形及理想瞬时频率曲线

噪声信号波形及理想瞬时频率曲线。

1. 时频聚集性验证

在时频聚集性方面,将统计同步压缩变换(Stat-SST)与上述各方法进行比较,其结果分别如图 5.15～图 5.19 所示。通过比较可以发现,短时傅里叶变换结果存在严重的能量分散问题,时频聚集性极低。与之相比,同步压缩变换将各个成分的能量压缩到真实的瞬时频率处,但这仅限于频率变化缓慢的地方,在信号快变的地方仍在存在能量分散现象,这正是瞬时频率估计算子对快变信号的有偏估计的结果。四阶同步压缩变换提升了信号强时变处的时频聚集性,但是由于受到噪声影响,信号的瞬时频带边缘处的高阶瞬时频率估计算子偏离了真实瞬时频率值,使得其时频表示仍然存在模糊。同步提取变换在整体上的时频分辨率大大提高,但同步提取变换会将信号和噪声的时频系数同时提取出来,导致时频图中存在许多噪点;统计同步压缩变换在对瞬时频率估计算子修正的基础上进行了统计降噪,其时频图具有极高时频聚集性,同时还大幅度降低了噪声干扰。为了量化时频聚集性,

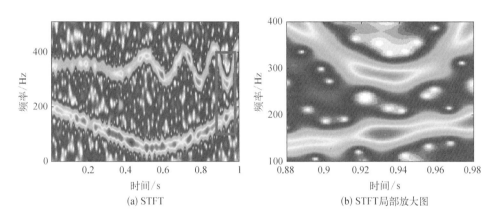

图 5.15　含噪声信号的短时傅里叶变换及其局部放大图

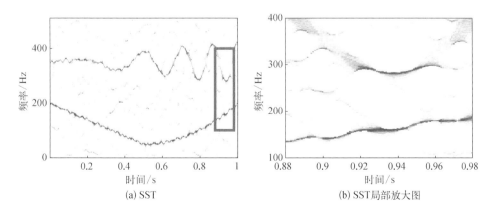

图 5.16　含噪声信号的同步压缩变换及其局部放大图

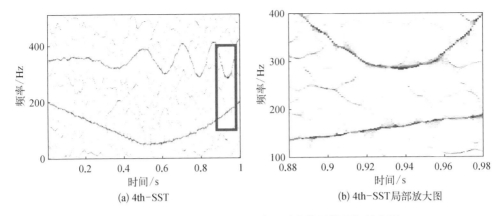

(a) 4th-SST   (b) 4th-SST局部放大图

图 5.17   含噪声信号的四阶同步压缩变换及其局部放大图

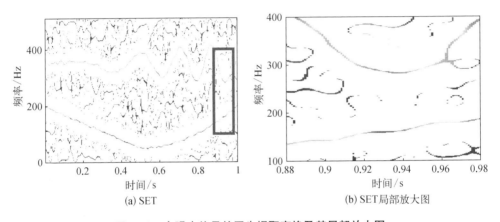

(a) SET   (b) SET局部放大图

图 5.18   含噪声信号的同步提取变换及其局部放大图

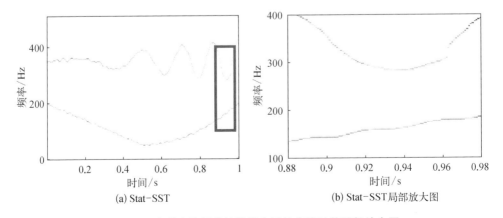

(a) Stat-SST   (b) Stat-SST局部放大图

图 5.19   含噪声信号的统计同步压缩变换及其局部放大图

下面使用瑞利熵来对各个时频表示进行评估,如表 5.1 所示。从瑞利熵的定量对比中,也可以发现统计同步压缩变换具有最高的时频聚集性。

表 5.1　不同时频分析方法的瑞利熵

时频分析方法	STFT	SST	4th-SST	SET	Stat-SST
瑞利熵	7.875 6	4.000 7	3.565 0	3.591 7	0.872 4

为了探究在不同噪声强度下各个方法的表现,对式(5.57)中的信号加入不同信噪比的高斯白噪声(1~20 dB,间隔为 1 dB),进行 20 轮不同的随机噪声测试,并计算各个方法时频表示结果在 20 轮测试中的平均瑞利熵,如图 5.20 所示。从图中可以看出,统计同步压缩变换在所有情况下都拥有最小的瑞利熵,即最高的时频聚集性。此外,统计同步压缩变换的瑞利熵在不同噪声强度下几乎保持不变,这是由于在所有情况下,统计同步压缩变换都滤除了大部分噪声,而仅在信号的瞬时频率附近保留了高度聚集的时频表示系数。

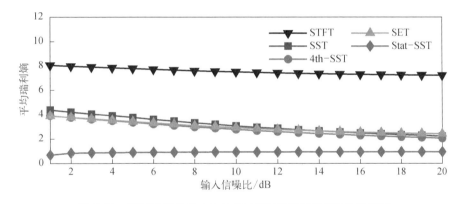

图 5.20　不同时频分析方法的 20 轮随机噪声测试平均瑞利熵

2. 重构性能验证

在信号的重构性方面,将统计同步压缩变换和同步压缩变换、四阶同步压缩变换及同步提取变换进行比较,结果分别如图 5.21~图 5.24 所示,每一幅图的右侧子图从上到下分别为信号 $x_a(t)$ 和 $x_b(t)$ 的重构结果,其中黑色线条表示真实信号,灰色线条表示重构信号。从图中可以看出,同步压缩变换和同步提取变换在重构中都出现了错误,这是因为其方法时频聚集性低或者受噪声干扰导致了脊线搜索错误。相比之下,四阶同步压缩变换和统计同步压缩变换相对完整地重构了两个信号成分。

为了进一步作定量对比,表 5.2 给出了采用上述方法得到的重构信号与原始无噪信号之间的均方根误差(root-mean-square error, RMSE),其中统计同步压缩变

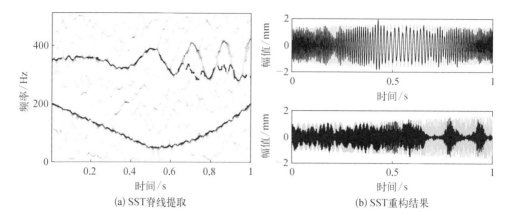

(a) SST脊线提取　　　　　　　　(b) SST重构结果

图 5.21　同步压缩变换重构示意图

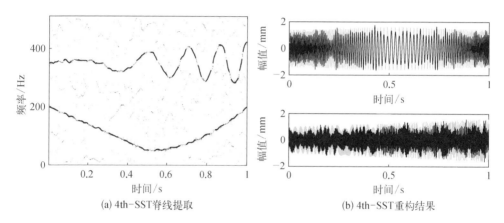

(a) 4th-SST脊线提取　　　　　　(b) 4th-SST重构结果

图 5.22　四阶同步压缩变换重构示意图

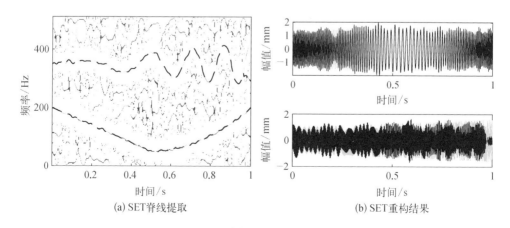

(a) SET脊线提取　　　　　　　　(b) SET重构结果

图 5.23　同步提取变换重构示意图

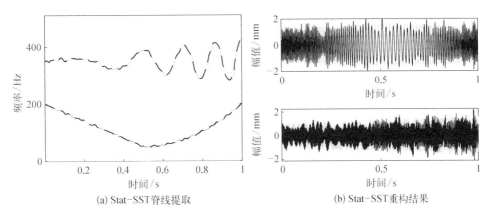

(a) Stat-SST脊线提取　　　　(b) Stat-SST重构结果

图 5.24　统计同步压缩变换重构示意图

换具有最小的重构均方根误差,说明统计同步压缩变换的重构信号与原始无噪信号最为接近,进而验证了统计同步压缩变换在重构性能方面相较于其他方法的优越性。

表 5.2　各个时频分析方法重构信号的均方根误差

时频分析方法	SST	SET	4th-SST	Stat-SST
RMSE	0. 635 7	0. 386 1	0. 460 1	0. 373 1

进一步进行与上述相同的 20 轮信噪比为 1~20 dB(间隔为 1 dB)的随机噪声测试,并计算各个方法在 20 轮测试中的平均重构信噪比,如图 5.25 所示。从图中可以看出,统计同步压缩变换方法拥有最好的重构性能,尤其是在高信噪比的条件下,这主要得益于统计同步压缩变换方法自适应地得到了信号成分的频带,并将频带内的系数压缩至真实瞬时频率处,从而避免了在重构时丢失信号系数或包含噪声系数而影响重构精度。

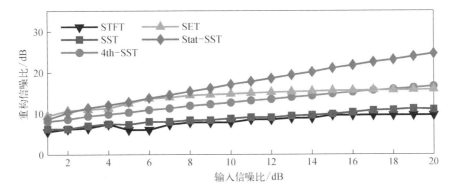

图 5.25　不同时频分析方法的 20 轮随机噪声测试平均重构信噪比

通过对时频聚集性与信号重构能力进行对比可以看出,统计同步压缩变换对噪声具有较高的鲁棒性。但在某些情况下,其鲁棒性也会有所下降,甚至算法完全失去对信号特征的提取能力,具体表现为以下两个方面。

(1)噪声能量过大。当信号中噪声的能量与信号相当时,噪声的瞬时频宽会变大甚至超过信号成分的瞬时频宽。

(2)含噪声信号的调频率过大。调频率过大的信号具有更严重的能量分散问题,导致其时频结构更易被噪声干扰,信号频带进一步变窄。

无论是噪声过大还是信号调频率过大,其本质上都使瞬时频宽参数受到了影响,且有效瞬时频宽减小,导致统计同步压缩变换的抗噪能力下降。为了进一步说明以上两种情况对统计同步压缩变换鲁棒性的影响,下面通过两个例子进行说明。

图 5.26 为调频率相同、信噪比不同的信号的统计同步压缩变换结果,其中各信号的调频率均为 512 Hz/s,信噪比则分别为 20 dB、10 dB、5 dB 和 0 dB。观察对比结果发现,噪声越强,信号的时频脊线的失真就越严重,这是因为信号能量被噪声所湮没,且二者在统计结果上的鉴别性也逐渐消失。经过多次仿真分析,并统计了统计同步压缩变换失效的次数(失效次数超过试验总次数的 25% 则认为完全失效),总结出该算法对于上述线调频信号的极限抗噪能力在 0 dB 左右。

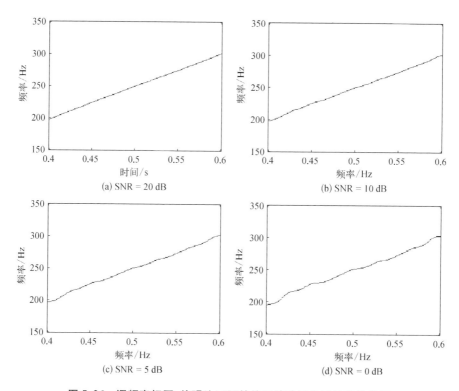

图 5.26 调频率相同、信噪比不同的信号统计同步压缩变换结果

图 5.27 为信噪比相同、调频率不同的信号的统计同步压缩变换结果,其中各信号的信噪比均为 0 dB,调频率则分别为 0 Hz/s、212 Hz/s、512 Hz/s 和 1012 Hz/s。通过仿真分析证明,在含有相同噪声的情况下,调频率越大,算法失效的概率就越大。对于此例中信噪比为 0 dB 的线调频信号,该算法对调频率的极限容许能力在 1 000 Hz/s 左右。

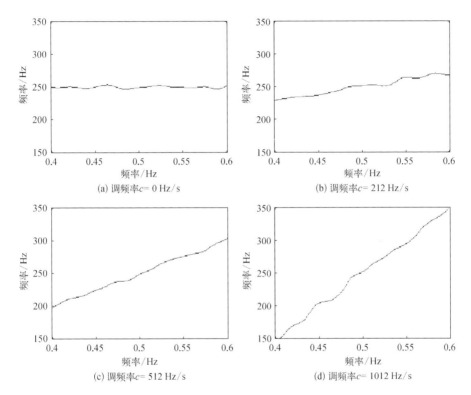

图 5.27　信噪比相同、调频率不同的信号统计同步压缩变换结果

通过对以上仿真信号的分析,验证了统计同步压缩变换在具有很高的时频聚集性的同时,对噪声具有较好的鲁棒性,同时还保留了良好的重构性,有利于航空发动机快变信号瞬时频率特征的提取。

5.4.2　航空发动机振动故障溯源应用

本节根据航空发动机整机振动监测与故障诊断的迫切需求,以某型涡轮风扇发动机的核心部件——双转子系统为对象,针对发动机地面试车过程中在高转速状态和低转速状态下的振动突跳现象,结合经典的时频分析方法及本章提出的统计同步压缩变换方法对振动突跳进行溯源分析,从而为发动机的运行状态监测与故障溯源提供有力的理论指导。

1. 航空发动机整机振动监测

1）航空发动机双转子系统结构与振动测试系统组成

本章的分析针对某型小涵道比双转子涡扇发动机,其结构及测试系统组成示意图如图 5.28 所示。该型发动机采用包含中介轴承的五个支点的支承形式,其中低压转子采用"1–1–1"的支撑形式,高压转子采用"1–0–1"的支撑形式。低压压气机为 3 级轴流式,整个风扇为全钛合金结构;高压压气机为 9 级轴流式;高压涡轮为 1 级;低压涡轮为 2 级。高压压气机后与高压涡轮前通过篦齿封严结构进行密封,以阻隔高低压腔之间的流体泄漏。为了采集、传输并存储数据,需要搭建航空发动机整机振动测试系统,该系统由振动位移传感器、振动速度传感器、转速传感器、信号调理单元、上位机等组成,振动传感器和转速传感器分别采集振动信号和转速信号,信号调理箱实现信号的放大、滤波、转换等功能,上位机实现信号的

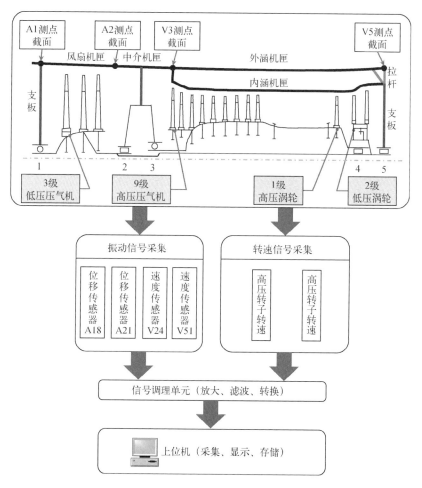

图 5.28　某型小涵道比双转子涡扇发动机结构及测试系统组成示意图

显示、存储及简单的信号处理功能。

　　从该发动机的多次试车过程中,发现振动突跳问题已经成为该型发动机的顽疾,已严重影响该型发动机的性能。为了追溯振动突跳的原因,专门开展了振动专项试验,在发动机内部靠近轴承处加装了传感器,分别在风扇机匣前(一支点 A1 测点截面)、中介机匣前(二支点 A2 测点截面)、中介机匣后(三支点 V3 测点截面)、涡轮机匣(五支点 V5 测点截面)所在的截面处加装振动位移和速度传感器,其中测点代号中的"A"表示所监测物理量为位移量,"V"表示所监测物理量为速度量,均监测对应支点处轴承座的径向振动。不同支点测点的布置情况见图 5.29,其中标记有测点代号的方块表示传感器的位置。同时,采用测速发电机监测高、低压转子转速,表 5.3 为发动机测试系统的详细参数。

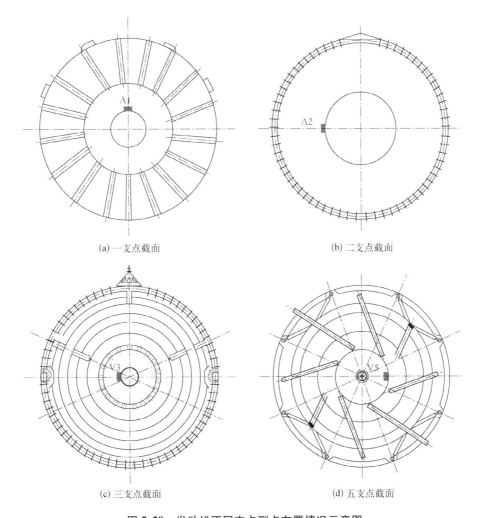

图 5.29　发动机不同支点测点布置情况示意图

表 5.3　发动机测试系统详细参数

序　号	测 量 参 数	测点代号	传感器型号	测 量 位 置	采样频率
1	一支点轴承座径向振动	A1	7250A	一支点轴承外圈大螺母	
2	二支点轴承座径向振动	A2	6233	二支点轴承座	8 192 Hz
3	三支点轴承座径向振动	V3	6237M70	三支点轴承座	
4	五支点轴承座径向振动	V5	6237M70	五支点轴承外圈大螺母	

　　区别于传统的机匣测点布置方案,通过在发动机内部靠近支承的位置布置振动传感器,能够显著缩短振动信号传递路径,以获得能够更好地反映发动机双转子系统运行状态的信号。同时,在不同支点均布置传感器,能够综合对比所有通道的信息,从而更好地实现振动与故障溯源。

　　2) 基于短时傅里叶变换的振动突跳分析

　　针对涡扇发动机的整机振动监测,往往希望通过信号处理方法提取高、低压转子工频及其倍频等频率与幅值随时间变化的信息,以准确掌握转子系统的运行状态。时频分析能够满足上述要求,其能够从时间和频率两个维度去刻画信号的变化规律。对于发动机振动监测,往往首先通过简单的时域指标分析(如有效值),观察信号有无异常突跳或超限情况,然后结合简单的时频分析方法(如短时傅里叶变换)观察信号的时频结构及工频成分的大致变化情况,根据观测结果选取出感兴趣的信号段,并通过更为复杂的方法(如同步压缩变换)进行详细分析,以得到更为确切的状态信息。

　　本节将结合有效值分析和经典时频分析方法对该型发动机进行宏观的振动监测与异常振动点的定位分析。首先通过有效值分析得到振动信号的总体幅值变化情况,并通过短时傅里叶变换提取工频成分的时频域能量变化趋势,对发动机试车过程的异常突跳现象进行宏观分析。

　　对于一台正常运转的发动机,其总体振动幅值不应超出限定阈值,且振幅与转速整体成正相关,即振幅和转速之间应该保持良好的跟随关系,在高转速时保持较高水平,在低转速时保持较低水平,且当转速保持平稳时,振幅不应该有显著变化。但在该发动机的试车过程中,却存在与上述不相符的异常振动状态。

　　高压工频变化趋势与五支点 V5 测点(五支点轴承座径向振动)、三支点 V3 测点(三支点轴承座径向振动)、二支点 A2 测点(二支点轴承座径向振动)、一支点 A1 测点(一支点轴承座径向振动)的低通滤波信号归一化波形对比如图 5.30 所示。进行低通滤波处理后可更容易看清幅值突跳的趋势,而归一化处理是为了消除量纲和物理量不同的影响,从而更容易对比不同测点的幅值变化趋势。从图 5.30 中可以较容易发现在试车过程中存在两种异常振动状态：高转速状态下的振动突降和低转速状态下的振动突增，将以上两种振动突变的时刻分别记为 $T_1 \sim T_9$ 并在图中分别进行标记，其中 T_2、T_5、T_8 为 3 个大状态振动突降时刻，T_1、T_3、T_4、T_6、T_7、T_9 为 6 个小状态振动突增时刻。可以发现，不同于 4.4.2 节所述的双稳态突跳行为，图 5.30 所示的振动突增都是在低转速状态下发生的，而振动突降都是在高转速状态下发生的，且突增和突降后都将趋于保持一段时间的稳态。

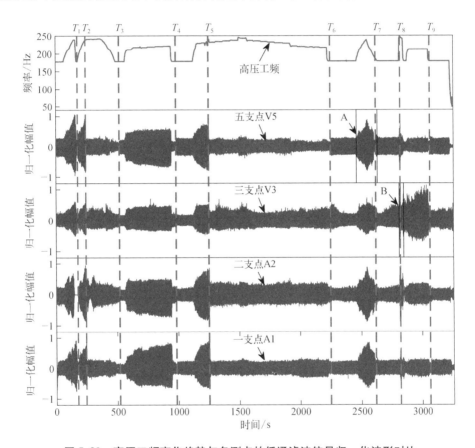

图 5.30　高压工频变化趋势与各测点的低通滤波信号归一化波形对比

观察各测点的时域波形，在所分析的几个测点中，振幅都存在大状态突降与小状态突增的突跳现象，并且突降的幅度要明显大于突增的幅度，且以五支点 V5 测点的突跳最为显著，具体表现为：V5 测点在 T_2、T_5、T_8 这几个突降时刻的突降幅度最大，且在某些突增时刻，只能在 V5 测点比较明显地看出突增现象（如 T_7 时刻等）。

为了从宏观上找出振动突变的原因，取上述各个测点的振动信号进行短时傅里叶变换分析，观察信号的时频结构，如图 5.31 ~ 图 5.34 所示。从图中可以看出，信号低频段的能量以高压工频及其倍频为主。从局部放大图中可以发现，

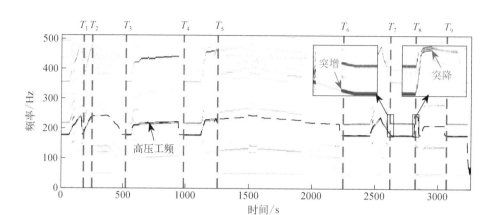

图 5.31　五支点 V5 测点短时傅里叶变换

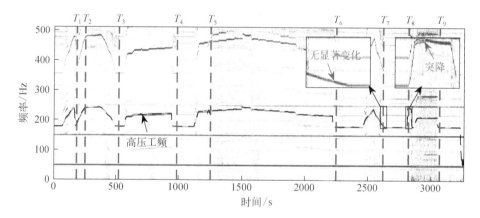

图 5.32　三支点 V3 测点短时傅里叶变换

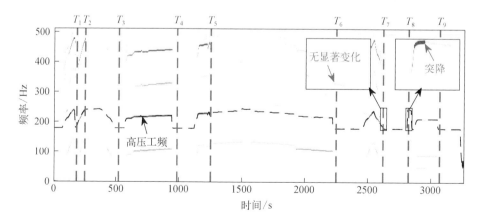

图 5.33　二支点 A2 测点短时傅里叶变换

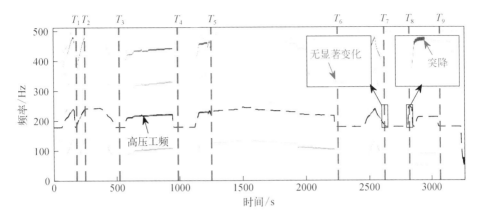

图 5.34　一支点 A1 测点短时傅里叶变换

高压工频的能量在上述 $T_1 \sim T_9$ 时刻存在与信号整体相同的突变趋势(在放大图中标注了 T_7 和 T_8 这两个突跳点),并且突变幅度与信号整体的突变幅度相似,也是五支点 V5 测点的相对突变幅度最为显著,因此可以得到结论:振动突跳现象主要与高压转子的异常振动相关,因此在后续的分析中将以高压工频作为重点。

3)突跳点的宏观时频特征提取

根据前面所示的短时傅里叶变换结果可以发现,虽然高压工频占据主导地位,但是在其周围还是存在一些噪声及无关成分的干扰,且时频聚集性不高。为了消除所有无关成分的干扰,提取高压工频信号的时频结构,对发动机三支点 V3 测点包含突降时刻 T_8 在内的一段信号进行相同的分析,该段信号的时间范围为 2 810 ~ 2 848 s,如图 5.30 中箭头 B 处的方框所示。同时,使用短时傅里叶变换(STFT)、重排短时傅里叶变换(RSTFT)、同步提取变换(SET)进行对比。为了避免时频系数矩阵过于庞大,设置短时傅里叶变换窗函数的步长为 300 个采样点,尺度参数为 $\sigma = 0.1$。

图 5.35 为 V3 测点 T_8 突降时刻附近的短时傅里叶变换及其局部放大图,其结果受到时频聚集性不佳问题的影响,从图中只能大致看出高压工频瞬时频率的走向和幅值变化情况,无法清晰地刻画高压工频的时频结构。图 5.36 为重排短时傅里叶变换及其局部放大图,通过时间和频率两个方向的二维重排提升了时频聚集性,但是以牺牲重构性为代价,且对噪声的鲁棒性也不高。图 5.37 为同步提取变换及其局部放大图,其同时提取了高压工频成分和噪声的时频脊线,并且省略了系数重排与叠加的步骤,使得时频图上信号与噪声幅值的比值小于重排类方法,可读性有所下降。图 5.38 为统计同步压缩变换及其局部放大图,统计同步压缩变换方法既能够以极高的时频聚集性刻画信号瞬时频率和瞬时幅值随时间变化的趋势,又能够对谱图进行大幅度降噪,使得其时频图几乎不含噪声,便于观察目标信号的时频特

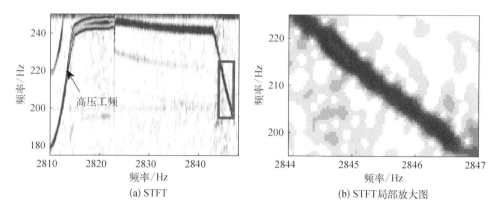

图 5.35　V3 测点 T_8 突降时刻附近的短时傅里叶变换及其局部放大图

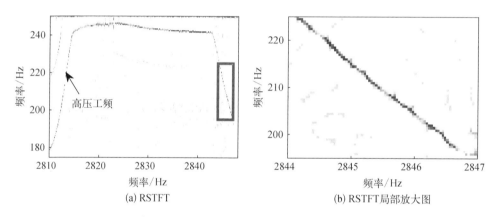

图 5.36　V3 测点 T_8 突降时刻附近的重排短时傅里叶变换及其局部放大图

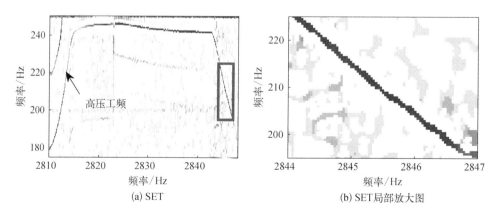

图 5.37　V3 测点 T_8 突降时刻附近的同步提取变换及其局部放大图

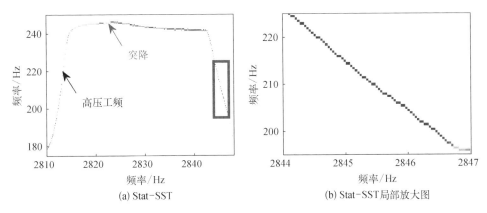

图 5.38　V3 测点 T_8 突降时刻附近的统计同步压缩变换及其局部放大图

征,从图中也能够清楚地观察到高压工频能量在 2 822 s 附近的大幅突降现象。

表 5.4 为 V3 测点 T_8 突降时刻不同时频分析方法的瑞利熵,通过定量对比验证了统计同步压缩变换在抑制噪声系数、提高信号时频聚集性和鲁棒性方面的优势。

表 5.4　V3 测点 T_8 突降时刻不同时频分析方法的瑞利熵

时频分析方法	STFT	RSTFT	SET	Stat-SST
瑞利熵	7. 659 5	4. 513 8	5. 956	3. 006 2

　　进一步对五支点 V5 测点包含突增点 T_7 时刻在内的一段信号进行分析,该段信号的时间范围为 2 460~2 630 s,如图 5.30 中箭头 A 处的方框所示。同时,采用短时傅里叶变换、四阶同步压缩变换、同步提取变换方法进行对比分析。其中,图 5.39 为短时傅里叶变换及其局部放大图,其仍然受到时频聚集性和噪声鲁棒性差

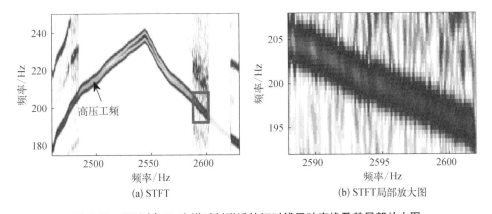

图 5.39　V5 测点 T_7 突增时刻附近的短时傅里叶变换及其局部放大图

两方面问题的影响,时频图的可读性不高。图 5.40 为四阶同步压缩变换及其局部放大图,该方法以更高的计算复杂度为代价提升了时频聚集性,但是高压工频周围仍然存在大量噪点,尤其是在局部放大图所示的范围内,其鲁棒性不高。图 5.41 为同步提取变换及其局部放大图,其仍然同时提取了高压工频成分和噪声的时频脊线,时频图受噪声干扰严重,可读性下降。图 5.42 为统计同步压缩变换及其局部放大图,统计同步压缩变换以最高的时频聚集性成功提取出了高压工频时变的瞬时频率和瞬时幅值,消除了噪声和其余无关成分的干扰,时频表示的可读性大幅提高,从统计同步压缩变换结果中能够容易地发现高压工频幅值在 2 622 s 附近低转速状态下的能量突增现象。

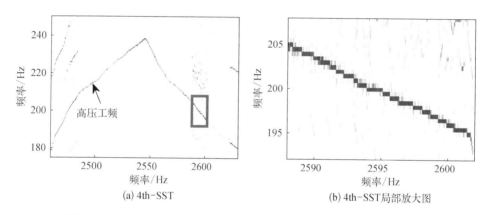

图 5.40　V5 测点 T_7 突增时刻附近的四阶同步压缩变换及其局部放大图

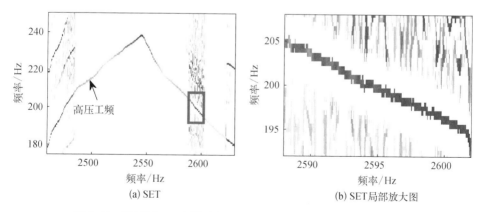

图 5.41　V5 测点 T_7 突增时刻附近的同步提取变换及其局部放大图

表 5.5 为 V5 测点 T_7 突增时刻处不同时频分析方法的瑞利熵,从中也可以得出所提出的统计同步压缩变换方法拥有最高的时频聚集性,因为其仅保留了目标成分高压工频的高聚集性的时频表示系数。

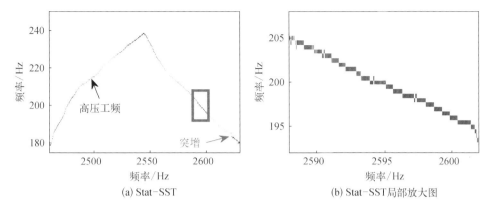

(a) Stat-SST　　　　　　　　(b) Stat-SST局部放大图

图 5.42　V5 测点 T_7 突增时刻附近的统计同步压缩变换及其局部放大图

表 5.5　V5 测点 T_7 突增时刻处不同时频分析方法的瑞利熵

时频分析方法	STFT	4th-SST	SET	Stat－SST
瑞利熵	9.737 6	6.452 6	7.671 3	5.817 7

通过以上对该型发动机五支点 V5 测点和三支点 V3 测点信号的分析,其结果表明:统计同步压缩变换方法对于航空发动机快变信号的时频结构具有优秀的表征能力,尤其是在转子转速大幅降低的变工况下运行时,工频特征的提取和降噪方面相较于其他时频分析方法具有显著的优势,对噪声具有较好的鲁棒性,有利于刻画转子振动信号的瞬时频率和瞬时幅值随时间变化的信息,能够为航空发动机提供直观全面的监测信息,适用于进行航空发动机整机振动监测分析。

2. 航空发动机双转子系统突跳现象溯源

1) 不同支点振动突跳现象时序分析

根据上述分析,五支点信号的高压工频振动能量的突跳现象最为显著,因此造成突跳的激励源很有可能距离五支点最近。结合振动在转子系统中的传播需要一定时间的事实(一般以 ms 为数量级),产生如下推测:故障导致的振动异常突跳在航空发动机转子系统不同截面上发生的时间会有一定的先后顺序,即距离故障源较远的截面发生突跳的时间相对于距离故障源较近的截面会有一定的时间延迟。再结合高压工频能量的变化是导致能量突变的原因这一结论,为了排除其余无关成分的干扰,本节针对各个测点的短时傅里叶变换结果求取各个时刻高压工频附近的时频系数幅值之和来表征各个时刻的振动能量,得到高压工频的能量曲线,根据不同支点的能量曲线变化的快慢和先后顺序找到距离故障激振源最近的支点,为异常振动的来源提供一定的参考。

为了得到时间分辨率更高的能量曲线,以更好地区分不同支点能量突跳的时间顺序,适当减小窗函数的尺度参数,直至 $\sigma = 0.01$,并以突变特征较为明显的大状态突降时刻 T_2 为例,得到以上四个测点在第一个大状态突降时刻 T_2 附近的短时傅里叶变换结果,然后将各个测点不同时刻的短时傅里叶变换中在高压工频一定频带范围系数的幅值按照式(5.58)相加:

$$E_i[n] = \sum_{k=r_i[n]-\Delta}^{r_i[n]+\Delta} S_x^i[n, k], \quad i = 1, 2, 3, 5 \tag{5.58}$$

式中, $S_x^i[n, k]$ 为第 i 个支点测点的短时傅里叶变换; $r_i(n)$ 为通过脊线搜索算法得到的第 i 个支点测点的高压转子瞬时转频; Δ 为计算高压转频能量的半带宽。

同时,为了消除信号量纲与幅值的差异所带来的影响,对相加后的能量按照式(5.59)进行归一化处理:

$$\overline{E_i}[n] = \frac{E_i[n] - \min(E_i[n])}{\max(E_i[n]) - \min(E_i[n])} \tag{5.59}$$

图 5.43 为突降时刻 T_2 附近各支点的高压工频归一化能量对比。从归一化能量曲线的局部放大图中可以看出五支点信号能量在突降过程中的下降速度始终领先其余支点,且最先达到 1/2 最大幅值的位置(即图中五支点 V5 测点曲线最先与代表 1/2 最大幅值的虚线相交),这说明引起振幅突跳的激励源应该距离五支点最近。

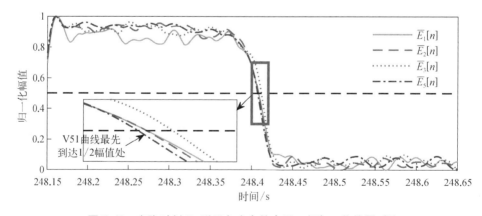

图 5.43　突降时刻 T_2 附近各支点的高压工频归一化能量对比

为了验证以上规律的可重复性,用同样的方法可以得到其余两个大状态突降时刻 T_5 和 T_8 附近高压工频的归一化能量曲线,分别如图 5.44 和图 5.45 所示,从图中可以看出,五支点振幅降到 1/2 最大幅值的时刻虽然不总是处于首位,但基本位于前列,并且能够以最快的速度(即归一化能量曲线具有最大的负斜率)下降至稳态点。

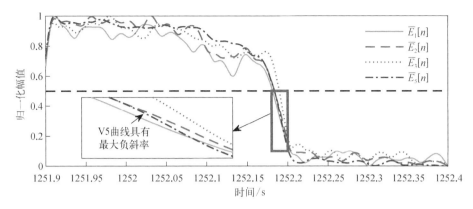

图 5.44　突降时刻 T_5 附近各支点的高压工频归一化能量对比

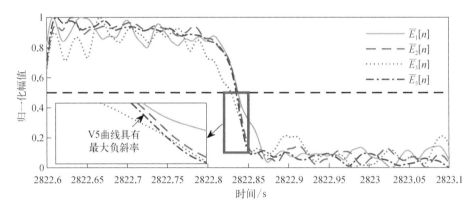

图 5.45　突降时刻 T_8 附近各支点的高压工频归一化能量对比

综合以上分析内容,可以得到以下两点结论:

(1)五支点的振动突跳最为显著,尤其是振动突降现象;

(2)五支点振动突降发生的时刻在时间顺序上总是处于前列;

以上事实说明引起振动发生突跳的激励源应该距离五支点最近。接下来,需要以五支点信号为重点,进一步分析可能引起振动突跳现象的原因。

2)突跳点瞬时频率提取及突跳溯源

通过上述分析,已经初步得到结论:引起振动大状态突降和小状态突增的激励源在所有测点中距离五支点最近。这种振动突跳是一种典型的非线性动力学行为,通常情况下会引起瞬时频率的波动。因此,为了从瞬时频率的角度分析振动突跳的原因,本节的分析将以五支点为重点,采用统计同步压缩变换(Stat - SST)方法,观察高压工频的瞬时频率变化规律,以判断是否存在会导致瞬时频率波动的非线性环节。

首先对五支点 V5 测点包含突降时刻 T_2 在内的长度为 0.3 s 的信号段展开详

细分析,观察高压工频的瞬时频率变化规律,该段信号高压工频的均值约为240 Hz。图 5.46(a)、(b)为 V5 测点在 T_2 突降时刻附近的统计同步压缩变换,从图中可以发现,在图中标记的 248.4 s 之前,高压工频的瞬时频率存在明显的有规律的周期性振荡,而在突变后这种现象几乎完全消失,高压工频的时频结构较为杂乱,或者说完全无法与周围信号的时频结构区分。图 5.46(c)、(d)为统计同步压缩变换在突降前的高压工频瞬时频率脊线及其频谱,从图中可以发现:瞬时频率频谱中的主要成分(240 Hz)与高压工频在这一时间段的均值(239.94 Hz)非常接近,这说明在突降前高压转子的瞬时转频存在以其自身为调制频率的周期振荡现

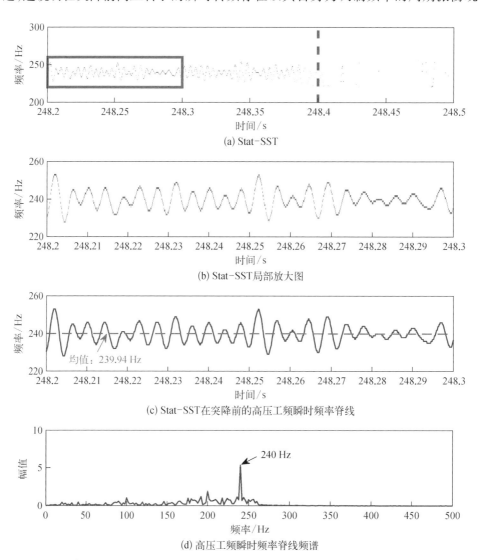

图 5.46　T_2 突降时刻附近的统计同步压缩变换、高压工频瞬时频率脊线及其频谱

象,与高压转子的某些非线性环节特征相似。当高压转子存在某些非线性环节激励时,其在旋转过程中的刚度产生与转频相同的周期性变化,产生的激励使高压转子的瞬时转频产生周期性波动。

对突增时刻 T_3 前后一段长度为 0.3 s 的信号进行相同的分析,以验证高压工频在能量突增后,是否与突降前一样呈现相同的频率调制现象。图 5.47(a)、(b) 为五支点 V5 测点在突增时刻 T_3 附近的统计同步压缩变换,从图中可以发现,在所标注的 522 s 之前,高压工频的时频结构较为杂乱,而在突增后呈现明显的规律性波动。图 5.47(c)、(d) 为统计同步压缩变换在突增后的高压工频瞬时频率脊线及

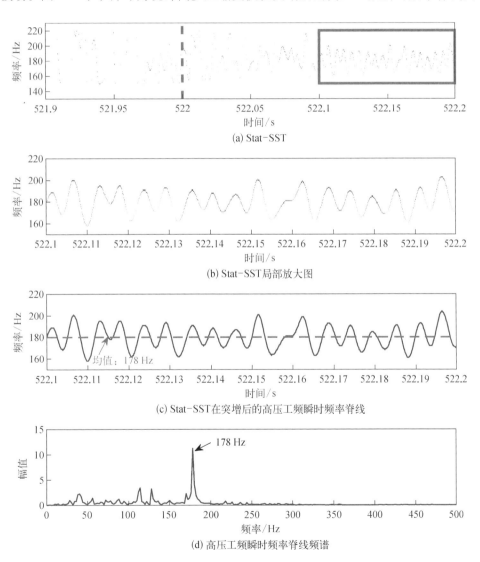

(a) Stat-SST

(b) Stat-SST局部放大图

(c) Stat-SST在突增后的高压工频瞬时频率脊线

(d) 高压工频瞬时频率脊线频谱

图 5.47　T_3 **突增时刻附近的统计同步压缩变换、高压工频瞬时频率脊线及其频谱**

其频谱，从频谱中可以发现，在突增后，高压工频以其自身转频 178 Hz 为调制频率产生周期振荡，与突降前的规律相同。通过以上对包含突降时刻 T_2 和突增时刻 T_3 的两段信号进行分析，可以得出结论：高压转子工频幅值的突增和突降与高压工频被其自身调制现象的出现和消失有关。

为了验证以上规律的可重复性，对另外两个突降时刻 T_5 和 T_8 附近的信号进行相同的分析，结果分别如图 5.48 和图 5.49 所示。从图中可以发现相同的规律：在 T_5 时刻突降前，高压转子瞬时频率的振荡频率约为 236 Hz，与高压工频相等，突降后规律性的振荡消失；而 T_8 时刻的现象类似，不再赘述。

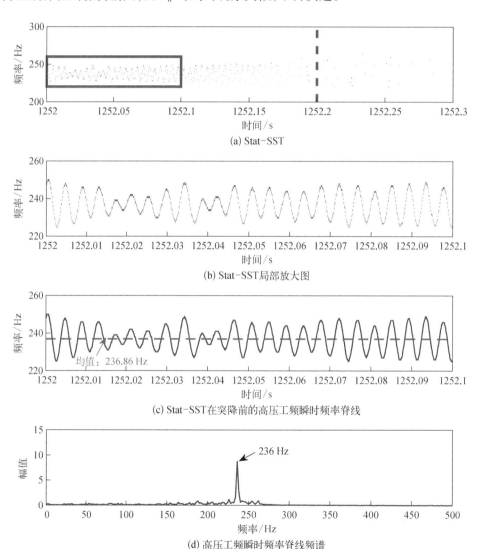

图 5.48　T_5 突降时刻附近的统计同步压缩变换、高压工频瞬时频率脊线及其频谱

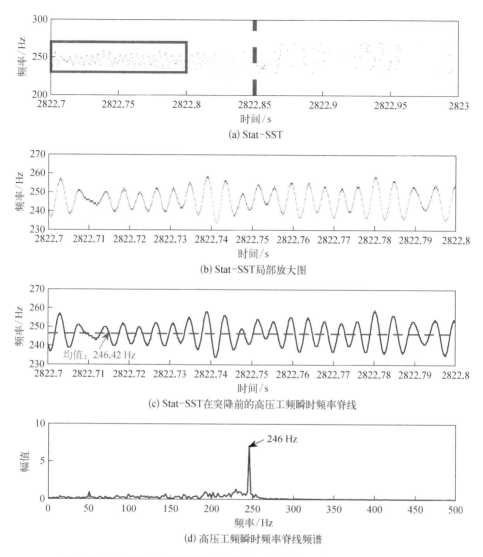

图 5.49　T_8 突降时刻附近的统计同步压缩变换、瞬时频率脊线及其频谱

以上对五支点振动信号的分析表明,高压工频的周期性振荡现象具有很好的周期性,即在每次振动发生突降前和突增后都会出现高压转子瞬时转频被其自身调制而振荡的现象,相应地,突降后和突增前,该现象完全消失。因此,推测振动的突跳现象与某些导致高压转子刚度发生变化的非线性环节相关。

根据航空发动机转子动力学的相关研究工作,发动机振动的突跳通常是由转子系统内部的非线性环节及子系统之间的多场耦合所引发的。非线性是复杂机电系统所固有的特性,通常是由转子内部非线性环节及子系统之间的机-电耦合、刚-弹耦合、流-固耦合、热-弹耦合或者非线性控制所引发的[3],将航空发动机转子系统非线性问题分为源自转子内部的非线性环节和来自转子外部的非线性环节两类,如图5.1所示。

回顾之前的分析,该发动机的振动突跳与上述多种原因不符,例如,这种突变是可逆的,既能增大也能减小,排除了因转子的几何结构、材料阻尼、裂纹、轴承失效等不可逆因素导致突跳的可能。同时,该发动机中不存在挤压油膜阻尼器结构,因此也排除了挤压油膜阻尼器失效导致振动突跳的可能。在与现场技术人员交流的过程中,得知该发动机不存在摩碰、失速、喘振等故障,因此也排除了上述转子外部存在多种非线性环节的可能。

在排除了多种非线性环节后,将原因初步锁定在刚度非线性环节中的装配原因非线性(结构边界耦合)。事实上,出于维修性方面的考虑,航空发动机转子需要采用可分解的螺栓连接,由于装配紧固不均匀、连接松动和结构接触边界大变形等,时常引起刚度非线性问题,该环节除了会引起振幅上的突变外,也会使转子的瞬时转频产生变化。在该型发动机中,距离五支点较近的单级高压涡轮存在大量通过法兰-螺栓连接的结构(如高压涡轮轴篦齿封严结构的法兰-螺栓连接),当该处螺栓由于装配问题出现装配紧固不均匀或松动时,转子每转一周,螺栓的连接紧密性就发生一次变化,造成连接界面接触状态和力学特性发生改变,从而产生变形,进而使连接刚度发生周期性变化[4]。转子系统会被刚度变化激励出对应的瞬态响应,从而导致转子的瞬时转频以自身转频为调制频率而振荡。

综合以上采用短时傅里叶变换方法对振动突跳的宏观监测、采用时序分析方法对不同支点的振动突跳顺序的分析及采用统计同步压缩变换方法对突跳前后高压转子瞬时转频特征的提取,总结得到以下现象:发动机在试车过程中,产生了显著的低转速状态振动突增和高转速状态振动突降的异常现象,且这种突变是可逆的,既能增大也能减小,且主要是高压工频的能量突变导致的。进一步通过时序分析发现,五支点的突变速度和时序均领先于三、二、一支点,且在突增后和突降前,高压转子瞬时转频均存在以高压转子转频为调制频率而快速振荡的调制现象。

因此,可以得到该发动机的健康评估结论:振动突跳是由于受到五支点附近高压转子的可逆非线性环节故障的影响,振幅突增和突降与非线性故障环节的激励有关。在布置测点的几个支点中,距离故障源最近的五支点率先受到激励,因此在时域振动信号上表现为五支点高压转子振动的突跳特征最明显,且在时序上领先其余几个支点;同样,该故障激励在时频特征上表现为上述高压转子工频的瞬时频率在突降前和突增后呈现以高压转频为调制频率的周期性振荡现象。

在根据上述突跳的特点和发动机本身的结构排除了多种因素后,结合该型发动机的构型特点,推测这种非线性环节产生的可能原因如下:由于装配紧固不均匀或松动,距离五支点较近的高压涡轮轴前的篦齿封严环的法兰-螺栓连接结构在高速旋转过程中使接触边界产生倾斜变形,对法兰和螺栓产生附加载荷,影响界面接触状态和连接结构的力学特性,进而导致高压转子的刚度发生变化。在这种情况下,高压转子每旋转一周,螺栓连接紧密性和连接界面接触状态就发生一次变化,其接触边界产生一次刚度变化的激励,导致高压转子的瞬时转频以自身转频为调制频率而快速波动。在突增后及突降前,螺栓连接间歇性松动现象加剧,从而导致瞬时频率呈现明显的振荡特征。此时,故障激励从螺栓连接位置向前方的三、二、一支点方向传递,并同时向后方的四、五支点方向传递。在所有布置测点的支点中,五支点距离故障激励源最近,因此五支点最先受到影响且受影响的程度最大。

图 5.50 为高压转子结构及螺栓装配问题位置示意图。以上异常振动溯源分析表明,通过联合上述时域分析、时频分析及时序分析的内容,可以为该型发动机的状态监测与振动溯源提供一定的参考信息。

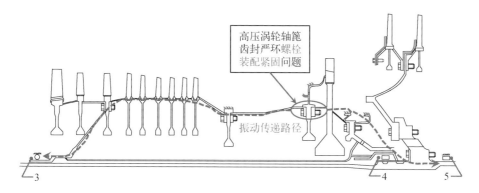

图 5.50 高压转子结构及螺栓装配问题位置示意图

5.5 本 章 小 结

本章针对经典同步压缩变换方法的时频聚集性和鲁棒性差、难以实现航空发动机快变信号的准确特征提取及故障溯源问题,提出了统计同步压缩变换方法,通过数值仿真试验验证了统计同步压缩变换的性能,最后将统计同步压缩变换应用于某型在役小涵道比双转子涡扇发动机的振动监测与故障溯源,验证了该方法在实际航空发动机快变信号分析及故障诊断中的实用性。

在理论研究方面,本节通过定义瞬时频带并对频带内的瞬时频率估计算子进行修正,从而大幅提升了同步压缩变换的时频聚集性,并根据信号和噪声瞬时频宽统计分布规律的差异实现了时频表示的自适应降噪,得到了时频聚集性和鲁棒性都大幅提升的统计同步压缩变换结果。然后,通过仿真信号的分析,验证了所提出方法在时频聚集性、鲁棒性及重构性方面的优势。

在航空发动机整机振动监测的应用方面,本节首先采用传统的短时傅里叶变换方法分析了时频域中转子工频的走向和能量变化情况,初步判断引起振动突跳的原因,最后利用统计同步压缩变换方法对感兴趣的信号区间进行了分析,降低噪声干扰,提取了高压工频的时频特征,进一步准确掌握发动机的状态。结果表明,采用统计同步压缩变换方法能够准确提取目标成分的时频结构,为发动机状态监测提供有效信息。

在航空发动机双转子系统突跳故障溯源的应用方面,首先通过不同支点振动突跳的时序分析推测了引起突跳的激励源的位置,然后采用统计同步压缩变换方法提取工频成分在突降前后的瞬时频率特征。结果表明,所提出的统计同步压缩变换方法能够提取突增后和突降前高压转子瞬时转频的周期振荡的调频现象,结合发动机转子系统的非线性因素分析,能够为该型发动机的故障溯源提供一定的参考与指导。

参考文献

[1] Daubechies I, Lu J F, Wu H T. Synchrosqueezed transforms: an empirical mode decomposition-like tool[J]. Applied and Computational Harmonic Analysis, 2011, 30(2): 243 - 261.

[2] Djurović I, Stanković L. An algorithm for the Wigner distribution based instantaneous frequency estimation in a high noise environment[J]. Signal Processing, 2004, 84(3): 631 - 643.

[3] 程礼. 航空发动机刚度非线性转子动力学问题研究[D]. 西安: 西安交通大学, 2010.

[4] 洪杰, 马艳红. 航空燃气涡轮发动机结构与设计[M]. 北京: 科学出版社, 2021.

第6章
脊感知加权稀疏时频及中介轴承故障诊断应用

主轴承作为航空发动机转子系统的支承核心,对发动机稳定运转和性能实现至关重要[1]。在一些双转子及所有三转子发动机中,为了缩短转子长度,节省一个承力框架及相应的油腔、供回油装置等,常采用中介轴承(又称轴间轴承)的支承方式,将某一转子支承于另一转子上。与航空发动机其他主轴承不同,中介轴承的内外圈均随相应的转子旋转,并将一个转子的载荷传递到另一个转子上。采用中介轴承支承不仅能减少零件数目并减轻发动机重量,而且可以提高整个发动机的可靠性,因此中介轴承是军用发动机和一些民用发动机中的关键基础零件。

由于中介轴承介于高压轴与低压轴之间,径向空间小,轴承的滑油供入及回油封严都比较困难[1],在图 6.1 所示的滑油路径示意图中,经过四个 90°转折,滑油方可到达中介轴承,因此中介轴承常常因润滑不足而发生故障。此外,中介轴承同时连接高、低压涡轮转子,内、外环分别随内外转子旋转,因此容易引起两个转子间的动力耦合。以上是中介轴承自身结构带来的局限性,会增大其发生故障的概率。除此之外,发动机恶劣、复杂的工作环境也容易引起中介轴承故障。中介轴承通常工作在高转速、高温度和大载荷条件下,工况变化剧烈,并可能存在突然的冲击载荷和振动载荷,因此较容易发生失效或损坏[2]。一旦中介轴承发生故障,将直接影响航空发动机的运行安全,轻则会使转子系统振动增大,严重时甚至会导致灾难性事故。例如,中介轴承故障可能会导致发动机抱轴故障的发生,严重时会造成转子断裂(图 6.2),

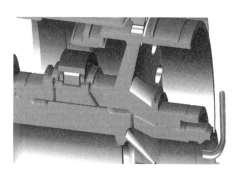

图 6.1　中介轴承滑油路径示意图　　　图 6.2　中介轴承抱轴致转子断裂

带来非常严重的后果,中介轴承故障如图6.3所示。因此,开展航空发动机中介轴
承的故障诊断研究具有重要意义。

图6.3　中介轴承故障

在航空发动机中,中介轴承早期微弱故障有可能快速发展,导致灾难性后果,
因此在故障早期实现检测和诊断对于航空发动机运行安全非常重要。然而,中介
轴承早期故障特征微弱,很难被有效提取。此外,航空发动机严苛的服役环境及高
精密的复杂结构导致其振动信号即使在稳定工况下也会呈现出快变特性,使有限
的能量分散在更大的频率范围内,单位频带内的能量较为微弱。同时,航空发动机
测点少,振动传递路径复杂,经过多个连续及非线性不连续结构界面,振动信号从
故障源传至传感器安装位置时已大幅衰减,导致测得的振动信号中故障特征更加
微弱。发动机系统机械动力学频谱特性极端复杂、噪声源众多,可能导致微弱的故障
特征被噪声淹没,需要采用鲁棒的信号处理方法从强大的背景噪声中提取故障特征。
因此,航空发动机中介轴承早期故障检测与诊断的关键是强背景噪声下微弱故障特
征的鲁棒提取,微弱特征表征能力及噪声鲁棒性是信号处理方法的主要需求。

稀疏时频表示方法是稀疏表示与时频变换的结合,为快变信号的特征提取与噪声
抑制提供了可靠的技术支撑。然而,传统的稀疏时频表示方法在进行稀疏优化时,对整
个时频平面的系数一视同仁,无法基于信号结构进行有针对性的优化,因此不利于微弱
信号特征的强化表征。采用脊感知加权稀疏时频表示(ridge-aware weighted sparse time-
frequency representation, RWSTF)方法,根据"脊线匹配稀疏增强"策略,在传统稀疏时频
表示的基础上引入权重先验信息,通过脊线增强的思想设计权重矩阵,对脊线和噪声设
置不同的惩罚值,从而实现时频脊线特征的强化。为了设计满足要求的权重矩阵,利用

不同时频表示系数之间的匹配协同作用,构造能够感知并增强时频脊线的非线性压缩变换(non-linear squeezing transform, NST),由于其具有一定的幅值无关性,对于微弱特征也具有较好的表征能力,从而促进航空发动机中介轴承微弱故障特征的有效提取。此外,由于稀疏表示具有优异的鲁棒性,信号中的噪声成分被有效滤除,从而提升了时频表示的鲁棒性,有利于强背景噪声下发动机中介轴承微弱故障特征的鲁棒提取。

6.1   脊感知加权稀疏时频表示方法

6.1.1   脊感知加权稀疏时频增强原理

经典的稀疏时频表示模型能够在一定程度上提升时频聚集性,但是与传统的时频重排类方法相比仍存在一定差距,更无法达到理想时频表示仅在信号瞬时频率处刻画信号的完美性能。究其原因,是因为基于 l_1 范数的经典稀疏时频表示对时频平面中所有的系数都进行了均等的"惩罚"。当信号的时频特征在不同瞬时频率位置的能量不同时,如果对所有的时频系数采用较大的"惩罚",则微弱信号的时频系数会被滤除掉,从而导致时频特征局部缺失;相反,如果为了保证时频特征都被保留,而对所有的时频系数采用较小的"惩罚",则会使得能量较大的时频系数不够稀疏,进而无法实现信号时频特征的准确刻画,影响信号分析的结果。

为了克服基于 l_1 范数的经典稀疏时频表示对时频平面中所有系数进行均等"惩罚"而无法获得高聚集性时频表示的困难,受到 Candès 等[3] 提出的重加权 l_1 稀疏表示的启发,本节所述的脊感知加权稀疏时频表示方法针对信号时频脊线处系数的设置与其他位置系数不同的惩罚,能够有针对性地强化信号脊线结构,并抑制噪声干扰。为实现上述目标,首先需要感知时频脊线结构。然后,在时频脊线处设置较小的惩罚,而在其他位置设置较大的惩罚。最后,通过模型的迭代求解,逐步强化时频脊线结构、弱化噪声干扰,达到时频脊线匹配增强的目的。

稀疏时频表示模型对时频系数的惩罚在优化求解时对应于阈值大小,经典稀疏时频表示模型对于整个时频平面系数的阈值是统一的,如图 6.4(a)所示,其中

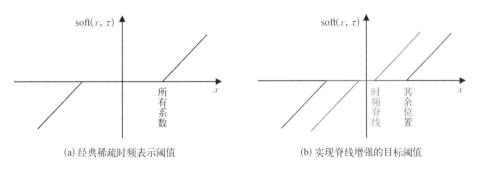

(a) 经典稀疏时频表示阈值   (b) 实现脊线增强的目标阈值

图 6.4   不同惩罚项求解时的阈值

soft 表示软阈值。为了强化时频脊线结构,需要在时频脊线处具有较小的阈值,而在其余位置具有较大的阈值,如图 6.4(b)所示。当时频脊线处的阈值小于其他位置时,则可以在求解过程中,通过迭代优化逐渐强化脊线结构,从而将能量聚集在时频脊线处,类似于理想时频表示。时频平面上各位置阈值的大小由稀疏表示模型的正则项决定,因此可以通过正则项加权的方式来实现图 6.4(b)所示的目标阈值设置。

　　针对时频脊线增强的关键是构造能够感知时频脊线的权重矩阵,从而有针对性地对不同位置的系数设置不同的权重。理想时频表示将信号能量集中在时频脊线处,对于时频脊线具有最强的感知能力。在脊线感知方面,接近理想时频表示的时频变换结果(如非线性压缩变换、时频重排等)均可以作为构造权重矩阵的基础。

6.1.2　脊感知加权稀疏时频模型

　　对于航空发动机振动信号这种瞬时频率随时间快速变化的快变信号 $x \in \mathfrak{R}^N$,其信号特征在时频域是稀疏的,采用时频表示字典将信号在时频域稀疏表示,可以得到通用的稀疏时频表示模型,即

$$\hat{\alpha} = \arg \min_{\alpha} H(\alpha)$$
$$H(\alpha) = \frac{1}{2} \| x - A\alpha \|_2^2 + \lambda R(\alpha) \tag{6.1}$$

式中,$\hat{\alpha} \in \mathfrak{R}^M$,表示要求的时频表示;$\alpha \in \mathfrak{R}^M$,为稀疏时频表示系数,$\hat{\alpha}$ 与 α 均为将时频系数矩阵按列组合排成列向量的结果,M 为时频系数矩阵元素数量;$R(\alpha)$ 为稀疏正则项;A 为一个可逆时频变换的逆变换算子;$A\alpha$ 表示稀疏时频重构信号。

　　目标函数 $H(\alpha)$ 中的第一项为数据保真项,在时频字典(时频变换算子)A 确定的情况下,为了增强信号的稀疏表示能力,需要构造更能促进稀疏且保证目标函数易于求解的稀疏正则项 $R(\alpha)$。针对基于 l_1 范数经典稀疏时频表示对时频平面中所有系数进行均等"惩罚"的问题,基于脊感知加权稀疏时频增强原理,最直接的想法便是对 l_1 正则项中的每个系数实施不同的惩罚,因此可以构造如下稀疏正则项,即

$$R(\alpha) = \sum_{n=1}^{M} w_n | a_n | \tag{6.2}$$

式中,a_n 为时频系数向量 α 的第 n 行元素;w_n 为时频元素 a_n 对应的权重系数。

　　进一步,可以得到脊感知加权稀疏时频模型,即

$$\begin{cases} \hat{\alpha} = \arg \min_{\alpha} J(\alpha) \\ J(\alpha) = \frac{1}{2} \| x - A\alpha \|_2^2 + \lambda \| W\alpha \|_1 \\ \qquad = G(\alpha) + \lambda \| W\alpha \|_1 \end{cases} \tag{6.3}$$

式中，$W \in \Re^{M \times M}$，为权重矩阵，所有非零系数分布在对角线上，即 $W_{n,n} = w_n$，$n = 1$，2，$\cdots$，M。

为了得到更加稀疏的时频表示，式(6.3)中的权重矩阵 W 应在信号时频脊线处具有较小的系数，在其他位置处具有较大的系数，这样便能够保证时频脊线处的时频系数被更好地保留，而其他位置的时频系数被有效地滤除。为了满足此特性，可通过如下形式构造权重矩阵，即

$$W^{\mathrm{I}} = \mathrm{diag}\left\{\frac{1}{|R_x|}\right\}, \quad W^{\mathrm{II}} = \mathrm{diag}\left\{\frac{1}{\log(1 + |R_x|)}\right\}, \quad W^{\mathrm{III}} = \mathrm{diag}\left\{\frac{1}{(1 - e^{-|R_x|})}\right\}$$

$$(6.4)$$

式中，R_x 可以是任意一种高聚集性的时频表示结果（能够感知时频脊线），如非线性压缩变换、时频重排等方法。

因为高聚集性的时频表示在时频脊线处具有较大的系数，在其他位置具有较小的系数，再通过倒数形式的算子即可满足以上权重矩阵的需求。为了计算方便，本章选取 W^{I} 类型的权重矩阵。

与基于 l_1 范数的经典稀疏时频表示相同，目标函数 $J(\alpha)$ 也是一个凸函数。在寻找其最优解时，按照以上形式构造权重矩阵，通过软阈值步骤，可以更好地保留脊线处的更好地时频系数，因为权重系数的作用使得时频脊线处具有较小的阈值；而在时频平面的其他位置，时频系数则会被有效滤除，因为权重系数使得时频脊线之外的位置具有较大的阈值。以理想时频表示为例构造权重矩阵，得到脊感知加权稀疏时频模型优化原理及结果如图 6.5 所示，从图中可以发现，优化后的时频结

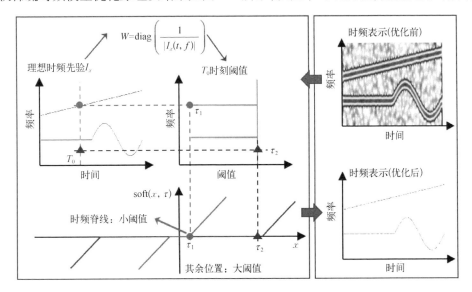

图 6.5　脊感知加权稀疏时频模型优化原理及结果

果与原始的短时傅里叶变换相比,能量集中在时频脊线处,从而达到了脊线增强的效果。由于时频脊线在加权策略中起到了关键作用,该方法称为脊感知加权稀疏时频表示方法,以下简称加权稀疏时频表示。

得到理想时频表示是时频领域研究的最终目标,但一般是无法实现的,尤其是当信号为快变信号或者处于强噪声背景下时。因此,在感知时频脊线方面,能够接近理想时频表示的时频先验分布对于脊感知加权稀疏时频模型的构造非常重要。下面介绍具有脊线感知与增强能力的非线性压缩变换。

6.2　非线性压缩变换原理

6.2.1　非线性压缩变换简介

非线性压缩变换通过不同时频表示之间的匹配协同作用来增强信号结构的表征能力,从而便于感知时频脊线,本节将非线性压缩变换定义如下。

定义 6.1:设 $x(t) \in L^2(\mathfrak{R})$,窗函数为 $g(t)$ 的短时傅里叶变换为

$$S_x(u, \xi) = \int_{-\infty}^{+\infty} x(t) g(t - u) e^{-i\xi(t-u)} dt \qquad (6.5)$$

则信号 $x(t)$ 的非线性压缩变换为

$$P_x(u, \xi) = \frac{S_x(u, \xi)}{S_x^{g'}(u, \xi)} \qquad (6.6)$$

式中,$S_x^{g'}(u, \xi)$ 为以窗函数导数 $g'(t)$ 为窗函数的短时傅里叶变换结果,即导窗函数短时傅里叶变换。

对于 $P_x(u, \xi)$,根据短时傅里叶变换的定义可知

$$
\begin{aligned}
\partial_u S_x(u, \xi) &= \partial_u \left\{ \int_{-\infty}^{+\infty} x(t) g_\sigma(t - u) e^{-i\xi(t-u)} dt \right\} \\
&= \int_{-\infty}^{+\infty} x(t) \partial_u \{ g_\sigma(t - u) \} e^{-i\xi(t-u)} dt + \int_{-\infty}^{+\infty} x(t) g_\sigma(t - u) \partial_u \{ e^{-i\xi(t-u)} \} dt \\
&= i\xi \int_{-\infty}^{+\infty} x(t) g_\sigma(t - u) e^{-i\xi(t-u)} dt - \int_{-\infty}^{+\infty} x(t) [g_\sigma'(t - u)] e^{-i\xi(t-u)} dt \\
&= i\xi S_x(u, \xi) - S_x^{g'}(u, \xi)
\end{aligned}
$$
$$(6.7)$$

当被分析的信号为纯谐波信号 $x_h(t) = A e^{i2\pi f_0 t}$ 时,有

$$i\xi S_x(u, \xi) - S_x^{g'}(u, \xi) = \partial_u S_x(u, \xi) = i2\pi f_0 S_x(u, \xi) \qquad (6.8)$$

因此，

$$P_x(u,\xi) = \frac{S_x(u,\xi)}{S_x^{g'}(u,\xi)} = \frac{1}{\mathrm{i}(\xi - 2\pi f_0)} \tag{6.9}$$

式(6.9)表明，非线性压缩变换 $P_x(u,\xi)$ 与信号幅值无关，当 $\xi \to 2\pi f_0$ 时，$|P_x(u,\xi)|$ 将快速呈非线性增大趋势，从而说明了非线性压缩变换 $P_x(u,\xi)$ 利用 $S_x^{g'}(u,\xi)$ 放大时频表示中信号瞬时频率处系数的有效性。

接下来通过示例，说明非线性压缩变换对信号时频结构的增强原理。构造如下双分量仿真信号，即

$$\begin{cases} x(t) = x_1(t) + x_2(t) \\ x_1(t) = \cos(600\pi t + 150\pi t^2), & 0 < t \leqslant 1\ \mathrm{s} \\ x_2(t) = \begin{cases} \cos(300\pi t), & 0 \leqslant t < 0.5\ \mathrm{s} \\ \cos[300\pi t - 50\cos(4\pi t)], & 0.5\ \mathrm{s} \leqslant t \leqslant 1\ \mathrm{s} \end{cases} \end{cases} \tag{6.10}$$

式中，成分 $x_1(t)$ 为线调频信号；成分 $x_2(t)$ 是分段信号(前半段为谐波成分，后半段为正弦调频成分)。

图 6.6(a)为式(6.10)所示信号的短时傅里叶变换结果，从图中可以看出，在时频脊线附近的能量比较分散，不具有较好的脊线感知能力。图 6.6(c)同时给出了图 6.6(a)中所示的短时傅里叶变换在 0.75 s 处切片的最大值归一化结果及导窗函数短时傅里叶变换在 0.75 s 处切片的最大值归一化结果，从图中可以发现：短时傅里叶变换在瞬时频率处达到最大值，而导窗函数短时傅里叶变换在瞬时频率处的值很小，且在其前后各存在一个极大值点。考虑到短时傅里叶变换及导窗函数短时傅里叶变换的特点，若将二者相除，由于瞬时频率处的导窗函数短时傅里叶变换值远小于其他位置的值，得到的商(即非线性压缩变换结果)对短时傅里叶变换在瞬时频率处系数的放大程度要远大于其他位置，如图 6.6(d)所示。也就是说，通过导窗函数短时傅里叶变换的作用，瞬时频率处系数的放大程度要明显强于其他位置。观察整个时频平面，各时间切片的瞬时频率均具有比周围明显大的幅值，从而得到非常明显的时频脊线，如图 6.6(b)所示。

非线性压缩变换增强后的时频表示结果与信号本身及其信号成分的幅值无关，因此不仅能有效增强时频表示的能量聚集性(图 6.6)，从而更好地感知时频脊线；还能够增强微弱信号特征的表征能力，即使幅值较小的微弱信号成分也不再受幅值影响，能够被显著地表示在时频平面上，所以非线性压缩变换特别适用于复杂信号中幅值较小的微弱信号成分检测。将式(6.10)中的分段信号成分 $x_2(t)$ 的幅

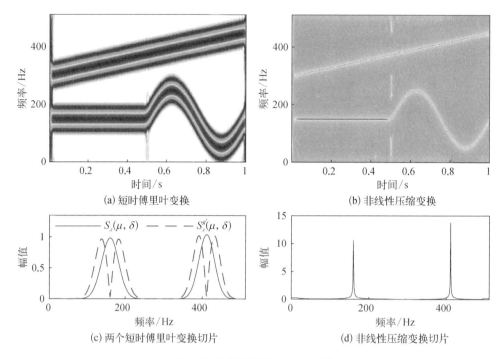

图 6.6　非线性压缩变换示意图

值调整为原来的 1%, 则其相对于线调频成分 $x_1(t)$ 为微弱成分, 分别采用短时傅里叶变换与非线性压缩变换进行分析, 得到的时频表示结果如图 6.7 所示。从图中可以看出, 短时傅里叶变换无法表示微弱的分段信号成分, 而非线性压缩变换的结果不仅使能量聚集性得到提升, 还能很好地将微弱成分表征出来, 从而体现了非线性压缩变换对微弱信号的检测能力。

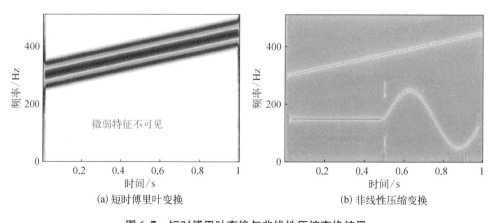

图 6.7　短时傅里叶变换与非线性压缩变换结果

6.2.2　非线性压缩变换性能分析

前面分析了非线性压缩变换的增强原理,接下来从理论上分析非线性压缩变换与信号幅值及信号相位之间的关系,从而说明非线性压缩变换方法的增强性能。

性质 6.1:设 $x(t) = A(t) e^{i\phi(t)} \in L^2(\Re)$,对称窗函数紧支于 $[-1/2, 1/2]$ 区间。如果 $\xi \geqslant 0$,则非线性压缩变换 $P_x(u, \xi)$ 为

$$P_x(u, \xi) = \frac{1 + \dfrac{\varepsilon(u, \xi)}{\hat{g}\{\sigma[\xi - \phi'(u)]\}}}{i[\xi - \varphi'(u)] + \dfrac{\varepsilon^{g'}(u, \xi)}{\hat{g}\{\sigma[\xi - \phi'(u)]\}}} \tag{6.11}$$

式中,校正项 $\varepsilon(u, \xi)$ 与 $\varepsilon^{g'}(u, \xi)$ 满足如下条件:

$$|\varepsilon(u, \xi)| \leqslant \varepsilon_{A,1} + \varepsilon_{A,2} + \varepsilon_{\phi,2} + \varepsilon_{\phi,3}, \quad |\varepsilon^{g'}(u, \xi)| \leqslant \varepsilon_{A,1}^{g'} + \varepsilon_{A,2}^{g'} + \varepsilon_{\phi,2}^{g'} + \varepsilon_{\phi,3}^{g'} \tag{6.12}$$

式中,

$$\varepsilon_{A,1} \leqslant \sigma \frac{|A'(u)|}{|A(u)|}, \quad \varepsilon_{A,2} \leqslant \sup_{|t-u| \leqslant \sigma/2} \frac{\sigma^2 |A''(t)|}{2 |A(u)|} \tag{6.13}$$

$$\varepsilon_{\phi,2} \leqslant \frac{1}{2} \sigma^2 |\phi''(u)| \left(1 + \frac{\sigma |A'(u)|}{|A(u)|}\right) \tag{6.14a}$$

$$\varepsilon_{\phi,3} \leqslant \frac{\sigma^3}{6} \left(1 + \frac{\sigma |A'(u)|}{|A(u)|}\right) \sup_{|t-u| \leqslant \sigma/2} |\phi'''(t)| \tag{6.14b}$$

$$\varepsilon_{A,1}^{g'} \leqslant \frac{|A'(u)|}{|A(u)|} \{\sigma |[\xi - \phi'(u)]| + 1\} \tag{6.15a}$$

$$\varepsilon_{A,2}^{g'} \leqslant \sup_{|t-u| \leqslant \sigma/2} \frac{\sigma |A''(t)|}{2 |A(u)|} [\sigma |\xi - \phi'(u)| + \sigma^2 |\phi''(u)| + 2] \tag{6.15b}$$

$$\varepsilon_{\phi,2}^{g'} \leqslant \frac{\sigma |\phi''(u)|}{2 |A(u)|} [\sigma |A(u)| |\xi - \phi'(u)| + 2 |A(u)| + 2\sigma |A'(u)|] \tag{6.16a}$$

$$\varepsilon_{\phi,3}^{g'} \leqslant \sup_{|t-u| \leqslant \sigma/2} \frac{\sigma^2 |\phi'''(t)|}{6 |A(u)|} [2\sigma |A(u)| |\xi - \phi'(u)| + 6 |A(u)| + 6\sigma |A'(u)| + 3\sigma^2 \sup_{|t-u| \leqslant \sigma/2} |A''(t)|] \tag{6.16b}$$

下面将详细证明性质 6.1 的结论。根据非线性压缩变换的定义,如果能够证

明在性质 6.1 中所述的条件下,信号 $x(t)=A(t)\mathrm{e}^{\mathrm{i}\phi(t)}$ 在窗函数为 $g_{\sigma}(t)$ 与 $g'_{\sigma}(t)$ 时的短时傅里叶变换可分别表示为

$$S_x(u,\xi)=A(u)\sqrt{\sigma}\,\mathrm{e}^{\mathrm{i}\phi(u)}(\hat{g}\{\sigma[\xi-\phi'(u)]\}+\varepsilon(u,\xi)) \qquad (6.17)$$

$$S_x^g(u,\xi)=A(u)\sqrt{\sigma}\,\mathrm{e}^{\mathrm{i}\phi(u)}(\mathrm{i}[\xi-\phi'(u)]\hat{g}\{\sigma[\xi-\phi'(u)]\}+\varepsilon^{g'}(u,\xi))$$
$$(6.18)$$

且矫正项 $\varepsilon(u,\xi)$ 与 $\varepsilon^{g'}(u,\xi)$ 满足式(6.12),则能够得到性质 6.1 中式(6.11)的结论,接下来分别证明式(6.17)与式(6.18)。

对于信号 $x(t)=A(t)\mathrm{e}^{\mathrm{i}\phi(t)}$,关于对称窗函数 $g_{\sigma}(t)$,有

$$S_x(u,\xi)=\int_{-\infty}^{+\infty}x(t)g_{\sigma}(t-u)\mathrm{e}^{-\mathrm{i}\xi(t-u)}\mathrm{d}t=\int_{-\infty}^{+\infty}x(t+u)g_{\sigma}(t)\mathrm{e}^{-\mathrm{i}\xi t}\mathrm{d}t \quad (6.19)$$

式中,幅值函数 $A(t)$ 的二阶泰勒展开与相位函数 $\phi(t)$ 的三阶泰勒展开分别为

$$A(t+u)=A(u)+tA'(u)+t^2\alpha_1(t)/2,\quad |\alpha_1(t)|\leqslant\sup_{h\in[u,t+u]}|A''(h)|$$
$$(6.20)$$

$$\phi(t+u)=\phi(u)+t\phi'(u)+t^2\phi''(u)/2+t^3\beta_1(t)/6,\quad |\beta_1(t)|\leqslant\sup_{h\in[u,t+u]}|\phi'''(h)|$$
$$(6.21)$$

则式(6.19)可根据泰勒展开表示为

$$S_x(u,\xi)\mathrm{e}^{-\mathrm{i}\phi(u)}=\int_{-\infty}^{+\infty}A(u)g_{\sigma}(t)\mathrm{e}^{-\mathrm{i}t[\xi-\phi'(u)]}[1+t^2\phi''(u)\gamma(t)/2+t^3\beta_1(t)\gamma(t)/6]\mathrm{d}t$$
$$+\int_{-\infty}^{+\infty}A'(u)tg_{\sigma}(t)\mathrm{e}^{-\mathrm{i}t[\xi-\phi'(u)]}[1+t^2\phi''(u)\gamma(t)/2+t^3\beta_1(t)\gamma(t)/6]\mathrm{d}t$$
$$+\frac{1}{2}\int_{-\infty}^{+\infty}\alpha_1(t)t^2g_{\sigma}(t)\mathrm{e}^{-\mathrm{i}[\xi t+\phi(u)-\phi(t+u)]}\mathrm{d}t$$
$$(6.22)$$

结合函数 $\mathrm{e}^{\mathrm{i}[t^2\phi''(u)/2+t^3\beta_1(t)/6]}$ 的一阶泰勒展开式,即

$$\mathrm{e}^{\mathrm{i}[t^2\phi''(u)/2+t^3\beta_1(t)/6]}=1+t^2\phi''(u)\gamma(t)/2+t^3\beta_1(t)\gamma(t)/6 \qquad (6.23)$$

傅里叶变换满足如下条件:

$$\int_{-\infty}^{+\infty}g_{\sigma}(t)\mathrm{e}^{-\mathrm{i}t[\xi-\phi'(u)]}\mathrm{d}t=\sqrt{\sigma}\,\hat{g}\{\sigma[\xi-\phi'(u)]\} \qquad (6.24)$$

因此,

$$| S_x(u, \xi) - A(u)\sqrt{\sigma}\, e^{i\phi(u)}\hat{g}\{\sigma[\xi - \phi'(u)]\}|$$

$$\leqslant | A(u) | \sqrt{\sigma}(\varepsilon_{A,1} + \varepsilon_{A,2} + \varepsilon_{\phi,2} + \varepsilon_{\phi,3}) \qquad (6.25)$$

式中,

$$\varepsilon_{A,1} = \frac{| A'(u) |}{| A(u) |} \left| \int_{-\infty}^{+\infty} t g_\sigma(t)/\sqrt{\sigma}\, e^{-it[\xi - \phi'(u)]}\, \mathrm{d}t \right| \qquad (6.26)$$

$$\varepsilon_{A,2} = \frac{1}{2| A(u) |} \int_{-\infty}^{+\infty} | \alpha_1(t) | t^2 | g_\sigma(t) |/\sqrt{\sigma}\, \mathrm{d}t \qquad (6.27)$$

$$\varepsilon_{\phi,2} = \frac{1}{2} \int_{-\infty}^{+\infty} t^2 | \phi''(u) | | g_\sigma(t) |/\sqrt{\sigma}\, \mathrm{d}t$$

$$+ \frac{| A'(u) |}{2| A(u) |} \int_{-\infty}^{+\infty} | t |^3 | \phi''(u) | | g_\sigma(t) |/\sqrt{\sigma}\, \mathrm{d}t \qquad (6.28)$$

$$\varepsilon_{\phi,3} = \frac{1}{6} \int_{-\infty}^{+\infty} | t |^3 | g_\sigma(t) | | \beta_1(t) |/\sqrt{\sigma}\, \mathrm{d}t$$

$$+ \frac{| A'(u) |}{6| A(u) |} \int_{-\infty}^{+\infty} | t |^4 | g_\sigma(t) | | \beta_1(t) |/\sqrt{\sigma}\, \mathrm{d}t \qquad (6.29)$$

因此,

$$S_x(u, \xi) = A(u)\sqrt{\sigma}\, e^{i\phi(u)}(\hat{g}\{\sigma[\xi - \phi'(u)]\} + \varepsilon(u, \xi)) \qquad (6.30)$$

式中,

$$| \varepsilon(u, \xi) | \leqslant \varepsilon_{A,1} + \varepsilon_{A,2} + \varepsilon_{\phi,2} + \varepsilon_{\phi,3} \qquad (6.31)$$

当窗函数 $g(t)$ 紧支于区间 $[-1/2, 1/2]$ 时,有

$$\int_{-\infty}^{+\infty} | t |^n | g_\sigma(t) |/\sqrt{\sigma}\, \mathrm{d}t \leqslant \int_{-\sigma/2}^{\sigma/2} | t |^n | g_\sigma(t) |/\sqrt{\sigma}\, \mathrm{d}t$$

$$\leqslant \sigma^n \int_{-1/2}^{1/2} | t |^n | g(t) |\, \mathrm{d}t \leqslant \sigma^n \quad (6.32)$$

当 $n = 1$ 时,根据式(6.26)可得

$$\varepsilon_{A,1} = \frac{| A'(u) |}{| A(u) |} \left| \int_{-\infty}^{+\infty} t g_\sigma(t)/\sqrt{\sigma}\, e^{-it[\xi - \phi'(u)]}\, \mathrm{d}t \right| \leqslant \sigma \frac{| A'(u) |}{| A(u) |} \quad (6.33)$$

当 $n = 2, 3$ 时,根据式(6.28)可得

$$\varepsilon_{\phi,2} = \frac{1}{2} \int_{-\infty}^{+\infty} t^2 | \phi''(u) | | g_\sigma(t) |/\sqrt{\sigma}\, \mathrm{d}t$$

$$+ \frac{|A'(u)|}{2|A(u)|} \int_{-\infty}^{+\infty} |t|^3 |\phi''(u)| |g_\sigma(t)| / \sqrt{\sigma} \, \mathrm{d}t$$

$$\leqslant \frac{1}{2} \sigma^2 |\phi''(u)| \left(1 + \frac{\sigma |A'(u)|}{|A(u)|}\right) \tag{6.34}$$

幅值函数 $A(t+u)$ 的泰勒展开公式(6.20)中,余量 $\alpha_1(t)$ 满足如下条件:

$$\sup_{|t| \leqslant \sigma/2} |\alpha_1(t)| \leqslant \sup_{|t-u| \leqslant \sigma/2} |A''(t)| \tag{6.35}$$

将其代入式(6.27)中,可得

$$\varepsilon_{A,2} = \frac{1}{2|A(u)|} \int_{-\infty}^{+\infty} |\alpha_1(t)| \, t^2 |g_\sigma(t)| / \sqrt{\sigma} \, \mathrm{d}t$$

$$\leqslant \frac{1}{2|A(u)|} \sigma^2 \sup_{|t-u| \leqslant \sigma/2} |A''(t)| \leqslant \sup_{|t-u| \leqslant \sigma/2} \frac{\sigma^2 |A''(t)|}{2|A(u)|} \tag{6.36}$$

相位函数 $\phi(t+u)$ 的泰勒展开公式(6.21)中,余量 $\beta_1(t)$ 满足如下条件:

$$\sup_{|t| \leqslant \sigma/2} |\beta_1(t)| \leqslant \sup_{|t-u| \leqslant \sigma/2} |\phi'''(t)| \tag{6.37}$$

将其代入式(6.29)中,可得

$$\varepsilon_{\phi,3} = \frac{1}{6} \int_{-\infty}^{+\infty} |t|^3 |g_\sigma(t)| |\beta_1(t)| / \sqrt{\sigma} \, \mathrm{d}t$$

$$+ \frac{|A'(u)|}{6|A(u)|} \int_{-\infty}^{+\infty} |t|^4 |g_\sigma(t)| |\beta_1(t)| / \sqrt{\sigma} \, \mathrm{d}t$$

$$\leqslant \frac{1}{6} \sigma^3 \sup_{|t-u| \leqslant \sigma/2} |\phi'''(t)| + \frac{|A'(u)|}{6|A(u)|} \sigma^4 \sup_{|t-u| \leqslant \sigma/2} |\phi'''(t)|$$

$$\leqslant \frac{\sigma^3}{6} \left[1 + \frac{\sigma |A'(u)|}{|A(u)|}\right] \sup_{|t-u| \leqslant \sigma/2} |\phi'''(t)| \tag{6.38}$$

基于上述结论,可以证明式(6.17)。

信号 $x(t) = A(t) \mathrm{e}^{\mathrm{i}\phi(t)}$ 在窗函数为 $g'_\sigma(t)$ 时的短时傅里叶变换为

$$S_x^{g'}(u, \xi) = a(u) \sqrt{\sigma} \mathrm{e}^{\mathrm{i}\phi(u)} (\mathrm{i}[\xi - \phi'(u)] \hat{g}\{\sigma[\xi - \phi'(u)]\} + \varepsilon^{g'}(u, \xi)) \tag{6.39}$$

当 $f, h \in L^2(\Re)$ 时,有

$$\int_{-\infty}^{+\infty} \overline{f(t)} h'(t) \, \mathrm{d}t = -\int_{-\infty}^{+\infty} \overline{f'(t)} h(t) \, \mathrm{d}t \tag{6.40}$$

因此,信号 $x(t)$ 在窗函数为 $g'_\sigma(t)$ 时的短时傅里叶变换可表示为

$$S_x^{g'}(u, \xi) = \int_{-\infty}^{+\infty} x(t+u) g_\sigma'(t) \mathrm{e}^{-\mathrm{i}\xi t} \mathrm{d}t = \int_{-\infty}^{+\infty} \overline{a(t+u) \mathrm{e}^{\mathrm{i}[\xi t - \phi(t+u)]}} g_\sigma'(t) \mathrm{d}t$$

$$= -\int_{-\infty}^{+\infty} \overline{\{a(t+u) \mathrm{e}^{\mathrm{i}[\xi t - \phi(t+u)]}\}}' g_\sigma(t) \mathrm{d}t$$

$$= \mathrm{i} \int_{-\infty}^{+\infty} a(t+u) \mathrm{e}^{\mathrm{i}\phi(t+u)} [\xi - \phi'(t+u)] g_\sigma(t) \mathrm{e}^{-\mathrm{i}\xi t} \mathrm{d}t$$

$$- \int_{-\infty}^{+\infty} a'(t+u) \mathrm{e}^{\mathrm{i}\phi(t+u)} g_\sigma(t) \mathrm{e}^{-\mathrm{i}\xi t} \mathrm{d}t \qquad (6.41)$$

根据如下泰勒展开式,即

$$A(t+u) = A(u) + tA'(u) + t^2\alpha_1(t)/2, \quad |\alpha_1(t)| \leqslant \sup_{h \in [u, t+u]} |A''(h)| \qquad (6.42)$$

$$A'(t+u) = A'(u) + t\alpha_2(t), \quad |\alpha_2(t)| \leqslant \sup_{h \in [u, t+u]} |A''(h)| \qquad (6.43)$$

$$\phi(t+u) = \phi(u) + t\phi'(u) + t^2\phi''(u)/2 + t^3\beta_1(t)/6, \quad |\beta_1(t)| \leqslant \sup_{h \in [u, t+u]} |\phi'''(h)| \qquad (6.44)$$

$$\phi'(t+u) = \phi'(u) + t\phi''(u) + t^2\beta_2(t)/2, \quad |\beta_2(t)| \leqslant \sup_{h \in [u, t+u]} |\phi'''(h)| \qquad (6.45)$$

可得

$$S_x^{g'}(u, \xi) \mathrm{e}^{-\mathrm{i}\phi(u)} = \mathrm{i} \int_{-\infty}^{+\infty} [A(u) + tA'(u) + t^2\alpha_1(t)/2] \mathrm{e}^{\mathrm{i}t\phi'(u) + \mathrm{i}\frac{1}{2}t^2\phi''(u) + \mathrm{i}\frac{1}{6}t^3\beta_1(t)}$$

$$\cdot [\xi - \phi'(u) - t\phi''(u) - t^2\beta_2(t)/2] g_\sigma(t) \mathrm{e}^{-\mathrm{i}\xi t} \mathrm{d}t$$

$$- \int_{-\infty}^{+\infty} [A'(u) + t\alpha_2(t)] g_\sigma(t) \mathrm{e}^{\mathrm{i}[\phi(t+u) - \phi(u) - \xi t]} \mathrm{d}t$$

$$= \mathrm{i}A(u)[\xi - \phi'(u)] \int_{-\infty}^{+\infty} g_\sigma(t) \mathrm{e}^{\mathrm{i}t[\phi'(u) - \xi]} \mathrm{e}^{\mathrm{i}\frac{1}{2}t^2\phi''(u) + \mathrm{i}\frac{1}{6}t^3\beta_1(t)} \mathrm{d}t$$

$$- \mathrm{i}A(u)\phi''(u) \int_{-\infty}^{+\infty} t g_\sigma(t) \mathrm{e}^{\mathrm{i}[\phi(t+u) - \phi(u) - \xi t]} \mathrm{d}t$$

$$- \mathrm{i}A(u) \frac{1}{2} \int_{-\infty}^{+\infty} t^2\beta_2(t) g_\sigma(t) \mathrm{e}^{\mathrm{i}[\phi(t+u) - \phi(u) - \xi t]} \mathrm{d}t$$

$$+ \mathrm{i}A'(u)[\xi - \phi'(u)] \int_{-\infty}^{+\infty} t g_\sigma(t) \mathrm{e}^{\mathrm{i}[\phi(t+u) - \phi(u) - \xi t]} \mathrm{d}t$$

$$- \mathrm{i}A'(u)\phi''(u) \int_{-\infty}^{+\infty} t^2 g_\sigma(t) \mathrm{e}^{\mathrm{i}[\phi(t+u) - \phi(u) - \xi t]} \mathrm{d}t$$

$$- iA'(u) \frac{1}{2} \int_{-\infty}^{+\infty} t^3 \beta_2(t) g_\sigma(t) e^{i[\phi(t+u)-\phi(u)-\xi t]} dt$$

$$+ i[\xi - \phi'(u)] \frac{1}{2} \int_{-\infty}^{+\infty} \alpha_1(t) t^2 g_\sigma(t) e^{i[\phi(t+u)-\phi(u)-\xi t]} dt$$

$$- i\phi''(u) \frac{1}{2} \int_{-\infty}^{+\infty} \alpha_1(t) t^3 g_\sigma(t) e^{i[\phi(t+u)-\phi(u)-\xi t]} dt$$

$$- i \frac{1}{2} \int_{-\infty}^{+\infty} \alpha_1(t) t^4 \beta_2(t) g_\sigma(t) e^{i[\phi(t+u)-\phi(u)-\xi t]} dt$$

$$- \int_{-\infty}^{+\infty} A'(u) g_\sigma(t) e^{i[\phi(t+u)-\phi(u)-\xi t]} dt$$

$$- \int_{-\infty}^{+\infty} \alpha_2(t) t g_\sigma(t) e^{i[\phi(t+u)-\phi(u)-\xi t]} dt$$

由于傅里叶变换满足如下条件:

$$\int_{-\infty}^{+\infty} g_\sigma(t) e^{-it[\xi-\phi'(u)]} dt = \sqrt{\sigma} \hat{g} \{\sigma[\xi - \phi'(u)]\}$$

结合 $e^{i[t^2 \phi''(u)/2 + t^3 \beta_1(t)/6]}$ 的一阶泰勒展开式,即

$$e^{i[t^2 \phi''(u)/2 + t^3 \beta_1(t)/6]} = 1 + t^2 \phi''(u) \gamma(t)/2 + t^3 \beta_1(t) \gamma(t)/6, \quad |\gamma(t)| \leq 1$$

可得

$$|S_x^{g'}(u, \xi) - iA(u) \sqrt{\sigma} e^{i\phi(u)} [\xi - \phi'(u)] \hat{g} \{\sigma[\xi - \phi'(u)]\}| \quad (6.46)$$
$$\leq A(u) \sqrt{\sigma} (\varepsilon_{A,1}^{g'} + \varepsilon_{A,2}^{g'} + \varepsilon_{\phi,2}^{g'} + \varepsilon_{\phi,3}^{g'})$$

式中,

$$\varepsilon_{A,1}^{g'} = \frac{|A'(u)|}{|A(u)|} \left[|\xi - \phi'(u)| \int_{-\infty}^{+\infty} \left| \frac{t g_\sigma(t)}{\sqrt{\sigma}} \right| dt + \int_{-\infty}^{+\infty} \left| \frac{g_\sigma(t)}{\sqrt{\sigma}} \right| dt \right] \quad (6.47)$$

$$\varepsilon_{A,2}^{g'} = \frac{1}{|A(u)|} \left[\frac{1}{2} |\xi - \phi'(u)| \int_{-\infty}^{+\infty} |\alpha_1(t)| \left| \frac{t^2 g_\sigma(t)}{\sqrt{\sigma}} \right| dt \right.$$
$$\left. + \frac{1}{2} |\phi''(u)| \int_{-\infty}^{+\infty} |\alpha_1(t)| \left| \frac{t^3 g_\sigma(t)}{\sqrt{\sigma}} \right| dt + \int_{-\infty}^{+\infty} |\alpha_2(t)| \left| \frac{t g_\sigma(t)}{\sqrt{\sigma}} \right| dt \right]$$
$$(6.48)$$

$$\varepsilon_{\phi,2}^{g'} = \frac{|\phi''(u)|}{|A(u)|} \left[\frac{1}{2} |A(u)| |\xi - \phi'(u)| \int_{-\infty}^{+\infty} \left| \frac{t^2 g_\sigma(t)}{\sqrt{\sigma}} \right| dt \right.$$

$$+|A(u)|\int_{-\infty}^{+\infty}\left|\frac{tg_{\sigma}(t)}{\sqrt{\sigma}}\right|dt+|A'(u)|\int_{-\infty}^{+\infty}\left|\frac{t^2g_{\sigma}(t)}{\sqrt{\sigma}}\right|dt\right] \quad (6.49a)$$

$$\varepsilon_{\phi,3}^{g'}=\frac{1}{|A(u)|}\left[\frac{1}{6}|A(u)||\xi-\phi'(u)|\int_{-\infty}^{+\infty}|\beta_1(t)|\left|\frac{t^3g_{\sigma}(t)}{\sqrt{\sigma}}\right|dt\right.$$

$$+\frac{1}{2}\left|A(u)\left|\int_{-\infty}^{+\infty}|\beta_2(t)|\right|\left|\frac{t^2g_{\sigma}(t)}{\sqrt{\sigma}}\right|dt$$

$$+\frac{1}{2}|A'(u)|\left|\int_{-\infty}^{+\infty}|\beta_2(t)|\right|\left|\frac{t^3g_{\sigma}(t)}{\sqrt{\sigma}}\right|dt$$

$$\left.+\frac{1}{4}\int_{-\infty}^{+\infty}|\alpha_1(t)||\beta_2(t)|\left|\frac{t^4g_{\sigma}(t)}{\sqrt{\sigma}}\right|dt\right] \quad (6.49b)$$

因此,

$$S_x^g(u,\xi)=a(u)\sqrt{\sigma}\,e^{i\phi(u)}(i[\xi-\phi'(u)]\hat{g}\{\sigma[\xi-\phi'(u)]\}+\varepsilon^{g'}(u,\xi))$$

式中,

$$|\varepsilon^{g'}(u,\xi)|\leqslant\varepsilon_{A,1}^{g'}+\varepsilon_{A,2}^{g'}+\varepsilon_{\phi,2}^{g'}+\varepsilon_{\phi,3}^{g'} \quad (6.50)$$

式(6.32)中,当 $n=1$ 时,根据式(6.47)可得

$$\varepsilon_{A,1}^{g'}=\frac{|A'(u)|}{|A(u)|}\left[|\xi-\phi'(u)|\int_{-\infty}^{+\infty}\left|\frac{tg_{\sigma}(t)}{\sqrt{\sigma}}\right|dt+\int_{-\infty}^{+\infty}\left|\frac{g_{\sigma}(t)}{\sqrt{\sigma}}\right|dt\right]$$

$$\leqslant\frac{|A'(u)|}{|A(u)|}[\sigma|\xi-\phi'(u)|+1] \quad (6.51)$$

同样,当 $n=1,2$ 时,根据式(6.49a)可得

$$\varepsilon_{\phi,2}^{g'}=\frac{|\phi''(u)|}{|A(u)|}\left[\frac{1}{2}|A(u)||\xi-\phi'(u)|\int_{-\infty}^{+\infty}\left|\frac{t^2g_{\sigma}(t)}{\sqrt{\sigma}}\right|dt\right.$$

$$\left.+|A(u)|\int_{-\infty}^{+\infty}\left|\frac{tg_{\sigma}(t)}{\sqrt{\sigma}}\right|dt+|A'(u)|\int_{-\infty}^{+\infty}\left|\frac{t^2g_{\sigma}(t)}{\sqrt{\sigma}}\right|dt\right]$$

$$\leqslant\frac{\sigma|\phi''(u)|}{2|A(u)|}[\sigma|A(u)||\xi-\phi'(u)|+2|A(u)|+2\sigma|A'(u)|]$$

$$(6.52)$$

幅值函数 $A(t+u)$ 与相位函数 $\phi(t+u)$ 泰勒展开式中的余项 $\alpha_1(t)$、$\alpha_2(t)$、$\beta_1(t)$ 及 $\beta_2(t)$ 分别满足如下条件:

$$\sup_{|t|\leqslant\sigma/2}|\alpha_1(t)|\leqslant\sup_{|t-u|\leqslant\sigma/2}|A''(t)|, \quad \sup_{|t|\leqslant\sigma/2}|\alpha_2(t)|\leqslant\sup_{|t-u|\leqslant\sigma/2}|A''(t)|$$

$$(6.53)$$

$$\sup_{|t|\leqslant\sigma/2}|\beta_1(t)|\leqslant\sup_{|t-u|\leqslant\sigma/2}|\phi''(t)|, \quad \sup_{|t|\leqslant\sigma/2}|\beta_2(t)|\leqslant\sup_{|t-u|\leqslant\sigma/2}|\phi''(t)|$$

$$(6.54)$$

当式(6.32)中的 $n=1,2,3$ 时,将式(6.48)中的 $|\alpha_1(t)|$ 和 $|\alpha_2(t)|$ 用其上界替换,可得

$$
\begin{aligned}
\varepsilon_{A,2}^{g'} &= \frac{1}{|A(u)|}\left[\frac{1}{2}|\xi-\phi'(u)|\int_{-\infty}^{+\infty}|\alpha_1(t)|\left|\frac{t^2 g_\sigma(t)}{\sqrt{\sigma}}\right|\mathrm{d}t\right.\\
&\quad +\frac{1}{2}|\phi''(u)|\int_{-\infty}^{+\infty}|\alpha_1(t)|\left|\frac{t^3 g_\sigma(t)}{\sqrt{\sigma}}\right|\mathrm{d}t+\int_{-\infty}^{+\infty}|\alpha_2(t)|\left|\frac{t g_\sigma(t)}{\sqrt{\sigma}}\right|\mathrm{d}t\right]\\
&\leqslant \frac{1}{|A(u)|}\left[\frac{1}{2}\sigma^2|\xi-\phi'(u)|+\frac{1}{2}\sigma^3|\phi''(u)|+\sigma\right]\sup_{|t-u|\leqslant\sigma/2}|A''(t)|\\
&= \sup_{|t-u|\leqslant\sigma/2}\frac{\sigma|A''(t)|}{2|A(u)|}\left[\sigma|\xi-\phi'(u)|+\sigma^2|\phi''(u)|+2\right]
\end{aligned}
$$

$$(6.55)$$

同样,当式(6.32)中的 $n=2,3,4$ 时,将式(6.48)中的 $|\alpha_1(t)|$ 和 $|\alpha_2(t)|$ 用其上界替换,可得

$$
\begin{aligned}
\varepsilon_{\phi,3}^{g'} &= \frac{1}{|A(u)|}\left[\frac{1}{6}|A(u)||\xi-\phi'(u)|\int_{-\infty}^{+\infty}\left|\frac{t^3 g_\sigma(t)}{\sqrt{\sigma}}\right|\mathrm{d}t\right.\\
&\quad +\frac{1}{2}|A(u)|\int_{-\infty}^{+\infty}\left|\frac{t^2 g_\sigma(t)}{\sqrt{\sigma}}\right|\mathrm{d}t+\frac{1}{2}|A'(u)|\int_{-\infty}^{+\infty}\left|\frac{t^3 g_\sigma(t)}{\sqrt{\sigma}}\right|\mathrm{d}t\\
&\quad +\frac{1}{4}\int_{-\infty}^{+\infty}|\alpha_1(t)|\left|\frac{t^4 g_\sigma(t)}{\sqrt{\sigma}}\right|\mathrm{d}t\right]\\
&\leqslant \frac{1}{|A(u)|}\left[\frac{1}{6}\sigma^3|A(u)||\xi-\phi'(u)|+\frac{1}{2}\sigma^2|A(u)|\right.\\
&\quad +\frac{1}{2}\sigma^3|A'(u)|+\frac{1}{4}\sigma^4\sup_{|t-u|\leqslant\sigma/2}|A''(t)|\right]\sup_{|t-u|\leqslant\sigma/2}|\phi'''(t)|\\
&= \sup_{|t-u|\leqslant\sigma/2}\frac{\sigma^2|\phi'''(t)|}{6|A(u)|}\left[2\sigma|A(u)||\xi-\phi'(u)|+6|A(u)|\right.\\
&\quad +6\sigma|A'(u)|+3\sigma^2\sup_{|t-u|\leqslant\sigma/2}|A''(t)|\right]
\end{aligned}
$$

$$(6.56)$$

基于上述结论,可以证明式(6.18)。

根据非线性压缩变换的定义,并结合式(6.17)与式(6.18)可得

$$
\begin{aligned}
P_x(u, \xi) &= \frac{S_x(u, \xi)}{S_x^{g'}(u, \xi)} \\
&= \frac{A(u)\sqrt{\sigma}\,e^{i\phi(u)}(\hat{g}\{\sigma[\xi - \phi'(u)]\} + \varepsilon(u, \xi))}{A(u)\sqrt{\sigma}\,e^{i\phi(u)}(i[\xi - \phi'(u)]\hat{g}\{\sigma[\xi - \phi'(u)]\} + \varepsilon^{g'}(u, \xi))} \\
&= \frac{1 + \dfrac{\varepsilon(u, \xi)}{\hat{g}\{\sigma[\xi - \phi'(u)]\}}}{i[\xi - \phi'(u)] + \dfrac{\varepsilon^{g'}(u, \xi)}{\hat{g}\{\sigma[\xi - \phi'(u)]\}}}
\end{aligned}
\tag{6.57}
$$

至此,完成了性质6.1的证明。

性质6.1中,校正项 $\varepsilon(u, \xi)$ 及 $\varepsilon^{g'}(u, \xi)$ 共包含8个部分,分别为 $\varepsilon_{A,1}$、$\varepsilon_{A,2}$、$\varepsilon_{\phi,2}$、$\varepsilon_{\phi,3}$、$\varepsilon_{A,1}^{g'}$、$\varepsilon_{A,2}^{g'}$、$\varepsilon_{\phi,2}^{g'}$ 及 $\varepsilon_{\phi,3}^{g'}$。当信号 $x(t) = A(t)e^{i\phi(t)}$ 的幅值函数 $A(t)$ 与瞬时频率 $\phi'(t)$ 具有较小的相对变化率时,尤其是窗函数 $g_\sigma(t)$ 的支撑区间较窄,即 σ 较小时,3个校正项的8个部分都较小,可以忽略不计。此时,窗函数为 $g_\sigma(t)$ 的短时傅里叶变换 $S_x(u, \xi)$ 与窗函数为 $g'_\sigma(t)$ 的短时傅里叶变换 $S_x^{g'}(u, \xi)$ 可分别近似为

$$
S_x(u, \xi) \approx A(u)\sqrt{\sigma}\,e^{i\phi(u)}\hat{g}\{\sigma[\xi - \phi'(u)]\}
\tag{6.58}
$$

$$
S_x^{g'}(u, \xi) \approx iA(u)\sqrt{\sigma}\,e^{i\phi(u)}[\xi - \phi'(u)]\hat{g}\{\sigma[\xi - \phi'(u)]\}
\tag{6.59}
$$

相应地,非线性压缩变换的结果近似为

$$
P_x(u, \xi) = \frac{S_x(u, \xi)}{S_x^{g'}(u, \xi)} \approx \frac{1}{i[\xi - \phi'(u)]}
\tag{6.60}
$$

这意味着非线性压缩变换 $P_x(u, \xi)$ 只与信号的相位 ϕ(或者说信号的瞬时频率 ϕ')相关,而与信号的幅值 A 无关。

这两个时频表示 $[S_x(u, \xi)$ 与 $S_x^{g'}(u, \xi)]$ 在时频面上的系数,犹如两张不同的"时频网"覆盖了整个时频面。短时傅里叶变换的"时频网"的局部极大值点对应的另一个"时频网"必然是一个接近于零的值,而在局部极大值点周围,即使偏离一段很短的距离,对应的另一个"时频网"的值也就不再接近于零。因此,非线性压缩变换的增强原理匹配了时频表示的系数分布的特点,使得两个时频表示的协同作用极大地提高信号瞬时频率位置的时频系数,而其周围的系数增强的幅度较小,甚至被抑制。

性质6.1要求对称窗函数 $g(t)$ 紧支于区间 $[-1/2, 1/2]$,主要目的是方便在数学上进行严格证明。实际应用中,只要所用窗函数的主要能量集中于该区间即

可,并不要求严格的紧支性,例如,高斯窗函数$g_\sigma(t) = (\pi\sigma^2)^{-1/4}e^{-t^2/2\sigma^2}$在合适的尺度参数$\sigma$下就能够满足要求。

6.2.3　非线性压缩变换的降噪策略

在实际应用环境中,被分析的信号往往都是由受噪声污染的多分量信号成分混合而成的复杂信号。对于多分量信号,一方面,窗函数$g_\sigma(t)$的尺度参数σ较小时,性质6.1中的校正项会更小;另一方面,窗函数$g_\sigma(t)$的尺度参数σ较小时,窗也更窄,对应的时频分辨率中时间的分辨率较高而频率的分辨率较低,不利于多分量信号之间信号成分的区分。当尺度参数σ太小时,甚至会导致无法区分多分量信号中各信号成分的大致结构。因此,在实际应用中需要权衡这两个方面的影响,折中选择尺度参数σ。

对于受噪声污染的信号,非线性压缩变换结果仅与信号相位有关而与信号的幅值无关,因而能够放大信号中微弱成分在时频表示中的系数,从而便于检测微弱成分,但是信号中混杂的噪声同样会被放大,从而影响时频表示结果中有效信号成分的检测。考虑到噪声的随机分布性质,而被分析信号都是具有某种固定结构的,因此通过非线性压缩变换得到的时频表示结果中,噪声会随机地分布在时频平面上,而有效信号成分在时频平面上具有一定的结构性。

图6.8中以受高斯白噪声污染的双分量调频信号[在式(6.10)所示的信号中加入高斯白噪声]为例,说明了信号成分具有的结构性及噪声的随机分布特性,图6.8(a)~(c)分别为含噪声信号的非线性压缩变换(NST)结果、不含噪声信号的非线性压缩变换结果及高斯白噪声的非线性压缩变换结果。从含噪声信号的非线性压缩变换结果中可以同时观察出两个有效信号成分的调频规律,并且在与这两个成分间隔一定距离的地方随机分布着杂乱的网状结构,从图6.8(c)中可以看出,这些杂乱的网状结构是高斯白噪声随机分布在时频平面上的结果。图6.8表明,在非线性压缩变换结果中,虽然信号成分和噪声同时因非线性的增强而被放大,但是其

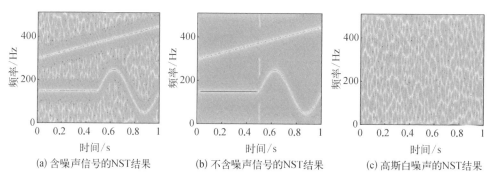

图 6.8　非线性压缩变换信号与噪声时频结构示意图

时频结构具有明显的差异：有效信号成分具有连续分布的固定结构，噪声具有随机分布的网状结构。因此，通过非线性压缩变换结果中时频分布的结构特点，可以区分有效信号成分与噪声。

虽然噪声与信号成分的分布结构不同，但是时频图上的强噪声分布仍然影响该方法的鲁棒性。基于非线性压缩变换结果构造权重矩阵，不仅影响加权稀疏时频表示模型的鲁棒性，也削弱了对时频脊线结构的匹配增强能力。但是，非线性压缩变换并非无法区分信号成分和噪声，二者在时频平面上不同的分布结构就是最好的区分方式。那么如何利用这种区分方式，实现非线性压缩变换的降噪呢？

既然信号成分在时频图上具有固定的结构，那么即使给含噪声的信号额外添加一个能量适当的噪声，信号成分在时频图上的分布也不会改变。与之相反，噪声的分布具有随机性，因此很容易被破坏掉，那么当给含噪声的信号额外添加噪声时，原信号中的噪声分布也将会改变。为了验证上述规律，在含噪声的信号[基于式(6.10)所示的仿真信号添加高斯白噪声]中额外添加一个高斯白噪声成分，得到的加噪声前后的非线性压缩变换结果及噪声分布放大图如图 6.9 所示。从图

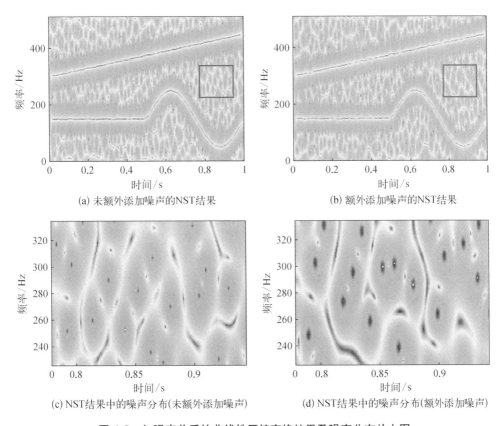

(a) 未额外添加噪声的NST结果　　　　　(b) 额外添加噪声的NST结果

(c) NST结果中的噪声分布(未额外添加噪声)　　(d) NST结果中的噪声分布(额外添加噪声)

图 6.9　加噪声前后的非线性压缩变换结果及噪声分布放大图

6.9 中可以看出：给含噪声仿真信号额外加入噪声后，信号结构没有被破坏，在时频图上的分布没有变化，但是噪声的分布［如图 6.9（c）和（d）所示，对应于图 6.9（a）和（b）中的方框部分］却发生了明显变化，说明原来的噪声结构被额外添加的噪声破坏。

基于上述噪声的随机分布结构会被额外添加的噪声破坏的规律，如果给含噪声仿真信号额外添加不同的高斯白噪声，则会得到信号成分分布相同而噪声分布不同的时频表示结果。受到 Moca 等[4] 提出的通过不同尺度下的时频结果的叠加来提高时频分辨率这一策略的启发，如果将不同噪声结构下的时频分布叠加，则信号成分由于相同的分布得到增强，噪声由于不同的分布被削弱。叠加方式选择几何平均，其公式为

$$P_x^M(u, \xi) = \sqrt[K]{\prod_{k=1}^{K} P_x^k(u, \xi)} \tag{6.61}$$

式中，$P_x^M(u, \xi)$ 为几何平均结果；$P_x^k(u, \xi)$ 为给原信号额外添加第 k 组噪声后得到的非线性压缩变换结果；K 为通过额外添加不同噪声得到的时频分布总数。

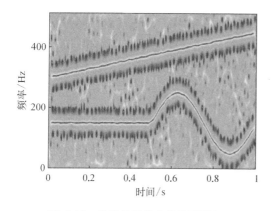

图 6.10　非线性压缩变换降噪结果

为了验证上述基于噪声随机分布特性的降噪效果，为含噪声的信号额外添加 20 组能量相同但分布不同的高斯白噪声，并采用几何平均的方式对 20 组不同的非线性压缩变换结果进行叠加，得到的非线性压缩变换降噪结果如图 6.10 所示。从时频结果中可以看出，在不同噪声分布的非线性压缩变换结果之间进行几何平均能够有效削弱噪声能量，凸显时频脊线结构，从而有利于提高对噪声的鲁棒性。

6.3　脊感知加权稀疏时频模型求解及分析

6.3.1　脊感知加权稀疏时频模型求解算法及分析

基于非线性压缩变换构造脊感知加权稀疏时频模型，能够有效降低时频脊线处的阈值，而增大其他位置的阈值，从而更好地保留脊线处的系数，并且由于非线性压缩变换的幅值无关性，加权稀疏时频表示对微弱信号特征也能很好地表征。此外，利用噪声的随机分布特性进行降噪的策略能够有效削弱非线性压缩变换结

果中的噪声能量,从而增大权重矩阵中噪声处的系数,促进加权稀疏时频表示中噪声的削弱,凸显时频脊线特征。

正则项加权并不影响稀疏时频表示模型的凸性,因此式(6.3)中的目标函数 $J(\alpha)$ 仍然是一个凸函数,可以采用迭代阈值收缩算法进行求解,为了加快收敛速度,更高效地获得目标函数 $J(\alpha)$ 的最优解,本节采用快速迭代阈值收缩算法(fast iterative shrinkage-thresholding algorithm,FISTA)[5]进行优化求解,与迭代阈值收缩算法相比,快速迭代阈值收缩算法基于 Nesterov 加速策略[6],在梯度下降与软阈值操作之后增加了外推步骤[如式(6.66)所示],从而预估与收敛值更接近的结果,作为下一步迭代的起始点。

$$
\begin{cases}
t_{i+1} = \dfrac{1 + \sqrt{1 + 4t_i^2}}{2} \\[2mm]
v^{(i+1)} = \alpha^{(i+1)} + \dfrac{t_i - 1}{t_{i+1}}\left[\alpha^{(i+1)} - \alpha^{(i)}\right]
\end{cases}
\tag{6.62}
$$

式中,$v^{(i+1)}$ 为第 $i + 1$ 步迭代的起始点;t_i 为外推系数。

在加权稀疏时频表示模型中,采用短时傅里叶逆变换算子(用 A 表示)作为稀疏表示字典,因此对于式(6.3)中目标函数 $J(\alpha)$ 的数据保真项 $G(\alpha)$,可得其梯度为

$$
\nabla G(\alpha) = A^{\mathrm{H}}(A\alpha - x)
\tag{6.63}
$$

式中,A^{H} 为 A 的共轭转置,由于短时傅里叶变换及其逆变换互为共轭转置,A^{H} 表示短时傅里叶变换算子。

正则项加权会直接影响时频平面各位置的阈值,因此加权稀疏时频表示模型与基于 l_1 范数的经典稀疏时频表示模型的求解区别在于软阈值算子步骤的表达。不同于经典稀疏时频表示对所有时频表示系数进行均等的"惩罚",加权稀疏时频表示会对迭代求解中的软阈值运算施加不同权重系数的阈值,具体的算法流程见算法 6.1,其中 L_c 为 Lipschitz 常数, $\nabla G(\alpha^{(i)})$ 为函数 $G(\alpha^{(i)})$ 的梯度。

算法 6.1　快速迭代阈值收缩算法

输入:

振动信号 x;

迭代终止阈值 ε;

迭代步长 $0 < \rho < \dfrac{1}{L_c}$;

最大迭代次数为 $N_{\max}$。

初始化:

初始稀疏时频系数 $\alpha^{(0)} = 0$;

续　表

初始外推系数 $t_1 = 1$；

初始中间变量 $v^{(0)} = z^{(0)} = 0$；

计算权重系数矩阵 W。

迭代过程：

$$z^{(i)} = v^{(i)} - \rho \nabla G(v^{(i)});$$

$$\alpha^{(i+1)} = \text{soft}[z^{(i)}; \lambda \rho W];$$

$$t_{i+1} = \frac{1 + \sqrt{1 + 4t_i^2}}{2}$$

$$v^{(i+1)} = \alpha^{(i+1)} + \frac{t_i - 1}{t_{i+1}}[\alpha^{(i+1)} - \alpha^{(i)}]$$

重复，直至 $\dfrac{\|\alpha^{(i+1)} - \alpha^{(i)}\|}{\alpha^{(i)}} \leqslant \varepsilon$ 或达到最大迭代次数 $N_{\max}$。

输出：

稀疏时频系数 $\alpha^{(i+1)}$。

6.3.2　加速求解原理与分析

快速迭代阈值收缩算法在迭代阈值收缩算法的基础上，通过 Nesterov 加速策略[6]，将收敛速度从 $O(1/k)$ 提升到 $O(1/k^2)$，其中 k 表示迭代的次数。然而，在稀疏时频表示中，数量庞大的时频系数会降低模型求解的速度，从而对求解算法的收敛速度产生更高的需求。Anderson 加速[7]与 Richardson 外推[8]是两种经典的算法加速策略，均利用已经得到的迭代结果进行外推，从而得到更接近收敛值的结果。两种外推加速策略均与被加速算法的内部结构无关，易于实现，因此可以为加快算法收敛速度提供参考。

Anderson 加速是一类提高不动点迭代收敛速度的有效方法，对于线性收敛的迭代算法具有较好的加速效果。该加速策略利用迭代结果本身的特性进行外推，从而得到更接近不动点的结果，对原迭代算法的内部结构不产生影响。与 Nesterov 加速策略相似，Anderson 加速利用已经得到的迭代结果对收敛值进行更精确的预估。不同的是，Anderson 加速可以根据具体情况选择更合适的外推阶数，即完成外推估计所需要的迭代结果的数量，从而提高对不动点的估计精度。

Richardson 外推同样是利用已经得到的迭代结果进行外推，从而减小与收敛值之间的误差，该方法适用于次线性收敛的迭代算法加速问题。利用次线性收敛中迭代结果和收敛值之间的误差与迭代次数之间的关系，Richardson 外推通过不同迭代结果之间的协同作用，抵消误差的低阶项，从而减小迭代结果与收敛值之间的误差。与 Nestorov 加速和 Anderson 加速不同的是，Richardson 外推所需要的迭代结果不一定连续，例如，一阶 Richardson 外推利用第 k 步与 $k/2$ 步的迭代结果，获得更高精度的估计。

　　在选择两种加速策略时,除了要与迭代算法本身的收敛类型(线性收敛或次线性收敛)相匹配,还要根据算法迭代收敛的方式进行选择。当算法的迭代结果在收敛值附近振荡时[图 6.11（a）],选择 Anderson 加速比较适合;而当算法的迭代结果朝特定的方向收敛时[图 6.11（b）],Richardson 外推更有利于算法加速。

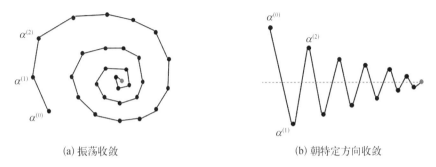

(a) 振荡收敛　　　　　　　　　　(b) 朝特定方向收敛

图 6.11　迭代算法收敛形式

　　Anderson 加速和 Richardson 外推均与 Nesterov 加速策略具有相似之处,三种方法均是利用已经得到的迭代结果进行外推,从而得到更精确的近似解或下一步迭代的起始点。不同的是,Nesterov 加速策略仅通过前两步的迭代结果进行外推,而 Anderson 加速和 Richardson 外推对迭代结果的选择更加灵活。在迭代收敛过程中,两种外推加速方式均是通过减小迭代结果的振荡,从而使其更快地接近收敛值,如图 6.12 所示,图中 α_{acc} 表示加速后的迭代结果。

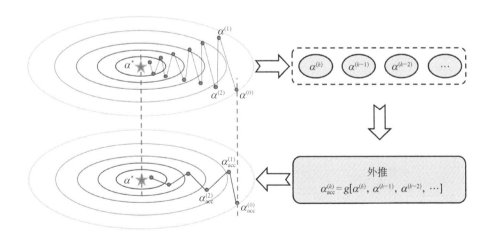

外推
$$\alpha_{acc}^{(k)} = g[\alpha^{(k)},\ \alpha^{(k-1)},\ \alpha^{(k-2)},\ \cdots]$$

图 6.12　Anderson 加速与 Richardson 外推的加速原理

　　受启发于上述两种加速策略,可以将快速迭代阈值收缩算法的外推公式拓展成基于多步迭代结果的通用形式,即

$$v^{(i+1)} = g\left[\alpha^{(i+1)},\ \alpha^{(i)},\ \alpha^{(i-1)},\ \cdots\right] \tag{6.64}$$

基于该通用形式,并结合泰勒展开公式,针对本章的脊感知加权稀疏时频模型,设计如下采用前三步迭代结果进行外推的形式,即

$$v^{(i+1)} = \alpha^{(i+1)} + \beta\left\{\alpha^{(i+1)} - \alpha^{(i)} + \frac{\left[\alpha^{(i+1)} - \alpha^{(i)}\right] - \left[\alpha^{(i)} - \alpha^{(i-1)}\right]}{2}\right\} \tag{6.65}$$

式中,β 表示外推步长。

外推步长 β 的确定与脊感知加权稀疏时频模型的权重矩阵 W 相关。为了进一步加快求解算法的收敛速度,在 Nesterov 加速策略外推步长的基础上,对其进行松弛化,从而得到如下外推公式,即

$$v^{(i+1)} = \alpha^{(i+1)} + \frac{i+a}{i+a+1}\left\{\alpha^{(i+1)} - \alpha^{(i)} + \frac{\left[\alpha^{(i+1)} - \alpha^{(i)}\right] - \left[\alpha^{(i)} - \alpha^{(i-1)}\right]}{2}\right\}$$
$$\tag{6.66}$$

式中,a 为外推系数,用来决定外推步长 β 的伸缩,根据权重矩阵 W 各位置系数的一致性进行选择。

权重矩阵 W 中各位置系数的一致性会影响脊感知加权稀疏时频模型的求解难度,一致性越高,进行软阈值操作时,各时频系数的阈值越接近,模型越容易求解,则可以选择更大的外推步长,以获得更快的收敛速度。反之,则需要选择较小的外推步长,使得求解算法更稳定。

为了减少向量之间的运算,从而进一步加快求解速度,式(6.66)可以化简为

$$v^{(i+1)} = \alpha^{(i+1)} + \frac{i+a}{2(i+a+1)}\left[3\alpha^{(i+1)} - 4\alpha^{(i)} + \alpha^{(i-1)}\right] \tag{6.67}$$

上述加速外推策略是基于快速迭代阈值收缩算法的改进,因此将采用该策略的算法称为加速迭代阈值收缩算法。脊感知加权稀疏时频模型的加速求解见算法 6.2,其中 L_c 为 Lipschitz 常数,$\nabla G(\alpha^{(i)})$ 为函数 $G(\alpha^{(i)})$ 的梯度。

算法 6.2　加速迭代阈值收缩算法

输入:

振动信号 x;

外推系数 a;

迭代终止阈值 ε;

迭代步长 $0 < \rho < \dfrac{1}{L_c}$;

最大迭代次数为 $N_{\max}$。

续　表

初始化：

　　初始稀疏时频系数 $\alpha^{(0)} = 0$；

　　初始中间变量 $v^{(0)} = z^{(0)} = 0$；

　　计算权重系数矩阵 W。

迭代过程：

$$z^{(i)} = v^{(i)} - \rho \, \nabla G[v^{(i)}];$$

$$\alpha^{(i+1)} = \text{soft}[z^{(i)}; \lambda\rho W];$$

$$v^{(i+1)} = \alpha^{(i+1)} + \frac{i+a}{2(i+a+1)}[3\alpha^{(i+1)} - 4\alpha^{(i)} + \alpha^{(i-1)}]$$

　　重复，直至 $\dfrac{\parallel \alpha^{(i+1)} - \alpha^{(i)} \parallel}{\alpha^{(i)}} \leqslant \varepsilon$ 或达到最大迭代次数 $N_{\max}$。

输出：

　　稀疏时频系数 $\alpha^{(i+1)}$。

6.4　试验研究与航空发动机中介轴承故障诊断实例

6.4.1　数值仿真试验

1. 微弱特征检测

为了说明基于非线性压缩变换的加权稀疏时频表示模型在微弱特征检测方面的有效性，构造含有微弱成分的仿真信号，令式（6.10）中的成分 $x_2(t)$ 幅值为 0.1，并在信号中加入标准差为 0.01 的高斯白噪声成分，则仿真信号为

$$\begin{cases} x(t) = x_1(t) + x_2(t) + 0.01\varepsilon(t) \\ x_1(t) = \cos(600\pi t + 150\pi t^2) \\ x_2(t) = \begin{cases} 0.1\cos(300\pi t), & 0 \leqslant t < 0.5\,\text{s} \\ 0.1\cos[300\pi t - 50\cos(4\pi t)], & 0.5\,\text{s} \leqslant t \leqslant 1\,\text{s} \end{cases} \end{cases} \quad (6.68)$$

式中，$\varepsilon(t)$ 为单位标准差的高斯白噪声。

此时，成分 $x_2(t)$ 相较于 $x_1(t)$ 为微弱信号。分别采用经典稀疏时频表示、非线性压缩变换和加权稀疏时频表示对信号进行分析，其中非线性压缩变换利用噪声的随机分布特性进行降噪，微弱仿真信号的时频表示结果如图 6.13 所示。

从图 6.13 可以看出：经典稀疏时频表示已无法提取微弱信号成分 $x_2(t)$，非线性压缩变换却对该微弱成分具有较好的提取效果，基于噪声随机分布特性的降噪策略，也使得时频图上的信号成分与噪声的区分度比较明显。但是，能量非常微弱的噪声成分在非线性压缩变换的时频图上并未根除，从而影响时频结果的可读性。基于非线性压缩变换结果的加权稀疏时频表示方法也能够有效提取微弱成分

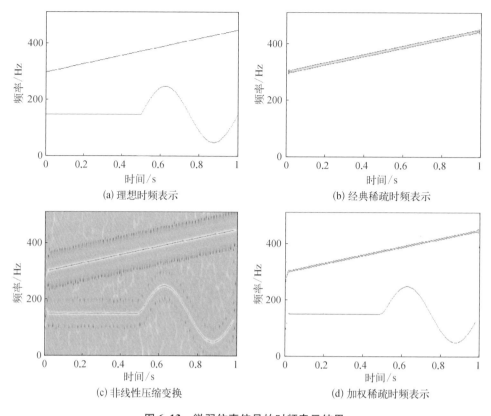

图 6.13   微弱仿真信号的时频表示结果

$x_2(t)$,并将噪声成分完全滤除掉,具有更好的鲁棒性且时频聚集性高,更加接近理想时频表示。

2. 时频能量聚集性

为了说明加权稀疏时频表示方法的高时频聚集性,考虑如下更复杂的多成分信号 $x(t)$,即

$$\begin{cases} x(t) = \sum_{k=1}^{3} x_k(t) \\ x_1(t) = [1 - 0.1\cos(2\pi t)]\cos(100\pi t), & 0 < t \leqslant 1\ \text{s} \\ x_2(t) = \begin{cases} \cos(500\pi t - 200\pi t^2), & 0 < t \leqslant 0.5\ \text{s} \\ \cos\left(500\pi t - 400\pi t^2 + \dfrac{800}{3}\pi t^3 + \dfrac{2}{3}\pi\right), & 0.5\ \text{s} < t \leqslant 1\ \text{s} \end{cases} \\ x_3(t) = [1 - 0.2\cos(\pi t)] \times \cos\left[740\pi t + \dfrac{50}{3}\sin(6\pi t) - 25\sin(4\pi t)\right], & 0 < t \leqslant 1\ \text{s} \end{cases}$$

$$(6.69)$$

　　该信号包含慢变瞬时频率结构和快变瞬时频率结构,其中信号成分 $x_1(t)$ 是一个频率恒为 50 Hz 的调幅谐波信号;信号成分 $x_2(t)$ 是一个幅值恒定的调频信号,且前半段($0 \leqslant t < 0.5 \text{ s}$)信号的瞬时频率服从线性调频规律,后半段($0.5 \text{ s} \leqslant t < 1 \text{ s}$)信号的瞬时频率服从二次多项式调频规律;信号成分 $x_3(t)$ 为瞬时频率快变的调幅调频信号。离散信号采样频率为 $f_s = 1\,024 \text{ Hz}$,信号长度为 $N = 1\,024$,仿真信号时域波形与理论瞬时频率如图 6.14 所示。

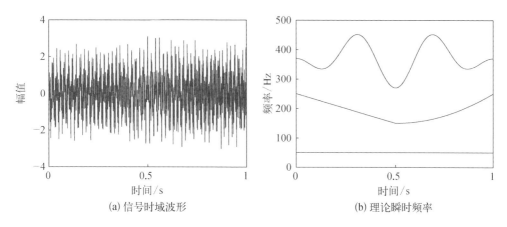

(a) 信号时域波形　　　　　　　　(b) 理论瞬时频率

图 6.14　仿真信号时域波形与理论瞬时频率

　　采用加权稀疏时频表示方法对该信号进行分析,并与重排短时傅里叶变换(RSTFT)、同步压缩变换(SST)、匹配同步压缩变换(MSST)、非线性压缩变换(NST)、基于 l_1 范数的经典稀疏时频表示(用 L_1 表示)等时频分析方法进行对比。由于不含噪声,非线性压缩变换的时频结果中无噪声干扰,并未采用基于噪声随机分布特性的降噪策略。该无噪声仿真信号的时频表示结果如图 6.15 所示,各结果在 $0.35 \sim 0.454 \text{ s}$ 和 $291 \sim 440 \text{ Hz}$ 这一时频子区域的局部放大效果如图 6.16 所示。

　　为了获得最好的时频表示结果,图 6.15 中,基于 l_1 范数的经典稀疏时频表示的正则化参数 λ 取值为 0.06,加权稀疏时频表示的正则化参数 λ 取值为 0.002。对于重排短时傅里叶变换、同步压缩变换、匹配同步压缩变换和非线性压缩变换,其结果取决于窗函数的长度,本节试验中通过使用不同的窗长,选取了最优的参数以达到最好的分析性能。直观来看,即使与传统认知中效果最好的重排短时傅里叶变换相比,加权稀疏时频表示结果的时频聚集性也是最高的,尤其是对于信号中的快变成分 $x_3(t)$ 有更好的提取效果。

　　下面将采用瑞利熵来评估不同方法的时频聚集性,不同时频表示方法的瑞利熵见表 6.1,从表中可以看出:加权稀疏时频表示(RWSTF)具有最小的瑞利熵,即与其他方法相比拥有最高的时频聚集性。

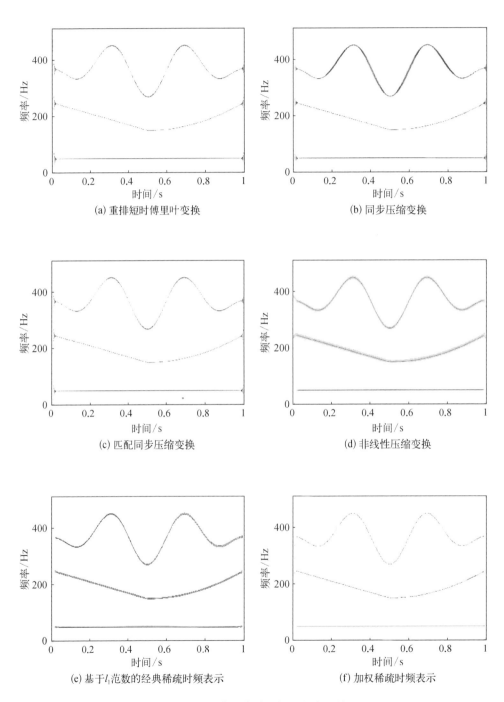

(a) 重排短时傅里叶变换

(b) 同步压缩变换

(c) 匹配同步压缩变换

(d) 非线性压缩变换

(e) 基于l_1范数的经典稀疏时频表示

(f) 加权稀疏时频表示

图 6.15　无噪声仿真信号的时频表示结果

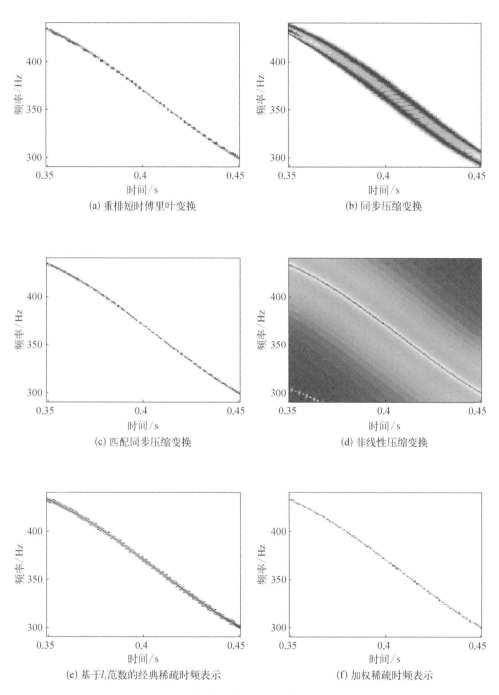

(a) 重排短时傅里叶变换

(b) 同步压缩变换

(c) 匹配同步压缩变换

(d) 非线性压缩变换

(e) 基于 l_1 范数的经典稀疏时频表示

(f) 加权稀疏时频表示

图 6.16　无噪声仿真信号时频表示局部放大图

表 6.1　不同时频表示方法的瑞利熵

时频表示	RSTFT	SST	MSST	NST	L_1	RWSTF
瑞利熵	1.841	1.988	1.782	8.937	3.626	1.663

3. 鲁棒性

为了说明加权稀疏时频表示方法的鲁棒性,在式(6.69)所示的信号 $x(t)$ 中加入标准差 $\sigma = 0.5$ 的高斯白噪声,采用加权稀疏时频表示方法及前面所述的各时频分析方法对含噪声仿真信号进行分析,通过 20 次随机噪声仿真试验来验证方法的鲁棒性,其中非线性压缩变换利用噪声的随机分布特性进行降噪处理。

为了探索参数 λ 对稀疏正则化方法性能的影响,分析不同参数 λ 下重构信号与无噪声信号的均方根误差(RMSE)。其中,参数 λ 的变化范围为 $10^{-4} \sim 10^{-1}$,每个数量级内的间隔为 1,即 $\lambda = 10^{-4},\ 2 \times 10^{-4},\ \cdots,\ 10^{-3},\ 2 \times 10^{-3},\ \cdots,\ 10^{-1}$。采用不同方法,在 20 次随机噪声试验中,信号 RMSE 随 λ 的变化曲线如图 6.17 所示,其中基于 l_1 范数的经典稀疏时频用 L_1 表示。

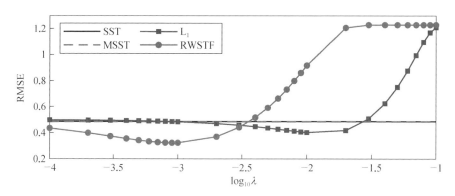

图 6.17　20 次随机噪声试验中信号 RMSE 随 λ 的变化曲线

需要说明的是,传统的时频重排与非线性压缩变换方法无法重构信号,因此采用这三种方法无法计算 RMSE。针对同步压缩变换和匹配同步压缩变换方法,本节选取了合适长度的窗函数来获得最好的性能。

从图 6.17 中可以看出,两种加权稀疏时频和经典稀疏时频表示的信号 RMSE 会随着正则化参数 λ 的增大而变化。当 $\lambda = 1 \times 10^{-3}$ 时,加权稀疏时频的信号 RMSE 达到最小,为 0.322 8,小于经典稀疏时频表示,从而说明加权稀疏时频表示方法具有更好的降噪性能。

在窗函数长度选定后,同步压缩变换和匹配同步压缩变换的 RMSE 为固定值,分别为 0.486 7 和 0.484 6,远大于两种稀疏时频表示的最小 RMSE。因此,加权稀疏时频相较其他方法具有更好的噪声鲁棒性。

同时,本节评估了不同参数 λ 下不同方法的瑞利熵曲线,如图 6.18 所示(图中 RSTFT、SST 和 MSST 代表的 3 条曲线几乎重合)。其中,加权稀疏时频表示在 $\lambda \geqslant$ 0.03 时阈值过大,导致所有系数均被滤掉,因此无法计算其瑞利熵。

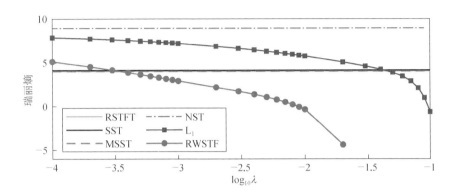

图 6.18　20 次随机噪声试验中瑞利熵随 λ 的变化曲线

从图 6.18 中可以发现,随着参数 λ 的增大,两种稀疏时频表示的瑞利熵均在减小。但是参数 λ 并非越大越好,即时频结果并非越稀疏越好,参数 λ 取值太大会使时频结果过于稀疏,导致时频结构不连续,造成时频特征缺失,与实际的瞬时频率出现较大差距。

为了平衡数据保真项与稀疏正则项,应选取 RMSE 最小时的正则化参数 λ 作为最优参数,因此,对于加权稀疏时频和经典稀疏时频表示,最优参数分别为 $\lambda = 1 \times 10^{-3}$ 和 $\lambda = 1 \times 10^{-2}$。其他 4 种对比方法与参数 λ 无关,可通过不同试验分别选取最优的时频表示结果。

图 6.19 为含噪声仿真信号的时频表示结果,均为以上方法的最优时频表示。通过对比可以看出,加权稀疏时频表示方法能够提升信号的时频聚集性,同时还能

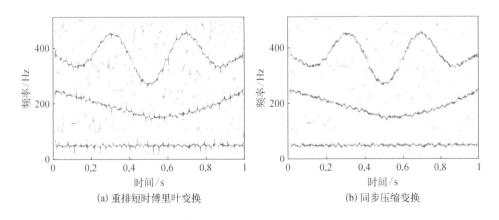

(a) 重排短时傅里叶变换　　　　　　　(b) 同步压缩变换

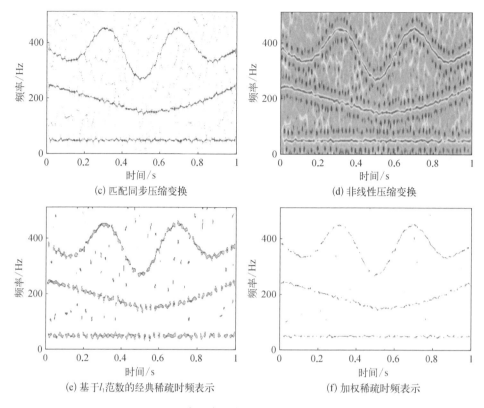

(c) 匹配同步压缩变换

(d) 非线性压缩变换

(e) 基于 l_1 范数的经典稀疏时频表示

(f) 加权稀疏时频表示

图 6.19　含噪声仿真信号的时频表示结果

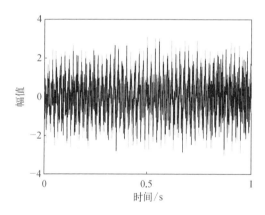

图 6.20　含噪声仿真信号的加权稀疏
时频表示重构结果

减少信号中的噪声成分,从而提升噪声鲁棒性。基于上述结果对信号进行重构,得到的含噪声仿真信号的加权稀疏时频表示重构结果如图 6.20 所示,其中黑色曲线为无噪声信号,灰色曲线为重构信号。从重构结果中可以看出,加权稀疏时频表示能够较好地重构信号。

4. 算法加速效果及计算复杂度

本算法基于加速迭代阈值收缩算法(加速 ISTA)求解加权稀疏时频表示模型,能够快速收敛到令人满意的结果,这从无噪声仿真试验损失函数变化曲线中可以得到证明,如图 6.21 所示,其中将迭代阈值收缩算法(ISTA)与快速迭代阈值收缩算法(FISTA)的收敛过程作为对比。为了更直观地展示三种算法在收敛速度上的差距,首先通过迭代阈值收缩算法在足够多的迭代步骤下得到模型的收敛值 J^*，然后计算三种算法收敛过程中的损失函数 J 与 J^* 之间的误差，并在对数尺度下展示，如图 6.22 所示。

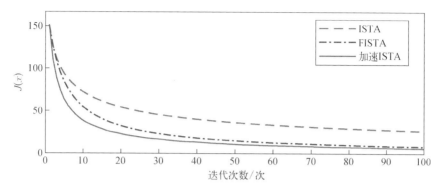

图 6.21　无噪声仿真试验的损失函数变化曲线

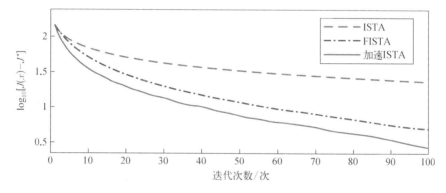

图 6.22　无噪声仿真试验的损失函数与收敛值之差（对数尺度）

从图 6.21 中可以看出，加速 ISTA 的损失函数在迭代 50 次之后便逐步收敛（损失函数曲线趋于平滑）。为了平衡时频表示稀疏性与计算成本，本节在仿真案例与实际信号分析中将迭代次数设置为 50 次。从图 6.22 中可以看到，与另外两种算法相比，加速 ISTA 能够以更快的速度接近收敛值，从而加快模型的求解速度。此外，加速 ISTA 的外推策略通过已经得到的迭代结果进行外推，并不影响算法每次迭代的计算复杂度。因此，在加速外推策略下，求解算法达到收敛所需的迭代次数减小，意味着求解速度加快。

接下来分析加权稀疏时频表示的计算复杂度，并与其他方法进行对比。对于采样点为 N 的一维信号，短时傅里叶变换的计算复杂度为 $O(N^2\log_2 N)$。重排短时傅里叶变换、同步压缩变换、匹配同步压缩变换、非线性压缩变换均通过几次短时傅里叶变换运算即可得到，因此计算复杂度也为 $O(N^2\log_2 N)$。基于 l_1 范数的经典稀疏时频表示主要包含 M_i 次短时傅里叶变换和逆短时傅里叶变换运算,其计算复杂度为 $O(M_iN^2\log_2N)$,其中 M_i 为迭代次数。加权稀疏时频表示主要包含非线性压缩变换和经典稀疏时频表示计算步骤,因此计算复杂度也为 $O(M_iN^2\log_2N)$。需要注意的是,对于非线性压缩变换的降噪策略,基于噪声随机分布特性,需计算多次非线性压缩变换结果,因此基于含降噪策略的非线性压缩变换的加权稀疏时频表示的计算复杂度变为 $O[(M_i+K_i)N^2\log_2N]$,其中 K_i 为额外添加噪声的次数。

6.4.2 航空发动机中介轴承故障模拟试验

本节采用双转子航空发动机故障模拟试验台对中介轴承故障进行分析,验证加权稀疏时频表示方法在振动信号分析与中介轴承故障诊断中的有效性及可行性。

双转子航空发动机故障模拟试验台模拟航空发动机的双转子结构,包含转子系统、主轴承、齿轮箱等模拟部件,从而可以进行相关的故障模拟试验。图 6.23 为双转子航空发动机故障模拟试验台结构图,试验台上有 4 个支点用于支撑高、低压转子,其中低压转子支撑在支点 1 与支点 4 上,高压转子左侧支撑在支点 2 上,右侧通过支点 3 处的中介轴承支撑在低压转子上。高、低压转子分别通过电机驱动,低压转子左侧连接一个齿轮箱,该齿轮箱模拟风扇驱动齿轮箱结构。

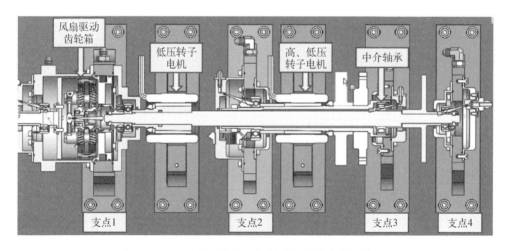

图 6.23 双转子航空发动机故障模拟试验台结构图

在双转子航空发动机故障模拟试验台上,通过在支点 3 处的中介轴承上分别预置 0.4 mm 的内圈故障、外圈故障和滚动体故障,见图 6.24。在试验台的 4 个支点处分别安装振动传感器,用来监测振动数据,试验台主体及传感器布置图如图 6.25 所示,在支点 1~支点 4 的垂直位置处分别安装振动传感器来监测中介轴承垂直方向的振动,传感器编号由右至左分别为 1~4,在支点 3 水平位置处安装 5 号振

(a) 内圈故障　　　　　　　(b) 外圈故障　　　　　　　(c) 滚动体故障

图 6.24　中介轴承的三种故障

图 6.25　试验台主体及传感器布置

动传感器,用来监测中介轴承水平方向的振动。

采用逐步升速的方式将试验台的高低压转速分别升至 $12\,000\,\text{r/min}$ 和 $7\,000\,\text{r/min}$。在试验过程中,遵循高压转子先升速、低压转子先降速的原则,保证高压转子的转速始终高于低压转子。当高低压转子达到预定转速后,对振动数据进行存储,采样频率为 $20\,480\,\text{Hz}$,采样时长为 $60\,\text{s}$。

中介轴承处的支撑方式为高低压转子之间相互支撑,因此轴承的内圈与外圈分别与低压转子和高压转子相连。与另外三个轴承不同的是,中介轴承与轴承支座之间并无直接接触,所以支点 3 处的轴承支座仅起密封作用,振动信号无法直接传递到 2 号和 5 号传感器,1 号传感器成为距离故障源最近的传感器,因此选择 1 号传感器的数据进行正常轴承与各故障轴承振动信号的对比分析。

正常轴承与各故障轴承振动信号的幅值归一化波形如图 6.26 所示,从振动信号波形图中无法直接观察出正常轴承与三组故障轴承振动信号之间的区别。通过傅里叶变换进行频谱分析,可得四组振动信号的振动频谱图,如图 6.27 所示。

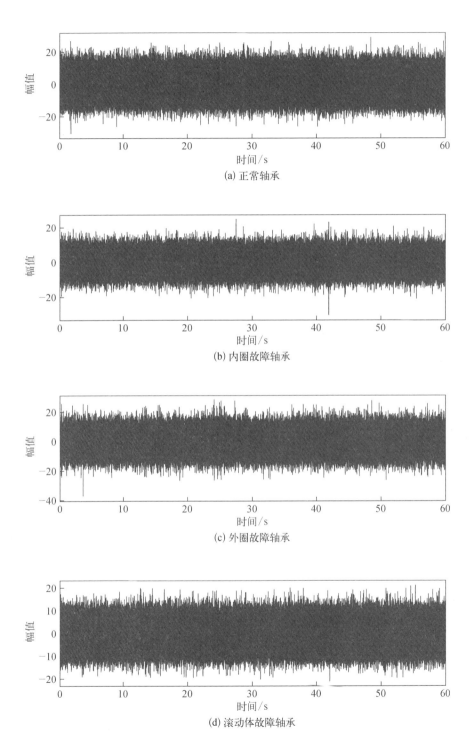

(a) 正常轴承

(b) 内圈故障轴承

(c) 外圈故障轴承

(d) 滚动体故障轴承

图 6.26 正常轴承与各故障轴承振动信号的幅值归一化波形

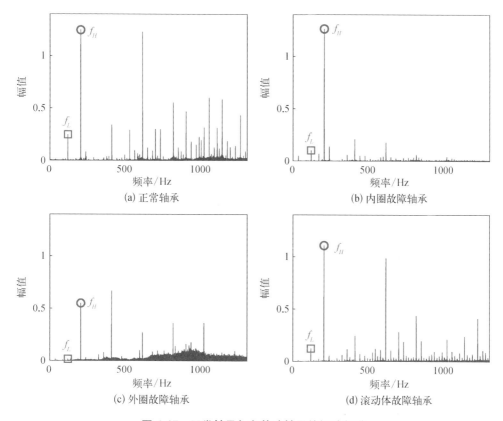

图 6.27 正常轴承与各故障轴承的振动频谱

从图 6.27 中可以看出,四组振动信号均具有比较明显的高压转频成分,低压转频成分则相对微弱,尤其是外圈故障轴承振动信号。此外,正常轴承与滚动体故障轴承的振动信号中,高频成分较为丰富,而外圈故障轴承振动信号中在高频部分存在大量的噪声干扰。按照轴承故障振动信号分析的一般步骤,对振动信号进行包络解调,进而得到其包络谱,如图 6.28 所示,并从中标出中介轴承三种故障的特征频率[内圈故障轴承为 647.19 Hz(f_i)、外圈故障轴承为 436.15 Hz(f_o)、滚动体故障轴承为 205.77 Hz(f_b)]。结果显示,内圈故障轴承振动信号包络谱中的故障特征频率较为明显,而外圈与滚动体故障轴承包络谱中的故障特征频率不明显,说明采用求包络谱的方式无法有效提取中介轴承外圈和滚动体故障特征。

为了进一步分析正常轴承与各故障轴承在高压转频附近的区别,采用本章所述的加权稀疏时频表示方法对四组信号分别进行分析。信号频谱中除了高低压转频、倍频及组合频率外,还存在一些未知的谐波成分及噪声干扰,因此在采用加权稀疏时频表示方法进行分析之前,先采用稀疏时域同步平均技术滤除上述干扰,然后采用带通滤波的方式,将频谱限制在高压转频附近。最后,采用加权稀疏时频表

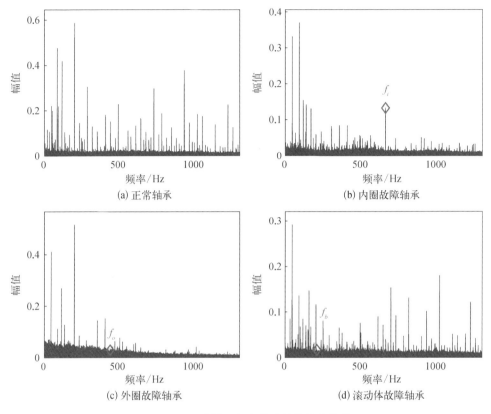

图 6.28 正常轴承与各故障轴承的包络谱

示方法分析滤波后的信号,得到的正常轴承与各故障轴承的振动信号时频图如图 6.29 所示,并通过脊线提取算法提取出高压转频附近的时频脊线,将其标在时频图中。从四种状态下振动信号的时频脊线中可以看出,与正常轴承和内圈故障轴承相比,外圈故障与滚动体故障轴承在高压转频附近的时频脊线以更快的频率振荡,振荡幅值也更大。

对所提取时频脊线的振荡部分进行频谱分析,得到的时频脊线频谱如图 6.30 所示,从图中可以看出,外圈故障与滚动体故障轴承的时频脊线频谱图中,低压转频特征非常明显,说明这两组振动信号中存在以高压转频为基频、以低压转频为调制频率的快变调频现象。由于中介轴承的内外圈分别与试验台双转子系统中的低压转子和高压转子相接触,振动信号时频图中的这种高压转频被低压转频调制的组合现象与中介轴承故障具有一定的联系。此外,在正常轴承与内圈故障轴承的时频脊线频谱中并未发现明显的低压转频特征,因此可以得到进一步的结论:中介轴承外圈及滚动体故障均会导致高压转频被低压转频调制的快变调频现象,而发生内圈故障时,该调频现象不明显,说明二者关系不大。

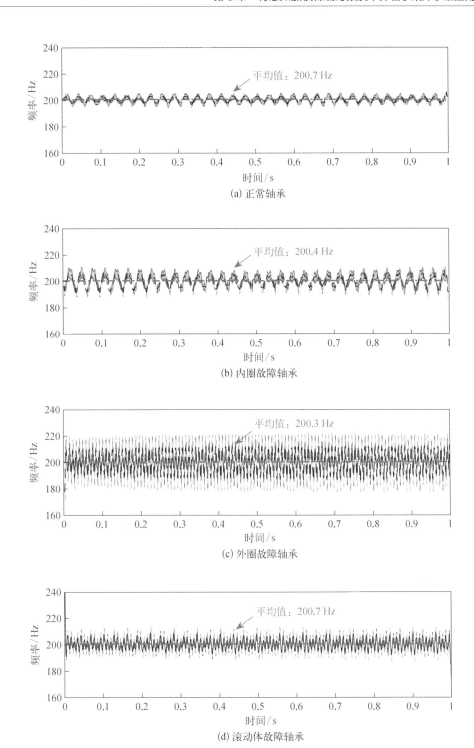

图 6.29　正常轴承与各故障轴承的振动信号时频图及时频脊线

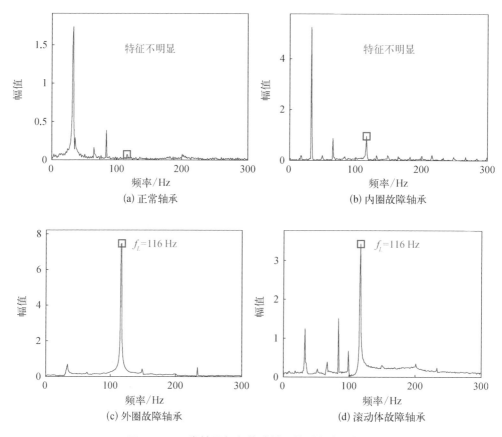

图 6.30   正常轴承与各故障轴承的时频脊线频谱

采用加权稀疏时频表示方法进行分析,中介轴承发生外圈与滚动体故障时,以高压转频为基频、以低压转频为调制频率的快变调频现象被提取出来,并与正常轴承和内圈故障轴承具有明显的区分度,体现了该方法在航空发动机中介轴承故障监测与诊断中的有效性与可行性。

6.4.3   航空发动机中介轴承故障诊断应用

在某型航空发动机(结构简图如图 6.31 所示)的地面试车过程中,分别在支点 3 和支点 5 所在的截面附近安装了振动传感器,用于监测中介轴承(4 号主轴承)的振动情况。振动测点布置信息如表 6.2 所示,其中 V3 与 V5 分别表示支点 3 和支点 5 所在截面附近的振动测点,N1 与 N2 分别表示低压和高压转速测点。接下来分别对 V3 测点和 V5 测点的振动数据进行分析,观察中介轴承的振动情况。

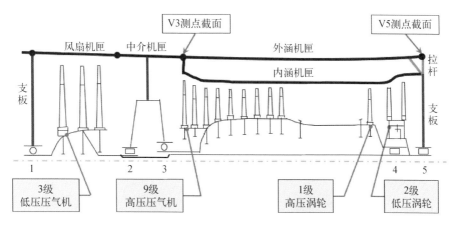

图 6.31　某型航空发动机结构简图

表 6.2　振动测点布置信息

通道编号	传感器型号	测点编号	测 点 位 置	主轴承支点
Ch1	7537	V3	中介机匣后安装边	支点 3
Ch2	3038	V5	涡轮后机匣前安装边	支点 5
Ch3	—	N1	—	—
Ch4	—	N2	—	—

　　整个地面试车过程分为三个阶段（对应前、中、后期），分别从三个阶段的试车数据中选择一组振动信号（表示为试车 1、试车 2、试车 3）进行对比分析，观察信号时频结构在不同试车阶段的异同。首先以 V3 测点的数据为例进行分析，三次试车振动信号的幅值归一化波形如图 6.32 所示。采用短时傅里叶变换对三组振动信号及对应的转速信号进行全局时频分析，得到的三次试车振动信号时频图及高低压转频（将提取的高低压转速曲线标在振动信号时频图上）如图 6.33 所示。

　　为了更具体地观察三次试车振动信号中时频结构的区别，分别选择在各自最大转速状态下时间跨度为 1 s 的信号片段，进行局部精细的时频分析。三组信号片段在各自试车中所在的时间段分别为：670~671 s、1 310~1 311 s、1 185~1 186 s。通过傅里叶变换进行频谱分析，得到三次试车的振动信号片段频谱如图 6.34 所示，从三组频谱中均可以观察到较明显的高低压转频成分。此外，通过三组频谱的对比可以发现，随着试车的进行，高压转频幅值呈现出越来越大的趋势，说明与高压转子相关的故障因素在逐渐增强。

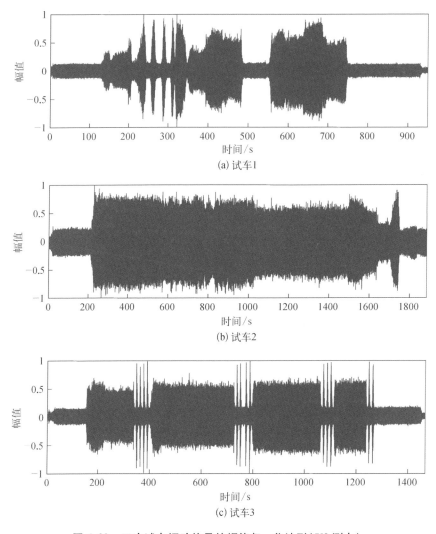

(a) 试车1

(b) 试车2

(c) 试车3

图6.32　三次试车振动信号的幅值归一化波形（V3测点）

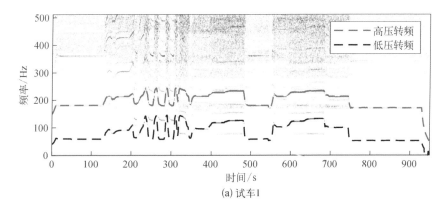

(a) 试车1

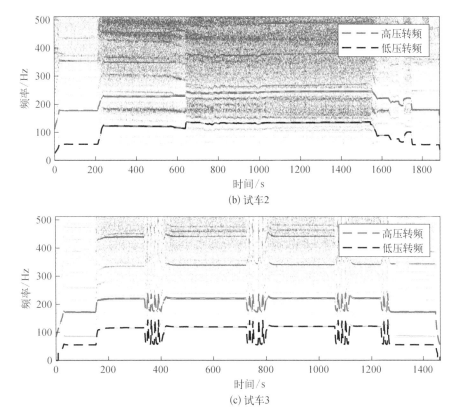

(b) 试车2

(c) 试车3

图 6.33　三次试车的振动信号时频图及高低压转频(V3 测点)

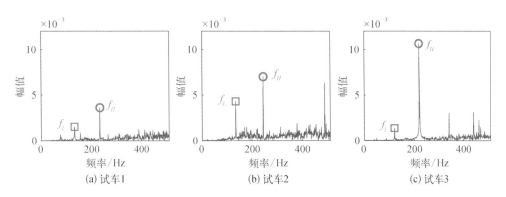

(a) 试车1　　　　　　　(b) 试车2　　　　　　　(c) 试车3

图 6.34　三次试车的振动信号片段频谱(V3 测点)

　　采用加权稀疏时频表示方法对这三段信号进行分析,信号中的噪声干扰较强,因此利用噪声的随机分布特性对非线性压缩变换(构造权重矩阵的基础)进行降噪。此外,频谱图中的高压转频特征更为明显,在进行精细的时频分析时重点观察高压转频附近的结构特征。因此,在进行精细时频分析之前,先对信号进行带通滤波,将频谱限制在高压转频附近。最终得到的三次试车振动信号稀疏时频表示及时频脊线如图 6.35~图 6.37 所示。然后,对高压转频附近的时频脊线进行频谱分析,得到的时频脊线频谱图如图 6.38 所示。

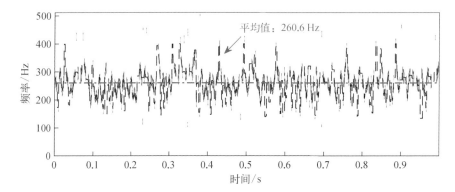

图 6.35　试车 1 振动信号稀疏时频表示及时频脊线(V3 测点)

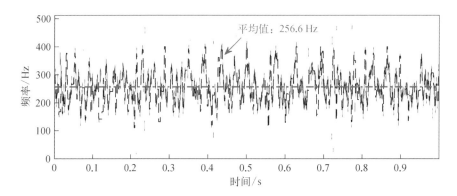

图 6.36　试车 2 振动信号稀疏时频表示及时频脊线(V3 测点)

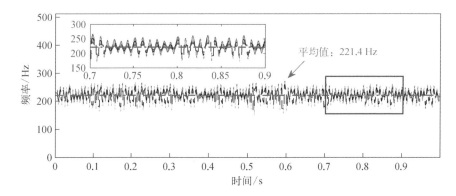

图 6.37　试车 3 振动信号稀疏时频表示及时频脊线(V3 测点)

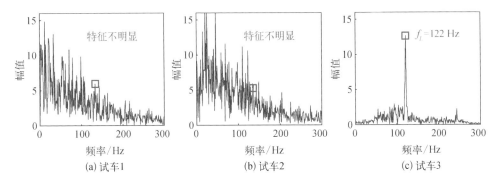

图 6.38　时频脊线频谱图（V3 测点）

从上述时频分析结果中可以发现,试车 3 振动信号的稀疏时频表示中,高压转频附近的时频脊线快速振荡,并从脊线频谱图中提取出了非常明显的低压转频特征,说明该振动信号存在以高压转频为基频、以低压转频为调制频率的快变调频现象。这种高低压转子的组合现象将故障指向中介轴承,即 4 号主轴承,主要是因为中介轴承的内外圈分别连接低压转子和高压转子,二者的振动之间存在耦合的可能。此外,试车 1 与试车 2 中均没有明显的快变调频现象,说明试车前期与中期的中介轴承没有发生故障或故障程度较弱,后期故障程度增强,导致快变调频现象的出现。

继续按照相同的步骤分析 V5 测点的振动信号,得到的三次试车振动信号稀疏时频表示及时频脊线如图 6.39~图 6.41 所示,对高压转频附近的时频脊线进行频谱分析,得到的时频脊线频谱图如图 6.42 所示。

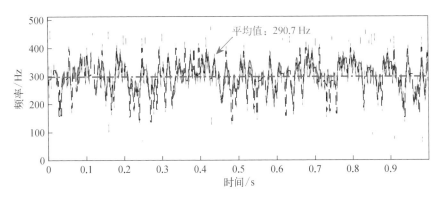

图 6.39　试车 1 振动信号稀疏时频表示及时频脊线（V5 测点）

从 V5 测点的时频分析结果中可以得到与 V3 测点相似的结果,即在试车 3 的振动信号中提取出了以高压转频为基频、以低压转频为调制频率的快变调频现象,只是由于噪声等干扰较强,时频脊线频谱图中的低压转频特征不如 V3 测点明显。此外,在 V5 测点的前两次试车振动信号分析结果中,也没有发现快变调频现象,从

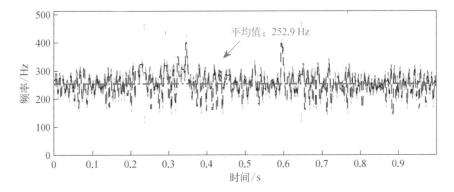

图6.40　试车2振动信号稀疏时频表示及时频脊线(V5测点)

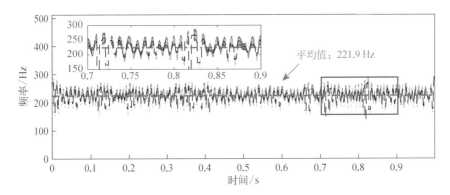

图6.41　试车3振动信号稀疏时频表示及时频脊线(V5测点)

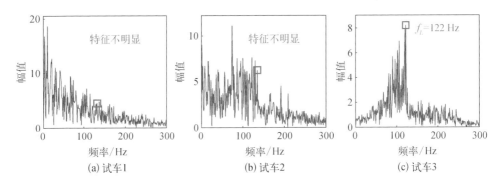

(a) 试车1　　　　　　　　(b) 试车2　　　　　　　　(c) 试车3

图6.42　时频脊线频谱图(V5测点)

而验证了试车前期与中期的中介轴承没有发生故障或故障比较微弱,而后期故障增强的结论。

经拆机检查,发现该发动机中介轴承滚动体产生磨损,验证了上述分析得到的中介轴承存在故障的结论。此外,双转子航空发动机故障模拟试验台与该发动机结构相似,并且当存在中介轴承滚动体故障时,振动信号均表现出高压转频被低压转频调制的快变调频现象,从而进一步说明了该现象与双转子系统中介轴承故障之间的相关性。

6.5 本章小结

本章针对航空发动机中介轴承故障特征提取,根据"脊线匹配稀疏增强策略",在稀疏时频表示模型的基础上,构建了脊感知加权稀疏时频模型,通过权重矩阵的脊线感知能力匹配时频脊线结构,有针对性地进行增强,并削减噪声能量,从而实现微弱特征的鲁棒提取,利于航空发动机中介轴承早期故障的检测与诊断。通过数值仿真试验、故障模拟试验及发动机实际试车振动信号分析证明了该方法对于航空发动机中介轴承早期故障检测与诊断的有效性。

采用脊感知加权稀疏时频表示方法,在信号表征时能够兼顾微弱特征表征能力与噪声鲁棒性。首先,受加权稀疏表示的启发,设计了一类先验加权矩阵策略,构造了脊感知加权稀疏时频模型。通过高聚集性时频权重矩阵与稀疏正则化模型的协同作用,明显增大了信号瞬时频率位置的时频表示系数,而其周围系数的增大幅度较小,甚至被抑制,提高了信号时频能量聚集性。此外,利用不同时频表示之间的匹配协同作用,设计能够感知并增强微弱信号特征的非线性压缩变换,并以此为基础构造权重矩阵,在提升能量聚集性的同时,还能够促进微弱特征的有效提取。稀疏表示具有优异的鲁棒性,使得信号中的噪声成分被有效滤除,提升了时频表示的鲁棒性。针对时频矩阵系数数量庞大所导致的模型求解速度下降问题,采用基于迭代结果的外推加速策略能够加快模型求解时的收敛速度,从而减少计算时间,加快特征提取的速度。

航空发动机中介轴承同时连接高低压转子,容易引起两个转子间的动力耦合,因此在中介轴承发生故障时,可能会发生高压转频被低压转频调制的现象,导致高压转频附近的瞬时频率快速振荡,增加了特征提取的难度。此外,早期故障程度微弱且振动传递路径复杂,这些因素会导致最终测得的信号中的故障特征成分微弱,复杂、恶劣的工作环境等会增加振动信号中的背景噪声,因此微弱特征表征能力与噪声鲁棒性是提取中介轴承早期故障特征的关键,从而体现出脊感知加权稀疏时频表示方法在航空发动机中介轴承早期故障检测与诊断中的重要性。

在本章所述的航空发动机中介轴承故障诊断实例中,通过不同试车阶段的振动信号的对比分析,能够体现中介轴承故障的变化,即在试车前期与中期,故障程度微弱或没有故障,而后期的故障程度增强,从而说明采用脊感知加权稀疏时频表示方法在分析中介轴承故障时,针对故障的有无或故障程度,其能够表现出良好的区分度,即虚警率低。此外,不同测点分析结果的一致性能够体现该方法在分析中介轴承故障时的可重复性。与故障模拟试验的对比及拆机检查验证结果均能够表明通过该方法提取的特征与中介轴承故障之间存在联系,从而体现其在航空发动机中介轴承故障检测与诊断中的有效性。

参考文献

[1]　高文君,吕亚国,刘振侠.航空发动机主轴轴承应用技术[M].北京:科学出版社,2021.

[2]　刘振侠,江平.航空发动机机械系统设计[M].北京:科学出版社,2022.

[3]　Candès E, Wakin M B, Boyd S P. Enhancing sparsity by reweighted L1 minimization[J]. Journal of Fourier Analysis and Applications, 2008, 14(5): 877-905.

[4]　Moca V V, Brzan H, Nagy-Dbcan A, et al. Time-frequency super-resolution with superlets [J]. Nature Communications, 2021, 12(1): 1-18.

[5]　Beck A, Teboulle M. A fast iterative shrinkage-thresholding algorithm for linear inverse problems[J]. SIAM Journal on Imaging Sciences, 2009, 2(1): 183-202.

[6]　Nesterov Y E. A method for solving the convex programming problem with convergence rate O $(1/k^2)$[J]. Proceedings of the USSR Academy of Sciences, 1983, 269: 543-547.

[7]　Anderson D G. Iterative procedures for nonlinear integral equations[J]. Journal of the ACM, 1965, 12(4): 547-560.

[8]　Richardson L F. The approximate arithmetical solution by finite differences of physical problems involving differential equations, with an application to the stresses in a Masonry dam [J]. Philosophical Transactions of the Royal Society of London Series A-Containing Papers of a Mathematical or Physical Character, 1911, 210(459): 307-357.

第7章
航空发动机故障诊断系统设计

7.1 已服役航空发动机健康管理系统简介

7.1.1 航空发动机健康管理系统工作流程简介

以三大发动机原始设备制造商(original equipment manufacturer, OEM)为首的国外民用航空工业界在持续几十年投入后,在发动机健康管理(engine health management, EHM)系统上已经具备了与国内存在代差的能力,并正在完成从定时预防性维护维修到视情维护维修的飞跃。普惠公司是最早开始研发部署发动机故障诊断健康管理系统的生产厂商,从20世纪60年代起至20世纪末,普惠公司先后开发部署了第一代发动机状态监控(engine condition monitoring, ECM)程序和多个单机版EHM系统,并取得了优异的市场反馈。通用电气公司和罗·罗公司也在之后开发部署了自己的发动机故障诊断健康管理系统。这三大发动机OEM虽然都独立地开发了各自的EHM系统,但从总体角度来看,这些EHM系统都可以分为数据采集、数据处理(故障诊断和隔离,以及维护维修建议)、报告三部分,相应的EHM系统的工作流程主要由数据传感与采集、数据传输、数据处理、报警和生成报告四个步骤组成,现分述如下。

1. 数据传感与采集

数据传感与采集环节主要采集飞机及发动机起飞状态及巡航状态的相关参数,采集的起飞数据包括:① 发动机识别信息,如发动机序列号等;② 飞行条件参数,如起飞海拔、空气总温(total air temperature, TAT)等;③ 发动机性能参数,如发动机压比(engine pressure ratio, EPR)、排气温度(exhaust gas temperature, EGT)等。采集的巡航数据包括:① 发动机识别信息,如发动机序列号、数据日期时间等;② 飞行条件参数,如飞行高度、飞行马赫数、大气总温等;③ 发动机性能参数,如发动机各处的振动数据、EPR、EGT、低压转子转速 N_1、高压转子转速 N_2、滑油压力和温度等;④ 空气系统信息,如涡轮间隙控制系统、空调引气系统、发动机进气道防冰系统等。

EHM系统对数据采集的主要要求包括飞行工况和数据采集精度两个方面。

截至目前,成熟的发动机故障诊断和隔离主要依据稳态数据展开。主要采集起飞、爬升及巡航阶段的数据。飞行工况的主要要求包括:飞行速度稳定(马赫数变化不超过一定范围),飞机处于稳定的高度(在 30 000 ft* 以上平稳气流中稳定巡航),高低压转子转速稳定(如 N_1、N_2 的变化幅度低于 0.1%),空气总温变化不超过 0.5℃,防冰系统状态(是否关闭),发动机引气状态(是否正常)等。在趋势分析中,数据采集的精度非常重要,由于飞机型号、所使用的设置、仪表信号类型(如模拟信号和数字信号)不同,不同航空公司、不同 OEM 的 EHM 系统所允许的采集参数误差是不同的,表7.1 给出了一些例子。

表 7.1　EHM 系统对采集参数误差的要求

采 集 参 数	允 许 误 差	最 优 误 差
高度	±100 ft	±1 ft
飞行马赫数	±0.005	±0.001
空气总温	±1℃	±1℃
发动机压比	±0.01	±0.01
燃油流量	±25 pph	±1 pph
转子转速	±0.1%	±0.1%
排气温度	±1℃	±1℃
滑油温度	±1℃	±1℃
滑油压力	±1 psi	±1 psi

注: 1 pph = 0.454 kg/h; 1 psi ≈ 6.89 kPa。

2. 数据传输

数据传输有两个途径,一个是空地数据链,是当前对飞机、发动机性能数据进行实时监控的重要手段。飞机通信寻址与报告系统(aircraft communications addressing and reporting system,ACARS)通过飞机、卫星、地面基站三方的数据链传输数据,首先由飞机机载自动记录系统在满足特定条件时将监控数据记录下来,再由地面基站通过卫星向正在飞行的飞机发送请求数据传输的报文;然后,飞机根据报文内容通过卫星向地面基站发送指定传输的采集数据,从而实现实时数据采集和分析。通常从 ACARS 请求报文的发出到采集参数的获取只有几分钟延迟,极大提高了数据采集的实时性,真正实现了发动机性能状态的实时监控。但是通过

---

* 1 ft = 0.304 8 m。

ACARS 数据来监视发动机状态也存在不足：传输数据量少会导致误判或者错失诊断和维修决策时机；服务价格较昂贵，增加了发动机监视成本。另一个数据传输途径是飞机落地后收集快速存储记录装置（quick access recorder，QAR）数据。鉴于 ACARS 数据存在的缺陷，QAR 数据虽然在实时性方面不如 ACARS，但其具有数据量大、传输速度快、成本低廉等优势，逐渐受到发动机用户的重视。目前，多家 OEM、航空公司及航空维护维修公司已经开发出并推广使用了基于 QAR 数据的发动机监视软件。

3. 数据处理

数据处理是 EHM 系统中的第三个也是关键步骤，对前述采集的飞行数据进行处理，从中提取发动机的气路性能退化及振动超限等故障的相关特征。数据处理又分为机载数据处理及地面数据处理，由于机载算力的限制，机载系统专注于提取少数几个对飞行安全至关重要的故障特征；而地面系统则对全部可能的发动机系统故障进行诊断、预测和隔离。

传统的 EHM 数据处理主要包含下述三个主要环节。首先，根据飞机运行环境将相关参数（如低压转子转速 N_1）修正到标准大气状态下的值（常用的有海平面、15℃等，视需求决定），并根据实际运行大气环境计算各参数的基线值。然后，将参数根据采集的飞行时段分为不同工况，如起飞阶段参数、爬升阶段参数、巡航阶段参数，这是因为健康系统和故障系统在不同的工况下有不同的动力学和静力学特性，需要在各个工况下计算各性能参数与基线值之间的偏差，这些偏差可以视作故障特征状态指标（condition indicator，CI）。在该步骤中，还涉及一些较复杂的信号处理算法：气路性能退化评估需要卡尔曼滤波器、线性及非线性动力学建模等；而振动故障诊断则需要以傅里叶变换为基础的频域信号分析，针对早期机械故障要用到 STFT、EMD 等时频分析手段。最后，将数据原始初始化，以代表新发动机的性能水平；再初始化处理以代表在翼发动机近期的性能水平；同时需要用到数据平滑和野点消除，使参数的变化趋势更加平稳、更能够反映故障趋势。人工智能与深度学习领域的快速发展已经引领 EHM 地面系统进入智能化的快车道，数据驱动的机载 EHM 传感数据与运维数据融合诊断（涵盖外场无损探伤、孔探等图像和数字信息）得到了广泛关注并快速发展。

4. 报警和生成报告

报警和生成报告是 EHM 系统工作中的最后一步，其结果是 EHM 系统给用户的交付物。报警是基于子系统、单元体设定的阈值来决定对象的健康状况，如果针对监视对象的阈值仅设一个红线值，则相应的子系统、单元体只有两个状态：健康和故障。大部分情况下会设置两级阈值：黄线值和红线值，如果阈值超过黄线值但是低于红线值，则监视对象处于亚健康状态，即监视对象已经产生了早期故障，但故障尚未达到影响其正常功能的程度；如果阈值超过红线值，则意味着监视对象已经部分或全部丧失正常功能能力,必须迅速更换故障子系统或单元体以恢复正常功能。相应地,健康状况分为三级:健康(无故障)、亚健康(超过黄线值)、故障(超过红线值)。常用的基本报告主要有趋势报告、发动机机队配置报告、飞行数据报告、EGT 裕度状态报告、起飞减推力报告、警告分析报告、性能排队报告、发动机性能汇总报告、发动机维护维修报告等。

7.1.2　主要航空发动机 OEM 开发的 EHM 系统简介

1. 普惠公司 EHM 系统

普惠公司于 1974 年开发了 ECM 程序,并于 1983 年 4 月发布了 ECM Ⅱ;由于彼时计算机技术尚不发达,互联网尚未出现,这两个版本均为单机版。1987 年,采用 FORTRAN66 程序语言编写的个人计算机(personal computer, PC)版 ECM Ⅱ发布。EHM 是普惠公司在 ECM 和测试性工程和维护系统(testability engineering and maintenance system, TEAMS)的基础上开发的一款监控发动机单元体、子系统及系统整体健康状态的软件,该 EHM 系统的主要功能步骤是采集与系统状态相关的数据、采集数据的清洗和预处理、基线偏差量估算和偏差量平滑处理,进而得到参数偏差量趋势,从而对发动机进行单机健康水平评估和机队管理,其核心诊断工具是趋势分析。除了整机健康状态评估,该系统还可以用来进行单元体性能分析。

1999 年 6 月,普惠公司发布了可在 Windows 环境下运行的 EHM 系统,集成了当时先进的发动机机队管理工具。普惠公司的 EHM 软件提供了发动机状态监控功能和机队管理功能,涵盖发动机各个性能参数显示、数据质量监控、实现告警和排序、发动机长期衰退趋势监控、客户化的数据图形化表达、对机队类型和历史的管理等。EHM 软件主要由用户管理模块、配置模块、数据处理模块、辅助工具模块、报告输出模块组成,如图 7.1 所示。此后,随着互联网的普及,普惠公司将其开发注意力转向网络版,并停止了对 EHM 系统及之前版本的技术支持。

由于 EHM 故障诊断的核心方法为参数趋势法,必须求取发动机状态参数与基线的偏差量,并对偏差量进行趋势化处理。发动机基线就是指刚出厂性能良好的发动机,在特定的飞行条件下(给定的海拔、飞行马赫数等),性能与工况参数之间的关系。需要指出,基线需要考虑发动机装配、制造过程和使用环境造成的个体差异。这里的故障指标就是偏差量,即将采集获得的巡航数据进行换算后与发动机基线值的差值。普惠公司的多个发动机型号均采用排气温度、燃油流量、高低压转子转速作为巡航阶段监控的 4 个基本气路参数,并将 EGT 裕度作为起飞阶段的性能监控参数。

EHM 数据处理流程如图 7.2 所示。以气路故障诊断为例,巡航阶段的 4 个主要气路参数根据当时的飞行高度、飞行马赫数等大气参数换算到海平面标准大气

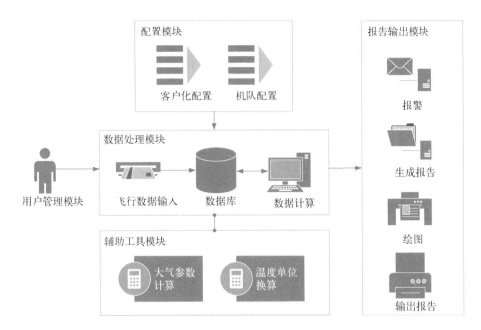

图 7.1　普惠公司 EHM 软件组成模块

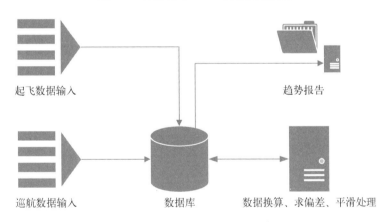

图 7.2　EHM 数据处理流程示意图

状态,并与对应工况的基线值相比较,其差值即为这 4 个参数的偏差量;起飞 EGT 裕度则需先获取起飞阶段发动机 EGT 的峰值,并将其换算至平功率温度(又称为拐点温度,在平功率温度以上,为保证发动机热部件不超温而不得不牺牲额定功率输出,也就是说在平功率温度以上,发动机将无法提供额定功率,且随着进口总温提高,推力不得不逐渐减小),并与 EGT 红线值相比较,其差值即为 EGT 裕度。将连续若干航段的数据偏差量依次排列,并经过平滑处理,即可得到发动机的性能趋势报告。

随着网络信息技术和通信的快速发展,发动机监控技术逐渐朝着网络化方向发展,各大发动机制造商都推出了网络版监控系统。普惠公司继 EHM 系统之后开发了网络版先进诊断和发动机管理(advanced diagnostic and engine management, ADEM)系统,ADEM 系统由发动机诊断系统和发动机管理系统两部分组成,取代原有的单机版监控软件 EHM。发动机诊断系统从飞行状态数据中提取相关故障特征进行趋势分析和故障隔离,并自动生成故障监测结果报告。发动机管理系统提供下发发动机的维护计划、发动机的结构配置和发动机的跟踪监视。

ADEM 系统在 EHM 系统的基础上对性能及系统管理流程作了进一步优化:① 添加单故障隔离器(single fault isolator, SFI)模块,通过 EHM 系统只能对发动机性能状态进行监控,而 ADEM 系统不仅能对发动机进行状态监控,还能通过 SFI 模块对发动机进行故障隔离分析,进而预测发动机的故障原因,减少了监控人员的工作量;② 增强绘图功能: ADEM 系统可在交互发动机趋势(interactive engine trending, IET)模块中直接选择发动机序列号和目标性能参数绘制趋势图,简化了监控人员的操作流程,为发动机用户监视发动机性能状态提供了便捷。

2. 通用电气公司 EHM 系统

通用电气公司也独自开发了燃气涡轮发动机状态监测分析系统(system for the analysis of gas turbine engine, SAGE),可用于多款发动机的性能监控。SAGE 的主要运行流程包括数据输入、数据处理、处理结果分析三部分。

(1) 数据输入: SAGE 一般推荐采用自动方式进行数据输入,自动输入在后台的在翼处理模块中完成。人工输入方式通过数据输入模块手动进行,可将与发动机性能有关数据输入监视系统中,如飞行大气条件、换发、维修、循环次数和小时数。

(2) 数据处理:数据处理功能通过数据在翼处理和自动 SAGE 功能模块来实现,数据处理过程在系统后台自动完成,数据处理主要包括参数换算、与基线值的偏差值、初始化或再初始化处理、数据压缩、数据平滑、野点处理等。

(3) 处理结果的输出:使用交互报告模块可生成报告。当数据出现异常,如超出警告限值时,系统会产生警告,通过警告分析模块可查看相关警告信息。

SAGE 要实现对发动机状态监视,需要由其各个子功能模块分工协作完成,按功能可划分为机队模块、数据输入模块、构型模块、数据处理模块、数据修改模块、数据分析模块六个主模块,主功能模块又可细分子模块,实现该模块的各项功能。在翼再处理模块为整个 SAGE 的核心部分,其功能包括读取输入系统中的各类参数,并对这些参数进行加工处理,以确保参数能够及时准确地反映出发动机的性能状态、衰退趋势和发动机故障。SAGE 的其余各子模块名称及主要功能如表 7.2 所示。SAGE 各个子模块都有独立的快捷方式按钮,用户可通过快捷方式直接进入子模块,子模块的快捷方式虽然独立,但所有子模块共用同一个数据库,该数据库称为 SAGE 数据库(SAGE database),是 Access 类型文件。SAGE 主要功能模块的结构示意图如图 7.3 所示。

表 7.2　SAGE 各子模块名称及主要功能

模 块 名 称	中 文 名 称	主 要 功 能
Fleet Management	机队管理	管理 SAGE 监控的飞机和发动机机队
Fleet History	机队历史	查看机队历史数据
Entry Data	数据输入	人工输入数据
Browse Input	查看输入	查看和修改输入数据库中的数据
Maintain System Data	系统数据维护	设置和更改 SAGE 全局配置项
Maintain Alert	警告维护	调节各参数的警告限制值
Maintain Smoothing	平滑维护	设置平滑敏感系数
System Security	系统安全	定义用户的使用权限
Parameter Library	数据列	定义、查看、修改 SAGE 中的参数
Auto SAGE	自动 SAGE	按用户设定的时间间隔自动处理数据
Interactive Report	交互报告	查看各种类型的报告
Analyze Alert	警告分析	查看警告的详细信息
Stored Record	存储记录维护	修改或删除 SAGE 数据库中原先已存储的数据
Reprocessing	在翼再处理	对数据再处理

和普惠公司类似,通用电气公司随后开发了 SAGE 的网络改进版,即发动机监控程序远程诊断(remote diagnosis, RD)系统。RD 系统在 SAGE 系统的基础上进行了较大程度的优化,优化内容主要包括以下方面。

(1)数据传输方式和路径发生变化:无线传输在数据传输方式中占极大比例,几乎不再依靠存储介质转移数据。发动机产生的原始运行数据直接通过 ACARS 传输至通用电气公司的客户网络中心(customer Web center, CWC),用户无须收集和输入数据。数据处理工作在通用电气公司服务器中完成,发动机用户可通过账户登录 CWC 获取这些已处理数据,用以评估发动机性能状态。

(2)操作更便捷,界面更加友好:RD 系统将所有功能模块集中在同一界面即可避免上述问题,使得操作更加快捷、简便。

(3)增强绘图功能:RD 系统可将趋势报告绘制成图形,能更加直观地反映发动机状态的变化趋势。

（4）同时,通用电气公司还确保其能兼容早期单机版监视系统:RD 系统不仅可以直接读取 ACARS 格式报文,也可读取 SAGE 和飞机数据发动机表现趋势（aircraft date engine performance trending, ADEPT）分析中相应格式的文件。

随着数字化时代的到来,飞机和发动机所产生的数据量正以指数形式增长。发动机的数据量增长最为明显,新型号发动机中用于健康监测的传感器更多、精度更高,数据采集和存储硬件能够以更高采样频率提供更大量的运行维护数据。以普惠公司的齿轮传动涡轮风扇（geared turbofan, GTF）发动机为例,平均一个航班（2 h）可产生 1 TB 数据。

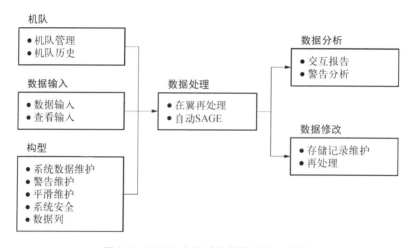

图 7.3　SAGE 主要功能模块结构示意图

由于民航发动机设计和制造技术不断进步,从提高发动机的安全性和经济性出发,基于 ACARS 数据的发动机状态监视系统已不能满足航空公司的运营要求。理论上,采集的数据点越多,发动机性能评估和故障诊断的准确度越高。由于价格和传输速度的限制,发动机在运行中所产生的海量数据无法全部通过 ACARS 传输至地面。原来用于飞行品质监控的 QAR 数据由于含有大量的、连续的发动机运行数据,已经越来越多地应用于发动机故障诊断与隔离。

以 B777-200 型飞机为例,其提供的可下载 QAR 数据超过一千项,涵盖了民航飞机各系统的运营数据,从 QAR 数据中可提取出大量关于发动机气路、滑油、振动等方面的信息,这些信息可以作为工程师日常排故的主要工具,用于评估发动机性能状态。除非遇到空中紧急情况,一般等到飞机落地后将 QAR 数据下载至发动机用户,ACARS 数据与 QAR 数据的传输路径如图 7.4 所示。进入 21 世纪,QAR 数据的下载在飞机落地后直接通过无线传输实现,与 ACARS 数据相比,QAR 数据的实时性略差,但其数据量大、传输速度快、成本优势明显。

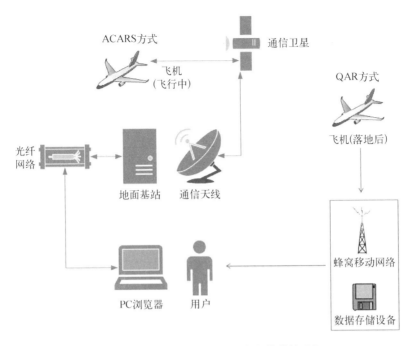

图 7.4　ACARS 数据与 QAR 数据的传输路径

7.1.3　航空公司、维修厂家开发的 EHM 系统简介

发动机 OEM 很早就意识到 QAR 数据在发动机状态监视、故障诊断、故障预测、维修决策支持等领域具有极大价值,但是出于对自身利益和商业运维机密的保护,航空公司不愿轻易向 OEM 提供 QAR 数据。缺乏了对这块关键数据的全面掌控,发动机 OEM 难以研发出基于 QAR 数据的监视系统。国内外大型维修机构和航空公司,如深圳汉莎技术有限公司、法荷航维修工程公司等,依托于自身雄厚的技术实力与其母公司的海量 QAR 数据源,现已独立研发出具备 QAR 数据读取和分析功能的发动机状态监控和数据分析平台。

目前,国内较为成熟、应用效果较好的发动机数据分析系统当属中国国际航空股份有限公司(以下简称国航)的发动机健康管理与维修决策支持系统,该系统于 2002 年开始,历时 4 年研制完成,其属于浏览器/服务器(browser/server,B/S)结构,最大限度地简化了系统的使用和维护。该系统的架构和运行方式与前述的各个 OEM 生产的网络版监视系统类似。系统架构由 6 个层面组成:支撑层、数据层、对象关系映射层、业务逻辑层、表现层、客户层,如图 7.5 所示,其主要功能层的功能如下。

(1) 支撑层主要包括计算机硬件、操作系统、应用软件、网络环境等。

(2) 数据层包括系统管理数据库、发动机维修数据库和电子文件库,它为系统

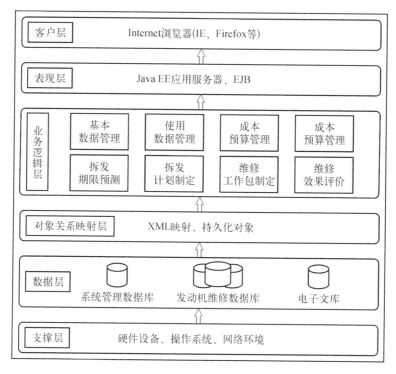

图 7.5   国航发动机健康管理与维修决策支持系统架构图

IE -网页浏览器;EJB -企业级 Jave Bean;XML -可扩展标记语言;Java EE -企业级 Jave 平台

提供数据支持。

（3）对象关系映射层采用 Hibernate 技术,将数据层的各个数据表映射为持久化类,在运行阶段,将数据表中的数据映射为持久化对象(persistent object,PO)。

（4）业务逻辑层用于实现各种维修数据的新增、删除、修改、查看功能,各种业务逻辑及与其他系统的接口功能。

（5）表现层和客户层：即用户交互界面和各类浏览器。

从宏观层面上看,系统功能可以分为发动机基础数据管理和发动机维修决策支持两部分。发动机基础数据管理主要实现发动机生命周期的控制及各种维修数据的管理,为维修决策提供数据支持。发动机维修决策支持主要综合利用发动机基础数据和维修规划的相关关键技术,实现拆发期限预测、拆发计划制定、维修工作包制定等的自动化和智能化。随着大数据技术和云技术的快速发展,该系统也在逐步更新改型,目前已升级为"航空发动机健康管理云服务系统"。经实际工程使用验证,该系统大幅提升了发动机可靠性,发动机空中停车率降至平均每千小时 0.001 23 次,优于国际和国内同行业的平均水平。同时,国航的发动机健康管理与维修决策支持系统还为其带来了良好的经济效益。

上海航空股份有限公司(简称上航)从自身发动机健康管理实际需求出发,开发了民航发动机健康管理系统,该系统于 2008 年开发完成并在上航投入使用。经实际应用表明,该系统避免了以往发动机健康管理系统主要依靠人为经验,导致诊断准确度低的缺陷,实现了辅助发动机下发决策的功能,有效降低了维修费用和运营成本,提升了航空公司的竞争力。上航的民航发动机健康管理系统采用 J2EE (Java 2 enterprise edition)平台开发,基于 B/S 架构,系统的架构可分为四个层面:客户端层、Web 层、业务层、企业信息系统层,简述如下。

(1) 客户端层:客户端层用来实现企业级应用系统的操作界面和显示层。

(2) Web 层:为企业提供 Web 服务,包括企业信息发布等。Web 层由 Web 组件组成,J2EE Web 组件包括 Java 服务器页面(Java server pages, JSP)和 Servlets。

(3) 业务层:业务层也称 EJB 层或应用层,它由 EJB 服务器和 EJB 组件组成。一般情况下,许多开发商把 Web 服务器和 EJB 服务器产品结合在一起发布,称为应用服务器。

(4) 企业信息系统层:处理企业系统软件,包括企业基础系统、数据库系统及其他遗留的系统。J2EE 将来的版本支持连接架构,它是连接 J2EE 平台和企业信息系统层的标准应用程序编程接口。

发动机健康管理系统包含 5 个功能模块,分别是数据处理模块、健康评估模块、状态监控模块、寿命预测与下发控制模块、优化调度模块,各模块的具体功用简述如下。

(1) 数据处理模块:完成发动机信息注册、发动机性能参数注册、性能数据导入功能。

(2) 健康评估模块主要是完成对于发动机单元体健康状况的评估和发动机机队的性能排队。

(3) 状态监控模块:跟踪发动机拆换记录、发动机世界机队信息,完成发动机滑油状态监控和气路性能状态监控。

(4) 寿命预测与下发控制模块:根据比例强度模型能够对民航发动机的下发时间进行预测,并用适航指令(airworthiness directive, AD)、服务通告(service bulletin, SB)、限寿件(limited life parts, LLP)等控制条件来控制发动机的下发。

(5) 优化调度模块:根据下发预测结果与发动机性能监控信息完成优化的发动机机队调度。

7.2　民用航空发动机健康管理系统发展历程

航空发动机 EHM 系统的性能和技术水平对于航空安全、运维成本和效率有决定性的影响。在持续几十年投入后,在 EHM 系统方面,以三大发动机 OEM 为首的国外民用航空工业界已经具备了与国内存在代差能力,并正在完成从定时预防性维护维修到视情维修(condition-based maintenance,CBM)的飞跃。在 EHM 系统的支撑下,目前美国通用电气公司、普惠公司和英国的罗·罗公司均能够提供全包服务方案。目前,全球民航界 EHM 系统的研发重点已转向突破基于准确的系统亚健康监测(早期故障诊断)、故障诊断及预测的发动机视情维修,以及相应的维修决策支持技术与系统,实现机队级发动机全寿命周期维修决策优化,从而解决航空发动机机队送修时机和维修工作范围的优化问题,并从全寿命周期角度优化发动机在翼与离翼大修工作范围和时机,建立基于健康管理的使用维护策略和决策支持模型及方法,根据飞行任务目标、发动机健康状态及保障资源信息,以最大限度地发挥系统效能、降低寿命周期成本为目标,所有这些目标都离不开 EHM - CBM+的综合解决方案。

自 20 世纪 60 年代起,美欧各国在航空发动机状态监视与故障诊断系统研究及其工程应用方面一直持续投入。在民用航空领域,通用电气公司、普惠公司和罗·罗公司分别发展了多种发动机状态监视和故障诊断系统。民用航空发动机健康管理技术的发展大致经历了如下三个阶段,第一阶段为萌芽阶段(20 世纪 60~70 年代),国外在 20 世纪 60 年代末即开始研究发动机状态监视和故障诊断系统,70 年代开始在民用航空发动机上得到应用,例如,为减少航空公司在进行趋势分析时的人工数据处理工作量,普惠公司于 1974 年发布了第一代状态监视软件 ECM,并在航空公司得以应用,事实证明该软件不仅提高了飞行的安全性,也提升了航班的运营效率。第二阶段为发展阶段(20 世纪 80~90 年代),从 20 世纪 80 年代以来,国外各种民用航空发动机的状态监控与故障诊断系统陆续投入使用,例如,通用电气公司为 CFM56、CF6、GE90 等发动机先后推出了 ADEPT 系统和 SAGE;普惠公司为 PW2000、PW4000 系列发动机推出了 TEAMS;罗·罗公司针对 Trent 系列发动机推出了 COMPASS 软件,以上系统主要完成气路性和机械参数监视。21 世纪初,欧美等国提出并实施了 PHM 技术,至此标志着航空发动机的视情维修及安全性、维修性和经济性监控已进入了一个新的阶段,即成熟阶段(21 世纪之后),随着航空发动机状态监视与故障诊断技术、互联网技术和大数据分析技术的发展,EHM 这一全新的概念被提了出来。通用电气公司的 GEnx 发动机和罗·罗公司的 Trent1000 发动机中采用的 EHM 系统是典型代表,该系统分为机载部分和地面部分,其中机载部分首次采用在发动机上安装的方式,并借助飞机通信寻址和报告系统实现基于网络的远程监控和诊断,是近年来航空发动机健康管理系统的主流发展方向。

由于 EHM 系统大大提高了发动机服役后的安全性、可靠性和经济性,并降低了不可预见的运维成本风险,欧美主要民用航空发动机 OEM 的商业模型也正经历从整机销售到按照飞行时间付费模式的转变,三大 OEM 都分别推出了自己的按照正常飞行小时付费的发动机购买模式(罗·罗公司的"Total Care",通用电气公司的"True Choice",普惠公司的"Engine Wise")。

　　经过半个多世纪的发展,民航发动机 EHM 系统的主要功能模块及工作场景和相应的流程都已经比较成熟,一个能够体现其发展理念的 EHM 系统功能模块及工作场景如图 7.6 所示。传统的 EHM 系统主要涵盖故障诊断和隔离,而更偏下游的基于视情的维护维修策略则经常不被认为是 EHM 系统的功能。近些年,随着 CBM 和 CBM+的进展,航空业界和研发人员越来越意识到基于视情的智能维修策略是 EHM 系统中不可分割的有机组成部分,因为故障诊断和隔离的真正价值是通过视情维修实现。

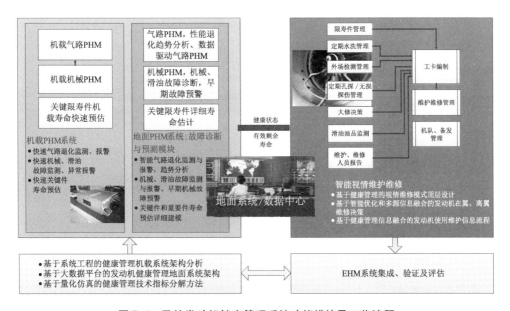

图 7.6　民航发动机健康管理系统功能模块及工作流程

　　EHM 系统分为两个分系统,其中 PHM 机载系统完成一些快速的运算量相对较小的关键机械(含滑油系统)故障及气路性能退化诊断;而更详尽全面的 EHM 功能则会在地面系统完成,PHM 地面系统与 EHM 机载系统的全部功能的主要区别是 PHM 地面系统覆盖更多的机械系统、气路及其他系统故障,并可以开展更详尽准确的故障诊断、隔离及关重件(关键件和重要件)寿命预估。此外,现代发动机 EHM 地面系统的功能模块还包括故障数字孪生模型,以及具备机队管理、备件预测与管理等功能。基于 EHM 地面系统的视情评估,智能视情维护维修系统将就限寿件管理、定期水洗管理、外场检测管理、定期孔探/无损探伤管理、大修决策、滑油油品监测,以及维护、维修人员报告提出建议,并由具资质专家审核后做出最终决策。而基于此的维护维修管理(包括工卡编制等)也由 EHM 地面系统中的智能运维模块完成。

7.3 民用航空发动机故障诊断系统设计

7.3.1 民用航空发动机故障诊断系统开发总流程

航空发动机 EHM 系统的开发总流程如图 7.7 所示,主要包括四大步骤:① EHM 系统需求分析;② 基于需求分析完成 EHM 系统的初步方案设计;③ EHM 系统详细设计;④ 系统指标完成验证。在每个步骤完成后都需要由具备资质的专

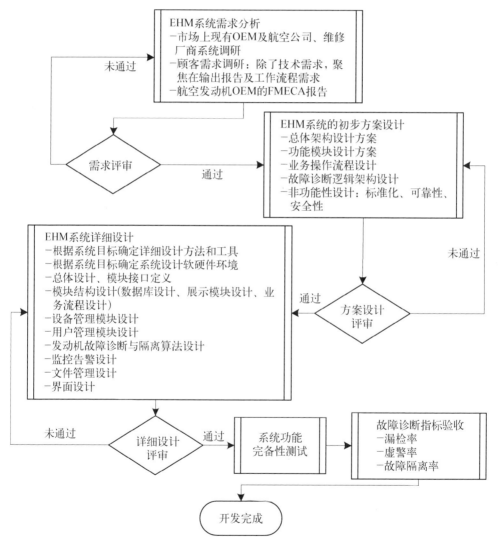

图 7.7 民航发动机故障诊断系统开发总流程

FMECA 表示故障模式及影响分析和危害性分析

家委员会详细评审通过后方可以进入下一个步骤,下面将分别按照这几个步骤来展开讨论。EHM 系统各个子系统的开发,如发动机机械故障诊断子系统、气路性能衰退诊断子系统等都按照这四个流程步骤来开发。

7.3.2　发动机健康管理系统需求分析

需求分析的目的是分析流程的输入,即用户的详细需求;输出则是系统开发需求,即定义健康管理系统必须做什么(功能需求)及如何执行好(服务要求的质量)。需求分析过程是先确定利益相关者及利益相关者需求,然后延伸到系统需求,最后根据系统需求的使用场景建立系统用例模型。

发动机健康管理设计涉及多个专业,系统工程能成功实现跨学科的复杂系统设计。在方案设计阶段,采用系统工程方法能够有效地开展需求分析与系统功能分析、设计综合和系统逻辑验证。基于模型的系统工程(model-based systems engineering, MBSE)方法论通过标准系统建模语言构建需求模型、功能模型、架构模型,实现需求、功能到物理架构的分解和分配,通过模型执行实现系统需求和功能逻辑的"验证"和"确认",是双"V"研制模式的核心机理,并驱动仿真、产品设计、实现、测试、综合、验证和确认环节;MBSE 采用模型的表达方法来描述系统在整个生命周期过程的需求、设计、分析、验证和确认等活动,可以支持从概念设计阶段开始,一直延续至整个系统开发及后续生命周期阶段,通过模型的执行实现系统需求和功能逻辑的确认和验证,在早期发现、排除错误,降低风险。MBSE 关注在概念阶段通过建模与仿真手段结构化开展利益相关方需求捕获、需求分析、架构设计,在概念阶段实现对系统需求、功能、架构的验证和确认,进而指导产品开发和生命周期的后续阶段。基于 MBSE 的健康管理架构分析技术路线如图 7.8 所示。

基于 MBSE 的研究思路,将系统设计分解为需求分析、系统功能分析、设计综合等过程。首先通过需求捕获与分析,将客户的需求转变为设计需求,进行设计需求的定义;其次,从系统功能需求出发,在功能层进行系统的功能分析,将分解的各项功能分配至相应的用于实现系统功能的系统、子系统,直至部件,并构建系统的功能架构;然后,将技术指标分配至各个子系统,在逻辑架构层构建系统的逻辑架构,进行系统的多方案设计,经过权衡分析,确定最佳的系统架构。上述从需求出发至完成功能设计并最终确定系统架构的步骤即方案设计。最后,在方案设计基础上完成详细设计,详细设计开发完成后,首先需要测试系统功能的完备性,并完成系统指标验证。

系统的需求捕获和分析是发动机健康管理总体设计的第一步,主要捕获系统各个相关方的需求并理解需求。首先,确定健康管理的利益相关方,对于发动机健康管理系统而言,主要利益相关者包括航空公司或军方用户、飞行员、维护维修人员等。通过与不同利益相关方沟通了解为什么要研制发动机健康管理系统、希望

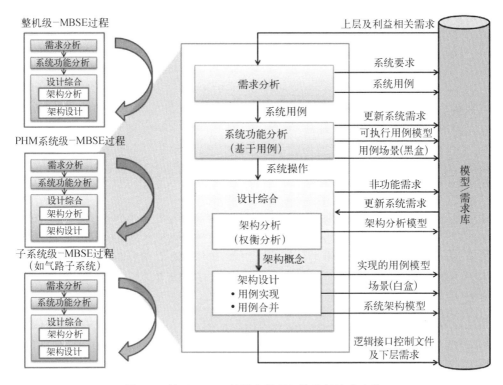

图 7.8　基于 MBSE 的健康管理架构分析技术路线

健康管理系统解决什么问题、健康管理系统受到哪些限制/约束等,以梳理利益相关方的需求,建立原始的系统能力要求。

　　需求分析的第二阶段是建立发动机健康管理系统用例模型,首先以需求模型中的功能性需求为基础,通过分析系统的交互方式,以系统顶层用例图来表示系统的边界、系统行为实施者、系统内的功能模块等设计元素及其关系;然后对顶层用例中的子用例模块进行详细分解,从而确保系统用例模型中的每个用例都可以通过可执行模型来验证,同时还需要建立用例与系统设计元素,即系统边界、系统行为实施者之间的关联。在捕获和分析利益相关方的需求基础上形成系统需求,说明系统应具备哪些能力来满足利益相关方需求。系统用例模型详细描述角色(用户)的行为及角色与用例之间的信息流,通过描述系统用户和系统本身之间的相互作用,捕获系统的功能需求。系统用例图是系统工程师与利益相关方进行沟通的一种工具和媒介,描述外部角色与系统之间耦合且目标明确的交互过程,是需求分析阶段的重要工作内容。

　　开展健康管理系统用例研究,研究健康管理系统分层结构化的用例,针对每一个用例来研究系统的边界、角色和用例。进行系统的边界定义,确定健康管理系统的组成、系统与外部系统之间的接口或边界,以需求模型中的功能性需求为基础,通过分析系统的交互方式,以系统顶层用例图来表示系统的边界、系统行为实施者、系统内的功能模块等为设计元素及其关系;然后通过对系统的使用者、系统信息提供者、系统的维护者等进行分析,识别外部角色,通过分析外部角色使用系统的原因与目的、外部角色对系统操作使用的要求、外部角色对系统输出的要求、系统内部使用要求等来识别用例。

最后对顶层用例中的子用例模块进行详细分解,以确保系统用例模型中的每个用例都可以通过可执行模型来验证,建立用例与系统设计元素,即系统边界、系统行为实施者之间的关联。

以 EHM 地面系统架构需求分析为例,如图 7.9 所示,基于 MBSE 的 EHM 系统需求分析的第一步是调研和分析大数据应用下发动机的健康管理服务模式及其发展方向,分析大数据应用下发动机健康管理的典型服务模式、支撑业务需求,识别干系人及其期望,构建基于大数据平台的发动机健康管理地面系统运维和服务的典型业务场景;基于业务场景,调研大数据分析和发动机健康管理建模的典型过程和应用技术,结合健康管理相关标准规范,对系统功能需求进行优化,定义质量属性和约束条件等架构需求,并构建需求模型。

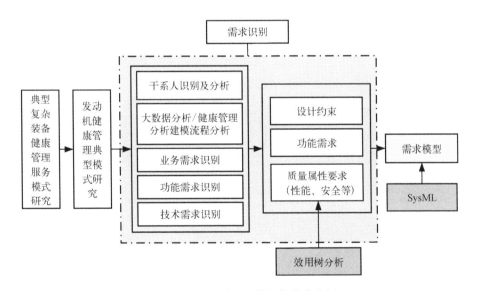

图 7.9　EHM 地面系统架构需求分析

上述三个基于 MBSE 的 EHM 地面系统需求分析步骤展开如下。

(1) 复杂装备的健康管理服务模式研究。对发动机健康管理服务模式进行调研分析,在总结归纳数据服务、应用服务、保修服务、能力服务、定制服务等典型模式特点的基础上,对健康管理服务模式在大数据条件下的发展方向进行分析,确定在大数据条件下健康管理的典型服务模式。

（2）EHM 地面系统需求识别。针对大数据条件下的 EHM 服务模式,对支撑服务模式的业务需求进行分析,识别出以业务参与者为代表的干系人,分析其业务目标及对系统的期望,构建业务场景及系统应用环境。基于业务场景和干系人分析识别地面系统在发动机大数据分析及健康管理方面的功能需求、性能、安全性、可靠性等系统质量属性需求及成本、设计约束等要求。在此基础上,结合对大数据分析及健康管理分析建模主要过程的分析,识别数据治理、实时计算、批量计算等功能要求及对应的技术要求,进一步梳理系统功能需求及性能、安全等质量属性要求。此外,对相关组织和机构中有关健康管理的标准、规范及国内外健康管理系统规范等进行分析,识别其功能、性能、安全性等规定,进一步完善和优化 EHM 地面系统需求。

（3）EHM 地面系统需求建模研究。在确定系统需求的基础上,对需求进行建模,包括功能需求建模及质量属性需求建模。为确保架构需求的可理解性和规范性,采用标准系统建模语言进行建模,采用用例图进行场景描述,并利用活动图对用例之间的时序关系进行描述,细化场景描述。同时,采用需求图对功能需求和质量需求进行描述,保证需求的可追溯性。

1. 业务架构设计需求

下面以航空发动机机械系统典型故障诊断系统开发为例详细论述需求分析的过程。根据前期航空公司业务调研,确定航空发动机机械系统典型故障诊断系统业务功能架构图,如图 7.10 所示,包括仪表盘信息、用户管理、文件管理、告警管

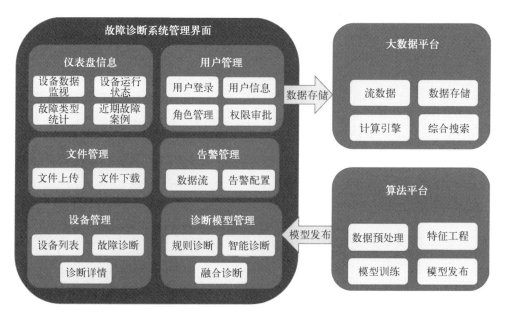

图 7.10   航空发动机机械系统典型故障诊断系统业务功能架构图

理、设备管理、诊断模型管理 6 个模块,并整合大数据平台的数据管理能力和算法平台的模型构建能力:① 仪表盘信息模块为故障诊断系统的主界面,该界面提供其他子页面的入口信息,并展示设备运行状态、故障类型统计等图表信息;② 用户管理模块负责用户的登录验证,以及用户的新增、删除、修改和资源访问权限控制,还包括模型上下线的审批;③ 文件管理模块负责结构化、半结构化、非结构化数据的上传及下载;④ 告警管理模块负责流数据告警规则的配置及告警通知;⑤ 设备管理模块分类管理各类型设备信息、设备故障的诊断及诊断报告的生成;⑥ 诊断模型管理模块负责规则诊断、智能诊断、融合诊断模型的新增、删除、修改;⑦ 大数据平台模块处理流数据和批量数据的接入,并完成数据的存储及检索功能;⑧ 算法平台模块负责诊断模型构建全链路中的数据预处理、特征工程、模型训练、模型发布功能。

2. 业务操作流程需求

根据航空公司调研和与工程技术部门的沟通,并结合研发团队人员现状,确认该故障诊断系统开发的三个阶段,如图 7.11 所示。第一阶段是诊断模型的训练及发布阶段,该阶段主要面向诊断算法开发人员,由算法开发人员完成数据导入、数据预处理、特征工程、模型训练及评估的整个过程,最后将训练好的模型发布。第二阶段是管理员管理开发用户发布的诊断模型,审批通过后,会将相应的诊断模型展示到相应的设备诊断模型选用列表中,供普通用户选择使用。第三阶段是诊断模型的应用阶段,该阶段主要面向使用诊断算法的普通用户,用户进入设备管理后,可以直接导入该设备新产生的数据,选择相应的诊断模型,即可对设备故障情况进行诊断。

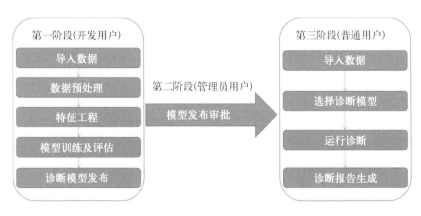

图 7.11　业务操作流程图

3. 用户管理需求

用户管理的主要子功能包括用户权限设置及控制,用户新增、修改和删除,诊断模型上下线审批,界面定义。

用户权限设置及控制:系统分为三类用户,分别为管理员用户、开发用户和普通用户。管理员赋予用户一定的角色进行用户权限控制,角色由管理员用户进行定义。普通用户具备查看并操作仪表盘、设备管理、文件管理3个功能模块的权利,另外,只能查看告警管理中的告警列表。开发用户具备查看并操作仪表盘信息、设备管理、文件管理、告警管理、诊断模型管理5个功能模块的权利。管理员用户具备所有功能模块的权利,包括但不限于用户新增、删除、修改用户及诊断模型上下线审批。

(1)用户新增、修改、删除:管理员用户可新增开发用户和普通用户,并通过角色控制用户权限,还可以对用户信息进行修改,或者删除用户。用户基本信息格式如表7.3所示。

表7.3　用户基本信息格式

序　号	名　称	备　注
1	用户名	建议采用真实姓名拼音
2	角色	普通用户、开发用户、管理员用户
3	邮箱	输入正确的邮箱
4	密码	密码至少同时包含大小写字母和数字,且至少为8位

(2)诊断模型(方法)上下线审批:诊断模型及方法的上线审批是非常重要的功能,将直接影响用户的使用体验。如果在这个环节出问题,则有可能将尚不成熟、未充分验证的诊断算法推到客户端,严重时可能导致错误的诊断和隔离结果。因此,需要对审批人员有严格的资质要求,审批要素也要进行严格定义。开发用户开发的诊断模型上线,需经过管理员用户的审批。审批通过后,可作为线上模型供普通用户选用,并对模型适用范围内的设备进行故障诊断。若某上线的诊断模型不再适用于故障诊断,需要下线该模型时,开发用户需提交下线申请,管理员审批后,下线才成功。审批通过后,会以邮件的方式通知审批发起人。此外,诊断模型需要按照一定的规范进行命名。

4. 界面定义需求

通过考察目前市场上主要 OEM 及航空公司的 EHM 系统界面,并分析针对各个界面的用户反馈,定义主界面、分界面及各个界面之间的关系。首先定义主界面,如图7.12所示,主界面展示总体设备运行状态、故障类型统计(按照故障类型,分设备类型进行条形图展示)及近期故障案例(从设备诊断记录中筛选出近期发

生的故障,以时间倒序显示)。设备状态监视包括批量数据和流数据两种数据输入
条件下设备状态的监视功能,根据监视功能的需要,分为三类需求,分别为运行时
序数据查看(振动信号监测功能)、寿命预测查看和历次运行切片数据查看,三类
需求展示图表可选择性呈现。运行时序数据可查看关注设备最近固定长度时间的
变量变化情况,时序范围为最近一段时间的时序数据,变量为振动信号、超声信号
等。历次运行切片数据可查看关注设备最近固定次数的变量切片数据的变化情况
(如单次运行的最大振动信号)。右上角齿轮按钮控制该显示组件的删除及放大、
缩小功能,另外还可选择相应类型的设备作为关注设备。在下拉框中可选择原始
数据具有的不同属性(如振动信号)。

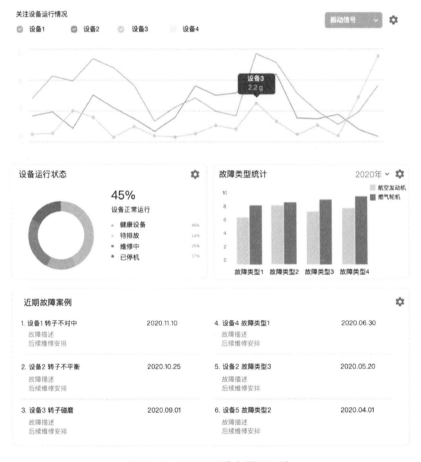

图 7.12　EHM 系统主界面设计

5. 设备管理需求

设备管理主界面默认按照设备类型或设备状态分类显示全部设备,显示方式

可通过右上角分类按钮进行切换。设备管理主界面支持新增、修改、删除设备,设备基本信息内容样例如表7.4所示。

表 7.4　设备基本信息内容样例

序　号	名　　称	备　　注
1	设备编号	手动输入,字符串类型
2	设备类型	可选枚举值,字符串类型
3	设备型号	可选枚举值,可手动输入,字符串类型
4	飞机编号	手动输入,字符串类型
5	服役开始时间	如 2020 − 01 − 01,日期类型
6	服役结束时间	如 2020 − 12 − 01,日期类型
7	描述	字符串类型

对于诊断记录,可以基于设备状态筛选出有故障的诊断记录,并导出该诊断记录对应批次的原始数据,导出的格式为".csv"。诊断详情页面以折线图和下拉表格的方式展示每次诊断中的原始数据,并提供基于属性值的筛选功能,如设置振动信号数值范围等。若属性值的筛选范围发生变化,折线图和下拉表格的数据将同步更新,下拉表格显示的原始数据以时序数据顺序展示。诊断详情页面可通过单击设备诊断管理的诊断记录进入。系统支持将每次诊断结果以诊断报告的形式进行输出,诊断报告样式如图 7.12 所示。数据导入功能支持选择本地文件或者拖拽文件进行上传,上传后的文件将作为初始数据保存在分布式文件系统中,支持历史文件的存储及追溯,支持上传的文件格式主要为".csv"、".txt"、".xls"、".xlsx"和".mat"等。

6. 诊断模型管理需求

诊断规则管理具备新建、修改、删除规则的能力,诊断规则的删减、修改及增加取决于如下几个指标:诊断规则开发所采用的样本数(或训练样本数)、诊断规则的使用率及诊断规则的漏检率和虚警率。其中,诊断规则使用率指使用该诊断规则的设备数占同类设备总数的百分比;漏检率指该模型针对已确认故障未被有效诊断为故障的概率;而虚警率是指针对确认健康系统被错误识别为故障的概率。融合诊断模型管理具备新建、修改、删除规则的能力,在每个融合诊断模型中,记录融合的诊断规则、智能诊断模型、融合方式;模型使用率指使用该模型的设备数占设备总数的百分比;诊断准确率指该模型预测的准确程度。图 7.13 为诊断报告样例。

故障融合诊断结果

■ 故障类型 1	50%
▦ 故障类型 2	25%
□ 故障类型 3	50%
■ 故障类型 4	10%

推荐案例 1
故障案例描述 1   2021-08-25

依据同一台发动机故障类型 x 推荐
推荐案例 2
故障案例描述 2   2021-08-20

依据同一台发动机故障类型 x 推荐
推荐案例 3   2021-08-10
故障案例描述 3

依据同一台发动机故障类型 x 推荐
推荐案例 4
故障案例描述 4   2021-08-01

依据同一台发动机故障类型 x 推荐

详细诊断结果

各模型诊断结果

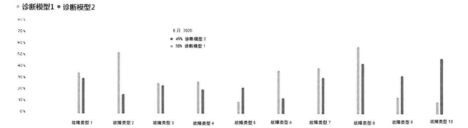

诊断模型1

异常参数：参数2

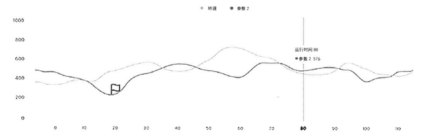

诊断模型2

异常参数：参数3

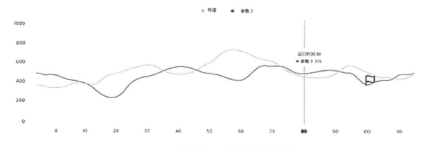

图 7.13 诊断报告样例

7. 数据存储及检索需求

数据存储及检索功能用于实现系统中对于诊断模型训练及诊断模型在线应用全流程中各阶段数据的存储及检索需求,既面向诊断模型开发人员也面向诊断模型使用人员。诊断模型开发中涉及初始数据的导入、数据预处理、特征工程、模型训练、自定义算子等过程的数据存储需求,为开发人员进行数据检索、模型训练提供支撑。诊断模型在线应用中,需要存储诊断结果,便于对结果进行分析、展示。以上存储及检索需求,可以概括为如下子功能需求。

(1)初始数据的存储及检索:数据导入功能模块,导入的数据都将存储在TDH大数据平台,并提供检索能力。

(2)原始数据的存储及检索:对于清洗后的数据,选择相应的数据预处理方法,预处理后的数据直接存储在大数据平台,并提供检索能力。

(3)特征工程数据存储及检索:平台特征工程中,能够对数据集进行特征分析,并将结果存储在大数据平台,提供检索能力。

(4)算子存储及检索:平台提供大量的预定义算子,供模型训练过程中调用,且支持自定义算子。

(5)模型存储及检索:新建的模型均以列表的方式展示在诊断模型管理界面中,并提供检索功能。

(6)诊断结果存储及检索:将设备每次的诊断结果存储在大数据平台,并提供检索能力。

7.3.3 民用航空发动机健康管理系统方案设计

7.3.2节讨论了EHM系统需求分析,需求分析通过专家委员会评审并完成整改后,下一步就是基于需求分析的初步方案设计。方案设计里的主要步骤是软件总体设计、基于需求的功能分析与设计、系统业务场景定义和操作流程设计、系统架构设计等。

系统功能分析主要把功能需求解释为与系统功能(操作)一致性的描述,每一个需求分析阶段产生的系统用例模型被解析成可执行的模型,并通过模型的执行验证相关的系统需求。功能分析将系统视为一个"黑盒",分析系统在每个用例中具有的功能、与外界的交互关系,并通过状态图的运行来验证功能。基于健康管理的需求用例对EHM系统进行功能分析,利用活动图、顺序图、状态图等对EHM系统功能进行分析,构建EHM系统的功能模型,在EHM系统研制早期执行该模型,从而对研制需求进行验证和确认,进而不断发现需求偏差与缺失,完善补充系统功能,确保系统的成功实现。功能分析中首先分析系统的功能流程,研究EHM系统的功能活动图,如图7.14所示。

然后进行系统运行场景识别,确定EHM系统的运行场景与状态,从使用要求、

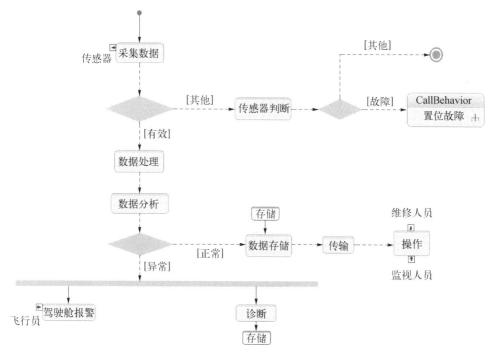

图 7.14　EHM 系统的功能活动图

运行环境、运营维护等方面识别出发动机全生命周期中完整的使用场景,分析系统与外界的交互场景;最后在给定边界和运行场景下,通过绘制背景环境框图,梳理出系统及其利益相关方之间的信息流,定义出不同场景下系统所需满足的功能及与其他系统/子系统交互所必需的功能接口。通过功能分析,得到外部参与者与系统交互的功能流程,将系统的各功能按组分类,划分系统的关键功能,构建系统的功能架构。功能架构的构建包括划分出系统的功能模块,以及功能模块之间的信息交互关系,即数据流(靠数据来驱动)和控制流(靠事件驱动)。功能架构的层级划分与需求层级划分对应,按照系统级、子系统级、部件级的层级关系划分。

EHM 系统架构设计是方案设计的最后一步,也是关键交付物。推荐采用自顶向下的方法把系统的功能性需求和非功能性需求分配到架构结构中开展 EHM 系统的架构设计。通过权衡分析确定系统架构后,分析健康管理子系统的功能流程,对系统能力进行分配,研究分析子系统的交互场景,分析子系统之间的交互关系及协作运行。

图 7.15 为 EHM 地面系统架构设计流程,按照系统架构的相关标准,构建基于大数据平台的 EHM 地面系统的架构描述模型;借鉴国内外主流大数据分析平台、健康管理平台、工业互联网平台的体系架构协助开发 EHM 地面系统。在此基础上,根据架构需求分析,从系统功能、数据流向、实现技术、系统部署、系统安全性等

分析角度入手,设计开发基于大数据平台的 EHM 地面系统的候选架构,并基于架构描述模型对系统架构进行描述。系统架构设计研究包括架构描述模型定义、参考架构构建、功能和接口分析方法、基于属性驱动设计的系统架构开发方法。

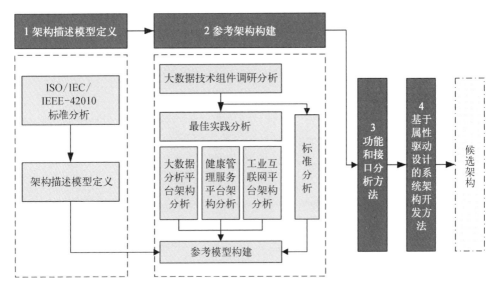

图 7.15　EHM 地面系统架构设计流程

　　为对复杂系统架构进行评估,国内外已经发展出以仿真、度量、场景评估为主的多种架构评估体系。其中,基于场景评估的方法可以对系统需求的满足程度进行评估,可通过评估来识别系统架构设计中存在的风险性,确定系统的质量需求在设计中是否得到体现,预测系统质量并且帮助架构设计人员进行决策。该方法涉及的参与人员较多,评估结果比较准确,是目前应用最为普遍的系统架构评估方法。目前,已经发展出了以基于场景的体系结构分析方法、体系结构权衡分析方法、软件结构层次上的软件可维护性预测等多种基于场景的系统架构评估方法。参考 ISO/IEC/IEEE 42030 标准给出的系统架构评估框架,对不同的基于场景的系统评价方法进行融合,充分利用各方法的优势,形成合理和全面的评估结果,如图 7.16 所示。

　　ISO/IEC/IEEE 42030 标准给出的系统架构评估框架是一个综合性架构评估方法,由架构属性评估、价值评估、综合评估三层构成。其中,架构属性评估处于底层,其目的是对系统的质量属性进行定量或定性评估,为价值评估提供信息;价值评估从干系人的关注点出发,评估系统为干系人带来的价值大小;综合评估是在综合价值评估的结果后给出系统架构的综合评估结果。采用基于系统架构评估框架进行融合评估的步骤如下。

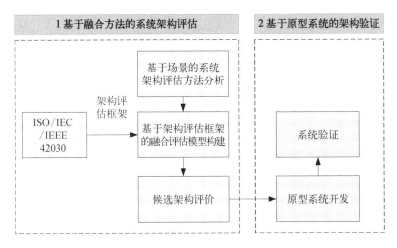

图 7.16　EHM 地面系统架构评估及验证

（1）对目前主要的基于场景的系统架构评估方法进行研究,分析是否满足系统架构评估框架的要求,如果满足,则将其作为融合候选方法。

（2）利用系统架构评估框架对候选方法进行融合,具体为在相应的层次采用不同的方法进行分析,然后对分析结果进行融合。如在架构属性分析层,采用不同分析方法对不同架构属性进行分析,之后将结果进行融合,提供给价值层进行评估。

（3）采用上述方法对所开发的基于大数据平台的 EHM 地面系统的候选系统架构进行评估。

为了便于理解,本节主要以航空发动机机械故障诊断地面子系统开发为例,给出方案设计的主要步骤。

1. 软件总体设计

软件总体采用常见的 B/S 架构,用户通过浏览器访问服务。初始数据、原始数据存储在大数据平台上,诊断模型存储在人工智能平台。

2. 功能模块设计

按照图 7.10 所示的故障诊断系统业务功能架构,可以将诊断系统分为三个模块。其中,第一个模块为故障诊断系统管理界面,该模块分为 6 个子模块:仪表盘负责设备的监视、设备故障的统计及案例展示;用户管理负责使用平台用户的信息及权限管理;文件管理负责各类型文件的上传及下载;告警管理负责实时数据的监控告警;设备管理负责各类型设备信息的维护及故障的诊断;诊断模型管理负责诊断规则、智能诊断模型、融合诊断模型的管理。第二个模块为大数据平台,主要负责大量数据的存储、计算、检索。第三个模块为算法平台,负责诊断模型的训练、评估、发布,供用户选择相应的模型进行故障诊断。

3. 业务操作流程设计

将整个业务操作流程分为三个阶段：第一阶段，开发用户进行诊断模型的训练、评估及发布；第二阶段，管理员用户审批开发用户发布的模型后，模型将开放给普通用户使用；第三阶段，普通用户，在设备管理模块，选择相应设备，导入收集的批量数据，即可进行故障诊断，并生成诊断报告。

4. EHM 系统故障诊断逻辑架构设计

EHM 系统的核心需求为故障诊断，基于算法平台、大数据平台的特点，为故障诊断业务流程设计如下述逻辑架构，如图 7.17 所示。故障诊断模型的开发及使用分为两个阶段，第一个阶段，在算法平台进行诊断模型（对应于算法试验）的构建及发布。诊断模型中，会定义标准的输入、输出格式，以应对多样化的初始数据输入及规则诊断、智能诊断、融合诊断结果的统一展示。诊断模型经发布后，会展示在前端界面供普通用户选用。用户在前端界面选择相应的设备，绑定选用的诊断模型并上传初始数据后，整个诊断过程自动化进行。诊断进行时，首先进行数据的标准化并写入诊断模型对应的数据源，随后运行该诊断模型并生成该批次初始数据的诊断结果。诊断完成后，会基于诊断过程中的规则诊断、智能诊断、融合诊断结果及诊断模型运行时产生的中间结果数据（特征数据等）直接生成诊断报告。用户上传的初始数据会归档到大数据平台中存储，经过标准化的原始数据会存入大数据平台的查找表中，供前端页面进行明细数据的展示、筛选及检索。

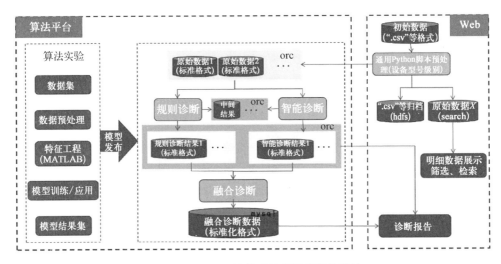

图 7.17   EHM 系统故障诊断逻辑架构设计

5. 功能方案设计

1）用户权限设计

一个用户拥有若干角色，每一个角色拥有若干权限，构造"用户-角色-权限"

的授权模型。在这种模型中,用户与角色之间及角色与权限之间往往是多对多的关系。系统分为三类用户,分别为管理员用户、开发用户和普通用户;管理员赋予普通用户一定的角色,进行用户权限控制,角色由管理员用户进行定义。按照从低至高的顺序,可分为三类权限。

(1)普通用户权利具备查看并操作仪表盘信息、设备管理、文件管理 3 个功能模块的权利,且只能查看告警管理中的告警列表。

(2)开发用户权利具备查看并操作仪表盘信息、设备管理、文件管理、告警管理、诊断模型管理 5 个功能模块的权利。

(3)管理员用户权限具备所有功能模块的权利,包括但不限于用户新增、删除、修改及模型上下线审批。

2)设备管理方案设计

(1)设备信息编辑。

设备信息编辑的主要功能是修改、添加设备,并显示已添加设备的详细信息,包括设备编号,以及所属飞机编号、运行循环、服役时间等信息,其主界面默认按照设备类型或设备状态分类显示全部设备。相应的业务流程按照顺序如下:打开设备管理菜单,分类显示全部设备信息(设备类型、设备编号、设备状态、设备型号、服役时间、运行时长等),切换分类展示页面,如全部设备、航空发动机及脚本管理页面;点击不同设备,进入设备详情页,该页面提供设备信息、编辑功能。

(2)设备诊断方法、模型设置及管理。

因为诊断方法及模型的选择都与设备构型相关,所以该子功能在设备详情页下完成,其主要功能包括:从设备管理主界面点击相应的设备后,进入设备详情页面,该页面展示该设备设置默认的诊断模型,可以更改设备的默认诊断模型。若用户修改默认的诊断模型,则认为需要对该设备的历史诊断情况进行重新诊断,会基于历史数据重新运行诊断模型,生成多条诊断记录。

(3)设备故障诊断和隔离设计。

在设置好故障诊断模型、方法后开展设备故障诊断和隔离。诊断和隔离的业务流程:上传完设备数据之后,自动调用脚本,对数据进行初步清洗之后将其存储在大数据平台,之后调用该设备绑定的诊断模型进行故障诊断和隔离,并展示诊断结果。

(4)诊断报告。

基于故障诊断记录,生成诊断报告。

3)诊断模型管理界面

提供诊断规则、智能诊断模型、融合诊断模型的新建、修改、删除。该界面通过调用接口,创建诊断规则,完成智能诊断和融合诊断。用户可以编辑模型的描述信息,如训练样本个数、准确率等。

4）文件管理

功能描述：管理所有类型的文件上传、下载及其存储位置。

（1）业务流程。

构建文件管理系统，提供多级目录树文件管理功能，可同时上传、下载多个文件。

（2）数据来源。

用户提供的各类数据（除了典型 EHM 机载系统收集的数据，如 ACARS 和 QAR 数据外，还可以包含视频、音频、图片、文本等）。

5）告警管理

基于每个设备或机队产生的相关 EHM 数据及由此产生的状态指标参数，配置一个或者多个告警阈值，并定义相应的系统和子系统状态（健康、亚健康、早期故障等、故障等）。

每个设备产生的流数据，会基于预定义的告警阈值进行比对，若超过设定的阈值则调用邮件系统向告警信息接收人发送告警邮件。

6）诊断模型（方法、算法）管理

诊断模型（方法、算法）管理的主要功能是对诊断规则、智能诊断模型、融合诊断模型进行新增、删除、修改，包含诊断规则管理、智能诊断模型管理、融合诊断模型管理及诊断模型（算法）发布等子模块。用户可以编辑模型的描述信息，如训练样本个数、准确率等。

（1）诊断规则管理。

诊断规则在自定义算子模块进行代码式创建，单击已经创建的自定义算子进行编辑修改，直接进入算子具体代码页面。需要指出，自定义算子可以将相关的输入参数进行固化，做成诊断规则模板，便于在其他算法中反复引用。

（2）智能诊断模型/融合诊断模型管理。

可视化界面以拖拉拽的方式完成数据集、数据预处理、特征工程、模型训练、模型评估、模型结果输出等整个模型构建过程中链路的组装。

（3）诊断模型（算法）发布。

诊断模型（算法）通过特定的数据目录进行发布识别，用户将诊断模型放入指定的目录中，即可在诊断系统的诊断模型管理界面显示。为便于模型和算法管理，推荐将模型训练建立和模型预测分为两个子流程进行处理，模型训练建立流程进行模型的预处理、特征工程、参数调优，而模型预测试验流程作为需要发布的试验流程（诊断模型）。为了便于诊断过程自动化进行，每个型号的设备都设定了一个标准数据格式。

7）接口设计

接口设计需要关注安全性校验和参数合法性校验，接口功能应尽量单一，接口数据类型应涵盖 EHM 系统诊断和运维主要数据类型。

（1）接口安全性校验。

针对请求的合法性进行校验,用户登录成功后,后台返回加密认证信息;前端接口请求时,在处理业务逻辑之前,针对需要认证的接口进行接口的安全性校验;

（2）参数的合法性校验。

针对接口请求的输入参数进行校验,对于非法或者超出限制的数字、字符串等非法输入直接返回错误信息;减少后端对于无效参数的处理逻辑。

（3）接口单一性。

一个请求处理一个业务逻辑,针对前端的不同组件的显示,应该请求不同的接口,做到异步多次请求加载数据;接口支持视频、音频、图片、文本等离线数据的上传及实时数据的监视,支持初始数据、原始数据、特征数据、数据标签及诊断结果常用格式的输出。

7.3.4　民用航空发动机健康管理系统详细设计

在方案设计的基础上,EHM 系统详细设计的主要目标如下。

1）实现信息存储

（1）实时传输已收集的航空发动机运行、试验或仿真过程产生的初始数据(以下简称初始数据)。

（2）初始数据经过数据预处理后得到的航空发动机原始数据(以下简称原始数据)。

（3）航空发动机故障诊断规则(以下简称诊断规则)。

（4）航空发动机智能诊断算法模型(以下简称智能诊断算法模型)。

（5）不同诊断方法得出的诊断结果(以下简称诊断结果)。

（6）上述信息间的关联关系。

数据库应具备对以上信息的存储、管理、维护功能;对数据的诊断结果进行记录,并保存在数据库中,能够进行诊断结果的存储、管理、维护。

2）实现用户信息管理

包括新建用户、修改用户信息、删除用户和权限管理设置。

3）实现检索功能

用户可实现对数据进行条件查询。

4）实现相关数据导入功能

可以读取不同格式数据文件,如".csv"、".mat"、".txt"、".xls"、".xlsx"等,并能够将读取的数据存储到大数据平台中,供数据预处理脚本调用。

5）完成基于诊断规则的故障诊断功能开发

诊断系统应具备基于诊断规则的故障诊断功能,该功能主要针对数据预处理后的原始数据,应能够对原始数据完成以下处理:

（1）通过人工智能平台,调用诊断规则,利用原始数据和特征数据进行故障诊断;

（2）自动将诊断结果存储到数据库。

6）完成基于智能算法的故障诊断功能开发

诊断系统应具备基于智能算法的故障诊断功能,该功能主要针对数据预处理后的原始数据,应能够对原始数据完成以下处理:

（1）通过人工智能平台,调用智能诊断模型,利用从原始数据及特征数据中选取的待诊断数据进行基于智能算法的故障诊断;

（2）自动将智能诊断结果保存在数据库中。

7）完成基于融合诊断模型的故障诊断功能开发

诊断系统应具备基于融合诊断模型,即诊断规则和智能算法结合情况下的故障诊断功能,该功能主要针对数据预处理后的原始数据,应能够对原始数据完成以下处理:

（1）通过人工智能平台,调用融合诊断模型,利用原始数据和特征数据进行故障诊断;

（2）自动将诊断结果存储到数据库。

8）实现报告生成功能

诊断系统应具备故障诊断结果报告生成及数据导出功能,该功能针对基于诊断流程得出的诊断结果,应能实现如下操作:

（1）根据得出的诊断结果生成诊断报告;

（2）基于诊断结果,将用于诊断的原始数据以".csv"格式的文件进行导出。

9）其他需求

诊断系统除满足上述对于功能需求外,还应满足如下要求:

（1）故障类型统计信息的可视化;

（2）设备状态统计信息的可视化;

（3）诊断流程原始数据的可视化;

（4）可根据用户需求进行可视化界面交互,如选择性显示、局部放大;

（5）诊断系统应设置搜索栏,便于进行数据库检索或功能模块与子模块检索。

在系统详细设计阶段,上述目标主要靠数据库设计、仪表盘信息模块设计、设备管理模块设计、诊断管理模块、用户权限管理模块、文件管理模块设计达成。

在数据库设计中需要实现设备管理、脚本管理、故障诊断、运行记录、诊断规则模型管理、文件管理、告警管理及用户权限的功能。仪表盘信息模块主要对设备信息和故障案例进行统计,在页面上以图表形式展示。

仪表盘信息模块为故障诊断系统的主界面,里面包含了设备数据监视、设备运行状态、故障类型统计、近期故障案例等功能,其详细设计说明见表7.5。其中,设备数据监视指查询设备运行时序数据;设备运行状态是计算设备运行状态的百分比;故障类型统计条形图是按照故障类型和设备类型来统计故障案例数量;近期故障案例列表是从设备诊断记录中筛选近期发生的故障。

表 7.5 仪表盘信息详细设计说明

序 号	名 称	备 注
1	模块名称	仪表盘信息
2	模块代号	模块 01
3	使用范围	全员
4	类型	页面
5	模块功能	查询设备运行状况、故障案例信息、故障类型统计、运行记录详情图表展示
6	限制条件	通过诊断运行记录和运行案例获取展示信息
7	输入	查询筛选条件
8	输出	设备运行状况、近期故障案例、故障类型统计、运行记录详情图表信息
9	算法逻辑	根据近期运行记录获取对应的故障案例信息和运行记录详情数据
10	相关对象及接口	设备管理模块中生成的运行记录及故障案例

仪表盘的数据流向分为如下 4 个部分。

(1)设备数据监视:通过搜索功能,加载最近一段时间内设备的信号变化情况;用户可选择多个数据列、时间段及多个设备的条件来查询设备数据。

(2)设备运行状态:通过查询航空发动机设备表,统计出所有设备的运行状态,然后通过饼状图渲染数据。

(3)故障类型统计:通过查询故障案例表和故障信息表,然后按照故障类型、设备类型统计故障案例,用户可筛选不同年份、不同类型的故障案例。

(4)近期故障案例:通过故障信息表关联故障案例表,再关联查询航空发动机运行记录表,从而获取设备近期的故障信息,用户可自定义选择设备名称、时间段、最新数据来显示故障案例。

设备管理模块可以添加和修改设备,同时针对不同的类型添加了脚本管理功能,用于诊断流程中的数据清洗是否完成。设备详情可以设置用于诊断的模型,然后上传原始数据文件,开始诊断流程,并记录设备运行记录。设备管理模块包含多级功能,第一级包括设备管理列表及卡片展示、脚本管理功能,通过点击第一级页面的设备信息,可以进入设备详情展示,在设备详情中,可以修改当前设备使用的诊断模型,也可以通过上传数据文件来执行诊断流程,上传的初始数据和原始数据都会被保存在大数据平台中。诊断流程执行成功之后,通过读取试验执行的结果,生成对应的运行记录和案例数据,并在详情页面下半部分展示运行记录列表。通过运行记录列表可以进入运行记录详情页面,在运行记录详情中,对经过预处理的原始数据以图表形式进行展示。在设备详情页面,具有诊断报告生成和数据导出功能。针对每条诊断记录的诊断结果,在详情页面中可以生成报告。在设备详情页面中,也可以基于设备状态筛选出有故障的诊断记录,并导出该诊断记录对应批次的原始数据,导出的格式为". csv"。表 7.6 是设备管理模块子模块脚本管理的详细设计说明,设备管理业务流程图如图 7.18 所示。

表 7.6　设备管理模块子模块脚本管理详细设计说明

序　号	名　　称	备　　注
1	模块名称	设备管理-脚本管理
2	模块代号	模块 02 - 1
3	使用范围	全员
4	类型	页面
5	模块功能	根据设备信号管理对应的数据预处理脚本,完成脚本的上传、替换及编辑
6	作者	—
7	编写时间	—
8	修改人	—
9	修改时间	—
10	修改批准人	—
11	修改次数	—
12	限制条件	航空发动机设备型号信息
13	输入	查询筛选条件、脚本信息、上传的数据预处理脚本文件
14	输出	脚本信息展示
15	算法逻辑	根据设备型号获取所有管理的脚本,如果同样型号需要再次上传脚本,会将原有的脚本删除,用新的脚本替代
16	相关对象及接口	设备型号信息、文件上传接口

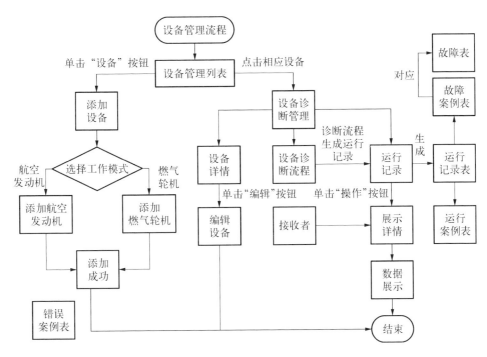

图 7.18　设备管理业务流程图

诊断模型管理模块详细说明见表 7.7。诊断模型管理模块对设备诊断中使用到的诊断规则、智能诊断模型和融合诊断模型进行管理,有新建规则、模型,修改规则、模型信息和删除功能。诊断模型管理页面通过三个选项卡展示了诊断规则、智能诊断模型、融合诊断模型列表,列表数据在应用数据库中存储了规则、模型的基本信息,同时在每次页面访问的时候同步最新的规则和模型数据。

表 7.7　诊断模型管理模块详细设计说明

序　号	名　　称	备　　注
1	模块名称	诊断模型管理
2	模块代号	模块 03
3	使用范围	全员
4	类型	页面
5	模块功能	查询算子模型,并在本地进行管理基本信息,兼有新建、修改和删除功能
6	作者	—

序　号	名　称	备　注
7	编写时间	—
8	修改人	—
9	修改时间	—
10	修改批准人	—
11	修改次数	—
12	性能要求	对查询时间的要求
13	限制条件	设备诊断流程执行的参数与此模块有关联
14	输入	查询关键字、修改基本信息
15	输出	算子模型与基本信息列表展示
16	算法逻辑	对比本地数据库中已管理的算法模型,确保同步性
17	相关对象及接口	设备详情中在诊断过程使用的模型及本模块中获取的智能诊断模型和融合诊断模型

7.3.5　民用航空发动机健康管理系统性能验证

发动机健康管理系统性能验证的核心问题是健康管理技术指标。基于发动机健康管理系统的使用要求,从经济性、维修性、可靠性等维度分析不同层级的技术指标,构建健康管理系统三级技术指标体系,从而实现健康管理系统从使用要求到各子系统、功能、设备级的指标分配。

在已发布的 SAE 健康管理相关的标准中,SAE AIR 7999 给出了发动机状态监视系统虚警率(false alarm rate, FAR)、故障检测率(fault detect rate, FDR)、故障隔离率(fault isolation rate, FIR)、平均诊断时间(mean time to diagnose, MTTD)等相关指标;SAE ARP 5120 阐述了可靠性及验证相关的内容,描述了发动机状态监视可靠度指标。根据国军标测试性大纲所定义的测试性指标有故障检测时间、故障隔离时间、虚警率、故障隔离率。通过"找指标"、"理指标"的方式梳理健康管理指标,采取自上而下的方式针对用户及需求梳理这些指标,从用户需求角度出发分析不同用户对健康管理系统的要求。

根据需求分析中确定的利益相关方,健康管理系统的主要用户有飞行员、维修人员、运营维护人员、后勤保障人员等,对于健康管理系统的总要求是尽可能准确、提前地预测部件的剩余寿命,从而帮助完成后勤管理、维修规划、告警及实现机队的管理。

　　针对飞行过程中发动机的最直接操作者,即飞行员,分析研究他们对健康管理系统的基本要求,如飞行安全、要求在驾驶舱出现的告警或相关的故障通知虚警率尽可能低、严重故障发生时能提前或及时告警等。

　　针对外场修理发动机的维修人员,分析研究他们对健康管理系统的基本要求,如尽可能快速地完成排故和修理,同时最小化重复修理等。

　　针对为制定延寿、运行费用和未来规划的决策人员提供支撑的运营维护人员,分析研究他们对健康管理系统的基本要求,如使用资源最小化、成本最小、任务成功率最高等。

　　针对负责规划和执行必要的资源采办、调度,负责维修以维持装备、设备运行的后勤保障人员,分析研究他们对健康管理系统的基本要求,例如,使发动机运行更快、更经济、更可靠等。

　　根据不同用户要求梳理的部分健康管理系统的技术指标见表 7.8。

表 7.8　健康管理系统用户所需的技术指标

用　　户	用 户 要 求	技 术 指 标
飞行员	最小化座舱虚警率	虚警率、准确率
	最大化故障检测率	故障检测率
	最及时的故障信息	故障检测时间
	最小化任务失效	空中停车率
维修人员	减少维修问题排查时间	排故时间
	识别故障位置	故障隔离能力
	准确给出故障位置	准确率
	减少失效	平均失效间隔时间
	最小化修理时间	预测能力、备件管理能力
运营维护人员	减少非计划内维修	非计划维修率、非计划维修时间
	减少运行费用	运行成本
	提高可用率	平均修复时间
	最小化备件数量	备件管理合理
	最大化使用寿命	寿命估计准确度

用　　户	用 户 要 求	技 术 指 标
后勤保障人员	减少修理恢复时间	平均修理时间
	减少地面支持设备和人员	可维护性
	提高可用率/减少非计划内维修	可用率
	减少周期性检查	周期性检查频率
	视情维护	预测准确率、虚警率
	剩余寿命预测	预测准确率
	减少工作量	工作时间
	地面系统使用的便捷性	响应速度、安全性、操作友好性、结果可视化

根据 SAE ARP 1587,健康管理系统的需求主要是以有限的成本满足任务目标,需要满足适航性或安全性、任务成功性、可用性或任务可靠性及低运营成本的要求;根据军机的指导要求,健康管理系统的使用要求还包括发动机的战备完好性及任务成功率。在发动机健康管理系统指标体系研究中,研究系统、子系统、设备三级指标,实现健康管理系统指标体系的构建。其中,一级指标是指与降低健康管理系统运营成本、保障战备完好性和任务成功率等的相关要求;二级指标是针对不同系统、用户在经济性、维修性、可靠性及安全性等方面的要求;三级指标是设备层级根据二级用户需求分析得到的技术指标,形成的健康管理系统的技术指标体系示意图如图 7.19 所示。

健康管理系统指标分解是指将健康管理系统的安全性、可靠性、维修性、经济性等使用要求分解到子系统、功能层级、设备层级等。健康管理系统顶层的维护成本(反映经济性)、使用可用度(反映战备完好性)和任务可靠度(反映任务成功性)可用于使用评估,但不能直接用于设计,必须将其分解为安全性、可靠性、维修性等的设计要求。需要将指标分解到子系统、功能、设备层次,以实现系统的设计评估,初步技术指标分解途径如图 7.20 所示。

根据研究所得的技术指标体系,采用层次分析法对各子系统进行评价赋值,依据赋值情况作为指标分配的权重,充分考虑子系统影响指标分配的因素。根据指标体系的研究,对于故障检测层级,其主要影响因素有故障检测率、检测时间等,选定主要影响因素作为因子,对所确定的因子各层级进行标准化值处理,得到指标向量集,应用层次分析法确定因子在体表体系中的权重,最后可得子系统分解指标所占的权重。对于可靠性指标,采取可靠性建模及预计的方法进行指标的分配。根

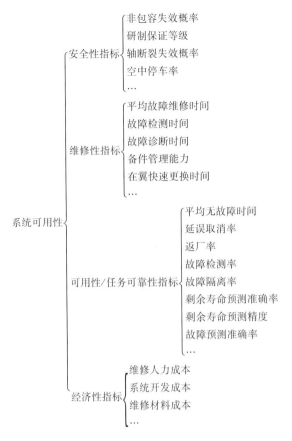

图 7.19　健康管理系统技术指标体系

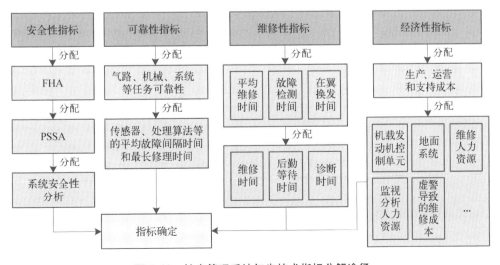

图 7.20　健康管理系统初步技术指标分解途径

据健康管理系统的工作原理及结构,建立系统各部分间的可靠性数学关系,用简单的框图形式和相应的数学模型表达,反映系统的主要故障特征,然后采用层次分析法计算各系统之间的权重关系。层次分析法是多指标综合评价中一种将定性与定量相结合的决策方法,也是一种确定多要素权重的科学方法。将健康管理系统分解为不同的子系统、设备,在各子系统、设备之间进行比较和计算,得出不同因素重要性程度的权重。

对于安全性相关的指标,采用 SAE ARP 4761 给出的民用机载系统和设备安全性评估过程,基于功能危险评估、初步系统安全性分析和系统安全性分析进行安全性指标的分解。开展健康管理系统故障危险分析(fault hazard analysis, FHA),明确识别健康管理系统的每种失效状态及其安全性保证等级。在设计过程中,将健康管理功能分给子系统之后,利用 FHA 过程检查集成了多重功能的系统。FHA 的输出将作为进行初步系统安全性评估(preliminary system safety assessment, PSSA)的起始点。开展健康管理 PSSA,对建议的健康管理系统架构进行系统检查,以确定失效如何引起 FHA 中所识别的功能危险。通过健康管理 PSSA,建立健康管理系统的安全性要求,明确建议的架构是否能够满足。

对于维修性指标,根据平均维修时间等计算方法,获取维修时间、后勤等待时间、诊断时间,可通过加权的方式获取相应的技术指标。备件等待时间和后勤保障时间由维修决策支持技术水平决定。

对于经济性指标,根据 SAE ARP 4176 研究健康管理系统的成本要素,确定系统成本组成,可以采取比例组合法,通过分析相似型号产品的维修人力成本、维修材料成本、系统研发成本等,建立相似机型成本要素与总维修成本之间的比例关系,将此比例应用于所研究的系统中,获取每个成本要素的具体指标。

7.4　航空发动机机械故障诊断的重大挑战

美国国家运输安全委员会对 1980~2001 年商用飞机飞行事故的统计调查结果显示,在所有因机械故障导致的运输飞机事故中,发动机故障占总故障的 1/3。据国际民航组织的统计,因机械故障原因造成事故的比例为 25%~30%,而发动机是诸多机械因素中的关键。如不能有效解决航空发动机研制、运行和维护中的振动问题,将直接影响航空发动机的可靠性、安全性及质量的提高,增加航空发动机维修和制造成本。

随着可靠性、准确率、诊断能力的不断提升,发动机健康管理振动监测技术除了用于不平衡、损伤、异常磨损等故障识别及转子动平衡外,已经初步具备用于部件寿命预测的早期检测、监视能力,并已发展成为固定翼和旋翼飞机及其发动机健康管理系统的重要组成部分,其监视对象也已涵盖减速齿轮、轴承、附件等。传统的发动机机械系统故障的主要体现形式是振动(有时也包括压力脉动)在特定频段能量超标或特征频率处的振动和脉动幅值超标,其中振动超标是在航空发动机研制、运行、维护过程中都无法回避的一个问题,航空发动机的振动超标将直接影响其正常工作,还会导致部件甚至系统的失效。当转子平衡精度不够,或者在热弯曲状态下时,过大的不平衡力会激起整个发动机的高幅振动,从而导致系统损坏;在交变载荷的激励作用下,航空发动机转子上容易出现疲劳裂纹,裂纹使得转子承受载荷的截面积减小,在热载荷、机械载荷频繁作用下,裂纹不断扩展,最终导致发动机转子断裂等严重事故。

随着新构型发动机的投入运营,以及新材料和新制造工艺的投入使用,民用发动机 EHM 技术中又增添了新的挑战。更高效、更安静环保的民用发动机新构型意味着异于传统的双转子、三转子构型的发动机故障动力学特性和故障传播机理,因而急需新的故障传感及 EHM 算法解决方案。民用发动机设计的另一个重要趋势是先进材料和先进制造工艺的广泛应用,其中先进材料主要是指复合材料,复合材料的本构关系、失效模式等都迥异于采用传统的冶金手段得到的金属零部件,所以需要新的故障监测软硬件解决方案。

此外,随着在线滑油金属屑末技术的发展及其在发动机监测系统中的广泛应用,工业界越来越意识到滑油金属屑末监测对于零部件磨损和其他故障的重要性。采用信息融合算法,综合机械振动、压力脉动和滑油屑末监测等故障状态指标能够提高诊断精度,降低漏检率和虚警率。由于滑油监测和发动机机械故障直接关联,滑油系统的故障诊断与预测被视为发动机机械故障诊断子系统的有机组成部分。

7.4.1　典型航空发动机机械故障诊断与预测

由于长期处于高温、高压、高转速的运行环境,航空发动机常常发生转子不平衡、不对中、转静摩碰等典型机械故障,严重影响其运行安全性和使用寿命。由于发动机结构的高度复杂性和故障多样性,采用基于振动信号的传统信号处理方法(如快速傅里叶变换等谱分析方法)虽然能基本满足常见的故障特征提取和故障分析的要求,但仍然存在不足和局限性。单纯依靠单个传感器采集的数据无法有效解决疑难故障的诊断,不能满足发动机转子复杂故障诊断的需求。航空发动机机械故障多发且类型繁多,本节以故障类型划分,列出当前存在的问题和未来需要重点关注的研究方向。

1. 轴承故障预测与诊断

滚动轴承是包括航空发动机在内的高速旋转的机械承力传动系统的关键件,其工作条件非常恶劣、复杂,往往工作在高速、高温及高载荷工况下,且工况变化剧烈,在工作过程中极易发生故障。轴承一旦发生故障,将直接影响设备的使用安全,轻则会使转子系统振动增大,转静子发生摩碰,严重时甚至会导致灾难性事故。

目前,轴承失效被公认为造成航空发动机空中停车、非计划换发的主要诱因之一,其中,内外滚道表面剥落是轴承失效的主要形式。1986 年 1 月~1992 年 12 月,CFM56-3 发动机中的高压压气机滚珠轴承失效次数占该型发动机空中停车故障次数的 25%,在各种故障原因中居首位。因此,开展航空发动机轴承的状态监测与故障诊断研究十分有必要。

通常,局部故障会激发轴承系统的结构响应,而轴承故障特征提取的目的即是通过对响应信号的分析与处理来提取出对应的故障特征指标。1984 年,McFadden 等[1] 提出了基于 Hilbert 变换的包络分析方法,得到了轴承的故障特征频率,为通用轴承的故障特征提取提供了有效途径。由于包络分析的物理意义明确,目前已成为工程实践中应用最广泛的轴承故障特征提取方法。之后,Liang 等[2]、发展了能量算子解调[2],Antoni[3, 4] 发展了循环平稳分析[3] 和谱峭度滤波[4] 的故障特征提取方法,这几种方法都是包络分析的不同形式,只是具体的包络计算过程不同。

航空发动机轴承故障诊断的主要困难是故障信号微弱且航空发动机的背景噪声强。故障信号微弱的主要原因有两个:① 振动传感器数量有限,传感器安装点远离故障源头;② 故障早期源头信号微弱。截至目前,除了风扇轴承的监测,其他发动机轴承故障监测的振动加速度传感器都安装在机匣上,轴承故障信号要经过多个不完全连续、非线性的接触面,并经历壳体的滤波效应才可以到达传感器,故障信号微弱。此外,轴承内、外圈特征频率、滚子特征频率一般低于 1 500 Hz,个别型号的发动机会达到 1 500~3 000 Hz,一些中介轴承的故障特征频率甚至会高达 5 000 Hz 左右,而保持架故障的特征频率一般低于 100 Hz,在这些中低频率范围中有大量噪声污染。因此,发动机轴承故障诊断算法面临的挑战是从被噪声污染并经过传播路径滤波的振动信号中提取出微弱的故障特征,并将虚警率、漏检率保持在可接受的范围内。传统的轴承信号增强方法中,无论其动机是解决传感器远离故障源或者因故障处于早期而导致动力学特性变化微弱的问题,都面临虚警率高的问题。这是因为该类方法的理论基础就是基于信息熵最小化、故障特征分量峭度值最大等假设,但是这些假设与现实有一定差距,因而其正确性无法保证,所以"过度"处理信号就导致了虚警率的增加。

综上所述,未来航空发动机轴承故障预测与诊断中亟待发展的方向包括以下几点。

(1)开发小型化、轻量化、高可靠的振动传感器,以便就近安装在发动机主轴承,从故障源头直接获取有效的故障信号及其故障特征;开发其他类型的对微弱故障更敏感的传感技术。

(2)挖掘传统时域、频域及时频域算法的潜力,结合稀疏信号处理、快变信号处理、可解释深度学习的信息领域研究前沿,探索置信度高、虚警率低、泛化性强的特征提取理论,提高机械故障诊断正确率。

(3) 开发分工况的机械故障报警系统。一般来说,高状态意味着高载荷,因而故障动力学一般也更强烈,航空发动机变工况运行更容易激起在恒定功率下不容易暴露的问题和系统模态。开发分工况机械故障报警系统,可以在降低高状态下虚警率的同时增大低状态下的漏检率,同时解决机动飞行等变工况状态下特征提取困难和虚警率高的问题。

(4) 融合基于在线传感技术和基于在翼无损探伤及外场测试诊断,从而开发外场便携式轴承地面诊断仪。

2. 齿轮故障预测与诊断

附件齿轮箱(accessary gear box,AGB)装置也称附件机匣,经由与径向传动轴相连的一对锥齿轮从发动机主轴提取动力,飞机的起动系统、滑油系统、燃油系统、液压系统等主要附件都是由发动机转子通过附件机匣带动的;转接齿轮箱(transfer gear box,TGB)则连接发动机转轴和 AGB,作为航空发动机的重要组成部件之一,AGB 或 TGB 一旦发生故障,就会导致发动机空中停车,甚至造成重大飞行事故。随着航空发动机的推重比和传动附件的转速不断提高,高速、重载、轻量化成为附件齿轮箱传动齿轮的主要特点。轻量化使得齿轮腹板变薄,随着齿轮的工作状态变化,机械振动更容易在内部和外部激励下产生,这种机械振动不但会引起噪声、降低齿轮的啮合精度和可靠性,甚至会使传动系统失效,进而引发严重的后果[5-7]。

目前,工业界比较常用的齿轮故障诊断算法是基于 McFadden 等在其论文中论述的经典方法[8-11],该方法的核心如下。

(1) 齿轮故障会影响啮合频率及其超次谐波,并影响相应的边频段内的幅值和相位,啮合频率及其超次谐波的调制频率定义为

$$m\omega_g + n\omega_s, \quad m = 1, 2, \cdots, M, \quad n = 1, 2, \cdots, N$$

式中,ω_g 为啮合频率;ω_s 为转轴基频。

(2) 在采用边频幅值、能量进行故障诊断时,采用时域平均(time synchronous average,TSA)方法对数据进行预处理可以降低噪声,进而增强故障信号。

2016 年,Sharma 等[12]对于 McFadden 的啮合频率及其超次谐波边频幅值,以及能量之外的其他齿轮故障状态指标进行了总结,涵盖了常见的状态指标:平均振动幅值、峭度、波峰因子、能量比、能量算子等。

目前,在航空发动机齿轮故障诊断中所面临的主要挑战和亟须解决的问题如下。

(1) 安装在机匣上和风扇轴承附近的传感器都距离附件齿轮箱较远,齿轮啮合频率处的信号衰减严重。通常,发动机齿轮至少有 10 对,各个齿轮信号混叠在有可能相互重合的频段内,即使在附件机匣安装了机载振动测点,也最多只有一

个。如何利用单个测点监测 10 对以上齿轮的健康状态,特别是发动机早期齿轮故障,面临巨大挑战。

(2)齿轮融合故障诊断除了振动信号外也依赖于金属屑末监测,对金属屑末传感器及相应算法、阈值设置等都有比较高的要求。

(3)针对齿轮故障模式的试验研究较少,公开文献中可供参考的数据很少,而反映真实航空发动机自故障源头至传感器位置的试验数据更少,需要开展相关试验研究以填补空白。

3. 发动机转子故障诊断与预测

转子裂纹、动静摩碰是航空发动机转子的常见故障。2021 年 2 月 20 日,一架美联航 UA328 飞机起飞后,突然发生引擎(PW4000)故障起火,并有零部件脱落,后紧急返航。经查,该事故很可能是风扇叶片裂纹未被及时发现而导致的。2014 年 6 月 23 日,美国埃格林空军基地的 F-35 战斗机的 PW-F135 发动机失效并着火,据报道,PW-F135 发动机失效并发生钛火事故的原因是发动机第三级风扇叶片长期摩碰,产生了微小裂纹,我国某型发动机也发生过类似的因摩碰导致的钛火事故。

国内外已经在转子非线性动力学特性、转子故障识别诊断及裂纹转子的寿命评估等方面开展了大量研究工作,目前的研究工作对航空发动机转子结构特征及振型、转子工作温度环境等具体因素的考虑较少,使得目前转子的动力学模型及故障诊断方法无法满足航空发动机非连续转子故障的诊断识别需求。未来的发动机转子故障诊断与预测重点研究方向可分为如下几点。

(1)开展航空发动机关键件全寿命试验,并在试验过程中全程收集相应的动力学信号,以获取转子的典型故障发生位置、故障特性,以及故障发展历程和相伴的动力学信号特征。

(2)收集自然损坏的航空发动机转子故障试验件,并开展相应的试验研究,以期得到更接近实际故障零部件的动力学响应特性。

(3)以往研究表明,除非转子裂纹的几何尺寸达到一定水平而且裂纹在特定的走向,否则振动信号对于裂纹故障并不敏感,需要开发转子小尺寸早期裂纹故障诊断方法。

(4)需要探索应用振动信号之外的传感信号来诊断裂纹故障,开发基于在线的振动信号和基于在翼的无损探伤融合故障监测方案。

7.4.2 先进航空发动机构型及先进制备工艺零部件的机械故障诊断与预测

1. GTF 构型故障失效模式研究、故障预测与诊断

GTF 发动机的主要构型特点是在风扇与增压级之间安装有一个齿轮减速器,

GTF 构型的优势主要如下：① 降低了风扇转速和叶尖速度,降低了发动机噪声; ② 增大了发动机的涵道比,降低了整机油耗和污染排放;③ 减少了压气机和涡轮级数、降低了级负荷;④ 大幅减少了发动机的零部件数量,从而降低发动机的价格与使用成本,并提高了可靠性。

普惠公司于 20 世纪 80 年代后期开展了一项用于传动风扇的行星轮系的发展和研究工作,研制成一台减速比约为 3∶1、传递功率为 12 000~24 000 kW、传动效率达到 99.8% 的行星齿轮减速器,命名为“清洁动力 PW1000G 系列发动机”,并于 2016 年交付了全世界首款中大型 GTF 发动机。PW1000G 系列发动机的齿轮减速器为星齿轮结构,其工作原理如下：齿轮减速系统有一个由低压涡轮驱动的中心齿轮(太阳齿轮)作为动力输入,5 个固定的行星齿轮均匀围绕在太阳轮周边,这 5 个行星齿轮被 1 个齿环环绕着,并驱动齿环转动。这个齿环产生的扭矩直接驱动风扇轴,带动风扇旋转。采用这种简单传动的行星轮系时,输出轴与输入轴的转向是相反的,即风扇转子与低压转子转向相反。

英国罗·罗公司正在研制的超扇(UltraFan) 发动机是另一款由欧美主要民用发动机 OEM 设计的 GTF 构型。UltraFan 对标双通道大型民用宽体客机,设计输出功率达 35 万 kW。从 2016 年开始,相关研究人员已经将动力齿轮箱置于姿态测试台上模拟飞行条件进行了试验;2017 年,进行了关键件动力齿轮箱的首次运行,该齿轮箱也使用 5 个行星齿轮,传动比率为 4∶1。

GTF 构型在带来优越的噪声、排放和油耗指标的同时,也对故障诊断与健康管理带来了新的挑战。GTF 构型中的变速箱实际上将低压转子进一步分为了两个转子：风扇和低压涡轮,这就导致 GTF 构型相较传统发动机双转子构型具有更复杂的转子动力学行为。此外,变速齿轮箱的引入带来了新的转子不连续性,减重所导致的转子系统柔性增加也会使其动力学特性发生变化。因此,GTF 转子系统的故障模式、机理等也会明显不同于传统构型的转子系统。普惠公司的 GTF 构型发动机的 EHM 传感器较其前一代传统构型增加了 40%,数据采集量达到 3 倍;相应地, 普惠公司更新了 PHM 系统监测算法和系统,已具备对于 GTF 发动机构型进行全面故障诊断和健康管理的能力。

由于设计参数和试验数据的匮乏,国内针对 GTF 构型发动机的故障动力学特性尚缺乏深入了解,针对 GTF 转子系统典型故障动力学模型及机理的研究尚未广泛开展。GTF 构型 EHM 系统的研发重点如下：

(1) 开展 GTF 行星齿轮传动系统和低压转子系统的典型故障仿真和验证研究;结合试验和强度、动力学分析进行 GTF 构型故障失效模式、影响及危害性分析,确定故障失效模式,并通过全寿命试验等进行验证,根据分析结果确定故障诊断需求,并确定传感方案。

(2) 由于对于不同构型下的发动机数据处理的偏重有所不同,在新构型下,需要有针对性地开发相应的信号处理算法和系统,利用建模仿真信息等辅助故障特征的提取和故障判别。

（3）开展行星齿轮传动系统典型故障模拟试验。国外已开展行星齿轮传动系统典型故障模拟试验,但针对类似构型齿轮传动箱的故障模拟试验尚未在国内开展。即使在欧美等发达国家,齿轮箱的故障检测还停留在依赖于将振动传感信号作为状态信号,且实际的工程解决方案在故障隔离、定位等方面尚与工程需求有所差距。

2. 复合材料零部件故障监测

民用发动机设计的另一个重要趋势是先进材料和先进制造工艺的广泛应用,其中先进材料主要是指复合材料。航空发动机风扇段的重量在整个发动机重量中所占的比例很高,在风扇段大规模使用复合材料已成为现代发动机的发展趋势,也是现代发动机对高推重比、低噪声、低油耗、高可靠性和高安全性的要求,通用电气公司的 Genx 和 LEAP - X,以及罗·罗公司的 Trent XWB 等先进发动机都采用了复合材料风扇叶片和机匣[13]。叶片等结构的安全将直接影响航空发动机的整体安全,例如,2018 年 4 月 17 日,美国西南航空公司的 B737 客机就是因发动机叶片断裂引起的非包容性故障而发生了故障,该事故引起了诸多航空公司对该型号发动机叶片的恐慌,并启动了大检查[14]。与传统金属空心叶片设计相比,复合材料叶片在故障诊断和健康管理上提出了新的挑战:新型航空发动机所采用的复合材料风扇(特别是叶片)具有结构曲率大(易分层)、离心载荷大(大结构变形使叶片与机匣产生摩擦)、易受外物(飞鸟、冰雹、石子等)撞击等特点,其损伤形式更为复杂,发动机的安全形势更为严峻;此外,复合材料不是各向同性的,其本构关系与制备方式有密切关系且完全不同于金属叶片,相应的诊断传感策略和方法都异于传统金属材料零部件。

目前,航空发动机健康管理的视情维护中对结构损伤的评估主要有两种方式:损伤探测和损伤预测。其中,损伤探测主要是指对结构进行拆卸并进行无损探伤;损伤预测是通过分析发动机工作时部件的工作环境,结合材料学、传热学和有限元分析理论建立发动机部件损伤模型,预测其损伤情况。随着现代传感器技术的发展,将传感器与发动机结构进行综合集成,实时监测结构的健康状态,对结构中可能存在的损伤进行诊断,并发展基于诊断结果的视情维护策略,将极大地提升发动机的结构安全性[15]。

复合材料的广泛应用极大地促进了复合材料结构实时监测技术的发展。在民用飞机上,已在 A350XWB(空中客车公司)[16] 和 E190(巴西航空公司)上对复合材料结构健康监测技术进行了飞行验证,并且巴西航空公司已将基于结构健康监测的视情维护策略写入其维护大纲中[17]。美国桑迪亚国家实验室和 FAA 开展了对部分结构健康监测技术的适航符合性验证[18]。罗·罗公司通过 Advance 项目和

UltraFan 项目,在下一代航空发动机复合材料风扇叶片尖端安装光纤传感器,监测叶片与机匣的间隙,防止碰撞发生,并进行叶尖计时,以此计算叶片的损伤状况,实时评估发动机风扇健康状态[19];国内,刘鹏鹏等、Lin 等分别基于静电监测和涡流监测开发了叶片尖端碰撞故障监测系统[20,21]。

综上所述,研究者已采用单项传感技术对复合材料风扇叶片的监测进行了诸多探索。随着现代传感技术和信息技术的不断发展,采用多源、多物理场、分布式传感网络采集发动机复合材料风扇结构在全寿命周期的传感数据,探索信息融合技术综合处理结构状态信息和损伤信息,对发动机复合材料风扇进行在线和在翼综合监测与评估是未来航空发动机应用复合材料的主要发展方向。

7.4.3　滑油系统的故障诊断与预测及融合诊断

发动机机械旋转部件的摩擦和磨损是降低发动机性能和预期寿命的最重要因素,滑油系统及其滑油品质直接决定了旋转部件的摩擦和磨损状态。滑油中的磨损屑末携带着丰富的发动机零部件磨损和滑油品质性能的重要信息,不仅可以直接反映发动机轴承及传动系统等的磨损状态,而且可以用来进一步预测磨损的变化趋势,尽早发现发动机机械故障。金属屑末的数量和体积监测可以协助判断故障损伤是否发生,并反映机械磨损和故障的程度。因此,滑油系统在发动机状态监测和故障诊断方面的作用越来越大,并作为整机机械健康监测的重要组成部分得到广泛关注和深入研究[22,23]。

20 世纪末,欧盟国家在"Euro Fighter Ground Support System"研究项目中以 EJ200 发动机为背景开发了地面和机载监视系统并取得了成功,近年来又开展了一系列针对滑油系统的攻关计划,如欧洲于 2001～2011 年开展的先进变速箱和滑油系统(Advanced Transmission and Oil System,ATOS)计划和 2011 年至今开展的发动机润滑系统(Engine Lubrication System,ELUBSYS)计划,旨在获得性能更佳的滑油系统及滑油健康监视系统。目前,美国最先进的第 4 代发动机在传统的屑末报警分析、光谱分析、参数分析的基础上,增加了静电传感器在线检测颗粒度、振动传感器检测附件机匣、应力波检测主轴承等新项目,并将其系统化地融入了发动机健康管理系统。

SAE 专门为航空发动机滑油系统监测发布了 SAE AIR 1828 系列报告,其中 SAE AIR 1828C 第 7 章专门对滑油屑末监测进行了讨论,将滑油金属屑末检测方法分为两大类:基于定期采集滑油油样的离线分析和在线屑末检测。又可将在线滑油金属屑末传感装置进一步分为以下几类:① 磁堵和电子磁堵;② 金属颗粒计数器;③ 筛网式全流量滑油金属屑末检测器;④ 离心式屑末分离器;⑤ 感应颗粒计数器/收集器/检测器;⑥ 感应金属颗粒计数器/收集器;⑦ 静电滑油颗粒计数器。另外,该报告涵盖了与滑油金属屑末相关的油滤屑末分析及滑油品质分析。

国内虽然也掌握了一些滑油系统检测手段,但在商用发动机滑油系统监测方面还缺少整机发动机的台架测试和飞行使用经验,尚未形成一个完整的检测与监测体系。因此,亟须对各种检测/监测手段进行归纳、整理、研究,同时加强对新型的基于光、电和化学传感原理的在线传感器的研究,以获得全流域的滑油金属屑末颗粒监测和滑油品质性能在线评估结果,以适应发动机健康管理系统的需要,为发动机视情维护奠定基础[24, 25]。无论是基于离线滑油金属屑末监测,还是金属颗粒在线计数的发动机机械故障诊断与预测,其报警阈值都是通过实测数据统计分析得到的。滑油金属屑末监测和分析较传统发动机振动监测和分析更为复杂,体现在状态指标的多维度: ① 金属颗粒数在多个体积范围内;② 可以得到各种不同金属颗粒含量的测量结果;③ 可以得到屑末表面、形状特征等。有效充分地利用滑油屑末分析结果可以协助判断机械故障的发生并将故障隔离到零部件水平。

滑油系统故障诊断与预测的未来需求和发展方向如下。

(1) 研究滑油品质的性能退化特征(如氧化度、金属颗粒含量和水分含量)与滑油性能参数(黏度等)的耦合模型,发展先进的基于滑油理化特性、光电磁特性变化的滑油功能失效的接触式和非接触式监测和评估方法,建立基于滑油性能退化表征参数(黏度和介电常数)的滑油剩余寿命预测方法。

(2) 研究全流域滑油碎屑光/电/磁感应与监测机理,建立基于碎屑多种维度(质量、形状、材料特性)和多种评价指标(运输效率、捕获效率、检测概率)有机综合的屑末探测灵敏度模型,发展不同性质不同颗粒的铁磁性和非铁磁性屑末的定量计数和定性分类方法,构建基于全流域屑末长期监测数据的发动机机械部件失效模式识别、磨损状态评估和寿命预测方法。

(3) 开发轻质化的多功能滑油状态在线监测传感器;开发滑油系统、燃油系统、空气系统、机械系统联合故障的导入仿真技术,并进行试验验证,这将加深对于滑油系统故障特征的理解,并为融合诊断提供数据;开发振动故障指标、滑油金属屑末(涵盖屑末指标和油滤压差等状态指标)故障指标融合算法,得到基于两者的高精度健康指标。

参考文献

[1]   McFadden P D, Smith J D. Vibration monitoring of rolling element bearings by the high frequency resonance technique — a review [J]. Tribology International, 1984, 17(1): 3–10.

[2]   Liang M, Bozchalooi I S. An energy operator approach to joint application of amplitude and frequency-demodulations for bearing fault detection [J]. Mechanical Systems and Signal Processing, 2010, 24(5): 1473–1494.

[3]   Antoni J. Cyclic spectral analysis of rolling-element bearing signals: facts and fictions [J]. Journal of Sound and Vibration, 2007, 304(3–5): 497–529.

［４］　Antoni J. Fast computation of the kurtogram for the detection of transient faults［J］. Mechanical Systems and Signal Processing, 2007, 21(1): 108 - 124.

［５］　杨语.航空发动机附件机匣传动齿轮失效分析研究[D].重庆：重庆大学,2016.

［６］　陈立民,李文天,汪刚,等.某型发动机附件机匣主动锥齿轮断裂失效分析[C].第十五届中国科协年会第13分会场：航空发动机设计、制造与应用技术研讨会,贵阳,2013：484 - 488.

［７］　史妍妍.基于热分析的附件机匣若干可靠性问题研究[D].沈阳：东北大学,2009.

［８］　McFadden P D. Detecting fatigue cracks in gears by amplitude and phase demodulation of the meshing vibration[J]. Journal of Vibration and Acoustics, 1986, 108(2): 165 - 170.

［９］　McFadden P D. A technique for calculating the time domain averages of the vibration of the individual planet gears and the sun gear in an epicyclic gearbox[J]. Journal of Sound and Vibration, 1991, 144(1): 163 - 172.

［10］　McFadden P D, Smith J D. An explanation for the asymmetry of the modulation of sidebands about the tooth meshing frequency in epicyclic gear vibration[J]. Proceedings of the Institution of Mechanical Engineers, Part C: Journal of Mechanical Engineering Science, 1985, 199(1): 65 - 70.

［11］　McFadden P D. Examination of a technique for the early detection of failure in gears by signal processing of the time domain average of the meshing vibration[J]. Mechanical Systems and Signal Processing, 1987, 1(2): 173 - 183.

［12］　Sharma V, Parey A. A review of gear fault diagnosis using various condition indicators[J]. Procedia Engineering, 2016, 144: 253 - 263.

［13］　Marsh G. Areo engine lose weight thanks to composites[J]. Reinforces Plastics, 2012, 56(6): 32 - 35.

［14］　Carey B. Southwest engine failure ripples: reminiscent of 2016 inflight engine failure; carrier accelerates ultrasonic fan blade inspection[J]. Aviation Week & Space Technology, 2018: 01671405.

［15］　Woike M, Abdul-Aziz A, Oza N, et al. New sensors and techniques for the structural health monitoring of propulsion systems[J]. The Scientific World Journal, 2013: 596506.

［16］　Giurgiutiu V, Soutis C. Enhanced composites integrity through structural health monitoring[J]. Applied Composite Materials, 2012, 19(5): 813 - 829.

［17］　Rulli R P, Dotta F. Developments towards the qualification of two SHM systems for S-SHM application[J]. Structural Health Monitoring, 2015: 113305762.

［18］　Ghoshal A. Sensor applications for structural diagnostics and prognostics[C]. Proceedings of the International Symposium on Engineering under Uncertainty: Safety Assessment and Management (ISEUSAM - 2012), Springer, 2013: 503 - 516.

［19］　García I, Beloki J, Zubia J, et al. An optical fiber bundle sensor for tip clearance and tip timing measurements in a turbine rig[J]. Sensors, 2013, 13: 7385 - 7398.

［20］　刘鹏鹏,左洪福,付宇,等.航空发动机摩碰故障在线监测与诊断研究[J].仪器仪表学报, 2013,34(7): 164 - 169.

［21］　Lin J, Li H, Zhao J. Study on dynamic monitoring technology of aero-engine blades[C]. The 9th International Symposium on NDT in Aerospace, Xiamen, 2017.

［22］ 李国权. 航空发动机滑油系统的现状及未来发展［J］. 航空发动机,2011,37(6): 49 - 54.

［23］ Zhu J, He D, Bechhoefer E. Survey of lubrication oil condition monitoring, diagnostics, and prognostics techniques and systems［J］. Journal of Chemical Science and Technology, 2013, 2(3): 100 - 115.

［24］ Shinde H, Bewoor A . Analyzing the relationship between the deterioration of engine oil in terms of change in viscosity, conductivity and transmittance ［C］. 2017 International Conference on Advances in Mechanical, Industrial, Automation and Management Systems (AMIAMS), Allahabad, 2017: 36 - 41.

［25］ Balashanmuganm V, Gobalakichenin D. Development of dielectric sensor to monitor the engine lubricating oil degradation［J］. Thermal Science, 2016, 20(4): 1061 - 1069.